U0162505

国家出版基金项目
NATIONAL PUBLICATION FOUNDATION

上海三联人文经典书库

122

希腊数学史
从泰勒斯到欧几里得

［英］托马斯·希思 著

秦传安 译

A HISTORY OF
GREEK MATHEMATICS

FROM THALES TO EUCLID

上海三联书店

"十四五"国家重点图书出版规划项目

国家出版基金资助项目

总　序

陈　恒

　　自百余年前中国学术开始现代转型以来,我国人文社会科学研究历经几代学者不懈努力已取得了可观成就。学术翻译在其中功不可没,严复的开创之功自不必多说,民国时期译介的西方学术著作更大大促进了汉语学术的发展,有助于我国学人开眼看世界,知外域除坚船利器外尚有学问典章可资引进。20 世纪 80 年代以来,中国学术界又开始了一轮至今势头不衰的引介国外学术著作之浪潮,这对中国知识界学术思想的积累和发展乃至对中国社会进步所起到的推动作用,可谓有目共睹。新一轮西学东渐的同时,中国学者在某些领域也进行了开创性研究,出版了不少重要的论著,发表了不少有价值的论文。借此如株苗之嫁接,已生成糅合东西学术精义的果实。我们有充分的理由企盼着,既有着自身深厚的民族传统为根基、呈现出鲜明的本土问题意识,又吸纳了国际学术界多方面成果的学术研究,将会日益滋长繁荣起来。

　　值得注意的是,20 世纪 80 年代以降,西方学术界自身的转型也越来越改变了其传统的学术形态和研究方法,学术史、科学史、考古史、宗教史、性别史、哲学史、艺术史、人类学、语言学、社会学、民俗学等学科的研究日益繁荣。研究方法、手段、内容日新月异,这些领域的变化在很大程度上改变了整个人文社会科学的面貌,也极大地影响了近年来中国学术界的学术取向。不同学科的学者出于深化各自专业研究的需要,对其他学科知识的渴求也越来越迫切,以求能开阔视野,迸发出学术灵感、思想火花。近年来,我们与国外学术界的交往日渐增强,合格的学术翻译队伍也日益扩大,同时我们也深信,学术垃圾的泛滥只是当今学术生产面相之一隅,高质量、原创作的学术著作也在当今的学术中坚和默坐书斋的读书种子中不断产生。然囿于种种原因,人文社会科学各学科的发展并不平衡,学术出版方面也有畸轻畸重的情形(比如国内还鲜有把国人在海外获得博士学位的优秀论文系统地引介到学术界)。

有鉴于此,我们计划组织出版"上海三联人文经典书库",将从译介西学成果、推出原创精品、整理已有典籍三方面展开。译介西学成果拟从西方近现代经典(自文艺复兴以来,但以二战前后的西学著作为主)、西方古代经典(文艺复兴前的西方原典)两方面着手;原创精品取"汉语思想系列"为范畴,不断向学术界推出汉语世界精品力作;整理已有典籍则以民国时期的翻译著作为主。现阶段我们拟从历史、考古、宗教、哲学、艺术等领域着手,在上述三个方面对学术宝库进行挖掘,从而为人文社会科学的发展作出一些贡献,以求为21世纪中国的学术大厦添一砖一瓦。

目　录

序

想法似乎是堂吉诃德式的，但笔者依然信心十足地希望，本书能让数学家和古典学家都对希腊数学的故事兴味盎然。

对数学家来说，重要的考量是，数学的基础及其很大一部分内容都是希腊的。希腊人奠定了最早的原理，从无到有发明了方法，确定了术语。简言之，数学是一门希腊科学，不管现代分析给它带来了或者还有可能带来什么样的新发展。

对古典学家来说，对这个主题的兴味无疑有所不同。希腊数学揭示了希腊文明的一个重要方面，而研究希腊文明的学者往往忽视了这个方面。大多数人在想到希腊文明时，脑子里自然浮现出它的文学和艺术杰作，连同它们奏响的美、真理、自由和人文主义的音符。但是，希腊人以他们永远无法餍足的求知欲，渴望认识宇宙万物的真正意义，能够对这一意义给出理性的解释，正如他们无法抵抗地被驱向自然科学、数学和一般意义上的精确推理或逻辑学那样。希腊民族精神中这一丝不苟的方面，大概在亚里士多德身上得到了最完整的表达。然而，亚里士多德决不会承认数学与美学的分离，他说想象不出还有什么比数学的研究对象更美的东西。柏拉图喜欢几何学，醉心于数的神奇；柏拉图学园大门上方的铭文写着：ἀγεωμέτρητος μηδεὶς εἰσίτω（不懂几何者不得入内）。欧几里得是一个同样典型的希腊人。实际上，认识到数学在这样大的程度上是希腊的，有一点也就无可争辩：一个人如果想要充分理解希腊的民族精神，最好的计划便是从他们的几何学着手。

希腊数学的故事，之前有人写过。詹姆斯·高尔博士居功阙伟，1884 年出版了他的《希腊数学简史》（*Short History of Greek Mathematics*），这是一部教益良多的学术作品，得到了世界各地数学史权威的尊敬和欣赏，被广泛引用。然而，在他著述的时候，高尔博士必然要依赖一些先行者的作品：布雷特施奈德、汉克尔、奥尔曼和莫里兹·康托尔（第一版）。自那以后，这一学科进步甚巨；新的文本陆续出版，重要的新文献不断被发现，学者和数学家们在不同国家的研究清晰地揭示了很多晦暗不明的模糊点。因此，重写这个完整的故事正当其时。

有一点倒是真的，近年来，英国和美国出版了很多引人入胜的数学史著作，但这些书都只是把希腊数学作为更庞大主题的组成部分来处理，仅仅是对篇幅的考量，就使得作者们不能足够详尽地呈现希腊人的工作。

同样的评论也适用于德国人撰写的数学史，甚至适用于莫里兹·康托尔的巨著，他只在第一卷大约 400 页的篇幅里论述了希腊数学史。尽管没有人愿意贬低如此伟大的辛勤研究，它是一座丰碑，但不可避免的是，这等规模的书迟早会被证明是不充分的，在细节上需要修正；后来的几个版本不幸没能充分利用自第一版问世以来变得可用的新材料。

现有的最好的希腊数学史无疑是吉诺·洛里亚的作品，题为《古希腊的精密科学》（*Le scienze esatte nell' antica Grecia*，1914 年第二版，Ulrico Hoepli，米兰）。洛里亚教授分五卷来安排他的材料：（1）欧几里得之前的几何学；（2）希腊几何学的黄金时代（从欧几里得到阿波罗尼奥斯）；（3）应用数学，包括天文学、球面几何、光学，等等；（4）希腊几何学的白银时代；（5）希腊人的算术。在单独各卷中，编排是按年代顺序，以人或学派的名字为标题。我之所以提到这些细节，乃是因为它们引发了这样的问题：在一部这种性质的历史著作中，最好的做法究竟是遵循年代顺序，还是依照主题来安排材料？如果是后者，那么是在"主题"这个词的何种意义上展开，又当在什么样的限制之内？正如洛里亚教授所言，他的编排是"依照主题编排与严格遵循年代顺序之间的一种妥协，两种方法皆有各自的

vii

优缺点"。

在本书中，我采用了一种新的编排，亦即依照专题、专题的性质，以及借助实例使之变得更清晰的理由。不妨以一个著名问题为例，这个问题在希腊几何学的历史上扮演了一个重要角色，亦即倍立方体，或它的等价命题：在两已知线段之间求两个比例中项。按照年代顺序，这个问题在每个新解法出现的场合都要重新出现。现在，有一点显而易见：如果把所有记录在案的解法收集在一起，就更加容易看出它们之间的关联——在某些实例中意味着本质上是一样的，更容易对这个问题的历史有一个综合而全面的观照。我因此在"特殊问题"那一章的不同小节中处理这个问题，对于另外两个著名难题：化圆为方和三等分任意角，我遵循了同样的路线。

对于某些界定明确的主题，比如圆锥截面，也有类似的考量。为了考量门奈赫莫斯发现圆锥截面及其基本属性的方法，中断介绍他的两个比例中项问题的解法是不方便的。在我看来，在一个地方给出圆锥截面几何的起源和发展的完整故事更好一些，这件事情是在关于圆锥截面连同阿波罗尼奥斯那一章完成的。在关于代数学（连同丢番图）的那一章，以及在关于三角学（连同喜帕恰斯、梅涅劳斯和托勒密）的另一章，做法也是类似的。

与此同时，欧几里得和阿基米德这两个卓冠群伦的人物需要属于他们自己的专门的一章。欧几里得是无与伦比的《几何原本》的作者，其著述涵盖了其他几乎所有他那个时代所知道的数学分支。阿基米德的工作全都是原创性的，并展示在那些已经成为科学阐述典范的专著中，就形式和风格而言堪称完美，就主题的范围而言甚至更加广泛。如果我们充分认识到他们在科学史上所占据的、并将永远占据的卓越地位，就必须把这两个天才人物独一无二的不朽丰碑与周围的环境分离开来，从自成体系的角度来看待。

我所采用的编排（正如其他任何阐述顺序一样）免不了一定数量的重复和交叉引用；但是，只有以这种方式，才能赋予整体叙述以必要的统一性。

另有一点应当提及。现有的数学史著作有一个缺点：尽管它们通常介绍了阿基米德和阿波罗尼奥斯的伟大论著的内容，及其证明的主要命题，但它们很少试图描述获得结果的过程。因此，在一些最重要的实例中，我想方设法尽可能详细地展示论证的过程，好让有能力的数学家能够掌握他们使用的方法，而且，如果愿意的话，可将之应用于其他的类似研究。

这项工作始于1913年，但它的主体部分，作为一项消遣，是在世界大战的头三年写成的，这场战争的可怕过程似乎日复一日地强化了柏拉图在答复德洛斯人时所传达的深刻真理。当德洛斯人就神谕向他们提出的问题——亦即倍立方体的问题——向柏拉图请教时，柏拉图答道："必须假设，神并不是想让这个问题得到解决，而是希望希腊人放弃战争与邪恶，培养冥想的习惯，这样一来，他们的激情就会被哲学和数学纾解，他们就有可能天真无邪地生活在一起，友爱互助，彼此交流。"真正做到——

希腊和她的基础
建立于战争的潮汐之下，
建立在思考及其永恒性的
水晶般清澈的海洋之上。

托马斯·希思

1. 导言

希腊人与数学

有一个令人鼓舞的时代特征，这就是有越来越多的努力，旨在促进更恰当地欣赏和更清晰地理解希腊人对人类的贡献。我们欠希腊什么，希腊人为人类文明做过什么，以及希腊民族精神的方方面面，都是很多可悉心研究的主题，这些研究吸引了广泛的关注，也必将产生它们的影响。实际上，在艺术、文学、哲学和科学领域，所有民族——至少是西方民族——都曾向希腊人学习，这些东西对于理性地运用和享受人类的力量和活动来说必不可少，它们使得过一种理性人的生活有价值。"一切民族当中，希腊人所梦想的是最美好的生活。"（译者注：语出歌德）希腊人并不仅仅在他们首创和命名的那些知识领域是先行者。而且，他们还把自己所开创的东西发展到了完美的程度，此后再也无人超越；就算有一些例外，那也只是因为在这些领域，短短几百年的时间尚不足以提供更多的经验积累，不管是为了修正起初只能是臆测性质的假说，还是为了提出新的方法和手段，都需要这样的积累。

希腊民族精神的所有彰显当中，最令人印象深刻、最叫人击节惊叹的，莫过于希腊数学史所揭示出来的。希腊数学家们实际上所实现的，不仅仅其范围和数量本身就让人惊叹不已；还要记住的是，这一大批原创性的工作是在短得几乎令人难以置信的时间跨度内完成的，尽管他们所掌握的唯一方法——亦即纯几何方法，必要时由初等算术运算提供补充——相对来说不够充分（在我们看来是这样）。我们不妨借助实例，只涉及纯几何的主要课题，提前标示出其发展中的某些明确阶段。在泰勒斯时代（公元前 600 年前后），我们发现了几何理论最初的微光，闪现在下面这几个定理中：圆被其任一直径等分；等腰三角形的等边所对之角相等；还有（如果确实是泰勒斯发现了这个定理的话），半圆的内接角是直角。半个多世纪后，毕达哥拉斯朝着数论的方向迈出了最初的几步，并接续了使几何学成为一门理论科学的工作；正是他，最早使几何学成为通识教育的课程之一。在下一个世纪结束之前（亦即公元前 450 年之前），毕达哥拉斯学派实际上已经完成了欧几里得《几何原本》（*Elements*）第一、二、四、六卷（大概还有第三卷）的主题，包括"几何代数"的所有基本要素，它们一直是希腊几何学的根本；唯一的缺点是，他们的比例理论不适用于不可公度量，而只适用于可公度量，因此，不可公度量刚被发现出来，他们的理论就被证明是不充分的。同样是在公元前 5 世纪，倍立方体和三等分任意角这两个难题——它们超出了直线和圆的几何学范围——不仅被提了出来，而且在理论上得到了解决，前者被简化为求连比中的两个比例中项（希波克拉底），随后通过三维空间里一个异乎寻常的作图给解决了（阿契塔），而第二个难题借助希庇亚斯的一条曲线给解决了，这条曲线被称作"割圆曲线"；化圆为方的难题也有人尝试过，而且，作为对这个问题的贡献，希波克拉底发现了可以通过直线和圆来化方的 5 个弓月形当中的 3 个，并把它们化了方。公元前 4 世纪，欧多克索斯发现了欧几里得《几何原本》第五卷中阐述的那个伟大的比例理论，并给测量面积和体积的"穷竭法"奠定了原理；圆锥截面及其基本属性被门奈赫莫斯发现；无理数理论（就 $\sqrt{2}$ 而言，大概是早期毕达哥拉斯学派发现的）被泰阿泰德一般化了；球面几何在一些系统性的专著中被发展出来。大约在那个世纪末，欧几里得撰写了《几何原本》，共 13 卷。接下来的公元前 3 世纪是阿基米德的世纪，可以说他预示了积分学，因为，通过进行实际上的求积分，他求出了一段抛物线和一段螺线所围的面积，球和球冠的表面积和体积，任意一段二次旋转体的体积，一个半圆、一段抛物线、任意一段旋转抛物截面和任意一个球截体的重心。公元前 200 年前后，"伟大的几何学家"阿波罗尼奥斯完成了圆锥曲线理论，并专门研究了最长和最短的法线，很容易得出如何在一条圆锥曲线的任意点上决定一个曲率圆，研究了圆锥曲线的渐屈线方程，在我们看来，这是解析几何圆锥曲线论的内容。在阿波罗尼奥斯那里，希腊几何学的主体已经完成，我们因此可以公正地说，希腊人在短短 4 个世纪的时间里便足以完成它。

不过有人会问，所有这一切是如何发生的？希腊人对数学有什么样的特殊天赋？这个问题的答案是：他们的数学天才只不过是其哲学天才的一个方面而已。数学实际上构成了柏拉图之前希腊哲学的很大一部分，二者有着相同的起源。

在希腊人当中发展哲学的有利条件

亚里士多德说：求知乃人类的天性。[1] 希腊人远甚于古代其他任何民族，拥有对知识本身的热爱；在他们那里，这种热爱无异于一种本能，一种激情。[2] 我们首先在他们对冒险的热爱中看到了这一点。十分典型的是，在《奥德赛》（*Odyssey*）中，奥德修斯被赞美为英雄，因为他"见识过很多人的城市，并学习了他们的智慧"[3]，甚至常常冒着生命危险，纯粹出于对扩大眼界的激情，他去见识独眼巨人族的时候便是如此，那是为了查明"他们是何种人，到底是粗暴而野蛮、毫无正义感，还是殷勤好客、敬畏神明"[4]。更接近有史记载的时期，我们发现哲学家和航海家们到处旅行，为的是探知其他历史更漫长的民族在千百年里积聚起来的所有智慧。泰勒斯到埃及旅行，把自己的时间花在了跟祭司们打交道上。据希罗多德说[5]，梭伦旅行是为了"看世界"，他去埃及探访阿玛西斯的宫廷，到萨迪斯拜访克罗伊斯。在萨迪斯，直到"见过并仔细查验过每一件事物之后"，他才与克罗伊斯进行那场著名的对话；克罗伊斯说他对这个雅典人的智慧和游历早有大量耳闻，证明他在看世界和追求哲学的过程中已经到过很多地方。（希罗多德也是一个伟大的旅行家，他本人就是一个很好的例证，说

4

明希腊人有能力吸收他们从其他任何民族那里学到的任何东西；而且，尽管就希罗多德的情形而言，看世界的目标更多的不是追求哲学，而是为了搜集趣闻轶事。然而，他在同样程度上表现出了希腊人的这样一种激情：了解事物的本来面目，发现它们的意义和相互关系；"他仔细比较自己的记述，反复考量证据，他清楚地意识到自己作为一个真相探寻者的职责"。）但是，对于同样的知识渴求，最好的说明莫过于关于毕达哥拉斯游历的类似传说。杨布里科斯在他记述毕达哥拉斯生平的著作中说[6]，泰勒斯很欣赏他非同寻常的才能，将平生所学倾囊相授，并以自己上了年纪、精力日衰为借口，建议他去找埃及的祭司，跟他们学习。毕达哥拉斯顺道探访了西顿，这一方面因为那是他的出生地，另一方面也因为他正确地认为，走这条路线去埃及更容易。他在那里结交了自然哲学家和先知摩斯科斯的后代，以及另外一些腓尼基人的圣师，被介绍参加了比布卢斯、提尔及叙利亚很多地方举行的宗教仪式。他这样做并不是出于宗教热情，"像你可能认为的那样"，而更多的是出于对哲学探究的热爱和渴望，是为了确保不忽略值得获取的每个知识片段，这些知识很可能就潜藏在神圣崇拜的神话和仪式中。接下来，考虑到他在腓尼基发现的东西在某种意义上是埃及祭司们的智慧的分支或后裔，他得出结论，应当去埃及本土这个源头，借此获得更纯粹、更崇高的学问。

"在那里，"故事继续说，"他问学于祭司和先知，自学每一种可能的主题，不疏忽最优秀的士师所能传授的任何一条信息，不漏掉任何一个以学问著称于世的人，不放过这个国家所举行的任何一场宗教仪式，不丢下他认为能够发现更多东西的任何一个地方……就这样，他在埃及各地的神殿度过了 22 年，追求天文学和几何学，而且有目的地，而不是一时兴起或偶然地，参加了所有神圣崇拜的仪式，直至被冈比西斯的军队俘虏，并被带到巴比伦，他在那里又结交了宫廷术士。通过他们，他被介绍参加庄严的宗教仪式和宗教崇拜，在他们当中，他在算术、音乐及其他学问分支上获得极高的声望。就这样又过了 12 年，他才回到了萨摩斯岛，那时他大约 56 岁。"

这些故事在细节上是不是真的并不重要。它们代表了希腊人自己如何看待其哲学开端的传统而普遍的观点，它们全面反映了希腊人的精神和视野。

从科学的观点看，希腊人所拥有的一个非常重要的优势是他们引人注目的准确观察的能力。这一能力在所有时期都得到了证明，通过荷马的明喻，通过花瓶画，通过希罗多德的民族志材料，通过"希波克拉底的"医学书，通过亚里士多德的生物学专著，以及通过希腊天文学各个发展阶段。不妨举两个稀松平常的例证。马蹄的底面，我们称之为"蛙"，而希腊人称之为"燕"，一个人只要仔细检查一下这个部位，他就会同意，后者的描述更准确。还有，那些立柱从下往上看似乎完全是笔直的，但如果你测量一下，就会发现，它们是凸起的，建筑师和工人们想必有着极其准确的感知能力。

另一个更重要事实是，希腊人是一个"思想者"的族群。对他们来说，知其然是不够的，他们还要知其所以然，对于每一个事实或现象，在他们能够给出一个合理的解释——或者在他们看来是合理的解释——之前，他们决不会善罢甘休。希腊天文学的历史提供了一个很好的例证说明这一点，也说明了这样一个事实：任何可见的现象都逃不过他们的观察。我们在克莱奥迈季斯的著作中读到 [7]，人们观察到了一些非同寻常的月食，有些"古代数学家"试图解释，却白费力气。这一"荒谬的"情况是：当太阳依然出现在西边的地平线上时，却可以看到食既的月亮在东边升起。这个现象似乎不符合公认的解释：月食是由于月亮进入了地球的阴影而产生的，而现在它们一东一西同时出现在地平线之上，这怎么可能呢？那些"古代"数学家试图证明这是有可能的：观察者如果站在球形地面的高处，可以看到一个圆锥体的母线，亦即所有面都稍稍向下，而不是完全是在地平线的平面上，因此他既可以看到太阳，也可以看到月亮，尽管后者在地球的阴影里。克莱奥迈季斯否认了这一点，他更愿意把此类情形的整个故事看作虚构，纯粹是为了烦扰天文学家和数学家。但是很明显，人们实际上观察到了这样的情形，天文学家一直致力于研究这个问题，直至他们找到了真正的解释，亦即：这一现象是由于大气折射，它使得我们可以看见太阳，尽管它实际上在地平线之下。克莱奥迈季斯本人给出了这

7 一解释，他指出，这种大气折射的情形在黑海地区特别显著，并比较了一个著名的试验：水罐底部有一个圆环，当水罐空着的时候它刚好在视线之外，而当它倒满水的时候却能被看到。我们不知道最早对这一"荒谬"情况感到迷惑不解的那些"古代"数学家究竟是谁，但有一点似乎并非不可能：正是对这一现象的观察，以及用别的方法很难解释它，使得阿那克萨哥拉及其他人坚持这样一个理论：除了地球之外，还有另外一些天体，有时候，由于它们的介入，而导致了月食。这个故事还是一个很好的例证，说明了下面这个事实：在希腊人那里，纯理论与观察齐头并进。观察提供了理论赖以建立的材料；但理论必须时不时地修改，以适合已经观察到的新的事实；他们持续不断地牢记着有必要"拯救现象"（用希腊天文学家的老套术语）。实验在希腊人的医学和天文学中扮演了同样的角色。

　　在不同的希腊族群当中，就开创哲学和理论科学的自然天赋和环境而言，定居于小亚细亚沿海的爱奥尼亚人是最幸运的。当殖民精神在一个国家最早出现，人们寻求活动和发展的新领地时，很自然，那些更年轻、更进取、更勇敢的人便会自愿背井离乡，到新的国家试试运气。同样，在智力方面，殖民者至少不亚于那些留在国内的人，而且受陈旧传统观念的束缚最少，他们最有能力开辟新路。在小亚细亚建立殖民地的希腊人便是如此。这些殖民地的地理位置，通过星罗棋布的岛屿，与母国联系起来，从而保持它们与母国之间连续不断的接触。与此同时，通过整个地中海地区的商业发展，他们的地理视野得

8 到了极大的拓展。小亚细亚的希腊人当中，最大胆的海上冒险家福西亚人，在他们探索了亚德里亚海、意大利西海岸以及利古里亚人和伊比利亚人的海岸之后，成功地把他们的贸易拓展到了"赫拉克勒斯之柱"（译者注：通常认为是今天的直布罗陀）。据说，早在公元前600年，他们就建立了希腊人在西方国家最重要的殖民地马赛利亚。位于利比亚海岸的昔兰尼在公元前7世纪最后三分之一时间里建立。公元前800年之后不久，米利都人在黑海的东海岸建立了殖民地（前785年建立锡诺普）；公元前8世纪之后不久，西西里最早的希腊殖民地先后建立，从埃维厄岛到科林斯湾（前734年建立叙拉古）。古

希腊人对小亚细亚南海岸和塞浦路斯的了解，以及与埃及之间建立密切的关系（米利都人在其中扮演了重要角色），属于普萨美提克一世统治时期（前664—前610），很多希腊人在埃及定居。

与整个已知世界的自由交流就这样建立起来了，使得关于各个国家和族群中盛行的不同状况、习俗和信仰的完整信息得以搜集起来。特别是，爱奥尼亚的希腊人有一个价值无法估量的优势：可以直接或间接地接触两个古老的文明：巴比伦文明和埃及文明。

在《形而上学》（Metaphysics）的开头，亚里士多德在论述科学的演化时指出，艺术先于科学。艺术是作为从经验中积累起来的一般观念的结果而创造出来的（而经验则是源于记忆力的运用）；首先出现的是那些旨在满足生活需要的艺术，然后才是那些关注令人愉快的事物的艺术。只是当所有这样的艺术都得以确立之后，才轮到并不打算满足生活需要的科学被发现，此事首先发生在那些人们开始有闲暇的地方。这就是数学的艺术在埃及得以创立的原因；因为在那里，祭司阶层被允许无所事事。在这本书里，亚里士多德并没有提到巴比伦；但事实上，巴比伦的科学也被祭司阶层垄断。

事实上，正如冈佩兹所言 [8]，有一点倒是真的，就我们从历史中所知道的而言，在科学探索的道路上，最早迈出的几步，只能是在那些存在组织化祭司和学者阶层的地方才得以实现，这个阶层的存在，确保了必不可少的勤奋，加上同样不可或缺的传统的连续性。但也正是在那些地方，最初的几步通常也是最后的几步，因为这样获得的科学教条，由于它们被等同于宗教规条，往往很容易像后者一样，成为纯粹没有生命的信条。对希腊人不受阻碍的精神发展来说，一个十分幸运的机会是，他们在文化上的先辈都有一个组织化的祭司阶层，而希腊人却从未有过。首先，在吸收每一种学问的时候，他们可以完全自由地发挥他们万无一失的兼收并蓄的力量。"这依然是他们永恒的光荣：他们在一大堆混乱而复杂的准确观察材料和迷信观念中——而正是这些构成了东方祭司的智慧——发现了严肃的科学成分，把所有荒诞离奇的垃圾扔到一边。" [9] 由于同样的原因，在利用埃及人和巴比伦人的早期工作作为基础的同时，希腊民族精神可以采取一条独立的上升通道，而免于阻碍飞翔的各种限制和风险，这样的飞翔注定要把它带向最高的成就。

其次，希腊人有着"思维的明朗清澈"和思想的自由，没有受到任何"圣经"或其等价物的束缚，只有他们，才有能力创造出他们所创造的那种科学，亦即有生命的东西，它们建立在坚实的首要原则的基础之上，并且有无限发展的潜能。《伊庇诺米篇》（*Epinomis*）的作者在说下面这番话的时候似乎有些自夸，但确实是真话："让我们把这作为一个不证自明的公理：不管希腊人从野蛮人那里拿来了什么，他们都会使之提升到完美。"[10] 他说到了希腊人在何种程度上能够解释太阳、月亮及行星的相对运动和速度，同时承认，依然有很长的路要走，才能实现绝对的确定性。他补充了一句典型的话，跟上文关于希腊人的自由世界观的评论密切相关：

> 希腊人千万不要有这样一种担心：我们任何时候都不应该研究神的事物，因为我们是凡人。我们应当坚持的观点恰好相反，亦即，神不可能没有智慧，不可能对自然一无所知。相反，他知道，当他教导凡人的时候，人们会听从他，学习教给他们的知识。他当然完全知道，他教导我们的、我们在学习的，也是我们眼下正在讨论的主题：数和计算；如果他不知道，那他就表现得最缺乏智慧了；我们说的这个神，如果他不喜欢一个有学习能力的人学习，如果他毫不隐瞒地不高兴一个人在神的影响下变得更好，那他自己实际上就不知道。[11]

这段话再清楚不过地表达了希腊人的这样一个确信：宗教与科学真理之间不存在对立，因此，追求真理不存在不虔敬。这段话很好地对应了那句被归到柏拉图名下的话："θεός αεί γεωμετρεῖ（神在研究几何学）。"

数学的意义和分类

在亚里士多德的时代之前，μαθήματα（课程）和 μαθηματικός（数学的）这两个单词看来并没有被明确地用来表示数学、数学家或跟数学有关的东西这一特定意义。在柏拉图那里，μαθημα（课程）的意思十分笼统，指的是讲授或学习的任何功课；他讲到了 καλά μαθήματα（好课程），属于 καλά επιτεύγματα（好才艺），是女人的功课，与男人的功课相对，还讲到诡辩学家的清嗓声是 μαθήματα；他在《理想国》（Republic）中发问，最伟大的 μαθήματα 是什么？他答道，最伟大的 μαθήμα 是善的理念（Idea of the Good）[11]。但在《法律篇》（Laws）中，他讲到了 τρία μαθήματα（三门功课），是适合于生而自由的男人的功课，它们是算数、测量学（几何学）和天文学[12]。毫无疑问，在他的教育计划中给予数学科目以突出的地位，在鼓励人们把这些科目专门称作 μαθήματα 上有一定的影响。我们被告知，逍遥学派以这种方式解释了这个单词的特殊用法，他们指出，像修辞学、诗歌和整个通俗 μουσική（音乐）这些东西，即便是一个没有学过的人也能理解；专用名称 μαθήματα 被用来称呼某些课程，对于这些课程，任何一个没有经过相应教学课程的人不可能理解。他们得出结论，正是由于这个原因，这些学科被称作 μαθηματική（数学的）[13]。实际上，μαθηματική 的特殊用法似乎源于毕达哥拉斯学派。据说，该学派的一些秘传成员，亦即那些最全面地学习过知识理论、熟悉其详尽细节的人，都被称作 μαθηματικοί（数学家，与 άκουσματικοί［声闻家］相对，后者指的是旁听课程的人，向他们传授的，不是内部理论，而只是实用的行为规则）；而且，鉴于毕达哥拉斯学派的哲学主要是数学，这个术语可能很容易等同于数学学科，与其他学科区分开来。据亚纳多留斯说，毕达哥拉斯的追随者更加特别地把 μαθηματική 这个术语应用于几何与算数这两个科目，以前人们只是称呼它们各自的名称，而没有任何的名号同时涵盖二者[14]。还有阿契塔著作的一段文字，明显是如此用意，阿契塔是毕达哥拉斯学派的成员，也是柏拉图同时

11

9

代的人和朋友，在这段文字中，μαθήματα 这个单词看来明显被应用于指称数学科目：

> 在我看来，数学家们（τοί περί τα μαθήματα）似乎得出了一些正确的结论，因此一点也不奇怪，他们对每一个别事物的性质有着正确的概念；因为，得出了这些关于宇宙性质的正确结论之后，他们一定会真正洞察个别事物的性质。因此，他们把清晰的知识传给了我们，关于行星的运动速度，它们的升起和落下，以及关于几何学、算术和天体学，尤其是关于音乐；因为这些 μαθήματα 似乎是姊妹。[15]

这段话让我们知道了希腊人对不同数学分支的分类。在上面引述的那段文字中，阿契塔点明了毕达哥拉斯学派的四门学科（quadrivium）：几何学、算数、天文学和音乐（因为"天体学"指的就是天文学，是专门涉及天体运动计算的球体几何学）；同样的学科名目被尼科马库斯、士麦那的赛翁和普罗克洛斯归到毕达哥拉斯学派的名下，只是顺序不同：算术、音乐、几何学和天体学。按照这个顺序排列的观念是：算术和音乐都跟数（ποσόυ）有关，算术本身跟数有关，音乐以别的方式跟数有关，而几何学和天体学都跟量（πηλίκου）有关，几何学跟静止的量有关，天体学跟运动的量有关。在柏拉图为政治家的教育制订的课程表中，出现了同样的科目，加上了立体几何学：算数排第一，然后是几何学，接下来是立体几何学、天文学及和声学。把立体几何作为一门独立的学科是柏拉图自己的主意；然而，这纯粹是对总课程的一个形式上的添加，因为，立体几何问题当然更早就得到了毕达哥拉斯学派、德谟克利特及其他人的研究，它是作为几何学的组成部分。柏拉图把它安排进来的理由一定程度上是合乎逻辑的。天文学处理立体物体的运动，因此平面几何学与天文学之间存在一个缺口，因为在考量平面图形之后，接下来应该增加第三维，考量立体图形本身，然后才能过渡到考量立体图形的运动。但柏拉图之所以强调立体几何，是出于别的理由，亦即在他看来，立体几何并没有得到充分的研究。"立体的属性似乎尚未被发现。"他补充道：

> 这样做的理由有两个。首先，正是因为没有一个城邦重视它们，这些本身很难的问题得到的研究很薄弱；其次，那些研究它们的人迫切需要一个引导人，没有他的指导，他们不大可能取得什么发现。但是，首先，很难找到这样一个引导人，其次，即使找到了，在目前情形下，那些有意向从事这些研究的人也会由于他们的自命不凡而不愿意听从他的指导。[16]

我把这段文字中的 ὡς νῦν ἔχει（在目前情形下）翻译成了"在目前环境下"的意思，亦即只要这位引导人没有城邦首领在背后支持他：考虑到整个上下文，这似乎是最好的解释；但也有可能，从句法结构来看，把这个短语和前面的一些单词联系起来，在这种情况下，其意思可能是"而且，即使找到了这样一个引导人，正如目前的情况"，而且，柏拉图会在同时代人当中点出某个深受尊敬的几何学家，作为这个职位的合适人选。如果柏拉图打算这样做，推测起来，他脑子里想到的要么是阿契塔，要么是欧多克索斯。

还有一个合乎逻辑的理由：柏拉图在他的分类中把和声学或音乐放在天文学的后面。正如天文学是天体的运动（φορά βάθους），诉诸眼睛，也有和声的运动（ἐναρμόνιος φορά），依据和声规则的运动，诉诸耳朵。在坚持音乐与天文学的姊妹关系上，柏拉图遵循了毕达哥拉斯学派的观点（比较前面引用的阿契塔的那段话和"球体和谐"学说）。

（1）算术和逻辑学

柏拉图所说的算术，并不是我们现在意义上的算术，而是就其本身来考量数的科学，换言之，就是我们所说的数论。然而，他并没有忽视计算的技艺（我们现在意义上的算术）；他谈到了数和计算（ἀριθμόν καί λογισρόν），并指出，"计算的技艺（λογιστική）和

11

算术（ἀριθμητική）都和数有关"；一般说来，那些有计算天赋（οἱ
φύσει λογιστικοί）的人具有学习所有科目的天资，即使是那些比较
迟钝的人，通过练习计算，也能变得更聪明[17]。但是，计算的技艺
（λογιστική）只是为学习真正的科学作预备；那些将要统治城邦的人
要掌握 λογιστική，不是在通俗的意义上（着眼于在生意中运用），
而只是为了学习知识的目的，直至他们能够仅仅通过冥想来思考数的
特性[18]。在希腊人的数学中，ἀριθμητική（数论）与 λογιστική（计算
的技艺）之间的这种区别是一个本质性的区别。这一区分在柏拉图的
其他作品中也可以找到[19]，很显然，在柏拉图的时代，这一区分就
已经确立了。阿契塔在同样的意义上也有 λογιστική。他说，计算的
技艺似乎远远领先于与智慧或哲学有关的其他技艺，而且，它使得
它选择来处理的那些东西甚至比几何学所做到的更清楚；此外，它
甚至经常在几何学失败的地方取得成功[20]。不过，只有后来论述数
学分类的作者，才开始详细地研究 λογιστική 到底包括什么。普罗克
洛斯作品中的盖米诺斯、《杂集》（Variae Collectiones，收入胡尔奇
编定的海伦作品中）中的亚纳多留斯，以及柏拉图《查密迪斯篇》
（Charmides）的注释家们，都是我们的权威。盖米诺斯说[21]，算术
被分为线性数论、平面数论和立体数论。它就数的本身并依据数的本
身，研究从单位连续演化而来的数的种类、平面数的构成，以及朝向
第三维的进一步发展。至于 λογιστικος，它不是就数的本身并依据数
的本身，亦即他所认为的数的特性，而是涉及可以感知的物体。由于
这个原因，他把取自被测量物体的名称应用于它们，把某些（数）称
作 μηλίτης（来自 μήλον，羊，或 μήλον，苹果，更有可能是后者），
而把另外一些数称作 φιαλίτης（来自 φιάλη，碗）[22]。《查密迪斯篇》
的评注者则更进一步：[23]

> 逻辑这门科学处理的是被计数之物，而不是数；它不是就
> 其本质来对待数，相反，它预先设定 1 为单位，被计数之物为
> 数。例如，它把 3 看作三个构成的一组，把 10 看作十个构成的
> 一组，并把算术定理应用于这些（特殊）实例。因此，逻辑学一

方面研究阿基米德所说的群牛问题，另一方面它处理 melites 和 phialites 的数，后者涉及碗，前者涉及畜群（他大概说的是"苹果"）；在另外的种类中，它还研究可感知事物的数量，把它们当作绝对事物（ώς περί τελείων）来对待。它的主题是一切被计数之物。它的分支包括乘法和除法中所谓的希腊方法和埃及方法[24]，分数的加法和分解；它究竟用哪种方法来探索三角数和多角数理论的奥秘，这涉及具体问题的主题。

15

逻辑学的内容大部分被上面引用的注释解释得相当清楚了。首先，它包含了普通的算术运算，加减乘除，以及对分数的处理，也就是说，它包括了我们现在所说的算术的基本部分。其次，它处理关于诸如羊（或苹果）、碗等东西的问题，在这里，我们毫不费力地认出了我们在希腊诗文集所收的算术短诗中发现的那些问题。其中有几个问题是把一定数量的苹果或坚果在一定数量的人当中分配；另外一些问题则处理碗、雕像或雕像底座的重量，以及诸如此类。通常，它们涉及只有一个未知数的简单方程的解，或者很容易的有两个未知数的联立方程，两个有正整数解的一次不定方程。从柏拉图的隐喻，到这样一些难题，有一点很清楚：它们最初的年代至少可以追溯到公元前5世纪。被归到阿基米德名下的群牛问题当然要难很多，涉及佩尔方程的解，在数量上达到了完全不可行的规模。在这个问题中，两对未知数之和分别是一个平方数和一个三角数；这个题目因此符合那些涉及"三角数和多边形数理论"的描述。坦纳里认为最后几句话中的隐喻是不定分析中的问题，就像丢番图的《算术》（*Arithmetica*）中的那些问题一样。困难在于，丢番图的大多数难题都涉及数，比如它们的和、差等是平方数，而注释家只提到了三角数和多边形数。坦纳里认为平方数应当包括在多边形数当中，或者是意外被抄写员给遗漏了。但是，在丢番图的《算术》中，只有一处用到一个三角数（第四卷命题38），没有用到多边形数；注释家的 τριγώνους（三角数）也没有像坦纳里猜想的那样提到各边为有理数的直角三角形（丢番图《算术》第六卷的主要课题），阳性词的使用显示了 τριγώνους άριθμούς（三

16

角数）可能是什么意思。然而，我认为，毫无疑问，丢番图的《算术》属于逻辑学。那么，丢番图为什么把他这 13 卷书称作《算术》呢？解释大概是这样。丢番图那种类型的难题，就像算术短诗中的难题一样，先前确切地说到了名数（苹果、碗等的个数），丢番图的一个难题（第五卷命题 30）实际上就是以短诗的形式，是关于按希腊古币德拉克马的价格来计算酒的量。丢番图当时大概看出来了，这样的题目没有理由针对某一特定事物而不是其他事物的数量，相反，采取这样的形式可能更方便：在抽象的意义上求具有某些属性（单个属性或组合属性）的数，因此，它们可以声称是算术的组成部分，亦即抽象数的科学或数论。

应当补充的是，对于算术与逻辑学之间的区别，有相应的（在尼科马库斯的时代之前）不同处理方法。除了极其少见的情况之外，比如埃拉托斯特尼的 κόσκινον（筛子），一种把连续素数挑出来的手段，数论的处理只与几何学有关，仅仅由于这个原因，几何学的证明形式得以使用，不管几何图形是以点的形式（正如在早期毕达哥拉斯学派那里一样），还是以直线的形式（正如欧几里得第七至第九卷那样），来表示正方形、三角形、磬折形等；就连尼科马库斯也没有完全把几何学考量从他的作品中清除掉，在丢番图论述多边形数的专著（只有片段幸存了下来）中，也使用了几何学的证明形式。

（2）几何学与测地学

到了亚里士多德的时代，从几何学中分离出了一个截然不同的学科：γεωδαισία，即测地学（geodesy），或者按照我们现在的说法，叫测量，它并不限于土地测量，而是普遍涵盖了面积和体积的实用测量，正如我们从亚里士多德本人那里所知道的那样 (25)，还有从普罗克洛斯所引用的盖米诺斯的片段中所知道的那样 (26)。

（3）物理学科、力学、光学、和声学、天文学及其分支

在应用数学领域，除了天文学与和声学之外，亚里士多德还承认光学和力学。他把光学、声学和天文学称作数学当中更具物理性质的

（分支）[27]，并指出，这些学科和力学都依靠纯数学来证明它们的命题，光学靠几何学，力学靠几何学和立体几何学，和声学靠算术；同样，天象学（Phaenomena，亦即观测天文学）依靠（理论）天文学。[28]

最精密复杂的数学分类是盖米诺斯提出的[29]。在算术和几何学（它们处理的是不可感知的对象，或者说是纯思考的对象）之后，接下来是涉及可感知对象的分支，它们总共有 6 个，亦即力学、天文学、光学、测地学、音程学（canonic，κανονική）和逻辑学。亚纳多留斯区分了同样的学科，但给出的顺序是：逻辑学，测地学，光学，音程学，力学，天文学[30]。逻辑学已经讨论过了。测地学也被描述为 mensuration（测量），面积和体积的实用测量。正如盖米诺斯所言，测地学的功能不是测量一个圆柱体或一个圆锥体（本身），而是要把堆作为圆锥体、把桶或坑作为圆柱体来测量[31]。卡农是音程理论，正如一些像欧几里得的《音程之分》（κατατομή κανόνος）这样的作品中所论述的那样。

盖米诺斯把光学分为 3 个分支[32]。（1）首先是严格意义上的光学，其根本任务是要解释物体为什么依据其放置的位置和观看的距离不同而在外观上有着不同的尺寸和不同的形状。欧几里得的《光学》主要由这种命题所组成；一个圆从边缘的方向看就像一条直线（命题 22），一个圆柱体用一只眼睛看似乎看不到圆柱体的一半（命题 28）；如果从眼睛到一个圆的圆心连成的直线垂直于圆的平面，那么这个圆的直径看上去全都相等（命题 34），但是，如果这条连线既不垂直于圆的平面，也不等于圆的半径，那么，直径随着它与连线夹角的不同而看上去不相等（命题 35）；如果一个可视物体保持静止，那么存在这样一个轨迹，如果眼睛位于其上的任何一点，该物体对于眼睛所在的每一个位置来说看上去都是同样的大小（命题 38）。（2）第二个分支是反射光学（Catoptric），或称镜像理论，如海伦的《反射光学》（Catoptrica），它包含这样一个定理：入射角与反射角相等。这个定理基的假设是：连接眼睛与被反射物体的折线是最短的。（3）第三个分支是 σκηνογραφική，或者像我们可能说的那样，叫布景绘制，亦即应用透视。

18

在力学这个总的名称下，盖米诺斯[33] 区分了（1）ὀργανοποιϊκή，制造兵器的技艺（参见阿基米德据说是在叙拉古围城战中的技艺和海伦的 βελοποιϊκά）。（2）θαυματοποιϊκή，制造神奇机器的技艺，比如海伦在《气体力学》（*Pneumatica*）和《自动剧场》（*Automatic Theatre*）中所描述的那些机器。（3）严格意义上的力学，重力、平衡、机械力等的核心理论。（4）天体仪制造，即对天体运动的模仿；阿基米德据说制造过这样的球体或太阳系仪。最后[34]，天文学被分为（1）γνωμονική，日晷测量术，或借助不同形式的日晷测量时间，比如维特鲁威列举过的那些[35]。（2）μετεωροσκοπική，除其他内容之外，这一分支似乎包括测量不同星体越过子午线时的高度。（3）διοπτρική，为确定太阳、月亮和星体的相对位置而使用测量高度的光学装置。

希腊教育中的数学[36]

希腊教育的基本或初级阶段一直持续到 14 岁。主要科目是文学（读写之后，紧接着是听写和学习文学）、音乐和体育；但是，我们并非没有理由怀疑，连同这些课程一起，还教授了实用算术（我们现在意义上的），包括称重和测量。因此，在拼写阶段，一个向学生提出的常见问题是：某某单词（比方说苏格拉底）中有多少个字母，它们的顺序如何？[37] 这会讲授基数和序数。在同样的语境中，色诺芬补充道："或者，就拿数来说。有人会问：两个 5 是多少？"[38] 这表明，计算是学习文学的组成部分，乘法表是一个密切相关的科目。而且，有一些用骰子或距骨玩的游戏，孩子们很上瘾，它们涉及一定程度的算术技巧。柏拉图的《吕锡篇》（*Lysis*）中所描述指关节骨游戏中，每个孩子有一大筐距骨，每场游戏中输家输若干给赢家[39]。柏拉图把玩这种游戏的技艺和数学联系起来[40]；他还把 πεττεία（一种用 πεσσοί 玩的游戏，有点类似于跳棋或象棋）和一般意义上的算术联系起来[41]。柏拉图在《法律篇》中说到了三门功课适合于生而自由的公民学习：（1）计算和数字科学，（2）一维、二维和三维的测量术，（3）在天体运行及其各自周期知识这个意义上的天文学。他承认，这些科目深奥而准确的知识不适合一般人，而只适合少数人 [42]。但很明显，在文学和音乐之后，实用算术是一门适合所有人的课程，也就是说，为了战争、家政管理和政府工作，算术都是必要的。类似的，应当学习足够的天文学知识，才能够让学生理解历法 [43]。应当寓教于乐，这样才能让这些课程对孩子们有吸引力。在这个问题上，埃及人的做法吸引了柏拉图的极大关注：[44]

> 生而自由的孩子应当像埃及的孩子一样学习这些课程，连同他们的文学。首先，应当有专门设计的适合于孩子们的计算，他们应当带着娱乐和愉快的心态来学习这门课，例如，在更多或更少的孩子们当中分配同样数量的苹果或花环，在拳击或摔跤比赛中按照与孩子们抽签结对的方案分配参赛者，或者按照连续的顺序抽取他们，或者以任何常见的方式；还有，应当有用碗装着金、银、铜（币？）的游戏，相同的混在一起，或者，这些碗可以作为完整的单位分配；因为，正如我所说过的那样，通过把游戏与实用算术的基本运算联系起来，你就给孩子们提供了以后在军队、行军和战斗的队列排序中以及在家政管理中更有用的东西；在任何情况下，你都让他对自己更有用，有更广阔的觉悟。而且，通过计算测量那些有长度、宽度和深度的事物，让所有其自然条件都无知得荒谬而可耻的人脱离这种状况。

20

有一点倒是真的，这些是柏拉图关于初等教育应当包含什么的观念，但是几乎用不着怀疑，这样的方法在雅典实际上被使用了。

几何学与天文学属于中等教育，占据着 14 至 18 岁之间的那些年。假托柏拉图的著作《阿克西库斯》（*Axiochus*）把下面这个说法归到了普罗狄克斯的名下：当一个男孩长大时，亦即在启蒙老师（paidagogos）、文法老师（grammatistes）和体育老师（paidotribes）的管教下过了初级阶段之后，他就要经受"批评家"、几何学家、战

21

术家及一大堆其他老师的专制暴政了[45]。哲学家德勒斯同样提到，算术和几何学是孩子的瘟疫[46]。看来，在伊索克拉底的那个时代，几何学和天文学是后来才引入总课程中的。"迄今为止，"他说[47]，"我并没有看不起我的祖先所接受的教育，但我支持我们这个时代所确立的教学课程，我指的是几何学、天文学，以及所谓的辩论性对话。"这样的学习，即使没有其他的好处，至少可以让年轻人不去胡闹，而且，在伊索克拉底看来，不可能创造出比这些更有用、更适合的课程了；但到了学生们成年之后，就应该把它们抛弃。他说，大多数人认为它们没什么意义，因为（他们说），无论是在私人事务中，还是在公共事务中，它们都毫无用处。此外，由于它们跟我们的日常生活没什么关系，而且完全处在我们的日常需要之外，因此马上就会把它们忘得一干二净。然而，他自己并不赞同这些观点。确实，那些专攻诸如天文学和几何学这些学科的人从中并没有得到什么好处，除非选择讲授这些学科来谋取生计；如果投入得太深，他们就会变得不切实际，没有能力做平常之事；但恰到好处地学习这些课程可以训练一个孩子保持注意力集中，不让他的思维漫无目地地涣散；因此，以这种方式练习，并磨砺自己的才智，他就能够更容易、更快速地学习更重要的东西。伊索克拉底不会给几何学和天文学这样的研究赋予"哲学"的名号，后者对于培养演说家和实干家有着直接的用途，它们只是训练头脑、为哲学做准备的手段。它们更主要的是训练，而不是向孩子们传授的学科，比如文学研究和音乐，但在另外一些方面，它们有着同样的作用，可以让孩子们更快速地学习更伟大、更重要的课程。

22　　　由此看来，尽管有柏拉图的影响，一般意义上的文化人对数学的态度在柏拉图时代和今天并没有什么不同。

　　据说，正是早期毕达哥拉斯学派的一位成员，最早为了挣钱而教授几何学："毕达哥拉斯学派的一位成员家产尽失，当这一灾难降临在他身上时，他获准教授几何学挣钱。"[48]我们完全可以得出结论，希俄斯的希波克拉底——《几何原本》最早的作者，他还以求弓月形面积、把倍立方简化为求两个比例中项的问题和证明圆面积与直径的平方成正比而闻名——也是为了挣钱而授课，而且原因是一样的。故事的一种叙述是这样：他是个商人，因为被一艘海盗船俘获而倾家荡产。随后他来到雅典告发罪犯，在漫长的逗留期间无所事事，便跑去听讲课，最后精通了几何学，并尝试过化圆为方 [49]。亚里士多德讲过一个不同的版本：在拜占庭，他被海关官员敲诈了一大笔钱，由此证明——在亚里士多德看来——他尽管是个优秀的几何学家，但在日常生活的事务上却愚蠢而无能。[50]

我们在柏拉图的对话录中瞥见了一两次在教室里或课堂上讲授或讨论数学的情景。在《厄拉斯塔篇》（*Erastae*）中，有一段描写苏格拉底去狄奥尼修斯（柏拉图自己的老师）的学校上学，发现两个孩子正在一本正经地争论天文学的某个观点；他们讨论的究竟是阿那克萨哥拉的理论还是恩诺皮德斯的理论，他没有搞清楚，但他们在那儿画圆，并用他们的双手模仿这样或那样的轨道交角。在柏拉图的《泰阿泰德篇》（*Theaetetus*）中，我们读到了狄奥多鲁斯在那儿讲授无理数的故事，他还对于从 3 到 7 的每一个非平方数的平方根，分别证明了它与 1 不可通约，这个过程使得泰阿泰德和年轻的苏格拉底思考，在一个定义之下理解所有这样的无理数是不是可能。在这两个实例中，都有先进的或挑选出来的弟子在他们自己中间讨论他们刚刚听过的课程，并且——在第二个实例中——试图发展出更一般性质的理论。

但是，数学并不仅仅是在学校里通过正规的老师来传授，到处旅行讲课的诡辩学家也把数学（算术、几何学和天文学）放进了他们范围广泛的课程清单中。狄奥多鲁斯在数学上是柏拉图的老师，被柏拉图称为几何学、天文学、逻辑学和音乐（还有其他学科）的大师，他就是阿布迪拉的诡辩学家普罗塔哥拉斯的弟子 [51]。如果我们可以信任柏拉图的话，普罗塔哥拉斯本人并不赞成把数学作为中等教育的组成部分，因为他说过下面这番话：

> 另外一些诡辩学家虐待年轻人，因为，在年轻人逃离这些技艺的年龄，他们违背年轻人的意志，让他们再次投身于这些技艺，教授他们计算的技艺、天文学、几何学和音乐——说到这里，他

23

瞥了一眼希庇亚斯——相反，如果任何一个年轻人来找我的话，我不会强迫他学习任何东西，除非他就是为了学习这个来找我。(52)

这里提到的希庇亚斯当然是埃利斯的希庇亚斯，一个确实受人尊敬的数学家，割圆曲线的发明者，最早打算解决三等分任意角的问题，还曾致力于化圆为方的问题。在《小希庇亚斯篇》（*Hippias Minor*）中 (53)，有一段描述希庇亚斯各种不同的成就。据这段文字说，他声称，有一次他去参加奥林匹亚节，所穿戴的每一样东西都是他自己做的，指环和封印（雕刻的）、油瓶、刮刀、鞋子、衣服，还有价格不菲的波斯腰带；他还带去了诗歌、史诗、悲剧、酒神赞美诗，以及各种散文作品。他是计算科学（逻辑学）、几何学、天文学、"韵律、和声和正确写作"的大师。他还有一套神奇的记忆术体系，使他能够一次听一连串 50 个名字，并把它们全都记住。作为一个细节，我们被告知，他在斯巴达讲课没有收到任何费用，斯巴达人受不了他讲天文学、几何学或逻辑学。哪怕是数数，他们当中也只有少数人会，他们喜欢的是历史学和考古学。

关于数学家们在希腊教育体系中所扮演的角色，上面这些几乎就是我们所知道的一切。正如我们已经看到的，柏拉图对数学的态度完全是例外；毫无疑问，主要是由于他的影响和他的鼓励，数学和天文学才在他的学院里取得了如此巨大的进步，尤其是通过克尼多斯的欧多克索斯和本都的赫拉克利德斯。但民众对柏拉图讲课风格的态度并不令人鼓舞。有一个故事讲到他关于"善"的一次讲课，亚里士多德很喜欢讲这个故事 (54)。这次讲课有一大群人来听，"每个去听讲的人都抱着这样一个想法：他会讲一件在人类生活中通常被认为是善的东西，比如财富、健康、力量，或者任何一件不同寻常的幸运礼物。但他们发现，柏拉图讲述的是数学、算术、几何学和天文学，最后宣布，其中哪一样都是善。这个时候，一点也不奇怪，他们全都大吃一惊。到最后，有些听众倾向于嘲笑整个事情，而另一些听众则表示完全反对"。然而，柏拉图能够挑选他的学生，他因此能够坚持遵照据说是他张贴在门廊上的告示："不懂几何者不得入内。"(55) 类似的，在斯珀西波斯之后继任学校首领的色诺克拉底也可以对一个不懂几何学的申请入学者转过身去，用一句话把他给打发了："走你的路吧，因为你没有掌握哲学的手段。"[56]

有两个故事可以说明人们对数学的通常态度，分别关于毕达哥拉斯和欧几里得。据说[57]，毕达哥拉斯急切地想把他看到在埃及有效运转的那套教育体系——特别是数学研究——移植到自己的国家，但在萨摩斯岛却找不到人来听他的。他因此采用了下面这个计划，来传授他的算术和几何学，以便它们不至于随着他的去世而消亡。他选择一个这样的年轻人：从他在体育锻炼中的行为表现来看似乎能适应，而且他很穷。毕达哥拉斯允诺，如果年轻人系统地学习算术和几何学，每掌握一个"算术"（命题）就给他一个银币。这样一直持续到这个年轻人对这门学科产生兴趣，到这个时候，毕达哥拉斯判断，即使没有银币，年轻人也会很高兴继续钻研下去。这时候他会暗示，他自己也很穷，必须尝试着挣钱糊口，而不是钻研数学。从此之后，这个年轻人非但没有放弃研究，反而每学习一个命题便支付给毕达哥拉斯一个银币。我们大概必须把这个故事与毕达哥拉斯学派的座右铭联系起来："一个命题一个平台（从这个平台上升到下一个更高的台阶），而不是一个命题一个银币。"[58]

我们推断，马其顿时期国王们的教育并没有包括多少几何学的内容，亚历山大曾向门奈赫莫斯，托勒密曾向欧几里得请教过学习几何学的捷径，他们得到的答复都是："在全国各地旅行，有皇家大道，也有平民百姓走的路；但在几何学的领域，所有人都只有一条路。"[59]

25

2. 希腊记数法与算术运算

十进制

有史以来，希腊人一直遵循十进制记数法，它已经为世界各地的文明民族所采用。诚然，很早的时期有过五进制计算的痕迹。因此在荷马的作品中，πεμπάζειν（到"五"为止）被用于"计数"[1]。但是，逢五进位计数大概不过是逢十进位计数的辅助手段。5 是 1 与 10 之间的一个自然暂停点，人们发现，用 5 乘以 10 的特定次幂，作为一个单独的类别，介于这个幂与下一个幂之间，在希腊确立的记数符号的早期形式中很方便，正如它在罗马算术记数法中一样。逢五进位计数并不意味着像凯尔特人和丹麦人当中使用的那种计数法那样是十进制的一个变种，这两个民族都有过二十进制，其痕迹依然留存在法语 quatre-vingts（80，字面意思是 4 个 20）、quatre-vingt-treize（93）等用法中，在英语的 score（20）、three-score and ten（70）、twenty-one（21）等用法中。

关于十进制以及五进制和二十进制变种的起源，自然的解释是假设它们受到了用指头计数的原始习惯的启发，先是一只手，然后是两手并用，最后再加上十个脚趾头（凑足了二十进制的 20）。这个话题在亚里士多德的《问题集》（*Problems*）中提出过[2]，书中问道：

所有人，不管是野蛮人还是希腊人，都数到十为止，而不是数到其他任何数为止，比如 2、3、4 或 5。结果，比方说，他们不说 1 加 5（表示 6），2 加 5（表示 7），就像他们说 1 加 10（ένδεκα，

表示 11），2 加 10（δώδεκα，表示 12）；而另一方面，他们并 27
没有超过十，去找第一个暂停点，从那里开始重复单位一，这是
为什么？当然，任何一个数都是它加 1 之前的那个数，下一个数
是它加 2 之前的那个数，那些前面的数也是如此。然而，人们明
确地把 10 定为数到这里为止的那个数。这不可能是碰巧，因为
巧合解释不了人们一直在做同样的事情：人们一直在做、普遍在
做的事绝对不是由于巧合，而是由于某个自然的原因。

接下来，在提出一些异想天开的暗示（比方说 10 是"完全数"）
之后，作者继续说：

> 或者，难道是因为人们生来就有十根手指，因为他们拥有与
> 自己手指数目相等的鹅卵石，导致他们也用这个数字来点数其他
> 每一样东西？

用来证明后面这种观点为真的证据垂手可得，在很多情况下，表
示 5 的单词和表示"手"的单词，要么是一样的，要么有密切关联。
无论是希腊文的 χείρ（手），还是拉丁文的 manus（手），都被用来
表示"很多"（人）。此外，所谓博蒂乌斯的几何学的作者说，古人
用 digits（"手指"）这个名字来称呼所有十以下的数。[3]
在着手描述希腊人的数字记号之前，简要介绍一下他们的文明先
驱埃及人和巴比伦人的记数体系是恰当的。

埃及人的记数法

埃及人有一套纯十进制，用符号┃表示单位一，∩表示 10，℮ 表
示 100，⚱ 表示 1000，❯表示 10000，🦅 表示 100000。各单位的
数目通过重复该符号多次来表达。当个数超过 4 个或 5 个，通过把它

们排列成两行或三行来节省侧面空间，一行在另一行之上。较大单位置于较小单位之前。数字可以从左到右写，也可以从右到左写；在后面这种情况下，上面的符号转向相反的方向。使用的分数全都是约数或单一能整除部分，除了 $\frac{2}{3}$ 之外，它有专门的符号 或 以表示；约数通过把 写在相应整数的上面；就是这样：

$$\overset{\frown}{\cap\cap|||} = \tfrac{1}{23}, \quad \text{eeeen} = \tfrac{1}{324} \cdot \quad \text{...} = \tfrac{1}{2190}.$$

巴比伦人的记数法

古巴比伦人有两套记数体系。一套是基于下列符号的纯十进制。简单的楔形 ▼ 代表一，它可以重复至九次。超过三个就要分成两行或三行，例如：▼▼=4，▼▼▼=7。10 用 ✓ 来表示。因此 11 是 ✓▼。100 有组合符号 ▼⊢，1000 被表达为 10 个一百 ✓▼⊢，前缀 ✓ 在这里是乘数。类似的，✓▼⊢ 被视为一个符号，✓✓▼⊢ 所表示的不是 2000，而是 10000，前缀 ✓ 还是乘数。10000 的倍数似乎被表示为 1000 的倍数，至少 120000 似乎被表示为 $100 \times 1000 + 20 \times 1000$ 的形式。不存在任何明确的 1000 以上的单位（如果确实不存在的话）必定使得这一体系作为大数表达手段非常不方便。

更有趣的是巴比伦人的第二套体系：六十进制。这一进制在 W. K. 劳夫特斯 1854 年发现的森凯勒泥版上被发现使用过，可以追溯到公元前 2300—前 1600 年之间。在这一体系中，个位以上的数（从 1 到 59）依据 60 的幂排列。60 本身被称作 sussu（=soss），60^2 被称作 sar，还有一个名称（ner）表示中间数 $10 \times 60 = 600$。要记录的数字中所包含的 60 的几次幂（60^2、60^3，等等）借助表示个位数的同样的楔形符号来表示，倍数以纵列的形式并排放置，纵列被用于 60 的连续次幂。个位项的后面跟着类似的纵列，按顺序应用于连续的约数 $1/60$、$1/60^2$，等等，$1/60$ 等的个数还是用普通的楔形数字表示。因此，𒐜𒐜 𒐜𒐜 𒐜 表示 $44 \times 60^2 + 26 \times 60 + 40 = 160000$；𒐜𒐜 𒐜 𒐜𒐜 = $27 \times 60^2 + 21 \times 60 + 36 = 98496$。类似，我们发现，𒐜𒐜 𒐜𒐜 表示 $30 +30/60$，而 𒐜𒐜 𒐜𒐜 则表示 $30 + 27/60$；后者显示，巴比伦人有时也使用减法，因为这里的 27 被写作 30 减去 3。

六十进制只需要一个明确的符号代表 0（表明不存在一个特定的单位），一个固定的纵列排列，就可以成为印度人那样的一套完整的位值体系。六十进制的 0 出现得比较罕见，森凯勒泥版没有显示一例；但从其他材料来看，一段空隙常常表示一个零，或者，有一个符号用于这个目的，亦即 𒑱，称作"分隔符"。这套体系的不方便在于，它需要一张乘法表，从 1 乘 1 到 59 乘 59。但它也有一个优势：它提供了一个很容易的手段，来表示非常大的数。H. V. 希尔普雷希特的研究显示，$60^4 = 12960000$ 在巴比伦人的算术中扮演了一个重要的角色，他找到了一块泥版，上面包含了下面这个数的某些商数：𒐕————— = $60^8 + 10 \times 60^7$，也就是 195955200000000。由于任何单位的个位数都是以纯十进制记数法来表示，我们于是得出结论：十进制早于六十进制。究竟是什么样的环境，导致人们采用 60 作为基数，我们只能猜测了，但我们还是可以推测：六十进制的始作俑者完全意识到了一个有着如此多因子的基数所带来的方便，加上它结合了 12 和 10 的优势。

希腊人的记数法

回到希腊人。在各个年代的希腊碑刻中，我们都找到了完完整整写出数字和价值的实例；但是，人们很快就会感觉到这种普通写法的不方便，尤其是在诸如记账这样的事情上。于是有人会努力，试图设计出一套方案，借助某种类型的常规符号，更简明地表示数字。希腊人想出了一个原创性的观念：使用普通的希腊字母用于这一目的。

（1）"赫罗狄安"符号

古典时代有两套记数体系在使用。第一套被称作雅典体系，专门用于基数，由一套符号组成，有点荒谬地被称作"赫罗狄安"符号，因为在一段残片上的描述中，它们被归到赫罗狄安的名下，此人是公元 2 世纪下半叶的一个文法学家。有人怀疑这段残片的真实性，但作者说，他见过梭伦的律条中使用这些符号，在这些律条中，规定的罚金就是以这套记数法陈述的，而且，还可以在古代不同的碑刻、法令和法律中找到它们。这些符号无法被断言是严格意义上的数字，它们纯粹是摘要或缩写，因为，除了用笔画 | 表示一个单位这样的情况之外，这些符号都是表示数字的完整单词的首字母，所有 50000 以下的数字都用这些符号的组合来表示。| 表示一个单位，Γ（$\pi\acute{\epsilon}\nu\tau\epsilon$ 的首字母）代表 5，Δ（$\delta\acute{\epsilon}\kappa\alpha$ 的首字母）代表 10，H（代表 $\acute{\epsilon}\kappa\alpha\tau o\nu$）代表 100，X（$\chi\acute{\iota}\lambda\iota o\iota$）代表 1000，M（$\mu\acute{\upsilon}\rho\iota o\iota$）代表 10000。中间数 50、500、5000 通过把 Γ（5）和其他符号结合起来表示；Γ^Δ，Γ^H，Γ^X，由 Γ（5）和 Δ 组成，= 50；Γ^H 由 Γ 和 H 组成，= 500；Γ^X = 5000；Γ^M = 50000。因此共有六个简单符号和四个复合符号，这些数字之间的其他所有中间数都在加法的基础上通过并置排列来表示，因此每个简单符号的重复可以不超过四次，高位数置于低位数之前。例如，Γ | = 6，Δ | | | | = 14，HΓ = 105，XXXXΓ^XHHHH$\Gamma^H$$\Delta\Delta\Delta\Delta$$\Gamma$||||=4999。在公元前 454— 前 95 年之间的一些雅典碑刻中找到过这一记数体系的实例。在阿提卡之外，也是用过同样的体系，符号的确切形式随着本地字母表中字母形式的变化而有所不同。因此，在维奥蒂亚的碑刻中，Γ' 或 Γ = 50，$\vdash$E = 100，$\Gamma$$\vdash$E = 500，W = 1000，$\checkmark$ =5000；因此，$\checkmark$$\Gamma$$\vdash$E $\vdash$E $\vdash$E$\vdash$E$\triangleright\triangleright$|||= 5823。但是，由于雅典人的政治影响力，雅典体系——有时候经过一些无关紧要的修改——传播到了其他国家。

以类似的方式，这些缩写被用来表示货币单位或重量单位。因此，在雅典，T = $\tau\acute{\alpha}\lambda\alpha\nu\tau o\nu$（6000 德拉克马），M = $\mu\nu\tilde{\alpha}$（1000 德拉克马），Σ 或 $\$$ = $\sigma\tau\alpha\acute{\eta}\rho$（1/3000 塔兰特或 2 德拉克马），$\vdash$ = $\delta\rho\alpha\chi\mu\acute{\eta}$，

31

Ⅰ＝ὀβολός（1/6 德拉克马），**C**＝ἡμιωβέλιον（1/12 德拉克马），**)** 或 **T**＝τεταρτημόριον（1/4 奥卜尔或 1/24 德拉克马），**X**＝χαλκοῦς（1/8 奥卜尔或 1/48 德拉克马）。如要表示很多个这样的单位，代表单位的符号写在代表个数的符号的左边，因此，├Γ△Ⅰ＝61 德拉克马。代表数字和单位的两个缩写常常合二为一，例如，Γ, ⊓＝5 塔兰特，Ρ＝50 塔兰特，Η＝100 塔兰特，Γ⊓＝500 塔兰特，Ϟ＝1000 塔兰特，△＝10 迈纳，Γ＝5 德拉克马，Ϟ, Ϟ, △＝10 斯塔特，等等。

（2）普通字母数字

第二套主要体系用于各种数字，正是我们所熟悉的，亦即字母体系。希腊人的字母表取自腓尼基人。腓尼基人的字母表包含 22 个字母，并且，在使用不同的符号上，希腊人有幸受到启发，用它们来表示元音，而在腓尼基文中，这些元音并没有写出，表示某些摩擦音的符号希腊人没有使用。Aleph 成了 A，He 被用来表示 E，Yod 代表 I，Ayin 代表 O。后来，当长 E 被区分开来的时候，Cheth 被使用，用以表示 Ⱶ 或 **H**（译者注：这里的 Aleph、He……以及下文的 Zayin 等，都是希伯来文的字母）。类似的，他们利用多余的符号来表示嘶音。利用 Zayin 和 Samech，他们创造了字母 Z 和 Ξ。剩下的两个嘶音字母是 Ssade 和 Shin。从后者那里产生了简单的希腊字母 Σ（尽管 Sigma 这个名称似乎符合闪米特的 Samech，但如果它不只是"嘶音"字母，则来自 σίζω）。Ssade 是更轻柔的嘶音（＝σσ），在早期也被称作 San，被希腊人拿来取代它占据 Π 后面的位置，其书写形式为 **M** 或 **Ϻ**。**Ϡ** 这样的形式（＝σσ）出现在哈利卡那索斯的一些碑刻中（例如：Ἁλικαρνα**Ϡ**[έων]＝Ἁλικαρναϟϟέων），还有 Teos（[θ]αλά**Ϡ** ης；比较另一个地方的 θάλαϟϟαν），似乎源自某个形式的 Ssade；这个**Ϡ**从文学的字母表中消失之后，作为一个数字留了下来，其形式经历了从 **Ϟ**、**ϖ**、**ϖ**、**ϖ** 和 **Ϡ**，直到前 15 世纪的 **ϡ**，在前 17 世纪下半叶，Sampi 这个名称被用于这个符号（不管是由于它是跟在 Pi 后面的 San，还是源于它和 π 的草书形式相似）。最初的希腊字母表还在 E 和 Z 之间的恰当位置上保留了腓尼基文的 Vau（**F**），以及 P 前

32

面的 Koppa = Qoph（Ϙ）。腓尼基文的字母表结束于 **T**；希腊人最早增加了 Υ，明显源自 Vau(尽管保留了 **F**)，随后又增加了字母 Φ、Χ、Ψ，以及更晚的 Ω。有 27 个字母来表示数字，被分为 3 组，每组 9 个字母；第一组 9 个字母表示个位数 1、2、3 等，直至 9；第二组 9 个字母代表 10 至 90；第三组 9 个字母代表 100 至 900。具体安排如下：

A	= 1	I = 10		P	= 100
B	= 2	K = 20		Σ	= 200
Γ	= 3	Λ = 30		T	= 300
Δ	= 4	M = 40		Y	= 400
E	= 5	N = 50		Φ	= 500
Ϲ [ϛ]	= 6	Ξ = 60		X	= 600
Z	= 7	O = 70		Ψ	= 700
H	= 8	Π = 80		Ω	= 800
Θ	= 9	Ϙ = 90		Ϡ [ꟗ]	= 900

第一列的第六个符号（Ϲ）是字母 digamma（**FF**）的一种形式。在公元 7 世纪和 8 世纪，它被写成 ϛ，后来，由于它和草书 ϛ 之间的相似性，而被称作 Stigma。

把字母表中的字母用作数字是希腊人的原创。他们并不是从腓尼基人那里得到了这种用法，后者从未把他们的字母表用于记数的目的，而是有单独的符号来表示数字。以这种方式书写的数字，最早出现在哈利卡那索斯的碑刻中，年代在公元前 450 年之后不久。从公元前 35 年在哈利卡那索斯建造的一座著名陵墓的废墟中出土了两个匣子，被认为属于摩索拉斯时代，约公元前 350 年前后，上面刻写着字母：ΨNΔ = 754 和 ΣϘΓ = 293。有一份哈利卡那索斯的海神祭司名单，至少可以追溯到公元前 4 世纪，在这份副本上，数字无疑是根据原件复制的，几个祭司的任职期限是按照字母记数法写出的。还有，在雅典发现了一块石刻，大概属于公元前 4 世纪中叶，在 5 块立柱残片上，有一些十进制数和单位也是用同样的记数法表示，十进制数在右，单位数在左。

33

对于字母记数法实际形成的大致年代，有一种不同的看法。据一种观点说（拉菲尔德的观点），引入这一记数法的年代必定远远早于哈利卡那索斯碑刻的年代（公元前 450 年或稍晚），实际上可能早至公元前 8 世纪末，其发源地是米利都。理由简述如下。在这一体系发明的时代，从 A 至 Ω 的所有字母，包括在其恰当位置上的 **Ϝ** 和 **Ϙ**，都依然在使用，而 Ssade（ **Ϡ**，双 ss）却已经退出使用了，这就是为什么最后一个命名符号（后来的 **Ϡ**）被置于末尾的原因。如果 **Ϛ**（= 6）和 **Ϙ**（= 90）不再作为字母使用，它们应该也会像 Ssade 一样被放在末尾。这一记数法的发源地必定是这样一个地方：其同行的字母表符合字母数字的内容和顺序。符号 **Φ, Χ, Ψ** 的顺序表明，它是东部的一组字母。满足这些条件的有且只有一份字母表，那就是米利都的字母表，而且处在依然承认 Vau（ **Ϝ** ）和 Koppa（ **Ϙ** ）的阶段。在米利都人的殖民地瑙克拉提斯最古老的碑刻（约公元前 650 年前后）中发现了字母 **Ϙ** 和另外一些所谓的补充字母在一起，包括字母表最后的 Ω；而且，尽管没有现存的米利都碑刻包含字母 **Ϝ**，但无论如何，在爱奥尼亚人的碑刻中至少有一个非常早的使用字母 **Ϝ** 的实例，即现藏美国波士顿美术馆的一个花瓶上的 ἈγασιλέϜου（ἈγασιλήϜου），其年代属于公元前 8 世纪末或（最迟）公元前 7 世纪中叶。现在，由于 Ω 的位置在米利都（约公元前 700 年）和瑙克拉提斯（约公元前 650 年）最早碑刻的年代便已充分确立，更早的把字母表扩充到 **Φ, Χ, Ψ** 这几个字母，其发生的时间必定不晚于公元前 750 年。最后，Vau（ **Ϝ** ）在字母表中的存在表明，这个时间几乎不可能晚于公元前 700 年。结论是，大约就在这一时期——如果不是更早的话——数字字母表被发明了出来。

另外一种看法是凯尔的观点，他认为这一记数法源自多利安的卡里亚，大概就在哈利卡那索斯，年代约为公元前 550—前 425 年，而且，应该是某个人人为地把它们拼凑到一起，此人有必要的知识，使他能够通过从其他字母表中拿来 **Ϝ** 和 **Ϙ**，并把它们放在恰当的位置上，同时把 **Ϡ** 添加到末尾，从而凑齐他自己的字母表（当时的字母表只包含 24 个字母）[4]。与拉菲尔德的观点相反，凯尔认为，**Ϝ** 和 Ω

34

同时存在于米利都人的字母表中是不可能的。拉菲尔德的回答 (5) 是，尽管到公元前 8 世纪末 ϝ 已经从米利都人平常的语言中消失了，但我们不可能准确地说出它是什么时候消失的，即使在数字字母表形成的时候它实际上已经消失，为了学校里的教学（那里的孩子们要读荷马），也会让这个字母在官方字母表中尽可能保留得久一些。另一方面，凯尔的论证容易招致这样的反驳：如果那位卡里亚发明者可以把 ϝ 和 ϙ 放在恰当的位置上，那他同样也可以成功地把 Ssade ꛯ 放在恰当的位置上，而不是置于末尾，因为卡里亚本身就发现过 ꛯ，亦即在哈利卡那索斯（里格达米斯）公元前 453 年前后的一通碑刻上，还有在爱奥尼亚城邦提欧斯公元前 476 年前后的一块碑上 (6)，都发现过。

过了很长时间，字母数字才为人们所接受。直至托勒密王朝时代，它们才被官方正式使用，到那个时候，在碑刻和硬币上写上当前统治者的朝代年号已经成为惯例。这些符号的简洁性使得它们特别适合于用在大小有限的硬币上。当硬币满世界流通时，一个可取的做法便是让记数法统一起来，而不是依赖于地方的字母表，只需要某个最高政治当局的支持，便足以确保字母记数法的最终胜利。在亚历山大城托勒密二世"爱手足者"统治时期的硬币（铸造时间是公元前 266 年）上发现了字母数字。有一块硬币上的铭文是 Ἀγεξάνδρου ΚΔ（亚历山大去世后第 24 年），据凯尔说，它属于公元前 3 世纪末 (7)。一份非常古老的希腊－埃及纸草书（现藏莱顿，No. 397），被认为出自公元前 257 年，上面包含了一个数字 κθ（＝ 29）。尽管在维奥蒂亚，雅典记数法早在公元前 3 世纪中叶就连同相应的本地体系一起被使用，但要到公元前 200 年，后者才彻底让位于字母记数法，正如奥罗普斯的安菲阿拉俄斯神庙的一份财产清单所显示的那样 (8)。在这份清单中，我们找到了字母记数法在希腊本土最早的官方使用。从这个时期起，只有雅典依然在使用古老的记数法，但迟早会跟其他城邦一起携手并进，雅典得到确证的最后使用雅典记数法的时间在公元前 95 年前后。字母数字在公元前 50 年之前的某个时间被引入雅典，最早的实例属于奥古斯都的时代，到公元 50 年，它们已经进入官方系统了。

在赫库兰尼姆古城发现的很多纸草卷中，我们发现这两套体系并驾齐驱（其中包括菲洛德穆的专著《论虔敬》［De pietate］，因此这些纸卷不可能早于公元前 40 或公元前 50 年）。这两套记数法就出现在标题页上，在作者的名字之后，卷数是字母数字，而行数是雅典记数法，例如：ΕΠΙΚΡΥΡΟΥ ｜ ΠΕΡΙ ｜ ΦΥΣΕΩΣ ｜ ΙΕ ἀριθ…ΧΧΧΗΗ（这里，ΙΕ = 15，ΧΧΧΗΗ = 3200），正如我们通常使用罗马数字表示卷，用阿拉伯数字表示段或行。*

（3）普通字母记数法中书写数字的方式

36

在字母记数法中，如果要写的数字超过个位，比方说有十位数，或者有十位数和百位数，那么，高位数通常放在低位数的前面。希腊的欧洲地区普遍是这种情况；另一方面，在小亚细亚的碑刻中，较小的数先出现，亦即字母是按照字母表的顺序排列。因此，111 既可以表示为 ΡΙΑ，也可以表示为 ΑΙΡ；排列有时候是混合的，像 ΡΑΙ。在后期，由于相应的罗马惯例的影响，按降序书写数字的习惯得以牢固确立。[9]

字母数字本身就足以表示从 1 至 999 之间的所有数字。对于千位数（直至 9000），就是用带有区别标志的字母，这个标志通常是左边的一个斜画，例如，ʹΑ 或 ͵Α = 1000，但也发现了另外一些形式，例如，这一画可以和字母结合起来，如 λ = 1000，ʹΑ = 1000，ʹϲ = 6000。对于万位数，从其他体系借来了字母 Μ（μύριοι），2 万就是 ΒΜ、ΜΒ 或 Μ̇̇。

---

* 应当顺便提到的是，还有一套准记数法，使用当时通行的普通字母表，来给特定事物计数。早在公元前 5 世纪，我们在洛克里斯人的青铜铭文发现了从字母 Α 到字母 ⊕（包括那里当时依然通行的 Ϝ），用来区分文本的 9 个段落。在同一时期，雅典人没有遵循完整写出序数的老办法，而是采用了更方便的办法：用字母表中的字母来表示它们。在已知的最古老的实例中，ὅρος 表示"界石第 10 号"。在公元前 4 世纪，十人陪审团的入场券被标上了字母 Α 至 Κ。以类似的方式，亚里士多德的某些作品（《伦理学》《形而上学》《政治学》和《论题篇》）的卷数在某个时期也是按照同样的原则编号；亚历山大城的学者们（约公元前 280 年）也是用字母 Α 至 Ω 给荷马作品的 24 卷编号，双写字母表示继续这个系列，如 ΑΑ、ΒΒ 等。例如，我们发现了大量的建筑石料，其中有些石料来自比雷埃夫斯的剧院，标着 ΑΑ、ΒΒ 等，必要的时候还有 ΑΑ ｜ ΒΒ、ΒΒ ｜ ΒΒ 等。有时候，用双写字母编号是根据不同的方案，字母 Α 表示第一套字母（24 个）的完整编号，因此 ΑΡ 就是 24 + 17 = 41。

为了把代表数字的字母与周围文本中的字母区别开来，使用了不同的方法：有时候把数字放在圆点 ⠿ 或 ：之间，或者用两侧的空白把它们分隔开来。在帝国时代，一些区别标志，比如字母上方水平一画，变得很常见，例如：ἡ βουλὴ τῶν $\bar{\chi}$，另外一些变种有 ⚹, ⚹, ⚹，以及诸如此类。

37　　　在我们熟悉的草书中，区分数字的正统方式是通过每个符号或符号集合上方的水平一画；因此，其方案便如下（ ϛ 取代 ϝ 表示 6，末尾的 ⟋=900）：

个位数（1 至 9）　　　　$\bar{\alpha}, \bar{\beta}, \bar{\gamma}, \bar{\delta}, \bar{\epsilon}, \bar{\varsigma}, \bar{\zeta}, \bar{\eta}, \bar{\theta}$；

十位数（10 至 90）　　　$\bar{\iota}, \bar{\kappa}, \bar{\lambda}, \bar{\mu}, \bar{\nu}, \bar{\xi}, \bar{o}, \bar{\pi}, \bar{\varrho}$

百位数（100 至 900）　　$\bar{\rho}, \bar{\sigma}, \bar{\tau}, \bar{\upsilon}, \bar{\phi}, \bar{\chi}, \bar{\psi}, \bar{\omega}, \overline{\text{⟋}}$；

千位数（1000 至 9000）　$,\bar{\alpha}, ,\bar{\beta}, ,\bar{\gamma}, ,\bar{\delta}, ,\bar{\epsilon}, ,\bar{\varsigma}, ,\bar{\zeta}, ,\bar{\eta}, ,\bar{\theta}$；

（为了印刷的方便，符号上方的水平一画从此之后通常被省略）。

（4）两种记数法之比较

希腊人使用的这两种记数法，孰优孰劣，殊难判断。有人会说，首字母数字和罗马数字很接近，只是没有 IX、XL、XC 这样通过减法来构成数字；因此，XXXX⌐HHHH⌐ΔΔΔΔΓIIII = MMMMDCCCLXXXXVIII，可以比较 MMMMCMXCIX = 4999。任何一个试着去读一读博蒂乌斯作品的人，都很容易认识到罗马记数法的绝对不方便（博蒂乌斯会把上面提到的这个数字写作 $\overline{\text{IV}}$. DCCCCXCVIIII）。然而，康托尔 [10] 对这两种记数法进行了比较，并认为字母记数法的劣势更大一些。他说："就它对记数法的进一步发展的适宜性而言，我们在这里非但没有进步，反而明显地倒退了一步。如果我们把古老的'赫罗狄安'数字与后来我们称之为字母数字的那些符号比较一下，我们就会在后者那里注意到前者所没有的两个缺点。现在必须有更多的符号，我们必须记住它们的值，用它们来计算需要更强大的记忆力。加法

$$\Delta\Delta\Delta + \Delta\Delta\Delta\Delta = \text{⌐}\Delta\Delta（30 + 40 = 70）$$

在记忆里可以一下子和下面的加法

$$\textbf{HHH} + \textbf{HHHH} = \textbf{\Gamma\!\!HH} \ (300 + 400 = 700)$$

协调起来,因为3个和4个同类单位之和等于5个和2个同类单位之和。　38
另一方面,$\lambda + \mu = o$ 并不能立即表明 $\tau + \nu = \psi$。新的记数法只有一个
优势,即,它占用的空间更少。比方说849,用'赫罗狄安'的形式
来写是 $\Gamma\!\!\textbf{HHH}\Delta\Delta\Delta\Gamma\!\!\textbf{IIII}$,而用字母记数法来写就是 $\omega\mu\theta$。前者更
加不言自明,而且对于计算来说,有着最重要的优势。"高尔追随康
托尔,不过走得更远,他说:"字母数字是一个致命的错误,不可救
药地束缚了希腊人可能拥有的刚刚发展出来的数学能力。"[11] 另一
方面,坦纳里认为,字母数字的优点只有通过使用它们才能加以检验,
他自己就实际使用了它们,直至把它们用于阿基米德的《圆的测量》
(*Measurement of a Circle*)中的计算,他发现,字母记数法有这个他
之前几乎没有想到过的实用优势,运算在希腊人那里花的时间并不比
用现代数字长多少[12]。这两种观点尽管互相对立,但它们似乎同样
基于一个误解。我们"计算"时肯定不会用数字符号,而是用表示它
们所代表的数字的单词。例如,在康托尔的说明中,我们并不会得出
结论:3这个数字和4这个数字加起来等于7这个数字;我们所做的
是说"三加四等于七"。类似的,希腊人不会在心里暗自说"$\gamma + \delta = \zeta$",
而是说 τρεῖς καὶ τέσσαρες ἑπτά(希腊语:三加四等于七);尽管康
托尔那样说,但这也会表明相应的加法"三百加四百等于七百",
τριακόσιοι καὶ τετρακόσιοι ἑπτακόσιοι,1000 或 10000 的倍数与此类
似。而且,在使用乘法表的时候,我们说"三四一十二"或"三乘
四等于一十二";希腊人会说 τρὶς τέσσαρες,或者 τρεῖς ἐπὶ τέσσαρας,
δώδεκα,这同样会表示"三十乘四十等于十二个一百或一千二百",
或者"三十乘四百等于十二个一千或一万二千"(τριακοντάκις
τεσσαράκοντα χίλιοι καὶ διακόσιοι,或 τριακοντάκις τετρακόσιοι ρύριοι
καὶ δισχίλιοι)。实际情况是,在心算中(不管是加法、减法、乘法、　39
还是除法),我们是用相应的单词,而不是用符号来计算,我们选择
用什么样的方法把数字写下来,对计算没有什么影响。因此,尽管字

33

母数字跟"赫罗狄安"相比有着十分简明的优势，但它唯一的劣势是符号更多（27个），它们的意义要靠记忆，确实是一个微不足道的劣势。字母记数法的一个真正缺点是没有表示0（零）的符号。因为，我们在托勒密的作品中发现的代表 οὐδεμία 或 οὐδέν 的符号 O 仅仅在六十进制分数记数中才被使用过，而不是作为数字体系的组成部分。如果有一个或多个符号表示某个特定位（例如个位、十位或百位）不存在数字，那么，希腊的符号就可以被用作一个位值体系，其效率几乎不比我们现在的体系差多少。因为，尽管位值在诸如 7921（$\digamma\vec{\jmath}\kappa\alpha$）这样的数字上很清楚，但对像 7021 这样的数字，就有必要在恰当的位置显示一个空位，比方说写作 $\digamma$ - $\kappa\alpha$。那么，遵照丢番图的办法，通过一个小圆点把万位数与千位数等分隔开来，我们可以写下 $\digamma\vec{\jmath}\kappa\alpha$. $\digamma\tau\pi\delta$ 表示 79216384，或写下 $\digamma$ — — — . — τ — δ 表示 70000304，与此同时，我们还可以四个数字一组连续添加到左边，每一组通过一个小圆点与下一组分隔开来。

（5）大数记数法

还有一种正统的方式写万位数，就是借助字母 M，把万位数的数字写在它的上方，例如，$\overset{\beta}{M}$ = 20000，$\overset{\zeta\rho o \epsilon}{M}\epsilon\omega o\epsilon$ = 71755875（萨摩斯岛的阿里斯塔克斯）；另一种方法就是用 M 或者 $\dot{M}$ 表示万位数，把万位的数字写在它的后面，通过一个小圆点与余下的千位数等分隔开来，例如，$\overset{\gamma}{M}\rho\nu.\digamma\pi\delta$ = 1507984。然而，另一种表达万位数的方式是用万位数上方的两个小圆点来表示；因此，$\ddot{\alpha},\eta\phi\varrho\beta$ = 18592（Heron, *Geometrica*, 17. 33）。当然，μυριάδες（希腊语：万位数）这个词也可以完整地写出来，例如，μυριάδες $\digamma\beta\sigma o\eta$ καὶ $\vec{\jmath}\iota\beta$ = 22780912（同前，17. 34）。为了表示更大的数，使用了万位数的幂；一万（10000）是第一万（πρώτη μυριάς），以区别于第二万（δευτέρα μυριάς）或 10000^2，依此类推；πρῶται μυριάδες、δεύτεραι μυριάδες 等这些词汇既可以完整地写出来，也可以分别用 $\dot{M}$、$M\dot{M}$ 等来表示；因此，δεύτεραι μυριάδες ις πρῶται（μυριάδες）$\beta\vec{\jmath}\nu\eta$ $\dot{M}$ $\digamma\varphi\xi$ = 1629586560，

这里，插入 $\overset{\circ}{M}$ = μονάδες（单位）是为了把"第一万"的数 $\beta\,\overset{\circ}{\jmath}\eta$ 与表示 6560 个单位的 ,φξ 区别开来。

（i）阿波罗尼奥斯的"四进位"

字母体系和阿波罗尼奥斯在一部算术作品（现已失传）中所采用的那套体系是一样的，不过，有人从帕普斯第二卷的说明中搜集了它的特征；唯一的不同是，阿波罗尼奥斯把他的四进位（四个数字一组）称作 μυριάδες ἁπλαῖ、διπλαῖ、τριπλαῖ 等，即"单万""双万""三万"，指的是 10000、10000²、10000³，依此类推。在帕普斯那里，这些连续次幂的缩写是 $μ^\alpha$、$μ^\beta$、$μ^\gamma$，等等；因此，$μ^\gamma$,ευξβ καὶ $μ^\beta$,χχ καὶ $μ^\alpha$,ςυ = 5462360064000000。另外还有一种不那么方便的方法，表示 10000 的连续次幂，是尼古拉斯·拉布达斯（公元 14 世纪）指出来的，他说，把一对小圆点放在普通数字的上方表示万位数，两对小圆点表示"双万"，三对小圆点表示"三万"，依此类推。因此，$\overset{\cdot\cdot\cdot}{\vartheta}$ = 9000000，$\overset{\cdot\cdot\cdot\cdot}{\beta}$ = 2(10000)²，$\overset{\cdot\cdot\cdot\cdot\cdot\cdot}{\mu}$ = 40(10000)³，依此类推。

（ii）阿基米德的体系（利用八进位）

为了表示非常大的数而发明出来的另一套特别体系是阿基米德的《数沙术》（Psammites 或 Sand-reckoner）中的方法，利用的是八元组：

$$10000^2 = 100000000 = 10^8,$$

所有从 1 至 10^8 之间的数构成了"一阶"；一阶数中最后一个数 10^8 被拿来作"二阶"的个位，二阶数包括所有从 10^8 或 100000000 至 10^{16} 或 100000000² 之间的数；类似的，10^{16} 被拿来作"三阶"的个位，它包括所有从 10^{16} 至 10^{24} 之间的数，依此类推，第 100000000 阶数包括所有从 (100000000)⁹⁹⁹⁹⁹⁹⁹⁹ 至 (100000000)¹⁰⁰⁰⁰⁰⁰⁰⁰ 之间的数，亦即从 $10^{8\cdot(10^8-1)}$ 至 $10^{8\cdot10^8}$ 之间。第 100000000 阶之前的所有阶的集合构成了"一期"，一期的数从 1 至 P。接下来，P 是二期一阶的个位；那么，二期一阶包括所有从 P 至 100000000P 或 $P \times 10^8$ 之间的数；是二期二阶的个位，这组数结束于 (100000000)²P 或 $P \times 10^{16}$；$P \times 10^{16}$ 开始了二期三阶，依此类推；二期的第 100000000 阶包括了

$(100000000)^{99999999}$ P 或 $P \times 10^{8 \cdot (10^8 - 1)}$ 至 $(100000000)^{100000000}$ P 或 $P \times 10^{8 \cdot 10^8}$ 亦即 P^2 之间的数。再一次，P^2 是三期一阶的个位，依此类推。第 100000000 期的一阶包括从 $P^{10^8 - 1}$ 到 $P^{10^8 - 1} \times 10^8$ 之间的数，同期二阶阶包括从 $P^{10^8 - 1} \times 10^8$ 到 $P^{10^8 - 1} \times 10^{16}$ 之间的数，依此类推，第 (10^8) 期第 (10^8) 阶，或者说该期本身，结束于 $P^{10^8 - 1} \times 10^{8 \cdot 10^8}$，亦即 P^{10^8}。最后这个数被阿基米德描述为"第万万期第万万阶之万万个单位"。然而，这一套体系堪称绝技，但它和普通的希腊记数法毫无关系。

（1）埃及人的体系

现在我们来到了分数的表示方法。一个分数可以是一个约数（一个"整除部分"，亦即一个分子为 1 的分数），也可以是一个普通的真分数，有一个不是 1 的数作为分子，以及一个更大的数作为分母。希腊人更喜欢把普通的真分数表示为两个以上约数之和，在这点上，他们仿效的是埃及人。后者一直以这种方式表示分数，唯一的例外是他们有一个代表 $\frac{2}{3}$ 的符号。而我们应当能预料到，他们会把它分成 $\frac{1}{2} + \frac{1}{6}$，正如 $\frac{3}{4}$ 被分成 $\frac{1}{2} + \frac{1}{4}$ 一样。表示一个约数的正统符号是一个表示相应数字（分母）的字母，但它的上面有一个重音符号，而不是水平一画；因此，$\gamma' = \frac{1}{3}$，完整的表达是 $\gamma' \mu \acute{\epsilon} \rho o \varsigma = \tau \rho \acute{\iota} \tau o \nu \ \mu \acute{\epsilon} \rho o \varsigma$，即三分之一（$\gamma'$ 实际上是 $\tau \rho \acute{\iota} \tau o \varsigma$ 的缩写，所以，它同时被用来表示序数"第三"和分数 $\frac{1}{3}$，其他所有加重音符号的数字符号与此类似）；$\lambda \beta' = \frac{1}{32}$，$\rho \iota \beta' = \frac{1}{112}$，等等。有专门的符号代表 $\frac{1}{2}$，亦即 L' 或 C'^*，以及 $\frac{2}{3}$，亦即 ω'。如果有多个约数，就一个接一个地写，意思是它

---

* 据说，在一些碑刻中发现了用 C 或 $\ni$ 来表示 $\frac{1}{2}$，可能是代表半个○，这个符号至少在博蒂乌斯那里是表示 1 个奥卜尔。

们之和，当它们跟在一个整数之后也是一样；例如，$\iota'\delta' = \dfrac{1}{2}\dfrac{1}{4}$ 或 $\dfrac{3}{4}$（阿基米德）；$\kappa\theta\;\omega'\iota\gamma'\lambda\theta' = 29\dfrac{2}{3}\dfrac{1}{13}\dfrac{1}{39} = 29\dfrac{2}{3} + \dfrac{1}{13} + \dfrac{1}{39}$ 或 $29\dfrac{10}{13}$；

$$\mu\theta\;\iota'\;\iota\zeta'\;\lambda\delta'\;\nu\alpha' = 49\dfrac{1}{2}\dfrac{1}{17}\dfrac{1}{34}\dfrac{1}{51} = 49\dfrac{31}{51}$$

（海伦，*Geom.* 15.8, 13）。但是，$\iota\gamma'\,\tau\acute{o}\,\iota\gamma'$ 的意思是 $\dfrac{1}{13}$ 的或 $\dfrac{1}{169}$（同上，12.5），等等。在较晚的手抄本中发现了一个不那么正统的方法，就是用两个重音符号，例如，用 ζ'' 而不是 ζ' 来表示 $\dfrac{1}{7}$。在丢番图那里，我们发现了一个不同的标志，而不是重音符号；坦纳里认为它真正的形式是 $\times$，因此，$\gamma^{\times} = \dfrac{1}{3}$，依此类推。

（2）普通的希腊形式，写法不同

一个普通的真分数（欧几里得称之为 μέρη，即"部分"的复数形式，意思是一定数量的整除部分，区别于 μέρος，单数形式的"部分"，他把它局限于一个整除部分或约数）可以用不同的方法来表示。第一个方法是使用普通的基数表示分子，后面跟着带重音符号的数字表示分母。因此，我们在阿基米德那里发现了 $\overline{\iota}\,o\alpha' = \dfrac{10}{71}$，

$\overline{{}_{,}\alpha\omega\lambda\eta}\;\overline{\theta}\,\iota\alpha' = 1838\dfrac{9}{11}$（然而，应当指出的是，$\overline{\iota}\,o\alpha'$ 是对 $o\tau\alpha$ 的修正，这似乎表明最初的写法是 $\substack{o\alpha \\ \iota}$，这将符合丢番图的和海伦的书写分数的方法）。这些实例所说明的方法由于可能导致混乱而很容易招致反对，因为 $\iota\,o\alpha'$ 自然而然指的是 $10\dfrac{1}{71}$，而 $\theta\,\iota\alpha'$ 指的是 $9\dfrac{1}{11}$；只有上下文才能显示真正的意思。另一种与此类似的形式则不那么容易招致误解；分子完整书写，带重音符号的数字（代表分母）跟在后面，例如，$\delta\acute{\upsilon}o\,\mu\varepsilon'$ 表示 $\dfrac{2}{45}$（萨摩斯岛的阿里斯塔克斯）。一个更好的方

43

37

法是把整除部分变成序数的缩写，用写在上面的终止符来表示这种情况，例如，$\delta^{\omega\nu} \varsigma = \dfrac{6}{4}$（丢番图，Lemma to V. 8），$\nu \, \kappa\gamma^{\omega\nu} = \dfrac{50}{23}$（同上，I. 23），$\rho\kappa\alpha^{\omega\nu} \, {,}\alpha\omega\lambda\delta\iota' = 1834\dfrac{1}{2} / 121$（同上，IV. 39），正如 $\gamma^{o\varsigma}$ 代表序数 $\tau\rho\iota\tau o\varsigma$ 一样（比较 $\tau\delta \, \varsigma^{o\nu}$，即 $\dfrac{1}{6}$，丢番图，IV. 39；$\alpha\tilde{\iota}\rho\mu$ $\tau\grave{\alpha} \, \iota\gamma^{\alpha}$，"我去掉了 1/13"，亦即，我乘以了分母 13，同上，IV. 9）。但另外两种方法都避免了这个麻烦。

（1）代表分母的加重音符号的字母写两遍，连同代表分子的基数。这种方法主要是在海伦的《几何学》（Geometrica）及其他作品中找到的，比较 $\varepsilon \, \iota\gamma' \, \iota\gamma' = \dfrac{5}{13}$，$\tau\grave{\alpha} \, \varsigma \, \xi\xi = \dfrac{6}{7}$。这种分数表示法经常通过添加单词 $\lambda\varepsilon\pi\tau\acute{\alpha}$（"分数"或"分数部分"）来强调，例如，$\lambda\varepsilon\pi\tau\acute{\alpha}$ $\iota\gamma' \, \iota\gamma' \, \iota\beta = \dfrac{12}{13}$（Geom. 12. 5），而且，如果表达式既包含分数，也包含单位，为了清晰起见，通常添加"单位"这个词（$\mu o\nu\acute{\alpha}\delta\varepsilon\varsigma$），以表示整数部分，例如，$\mu o\nu\acute{\alpha}\delta\varepsilon\varsigma \, \iota\beta \, \kappa\alpha\grave{\iota} \, \lambda\varepsilon\pi\tau\grave{\alpha} \, \iota\gamma' \, \iota\gamma' \, \iota\beta = 12\dfrac{12}{13}$（Geom. 12. 5），$\mu o\nu\acute{\alpha}\delta\varepsilon\varsigma \, \rho\mu\delta \, \lambda\varepsilon\pi\tau\grave{\alpha} \, \iota\gamma' \, \iota\gamma' \, \sigma\Qoppa\theta = 144\dfrac{299}{13}$（Geom. 12. 6）。有时在海伦的作品中，分数选择性地以这种记数法和以约数的形式给出，例如，$\beta \, \gamma' \, \iota\varepsilon' \, \acute{\eta}\tau o\iota \, \beta \, \kappa\alpha\grave{\iota} \, \beta \, \varepsilon' \, \varepsilon' = $ "$2\dfrac{1}{3}\dfrac{1}{15}$ 或 $2\dfrac{2}{5}$"（Geom. 12. 48）；$\zeta \, \iota' \iota' \iota\varepsilon'$ $o\varepsilon' \, \acute{\eta}\tau o\iota \, \mu o\nu\acute{\alpha}\delta\varepsilon\varsigma \, \zeta \, \varepsilon' \, \varepsilon' \, \tau\tilde{\omega}\nu \, \varepsilon' \, \varepsilon' = $ "$7\dfrac{1}{2}\dfrac{1}{10}\dfrac{1}{15}\dfrac{1}{75}$ 或 $7\dfrac{3}{5} + \dfrac{2}{5} \times \dfrac{1}{5}$"，亦即 $7\dfrac{3}{5} + \dfrac{2}{25}$（同上）；$\eta \, \iota' \, \iota' \kappa\varepsilon' \, \acute{\eta}\tau o\iota \, \mu o\nu\acute{\alpha}\delta\varepsilon\varsigma \, \eta \, \varepsilon' \, \varepsilon' \, \gamma \, \kappa\alpha\grave{\iota} \, \varepsilon' \, \tau\grave{o} \, \varepsilon' = $ "$8\dfrac{1}{2}\dfrac{1}{10}\dfrac{1}{25}$"，亦即 $8\dfrac{3}{5} + \dfrac{1}{25}$（同上，12. 46）。（在海伦著作的胡尔奇编定的版本中，单重音符号被用来表示整数和分数的分子，而整除部分或分母用双重音符号来代表；因此，最后引用的那个表达式被写作 $\eta' \, S \, \iota'' \, \kappa\varepsilon''$ $\acute{\eta}\tau o\iota \, \mu o\nu\acute{\alpha}\delta\varepsilon\varsigma \, \eta' \, \varepsilon' \, \varepsilon'' \, \gamma' \, \kappa\alpha\grave{\iota} \, \varepsilon'' \, \tau\grave{o} \, \varepsilon'$。）

（2）最方便的记数法是丢番图经常使用的记数法，海伦的《度量论》（*Metrica*）中偶尔也使用。在这一体系中，任何分数的分子被写成一行，分母写在它的上面，没有重音符号或其他标志（除非分子或分母本身包含一个带有重音符号的分数），这个方法因此就是我们现在的方法倒过来，但同样方便。在坦纳里版本的丢番图中，下面的分子与上面的分母之间加了一条线，因此，$\dfrac{\iota\varsigma}{\rho\kappa\alpha} = \dfrac{121}{16}$。但省略这条线会更好一些（比较凯尼恩编辑的古代纸草文献 ii, No. cclxv. 40 中的 $\dfrac{\rho\kappa\eta}{\rho} = \dfrac{100}{128}$，以及舍内编定的海伦《度量论》中的分数）。这里

44

可以给出丢番图作品中的另外几个实例：$\dfrac{\phi\iota\beta}{\beta\nu\nu\varsigma} = \dfrac{2456}{512}$（Ⅳ. 28）；

$\dfrac{\alpha.\sigma\alpha}{\varsigma\epsilon\tau\nu\eta} = \dfrac{5358}{10201}$（V. 9）；$\dfrac{\rho\nu\beta}{\tau\pi\theta\iota'} = \dfrac{389\frac{1}{2}}{152}$ 很少发现分母在分子上面，而是在右边（就像一个幂指数）；例如，$\overline{\iota\epsilon}^{\delta} = \dfrac{15}{4}$（I. 39）。即便是在一个约数的情况下（正如我们已经说过的那样，正统方法是省略分子，只写分母，带一个重音符号），丢番图也经常遵循适用于其他分数的方法，例如，他以 $\dfrac{\phi\iota\beta}{\alpha}$ 表示 $\dfrac{1}{512}$（Ⅳ. 28）。部分整数和部分分数组成的数，如果分数是一个约数或被表达为约数之和，则写法很像我们现在的写法，分数简单地跟在整数的后面，例如，$\alpha\,\gamma^{\chi} = 1\frac{1}{3}$；$\varsigma^{\chi} = 2\frac{1}{2}\frac{1}{6}$（Lemma to V. 8）；$\tau o\,\iota'\iota\varsigma^{\chi} = 370\frac{1}{2}\frac{1}{16}$（Ⅲ. 11）。分子和分母都是代数表达式，或大数的复杂分数常常这样表示：先写分子，再用 μορίου 或 ἐν μορίῳ 把它和分母分开；亦即表示为分子除以分母的形式；因此，$\overset{\gamma}{M}\,\rho\nu.\varsigma\,\overline{\vartheta\pi\delta}\,\mu o\rho\iota o\upsilon\,\kappa\varsigma\times\varsigma\,\overline{\vartheta\pi\delta} = 1507984/262144$（Ⅳ. 28）。

（3）六十进制分数

六十进制分数（正如我们已经看到的，它最早起源于巴比伦人）

有着十分重要的意义，希腊人把它用于天文计算，看来在托勒密的《至大论》（Syntaxis）得到了充分的发展。一个圆的圆周（四个直角圆心角与之相对）被分为 360 个部分（τμήματα 或 μοῖραι），我们现在称之为度。每一 μοῖρα 分为 60 个部分，称为（πρῶτα）ἑξηκοστά，即（第一组）六十个部分，或称分（λεπτά）。每一分再分成 60 δεύτερα ἑξηκοστά，亦即秒，依此类推。以同样的方式，圆的直径被分为 120 个 τμήματα，亦即段，每一段被分为 60 个部分，每一部分再分为 60 个部分，依此类推。就这样，一套很方便的分数体系可以用于一般的算术计算。因为单位可以任意选择，任何混合数可以表示为多个这样的单位加上多个我们将用 $\frac{1}{60}$ 来表示的分数，以及多个我们将写作 $\left(\frac{1}{60}\right)^2$、$\left(\frac{1}{60}\right)^3$ 等的分数，依此类推，至任意范围。首先写单位（τμήματα 或 μοῖραι，后来经常用缩写 μ° 来表示），普通数字表示它们的个数；然后是一个简单的数字，带有一个重音符号，代表第一组六十个部分。或称"分"，然后，一个带有两个重音符号的数字代表第二组六十个部分，或称"秒"，依此类推。那么，$\mu^\circ\beta = 2°$，μοιρῶν μζ μβ′ μ ″ = 47° 42′ 40″。类似的，τμημάτων ξζ δ′ νε″ = 67^p 4′ 55″，这里，p 表示（直径的）段。在没有单位的地方，或者说第一组六十个部分、第二组六十个部分等没有数字的地方，使用 O，表示 οὐδεμία μοῖρα、οὐδὲν ἑξηκοστόν 等；因此，μοιρῶν O α′ β″ O‴ = 0° 1′ 2″ 0‴。这套体系和我们的十进制分数很相似，不同之处在于约数是 $\frac{1}{60}$，而不是 $\frac{1}{10}$；尽管它处理起来并不容易很多，但它提供了一种非常快速的方法，求那些不能用整数表示的量的近似值。例如，托勒密在他的弦表中说，与 120° 圆心角相对的弦是（τμημάτων）ργ νε′ αγ″，或 103^p 55′23″；这相当于说（由于圆的半径是 60 τμήματα）：$\sqrt{3} = 1 + \frac{43}{60} + \frac{55}{60^2} + \frac{23}{60^3}$，由此算出 1.7320509…，这个结果直到第 7 个十进制位都是正确的，只比真值多出了约 0.00000003。

实用计算

（1）算盘

在实用计算中,希腊人很容易通过使用算板获得位值体系的优势。算板的精髓在于它在列上的安排,既可以是垂直的,也可以是水平的,但通常是垂直的,在希腊和埃及则肯定是垂直的;列通过一条条线或其他方式划分出来,分配给当前使用的数字体系的连续位,亦即,在十进制的情况下,就是个位、十位、百位、千位、万位,等等。各位的单位数借助卵石、木钉等显示。在加或乘的过程中,当聚集在一列上的卵石数变得足够在下一列更高位上增加一个或一个以上单位时,代表更高单位完全数的卵石便从这一列撤下,给更高位的下一列增加相应数量的更高单位。类似的,在减法中,当某一位上一定数量的单位被减去,而该列没有足够的卵石可减时,则从更高位的下一列上撤下一个卵石,并实际上或者在心里把它换算成等值的低位单位数;新添的卵石数增加了不够减的这一列上的卵石数,于是便可以从这一列上撤下应当减去的卵石数。希腊算板各列的细节不幸只能根据罗马槽式算盘的细节来推断,因为仅保存下来的槽式算盘可以肯定都是罗马算盘。总共有两种:在其中一种上,标志是纽扣或木疙瘩,在每一列上可以上下移动,但不能取下来;在另一种算盘上,它们是卵石,还可以从这一列移到那一列。每一列都有两个部分,较短的一部分在顶部,只包含一颗纽扣,它代表凑齐下一个更高单位所需本列单位数的一半,较长的部分在下面,包含的单位数小于上述相同数字的一半。这种以两部分来安排列可以节省纽扣的总数。就整数而言,这些列可以代表个位、十位、百位、千位,等等,在这些情况下,各列顶部的一颗纽扣代表 5 个单位,底部的 4 颗纽扣代表 4 个单位。但是,在各列代表整数之后,出现了代表分数的列;第一列包含的纽扣代表十二分之一（unciae）,亦即 $\frac{1}{12}$,12 个 unciae 便是 1 个单位,在这种情况下,顶部的一颗纽扣代表 6 个 unciae 或 $\frac{6}{12}$,而底部共有 5 颗纽扣

（不是 4 颗），列上的纽扣因此总共代表 11 个 unciae。在这一列之后，另外有（在一个样本中）3 个更短的列，只和整数列的底部并排，第一列代表分数 $\frac{1}{24}$（一颗纽扣），第二列是 $\frac{1}{48}$（一颗纽扣），第三列是 $\frac{1}{72}$（两颗纽扣，当然，它们加在一起是 $\frac{1}{36}$）。

撰写了所谓博蒂乌斯几何学的中世纪作者描述了以不同的列表示各位上的单位数的另一种方法 [13]。据他说，"算盘"是后来的名称，以前被称作"毕达哥拉斯算板"，以纪念这位把它的用法教给我们的大师。其方法不是把必要数量的卵石或纽扣放在列上，而是写上相应的数字，可能是写在撒在平面上的沙子上（据说希腊几何学家使用同样的方式，在撒满沙子的木板上画几何图形，这样的木板类似被称作 ἄβαξ 或 ἀβάκιον）。置于列上的数字被称作 apices（顶点）。这位作者提到的最早一种数字是印度数字的粗糙形式（这一事实证明了这种方法的年代较晚）；不过还有另外的形式：（1）字母表上前面的一些字母（推测起来大概指的是希腊字母数字），（2）普通的罗马数字。

我们应该会猜想，希腊算盘的盘列与罗马算盘是一致的，但是，
48　关于它的形式以及它在何种程度上被使用的实际证据十分不足，以至于我们完全可以怀疑它究竟是不是真的有什么大的用途。但有 7 位作者证实过把卵石用于计算。在阿里斯托芬的作品中（Wasps，656—664），布得吕克勒翁告诉他父亲如何做一个容易的加法，"不是使用卵石，而是用手指头"，这等于说，"这种加法没有必要使用卵石，你可以用自己的手指头做"。他说："政府的收入是 2000 塔兰特，每年的支出是 6000 狄卡斯特，只剩下 150 塔兰特。"老人问："我为什么连总收入的十分之一都得不到？"这种情况下的计算相当于把 150 乘以 10，所得到的积不到 2000。但更能说明问题的是下面这些暗示。希罗多德说，在用卵石计算时，就像在写作一样，希腊人的手从左到右移动，埃及人则是从右到左移动 [14]；这表明列是垂直的，面朝计算者。第欧根尼·拉尔修把下面这段话归到了梭伦头上：那些对暴君有影响的人就像一块算板上的卵石，因为他们有时候代表更多，

有时候代表更少 (15)。公元前 4 世纪一部喜剧中的人物要求给他一个算板和一些卵石，用来算账(16)。但最明确的是波利比乌斯的一句话："这些人实际上就像算板上的卵石。因为依据计算者的兴致，这些卵石一会儿是 1 个 χαλκοῦς（$\frac{1}{8}$ 奥卜尔或 $\frac{1}{48}$ 德拉克马），一会儿是 1 个塔兰特。"(17) 第欧根尼·拉尔修和波利比乌斯的话都表明，卵石并非固定在列上，而是可以从一列转移到另一列，关于我们马上将要提到的萨拉密斯人的石板，后面那段话颇有意义，因为塔兰特和 χαλκοῦς 实际上是表上一侧的末位。

　　除了萨拉密斯人的石板之外，另有两件遗物揭示了这个主题。第一件是在巴列塔西南卡诺萨发现的所谓的大流士花瓶，表现了一个收税官正愁眉苦脸对着面前的台子，上面有一些卵石或者（像某些人坚持认为的那样）硬币，在他右手的边缘，从最远的一侧看是，朝他的方向写着 ΜΨΗ ⅮΠΟ⟨Τ，而他的左手上拿着一本账簿样的东西，推测起来他是要登记进款。这里，Μ、Ψ（＝Χ）、Η 和 Ⅾ 当然是首字母，分别代表 10000、1000、100 和 10。因此，我们在这里得到了一套纯十进制体系，没有我们在"雅典"体系中发现的 Π（＝πέντε，5）所代表的中间数与其他首字母组合。Ⅾ 后面的符号 Π 似乎是写错了，应该是 Ρ，表示 1 个德拉克马的古老符号，Ο 代表奥卜尔，⟨ 代表 $\frac{1}{2}$ 奥卜尔，Τ（τεταρτημόριον）代表 $\frac{1}{4}$ 奥卜尔 (18)。除了单位（这里是德拉克马）的分数不同于罗马单位的分数之外，这套体系和罗马体系是一致的，很可能表现的是算板。实际上，十进制的排列比萨拉密斯人的石板更符合算板，后者有代表 500、50 和 5 德拉克马的"赫罗狄安"符号作为中间数。然而，戴维·尤金·史密斯教授清楚地表明，任何一个批评性地检查过这件遗物的人都能看出，它表现的是一个普通的货币兑换商或收税官、有一些硬币放在一个台子上，这样的场景，今天在东方的任何地方都可以看到，而且，那个台子和算板毫无相似之处 (19)。另一方面，有人指出，收税官左手上那本打开的账簿，一页上有 ΤΑΛΝ，另一页上有 ΤΑΙΗ，这似乎表明他在登记塔兰特的总数，

49

因此推测起来他想必是在面前的台子上把那些硬币或卵石加起来。

第二个现存的同类遗物就是所谓的 σήκωμα（或称量器排列），是大约 50 年前发现的 (20)。那是一块石板，带有流动的量器，右手边有一串数字 ΧΡΗΡΔΓΗΙΤΙϹ。这些符号都是"赫罗狄安"符号，其中包括代表 500、50 和 5 德拉克马的符号；Ͱ 是代表 1 德拉克马的符号，Ͳ 显然是代表一定数量的奥卜尔，它构成了德拉克马的一部分，亦即 τριώβολον 或 3 个奥卜尔，Ι 代表 1 奥卜尔，Ϲ 代表 $\frac{1}{2}$ 奥卜尔。

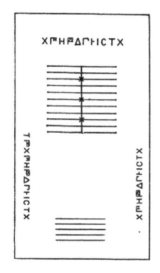

著名的萨拉密斯人的石板是朗伽贝发现的，发现后他立即给它画了素描，并进行了描述（1846 年）(21)。这块石板如今断成了大小不等的两部分，现藏雅典的碑铭博物馆。威廉·库比契克陈述了关于它的一些事实，给它拍了一张令人满意的照片 (22)。纳格尔根据朗伽贝的描述对它进行了再现，我们按照纳格尔的素描在这里附加了它的一张草图。这块石板的尺寸和材料（据朗伽贝测量是 1.5 米长、0.75 米宽）显示，它不是普通的算板，它可能是一个固定装置，打算用于准公共的用途，比如银行家或钱币兑换商的计算板，也可能是一块记分板，用于某种游戏，比如 trictrac（十五子游戏）。人们的看法从一开始就分为这两种观点，甚至有人认为这块板同时用于这两种目的。但毋庸置疑，它被用于某种计算，即使它实际上不是算板，但至少起到了这样的作用：让我们对算板是个什么样子有了一定的概念。关于它的解释，困难显而易见。三侧各有一串字母，而且是一样的，唯一的不同在于：其中两串不超过 Χ（1000 德拉克马），而第三串有 ⋈（5000 德拉克马），另外还有 Ͳ（1 塔兰特或 6000 德拉克马）；Ͱ 是代表 1 德拉克马的符号，Ι 代表 1 奥卜尔，Ϲ 代表 $\frac{1}{2}$ 奥卜尔，Ͳ 代表 $\frac{1}{4}$ 奥卜尔（τεταρτημόριον，

柏克的观点），而不是 $\frac{1}{3}$ 奥卜尔（τριτημόριον，文森特的观点），而

X 代表 $\frac{1}{8}$ 奥卜尔（χαλκοῦς）。人们似乎同意，五条短线之间的四个空行是用来表示德拉克马的分数的；第一个空行需要 5 个卵石（比凑成 1 个德拉克马所需的 6 个奥卜尔少一个），其他空行各需 1 个卵石。长线之间的空格代表德拉克马和更高的单位。据猜测，那条交叉线表示罗马方法：把一个卵石放在它的上方表示 5，四个卵石放在下面表示 1，很显然，包括直至塔兰特（6000 德拉克马）在内的所有单位只需要 5 列，亦即，一列代表塔兰特或 6000 德拉克马，四列分别代表1000、100、10 和 1 德拉克马。但这十一条线实际上提供了十个空行。按照游戏记分板的理论，两个游戏者据说各占十行中位于一侧（右侧或左侧）的五行，两人在这块板较长的两侧正面相对（但是，如果在游戏过程中，他们都要使用较短代表分数的列，他们如何让这几列够用就不清楚了）。在那种情况下，中间那条线的中点上的交叉符号就充当了一个标志，把分属两个游戏者的空行分隔开来，或许，所有交叉符号都有一个目的：帮助眼睛把所有的列互相区分开来。据推测，这块板是一个算板，关于十一条线，一个可能的解释是假设它们实际上只提供五列,奇数线标志列之间的分隔,偶数线(各列中间的一条线）标出卵石应当放置的地方。在这种情况下，如果交叉符号就是打算标出代表 1 的四颗卵石和代表 5 的一颗卵石之间的分隔，只有最后三列（代表 100、10 和 1）需要交叉符号，因为，最高位是 6000 德拉克马，千位列不需要分隔，只需要五颗代表 1 的卵石。纳格尔是算盘理论彻头彻尾的支持者，把其他解释都排除在外，他走得更远，并证明了萨拉密斯人的石板如何用于特定的目的：长乘法的运算。但这一发展似乎有些牵强，没有证据表明它有这样的用途。

事实上，希腊人很少需要算板用于计算。有了字母数字，他们无需借助任何带有标记的列来进行加减乘除，其形式只是稍稍不如我们现在的方法方便：在埃图库斯对阿基米德《圆的量度》（*Measurement of a Circle*）的注释中，我们发现了长乘法的实例，各例中都包括加法作为最后一步。我们将分别考量这四种算术运算。

（2）加法和减法

毫无疑问，在为了这两种运算的目的而书写数字的时候，希腊人会以一种实际上符合我们现在数字体系的方式，让 10 的几次幂保持分开，百位数、千位数，等等，被写在单独的直行中。下面是加法的一个典型例证：

$$
\begin{array}{rr}
{,}\alpha\upsilon\kappa\delta \;=\!\!\!& 1424 \\
\rho\;\;\gamma & 103 \\
\overset{\alpha}{M}\,{,}\beta\sigma\pi\alpha & 12281 \\
\overset{\gamma}{M}\quad\lambda & 30030 \\
\hline
\overset{\delta}{M}\,{,}\gamma\omega\lambda\eta & 43838
\end{array}
$$

这项工作的心算部分对于希腊人和对于我们是一样的。

类似的，减法被表示如下：

$$
\begin{array}{rr}
\overset{\theta}{M}\,{,}\gamma\chi\lambda\varsigma \;=\!\!\!& 93636 \\
\overset{\beta}{M}\,{,}\gamma\upsilon\;\;\theta & 23409 \\
\hline
\overset{\zeta}{M}\quad\sigma\kappa\zeta & 70227
\end{array}
$$

（3）乘法

（i）埃及人的方法

对于乘法运算，需要两样东西。首先是一张乘法表。毫无疑问，希腊人很早就有了这张表。实际上，埃及人似乎从未有过这样一张表。我们从"莱因德数学纸草书"中得知，为了乘以任何数，埃及人首先连续加倍，就这样得出了被乘数的 2 倍、4 倍、8 倍、16 倍，等等；然后把这一系列的倍数按照需要加起来（包括被乘数的一倍）。因此，要乘以 13，他们并不是取被乘数的 10 倍和 3 倍，再把它们加起来，而是把被乘数的 1 倍、4 倍和 8 倍（这些是他们通过连续加倍过程得到的）加起来，从而求得被乘数的 13 倍；类似的，他们求任何数的

53

25 倍，是通过把该数的 1 倍、8 倍和 16 倍加起来*。埃及人以一种更基本的方式做除法运算，亦即通过试探性的倒推乘法，从同样的加倍过程开始。但是，正如我们已经看到的那样，《查密迪斯篇》的注释者说，λογιστική（计算）的分支包括"乘法和除法中的所谓希腊方法和埃及方法"。

（ii）希腊人的方法

埃及人的方法我们刚才已经描述过了，有一点似乎很清楚，希腊人的方法是不同的，它依赖于直接使用乘法表。现藏大英博物馆的一块两叶蜡版（Add. Ms. 34186）上保存了这样一张乘法表的残片。有人相信，其年代可以追溯到公元 2 世纪，大概来自亚历山大城或附近地区，但字符的形态和大小写字母的混合都使得我们可以把年代定得更早。例如，大英博物馆里有一份纸草文献，被定为公元前 3 世纪，上面的数字跟这块蜡版上的数字非常相像。[23]

第二个要求关系到下面这个事实：希腊人做乘法运算首先求最高成分的积，亦即，如果我们是从左，而不是从右开始做长乘法的话，

54

---

* 有人告诉我，有一种方法今天还在使用（有人说在俄，但我没法证实这一点），它无疑很有吸引力，而且看上去是原创性的，但我们马上就会看出，它无异于执行埃及人步骤的一个简洁的实用方法。以连续行的形式并排写出，以至于形成了两列。（1）乘数和被乘数；（2）乘数的一半（如果乘数是奇数的话，就取其下面的整数）和被乘数的两倍；（3）上一行第一列中的数的一半（或其下最接近的整数）和上一行第二列中的数的两倍，依此类推，直至第一列中的数为 1。划掉第二列中所有与第一列中偶数相对的数，把第二列中所有剩下的数加起来。这个和就是要求的积。例如，要求 157 乘以 83，那么各行如下：

83	157
41	314
20	~~628~~
10	~~1256~~
5	2512
2	~~5024~~
1	10048

$$13031 = 83 \times 157$$

当然，其解释是，当我们取第一列的上一个数的一半是小数时，我们就漏掉了右列中的数一次，于是，它必须留在该列，到最后加起来；当我们取一个偶数的一半时，我们没有漏掉右列中的数，但新的一行刚好等于上一行，因此可以划掉。

他们步骤就跟我们是一样的。唯一的困难是确定 10 的两个高次幂的积的位。对于像希腊人通常相乘的那些数字，不会有什么麻烦；但是，比方说，如果乘数是非常大的数，例如数百万乘以数百万或数十亿，就需要十分小心，甚至需要某种定位法则，或确定乘积将会包含的 10 的特定次幂。有两部专题论著论述了这一特殊的需要，分别是阿基米德和阿波罗尼奥斯的著作，前面已经提到过。前者(《数沙术》)证明了，如果有一个数列：1，10，10^2，10^3，…，10^m，…，10^n，…，那么，若 10^m、10^n 是该数列中的任意两项，它们的积 $10^m \times 10^n$ 就会是同一数列中的一项，而且，它与 10^n 之间相隔的项数和 10^m 与 1 之间相隔的项数是一样多；还有，它与 1 之间相隔的项数比 10^m 和 10^n 分别与 1 之间相隔的项数之和少一项。很容易看出这相当于说，10^m 是从 1 算起的第 $(m+1)$ 项，这两项的积是从 1 算起的第 $(m+n+1)$ 项，也就是 10^{m+n}。

（iii）阿波罗尼奥斯的连乘法

阿波罗尼奥斯的体系值得在这里简短描述一下 [24]。它的目标是要给出一个简便的方法，求任意多个乘数的连续积，其中每一个乘数由希腊记数法中的一个字母所代表。因此，它并没有显示如何乘两个大数，其中每个数都包含多个数字（在我们的记数法中），也就是说，一定数量的个位数，一定数量的十位数，一定数量的百位数，等等；它局限于任意多个乘数的乘法，其中每个乘数是下列情形之一：（1）多个个位数，如 1、2、3…9；（2）多个十位数，如 10、20、30…90；（3）多个百位数，如 100、200、300…900。它不处理百位以上的乘数，如 1000 或 4000；这是因为希腊数字字母只到 900，这之后重新开始，以 α、β…代表 1000、2000，等等。这个方法的本质是分别乘：（1）基数（πυθμένες）的乘，几个乘数的乘；（2）乘数中包含的 10 的整次幂的乘，也就是说我们现在用乘数中的零来表示。给定一个 10 的倍数，比方说 30，3 是 πυθμήν（基数），单位的个数和包含的 10 的个数是一样的；100 的倍数也是一样，比方说 800，8 是基数。在乘三个像 2、30 和 80 这样的数时，阿波罗尼奥斯首先乘基数 2、3 和 8，然后分别求 10 和 100 的积，最后乘这两个积。

最后的积被表示为小于 1 万的单位的个数，然后是万位的个数，"双万"（1 万的平方）的个数，"三万"（1 万的立方）的个数，等等，换句话说就是下面的形式：

$$A_0 + A_1 M + A_2 M^2 + \cdots$$

这里，M 是 1 万或 10^4，A_0、A_1 …… 分别某个不超过 9999 的数字。

对于基数（数字）的乘法运算，或者，当分开求积时把它们的积化为十位、百位等的积，没有给出特定的方向（后者乘法运算的方向可能包含在帕普斯这份受损严重的残稿中已经佚失的命题中）。但是，处理十位数和百位数的方法（我们现在记数法中的零）成了相当数量单独命题的主题。因此在两个命题中，乘数全都属于一种（十位或百位），在另一个命题中，我们看到了两种乘数（多个只包含个位数的乘数乘以多个小于 100 的 10 的倍数，或小于 1000 的 100 的倍数），等等。在最后一个命题（命题 25，引理到这里结束）中，乘数属于所有这三种，有的只包含个位数，另一些则是 10 的倍数（小于 100），还有一些是 100 的倍数（都小于 1000）。正如帕普斯经常说的那样，证明"在数字上"很容易；阿波罗尼奥斯本人似乎"借助直线或某种形式的图示"证明了这些命题。方法相当于取乘数中包含的所有 10 的不同次幂的指数（在这个过程中，$10 = 10^1$，指数为 1，而 $100 = 10^2$，指数为 2），把指数加在一起，然后把和除以 4，得到积所包含的一万（10000）的幂。如果商的整数为 n，积则包含 $(10000)^n$，或者阿波罗尼奥斯的记数法中的 "n 万"。大多数情况下，除以 4 之后会有余数，即 3、2 或 1：那么余数代表（在我们现在的记数法中）还有 3 个、2 个或 1 个零，也就是说，积是 n 万（或 10000^n）的 1000、1000 或 10 倍，视余数的情况而定。

最好的说明莫过于阿波罗尼奥斯自己提出的主要难题，亦即：把下面这行六音步诗中各个字母所代表的所有数字同时相乘：

Ἀρτέμιδος κλεῖτε κράτος ἔξοχον ἐννέα κοῦραι。

字母的个数，因此也是乘数的个数，是 38，其中 10 个是小于

1000 的 10 的倍数，亦即 ρ，τ，σ，τ，ρ，τ，σ，χ，υ，ρ（= 100，300，200，300，100，300，200，600，400，100），17 个是小于 100 的 10 的倍数，亦即 μ，ι，o，κ，λ，ι，κ，o，ξ，o，o，ν，ν，ν，κ，o，ι（= 40，10，70，20，30，10，20，70，60，70，70，50，50，50，20，70，10），还有 11 个是个位数，亦即 α，ε，δ，ε，ε，α，ε，ε，ε，α，α（= 1，5，4，5，5，1，5，5，5，1，1）。乘数中包含的 10 的整次幂的指数之和因此是 $10 \times 2 + 17 \times 1 = 37$。这个数除以 4 之后，商为 9，余数为 1。因此，所有十位数和百位数（都不包括基数）的积是 10×10000^9。

现在，作为运算的第二部分，我们用仅包含个位的数乘以所有其他乘数的基数，亦即（先从基数开始，然后是百位数，再是十位数）把下面这些数乘在一起：

57

$$1，3，2，3，1，3，2，6，4，1，$$
$$4，1，7，2，3，1，2，7，6，7，7，5，5，5，2，7，1，$$
$$1，5，4，5，5，1，5，5，5，1，1。$$

文本中立即给出了积是 19 个"四万"，6036 个"三万"和 8480 个"两万"，或

$$19 \times 10000^4 + 6036 \times 10000^3 + 8480 \times 10000^2$$

（详细的逐行相乘当然十分容易，被胡尔奇作为插入的部分用括弧括了起来。）

最后，帕普斯说，乘以另外那个积（没有基数的十位数和百位数之积），亦即上文给出的 10×10000^9，得到：

$$196 \times 10000^{13} + 368 \times 10000^{12} + 4800 \times 10000^{11}$$

（iv）普通乘法的实例

现在，我们将通过从埃图库斯那里拿来的实例，说明希腊人进行长乘法运算的方法。我们将会看到，就像在加法和减法的实例中那样，其运算本质上和我们现在的方法是一样的。先写被乘数，再在它的下

方写上乘数，前面加上 ἐπί（="乘"）。然后，取乘数中包含 10 的最高次幂的项，去乘被乘数的各项，一个接一个，先乘包含 10 的最高次幂的项，接着乘包含 10 的第二高次幂的项，按降序依此类推；这之后，取乘数中包含第二高次幂的项，按同样的顺序去乘被乘数的各项；依此类推。如果被乘数包含分数，也遵循同样的程序。埃图库斯著作中给出的实例将让整个运算变得更清晰：

（1）

$,\alpha\tau\nu\alpha$
$\epsilon\pi\grave{\iota}$ $,\alpha\tau\nu\alpha$

$\overset{\rho\,\lambda\,\epsilon}{\mathrm{MMM}},\alpha$
$\overset{\lambda\,\theta\,\alpha}{\mathrm{MMM}},\epsilon\tau$
$\overset{\epsilon\quad\alpha}{\mathrm{MM}},\epsilon,\beta\phi\nu$
$,\alpha\tau\nu\alpha$

$\overset{\rho\pi\beta}{\delta\mu o\hat{\upsilon}\ \mathrm{M}},\epsilon\sigma\alpha$

	1351			
	× 1351			
	1000000	300000	50000	1000
	300000	90000	15000	300
		50000	15000	2500	50
			1000	300	50	1
总计	1825201			

（2）

$,\gamma\iota\gamma L'\delta'$
$\epsilon\pi\grave{\iota}$ $,\gamma\iota\gamma L'\delta'$

$\overset{\lambda\,\gamma}{\mathrm{MM}},\theta,\alpha\phi\psi\nu$
$\overset{\gamma}{\mathrm{M}}\rho\lambda\epsilon\beta L'$
$\theta\lambda\theta\alpha L'L'\delta'$
$,\alpha\phi\epsilon\alpha L'\delta'\eta'$
$,\psi\nu\beta L'L'\delta'\eta'\ \iota\varsigma'$

$\overset{\lambda\eta}{\delta\mu o\hat{\upsilon}\ \mathrm{M}},\beta\chi\theta\ \iota\varsigma'$

$3013\frac{1}{2}\frac{1}{4}$ $\left[=3013\frac{3}{4}\right]$				
× $3013\frac{1}{2}\frac{1}{4}$				
9000000	30000	9000	1500	750
30000	100	30	5	$2\frac{1}{2}$
9000	30	9	$1\frac{1}{2}$	$\frac{1}{2}\frac{1}{4}$
1500	5	$1\frac{1}{2}$	$\frac{1}{4}$	$\frac{1}{8}$
750	$2\frac{1}{2}$	$\frac{1}{2}\frac{1}{4}$	$\frac{1}{8}$	$\frac{1}{16}$

总计 $9082689\frac{1}{16}$

51

下面是海伦计算涉及分数的两个数的乘法时给出的众多实例中的一个。他要用 $4\dfrac{33}{64}$ 乘以 $7\dfrac{62}{64}$，他是这样计算的：

$$4 \times 7 = 28$$

$$4 \times \frac{62}{64} = \frac{248}{64}$$

$$\frac{33}{64} \times 7 = \frac{231}{64}$$

$$\frac{33}{64} \times \frac{62}{64} = \frac{2046}{64} \times \frac{1}{64} = \frac{31}{64} + \frac{62}{64} \times \frac{1}{64}$$

因此结果是

$$28\frac{510}{64} + \frac{62}{64} \times \frac{1}{64} = 28 + 7\frac{62}{64} + \frac{62}{64} \times \frac{1}{64}$$

$$= 35\frac{62}{64} + \frac{62}{64} \times \frac{1}{64}$$

亚历山大城的赛翁在他对托勒密的《至大论》注释中，以恰好一样的方式，做过 $37°4'55''$（在六十进制中）的自乘。

（4）除法

除法的运算依赖于乘法和减法的运算，希腊人做除法的方法，mutatis mutandis（拉丁语：经适当修正后），和我们今天的方法是一样的。例如，假设我们要把上述第一个乘法运算的过程颠倒过来，用 $\overset{\rho \pi \beta}{\mathrm{M}}$,$\epsilon \sigma a$（1825201）除以 ,$a\tau\nu a$（1351）。那些涉及 10 的连续次幂的项在心里保持它们分开，就像在加法和减法中一样，第一个问题是一千除一百万得多少，同时考虑到一千的后面还有 351，一百万的后面还有 825 千。答案是一千或 ,a，这个数乘以除数 ,$a\tau\nu a$，得 $\overset{\rho\lambda\epsilon}{\mathrm{M}}$,$a$，从 $\overset{\rho\pi\beta}{\mathrm{M}}$,$\epsilon\sigma a$ 中减去这个数，得 $\overset{\mu\varsigma}{\mathrm{M}}$,$\delta\sigma a$。这个余数（＝474201）如今除以 ,$a\tau\nu a$（1351），我们将会看出，后者除前者所得的商是 τ（300），而不是 υ（400）。用 ,$a\tau\nu a$ 乘以 τ，我们得到 $\overset{\mu}{\mathrm{M}}$,$\epsilon\tau$（405300），从

$\overset{\mu\varsigma}{M}$,δσα（474201）中减去这个数，得 $\overset{c}{M}$,η?α（68901）。这个数再次除

以 ,ατνα，得到的商是 ν（50）；用 ,ατνα 乘以 ν，我们得到 $\overset{\overline{c}}{M}$,ςφν

（67550），从 $\overset{c}{M}$,η?α（68901）中减去这个数，得 ,ατνα（1351）。

最后的商是 α（1）因此，整个商是 ,ατνα（1351）。

赛翁描述了一个长除法的实例，其中，除数和被除数都包含了六十进制分数。这个问题是 1515 20′ 15″ 除以 25 12′ 10″，赛翁对过程的描述相当于下列算式：

除数	被除数		商
25 12′ 10″	1515 20′ 15″		∣第一项 60
	25 × 60 = 1500		
	余数	15 = 900′	
	和	920′	
	12′ × 60 =	720′	
	余数	200′	
	10″ × 60 =	10′	
	余数	190′	
	20 × 7′ =	175′	∣第二项 7′
		15′ = 900″	
	和	915″	
	12′ × 7′ =	84″	
	余数	831″	
	10″ × 7′ =	1″ 10‴	
	余数	829″ 50‴	∣第三项 33‴
	25 × 33″ =	825″	
	余数	4″ 50‴ = 290‴	
	12′ × 33″ =	396‴	
		106″	

因此，商略小于 60 7′ 33″。我们会注意到，赛翁的这个运算和上文中 $\overset{\rho\pi\beta}{M}$,εσα 除以 ,ατνα 的运算之间的不同在于，赛翁对余数的每一

60

53

项做了 3 次减法，而在另外的实例中，余数是在一次减法之后得出的。结果是，尽管赛翁的方法十分清晰，但步骤更长，而且使得试商的时候更不容易预见恰当的数字是什么，因此在不成功的尝试上损失的时间更多。

（5）求平方根

我们现在能够看出，求一个数的平方根的问题将会如何着手。首先，正如在除法中一样，给定的整数将被分成很多项，分别包含一定数量的个位数和 10 的不同次幂。因此，将会有多个个位数、多个十位数、多个百位数，等等；必须在头脑里记住，从 1 到 9 的平方在 1 到 99 之间，从 10 到 90 的平方在 100 到 9900 之间，等等。接下来，平方根的第一项将是某个十位数，或百位数，或千位数，等等，而且其求法在很大程度上和长除法中求商的第一项是一样的，必要的时候通过试的办法。如果 A 就是那个要求其平方根的数，而 a 代表了平方根的第一项或位，x 是接下来的项或位，那么，有必要使用恒等式 $(a + x)^2 = a^2 + 2ax + x^2$，来找出这样一个 x，使得 $2ax + x^2$ 略小于余数 $A - a^2$，亦即，我们要用 $A - a^2$ 减去 $2ax$，同时考虑到下面这个事实：不仅 $2ax$（这里 x 是商）必须小于 $A - a^2$，$(2ax + x)x$ 也必须小于 $A - a^2$。因此，通过试，很容易找出满足这个条件的可能性最大的 x 的值。

61 若这个值是 b，就要从第一个余数 $A - a^2$ 中进一步减去 $2ab + b^2$，并

以同样的方式从第二个余数求出第三项或位，依此类推。从亚历山大城的赛翁对《至大论》的注释中可以清楚地看出，这就是要遵循的实际步骤。这里，要求平方根的数是 144，它是借助《几何原本》第二卷命题 4 而得到的。平方跟中可能性最大的位（亦即 10 的整次幂）是 10；144 减去 10^2 得 44，这个数

不仅必须包含 10 和平方根下一项的积，而且还要包含下一项本身的平方。1×10 本身的两倍是 20，44 除以 20 得 2，作为平方根的下一项；这被证明恰好就是要求的数，因为 $2 \times 20 + 2^2 = 44$。

赛翁对托勒密依据六十进制分数求平方根的方法所作的解释也说明了同样的步骤。这个问题是求 4500 μοῖραι（度）的近似平方根，所使用的几何图形无疑证明了整个方法本质上是基于欧几里得的方法。追循这一段要旨的算术表示，同时借助图形来观察，就会让事情变得更清楚。托勒密首先求出 $\sqrt{4500}$ 的整数部分是 67。既然 $67^2 = 4489$，那么余数是 11。现在假设，平方根的其余部分借助六十进制分数来表示，我们因此可以写作：

$$\sqrt{4500} = 67 + \frac{x}{60} + \frac{y}{60^2},$$

这里，x、y 尚待求出。因此，x 必须使得 $2 \times 67 \times \frac{x}{60}$ 略小于 11，或者说 x 必须略小于 $\frac{11 \times 60}{2 \times 67}$ 或 $\frac{330}{67}$，同时还要大于 4。试过之后，发现 4 满足这个问题的条件，亦即，$\left(67 + \frac{4}{60}\right)^2$ 必定小于 4500，于是可以利用余数求出 y。 62

这个余数是 $11 - \frac{2 \times 67 \times 4}{60} - \left(\frac{4}{60}\right)^2$，等于 $\frac{11 \times 60^2 - 2 \times 67 \times 4 \times 60 - 16}{60^2}$ 或 $\frac{7424}{60^2}$。

因此，我们必须假设，$2\left(67 + \frac{4}{60}\right)\frac{y}{60^2}$ 近似于 $\frac{7424}{60^2}$，或者说 $8048y$ 约等于 7424×60。因此，y 约等于 55。

用 $\frac{7424}{60^2}$ 减去 $\frac{442640}{60^3}$，得 $\frac{2800}{60^3}$ 或 $\frac{46}{60^2} + \frac{40}{60^3}$；但是，赛翁并没有走得更远，减去余下的 $\frac{3025}{60^4}$；他只是说，$\frac{55}{60^2}$ 的平方根接近于

$\dfrac{46}{60^2}+\dfrac{40}{60^3}$。事实上，如果我们用 $\dfrac{2800}{60^4}$ 减去 $\dfrac{3025}{60^4}$，得到正确的余数，就可以求出它是 $\dfrac{164975}{60^4}$。

　　就第一个分数项的位（第一个六十分之一位）来说，赛翁的方法用起来并不方便，除非平方根的整数项相对于 $\dfrac{x}{60}$ 来说很大；如果不是这种情况，$\left(\dfrac{x}{60}\right)^2$ 相对来说就不能忽略不计，以 $\sqrt{3}$ 为例，在托勒密的弦表中，它的值等于 $1+\dfrac{43}{60}+\dfrac{55}{60^2}+\dfrac{23}{60^3}$。如果我们先求出单位 1，

63 再通过试的办法找出下一项，大概会涉及大量的试探，十分麻烦。在这种情况下，一个可选的办法是用这个数乘以 60^2，因此把它减少至第二个六十分之一位，然后取平方根，查明其中第一个六十分之一位的数。现在，$3\times 60^2=10800$，而且，由于 $103^2=10609$，因此 3 的平方根以这种方式求出来的第一个元素是 $\dfrac{103}{60}\left(=1+\dfrac{43}{60}\right)$。这就是在这种情况下所使用的方法，下面这个事实表明了这一点：在弦表中，每个弦被表示为一定数量的第一个六十分之一位，接下来是第二个六十分之一位，等等，$\sqrt{3}$ 被表示为 $\dfrac{103}{60}+\dfrac{55}{60^2}+\dfrac{23}{60^3}$。《几何原本》第十卷的注释者表明同样的东西，他首先进行了求 31 10′ 36″ 的平方根的运算，方法是把这个数化为第二个六十分之一位；第二个六十分之一位的数是 112236，得出了平方根中第一个六十分之一位的数是 335，而 $\dfrac{335}{60}=5\ 35'$。接下来，可以用赛翁实例中同样的方式求出平方根中的第二个六十分之一位。或者，正如那位注释者所说的那样，我们可以通过把最初的数简化为第四个六十分之一位，从而得到平方根的第二个六十分之一位，依此类推。这无疑是那位注释者得出 $\sqrt{8}$ 的近似值 2 49′42″20‴10⁗ 时所使用的方法，他的其他近似值也与此类似，比如 $\sqrt{2}=1\ 24'51''$ 和 $\sqrt{27}=5\ 11'46''50'''$（50‴ 应该是 10‴）。

56

（6）求立方根

我们求立方根的办法依赖于公式 $(a + x)^3 = a^3 + 3a^2x + 3ax^2 + x^3$，正如求平方根依赖于公式 $(a + x)^2 = a^2 + 2ax + x^2$。正如我们已经看到的那样，希腊人求平方根的方法就像我们一样使用后面的（欧几里得的）公式；但在希腊人的作品中，我们没有找到关于求立方根的任何描述。很可能，希腊人没有多少场合需要求立方根，或者，一张立方表对于他们的大多数目的就足够了。但是，从海伦的一段话中可以清楚地看出，他们还是有某种方法，在这段话中，海伦给出了 $4\frac{9}{14}$ 作为 $\sqrt[3]{100}$ 的近似值，并显示了他是如何获得这个值的 [25]。海伦只是以具体的数字，武断地给出了计算过程，没有解释它的理论基础，对于作为这一运算基础的准确公式，我们不可能十分有把握。关于这个问题，我们将在关于海伦的那一章给出最有可能的线索。

3. 毕达哥拉斯学派的算术

关于毕达哥拉斯自己的成就，早期的证据甚少，即便有的话，也没有触及他的数学。最早提到他的哲学家和历史学家都对其工作的这一方面不感兴趣。赫拉克利特谈到了他广博的知识，但态度有些轻蔑："很多学问并不教人智慧；否则的话它就把智慧教给了赫西俄德和毕达哥拉斯，还有色诺芬尼和赫卡塔埃乌斯。"[1]希罗多德有几次顺便提到了毕达哥拉斯和毕达哥拉斯学派，他把毕达哥拉斯称作"希腊人当中最能干的哲学家"[2]。恩培多克勒是他的一个热情洋溢的仰慕者："但他们当中有一个异常博学的人，获得了深厚渊博的知识，是各种技艺最伟大的大师；因为，不管什么时候，只要他全身心地投入，他都能够轻而易举地在他那十个——不，二十个——人的生活中发现每一个真理。"[3]

毕达哥拉斯本人没有留下任何文字以阐述他的学说，他的直接继任者也没有留下任何文字，哪怕是希帕索斯。关于此人，故事有几种说法：（1）他因为公开发表毕达哥拉斯的学说而被逐出了该学派。（2）他因为透露了球的内接十二面体的作法，并声称是自己的发现，或者是因为（像另外的故事所讲的）公布了无理数或不可通约数的发现，而被丢到海里淹死了。直至菲洛劳斯的时代，毕达哥拉斯学派的学说不存在任何文字记录一直被归因于约束这一学派的保密宣誓。无论如何，这个说法并不适用于他们的数学或物理学，假想中的保密甚至有可能是编造出来的，以解释文献的阙如。事实情况看来是这样：口耳相传是这一学派的传统，而他们的学说总体上太过深奥，外人大多无法理解。

在这样的情况下，很难分得清楚毕达哥拉斯学派的哲学究竟哪些部分可以有把握地归到学派创立者的名下。亚里士多德显然感觉到了这一困难，有一点很清楚，他并不确切地知道有任何伦理学的或物理学的学说可以追溯到毕达哥拉斯本人。当他谈到毕达哥拉斯的体系时，他总是称之为"毕达哥拉斯学派"，有时候甚至是"所谓的毕达哥拉斯学派"。

关于毕达哥拉斯在数学研究上的卓越，最早的直接证据似乎是亚里士多德给出的，在他单独的著作《论毕达哥拉斯学派》（*On the Pythagoreans*，现已失传）中，亚里士多德写道：

> 墨涅撒尔库斯的儿子毕达哥拉斯最早致力于数学和算术，后来，有一段时间，堕落到跟费雷西底学习制造奇迹。[4]

在《形而上学》中，他用类似的措辞谈到了毕达哥拉斯：

> 在这些哲学家（留基伯和德谟克利特）以前及同时，素以数学领先的所谓毕达哥拉斯学派不但促进了数学研究，而且是沉浸在数学之中的，他们认为"数"乃万物之原。（译者注：这段译文引自吴寿彭译《形而上学》[以下简称吴译本]，商务印书馆，1997 年 7 月，第 12–13 页）[5]

有一点可以肯定，数论源自毕达哥拉斯学派；而且，关于毕达哥拉斯本人，亚里士多塞诺斯告诉我们，他"似乎在算术研究上被认为有至高无上的重要地位，他发展了这门学科，并把它带出了商业实用的领域"。[6]

数和宇宙

67

我们知道，泰勒斯（约前 624—前 547）和阿那克西曼德（约出生于公元前 611 年或前 610 年）致力于研究天文学现象，而且，甚至在他们之前，主要的星座就已经得到了识别。毕达哥拉斯（约前572—前497 年或稍后）似乎是第一个发现下面这个现象的希腊人：行星有它们自己独立的运动，从西向东，亦即和恒星每天旋转的方向刚好相反；或者，他可能是从巴比伦人那里学到了关于行星的知识。现如今，任何一个习惯于专心研究天体的都会自然而然注意到，每个星座都有两个指征，组成星座的星体的数量，以及它们构成的几何图形。在这里，正如一位晚近的作者所评论的那样 [7]，我们发现，毕达哥拉斯学说的一个引人注目的例证——即便不是来源的话。而且，正如星座分别都有它们特有的数字一样，所有已知物体都有一个数字，"能够认知的一些事物都有数；因为，如果没有数，任何东西都既不可能想象，也不可能被认知"。[8]

然而，这个说法上没有表达毕达哥拉斯学说的全部内容。不仅万物皆有数，而且，万物皆是数；亚里士多德说："这些思想家，很明显，认为数就是宇宙万有之物质，其变化其常态皆出于数。"[9]（译者注：吴译本，第 13 页）诚然，亚里士多德似乎认为这一理论起初是基于事物的属性和数字的属性之间的类似。

> 他们见到许多事物的生成与存在，与其归之于火，或土或水，毋宁归之于数。数值之变可以成"道义"，可以成"魂魄"，可以成"理性"，可以成"机会"——相似的，万物皆可以数来说明。他们又见到了音律的变化与比例可由数来计算——因此，他们想到自然间万物似乎莫不可由数构成，数遂为自然间的第一义；他们认为数的要素即万物的要素，而全宇宙也是一数，并应是一个乐调。（译者注：吴译本，第 13 页）[10]

这段话断言了"相似"和"吸收"，暗示了数是情感、状态或关系，而不是物质，下面这句评论暗示了同样的意思：现存事物都是凭借它们对数的模仿而存在。[11]但再一次，我们被告知，数与事物不可分离，但是，现存事物，即便是可感知的物质，也是由数构成的；一切事物

68

的本质是数，万物皆数，而数是从一开始构成的，整个宇宙都是数。[12]
更明确的是这样一段陈述：毕达哥拉斯学派"用数构成了全宇宙，他
们所应用的数并非抽象单位，他们假定数有空间量度"，而且，"如
上所述及，他们认为数是量度"。[13]（译者注：吴译本，第277页）
亚里士多德指出了某些显而易见的困难。一方面，毕达哥拉斯学派说
到了"这个构成宇宙的数"；另一方面又说到了作为"自古至今存在
和发生的一切事物之原因"的数。而且，据他们说，抽象概念和无形
之物也是数，他们把这些置于不同的领域。例如，他们把"条教"和
"机运"置于一个领域，而把诸如"不义""分离"或"混合"置于
另一个更高或更低的领域。那么，"抽象的众数与物质世界的众数是
相同的数，抑或不同的两类数呢？"[14]（译者注：吴译本，第23页）

根据亚里士多德对毕达哥拉斯学派学说的这些零零散散的评论，
我们是不是可以推断："宇宙中的数"就是可见星体的数，由作为物
质基点的一所构成？这是不是"万物皆数"理论的起源呢？当然，这
一理论后来将会进一步得到证明，因为他们得出了一个重大发现：音
乐的和声依赖于数字的比例，八度音代表了弦长的2:1，五度音是3:2，
四度音是4:3。

毕达哥拉斯学派用看得见的点来代表一个特定形式的数的单位，
亚里士多德的下面这段评论对此进行了说明：

> 这就是欧吕托所由决定万物之数的方式，他像有些人用卵石
> 求得三角形与四方形的数一样，仿效自然对象的形式而为之试求
> 其数（例如人与马就各有其数）。[15]（译者注：吴译本，第310页）

他们把单位——它是一个没有位置的点（στιγμὴ ἄθετος）——
看作一个点，而把一个点看作一个有位置的单位（μονάς θέσιν
ἔχουσα）。[16]

69

单位和数的定义

亚里士多德指出，"一"本身并不被视为一个数，这是合理的，因为一个度量单位并不是被度量之物，而度量单位或"一"是数的开始或本源。[17]这一学说可能起源于毕达哥拉斯学派，尼科马库斯持这一看法[18]，欧几里得也暗示了这一点。他说，单位是这样一个东西，各存在之物凭借它被称作一个，而一个数是"众单位组成的多"[19]，这一陈述被人们普遍接受。据杨布里科斯说[20]，西马里达斯（古代的一位毕达哥拉斯学派，大概不晚于柏拉图时代）把一个单位定义为"限制量（περαίνουσα ποσότης）"，或者像我们可能说的那样，叫"少的极限"，毕达哥拉斯学派的有些人称之为"数与部分之间的界限"，亦即，它把倍数与约数分隔开来。克律西波斯（公元前 3 世纪）称之为"众多的一（πλῆθος ἕν）"，杨布里科斯反对这一定义，认为它在术语上是一个矛盾，但它是一次重要的尝试，试图把 1 带入数的概念中。

数的最早定义被归到泰勒斯的名下，他"遵循埃及人的观点"，70 把数定义为一组单位的集合（μονάδων σύστημα）[21]。毕达哥拉斯学派"用一构成数"[22]，他们当中有些人称之为"一个从一个单位开始的连续加倍的过程，一次终止于它的回归"[23]。（斯托布斯把这一定义归到了尼禄时代新毕达哥拉斯学派的学者墨得拉特斯的名下。[24]）欧多克索斯把数定义为一个"有明确限度的多"（πλῆθος ὡρισμένον）[25]。尼科马库斯还有另外一个定义："一个由单位构成的量的流"[26]（ποσότητος χύμα ἐκ μονάδων συγκείμενον）。亚里士多德给出的数的定义，相当于刚刚提到的这些定义中的这一个或那一个："有限的多"[27]、"多个单位（或单位的组合）"[28]、"多个不可分割量"[29]、"几个一（ἕνα πλείω）"[30]、"可以用一来量度的多"[31]、"被度量的多"，以及"多个度量"[32]（度量是单位）。

数的分类

奇数（περισσός）与偶数（ἄρτιος）之分无疑可以追溯到毕达哥拉斯学派。菲洛劳斯著作残存的一个片段说："两个特殊种类的数，奇数和偶数，连同第三种数，即奇偶数，源自前两种数的混合；每一种数都有很多形式。"[33] 据尼科马库斯说，毕达哥拉斯学派是这样定义奇数和偶数的：

> 偶数是这样一种数，它有可能通过一次相同的运算，被分为最大且最少的部分，就大小而言最大，但就数量而言最少（亦即分为两半）……而奇数是不可能这样分，而只能分成不相等的两部分。[34]

尼科马库斯给出了另一个古老的定义，大意是：

> 偶数是既可以被分为相等的两部分也可以被分为不相等的两部分的数（除了基本的二之外），但是，不管怎么分，它的两部分都是同一种类，而不会有一部分是另外的种类（亦即，两部分要么都是奇数，要么都是偶数）；而奇数是这样一种数：不管怎么分，在任何情况下都只能分成不相等的两部分，而且这两部分各自属于不同的种类（亦即一部分属于奇数，另一部分属于偶数）。[35]

在后面这个定义中，我们追踪到了这样一个原创性的概念：2（二）根本不是一个数，而是偶数的本原或起始，正如"一"也不是一个数，而是数的本原或起始一样。这个定义暗示了，2 最初并没有被视为一个偶数，尼科马库斯关于"二"给出的限定条件明显是后来添加到最初的定义上（柏拉图已经说到二是偶数）。[36]

关于"奇偶数"这个术语，应当指出的是，据亚里士多德说，毕达哥拉斯学派认为"'一'产生于这两种数（奇数和偶数），因为它既是偶数也是奇数"[37]。很明显，这个古怪观点的解释可能是：作为一切数（无论是奇数还是偶数）的本原，"一"本身不可能是奇数，因此必须称之为奇偶数。然而，还有另一种解释，士麦那的赛翁把它归到了亚里士多德的名下，大意是：把"一"加到一个偶数上便产生了一个奇数，而把它加到一个奇数上便产生了一个偶数，如果它不是具有这两种数的特性，则不可能出现这种情况；赛翁还提到，阿契塔也同意这个观点。[38]由于菲洛劳斯著作的残片谈到了奇数和偶数的"很多形式"，而"第三种数"（奇偶数）是从它们的组合中获得，那么，这样来看待"奇偶数"的意思似乎更自然一些：它不是一，而是一个奇数和一个偶数的积，与此同时，如果在"偶数"序列中排除这样的数，那么"偶数"似乎就局限于2的整次幂，或2^n。

我们并不知道，毕达哥拉斯学派朝着后来精密复杂的奇数和偶数分类的方向走了多远。但推测起来，他们应该不会超越柏拉图和欧几里得的观点。在柏拉图那里，我们有了"偶倍偶"（ἄρτια ἀρτιάκις）、"奇倍奇"（περιττὰ περιττάκις）、"奇倍偶"（ἄρτια περιττάκις）和"偶倍奇"（περιττὰ ἀρτιάκις）这些术语，它们的使用显然是在十分简单的意义上：分别是偶数与偶数的积，奇数与奇数的积，奇数与偶数的积，偶数与奇数的积。[39]欧几里得的分类并没有超越这个分类太多；他没有试图给出这四种互斥的定义。[40]一个"奇倍奇"当然是任何不是素数的奇数；但"偶倍偶"（"一个偶数乘偶数得出的数"）并没有排除"偶倍奇"（"一个偶数乘奇数得出的数"）。例如24，它是4的6倍或6的4倍，也是3的8倍。像柏拉图一样，欧几里得显然也没有区分"偶倍奇"和"奇倍偶"（在欧几里得的文本中，后者的定义可能被篡改了）。新毕达哥拉斯学派改进了这样的分类。在他们那里，"偶倍偶"数是这样的数：它的一半是偶数，它的一半的一半还是偶数，依此类推，直至达到一；[41]简言之，它是一个形如2^n的数。"偶奇"数（用一个单词表示就是ἀρτιοπέριττος）是一个这样的数：当你一次把它等分成两半时，作为商的半数是一个奇数，[42]亦即一个形如$2(2m + 1)$的数。"奇偶"数（περισσάρτιος）是一个这样的数：你可以连续两次或两次以上把它等分成两半，但是，当剩下的商不能再等分时，它是一个奇数，而不是一，[43] 亦即，它是一个形如 $2^{n+1}(2m+1)$ 的数。尼科马库斯和杨布里科斯并没有这样来定义"奇倍奇"数，但士麦那的赛翁引用了对这一术语的古怪使用；他说，它是应用于素数（当然除了 2 之外）的名称之一，因为在这种情况下有两个奇因子，即 1 和该数本身。[44]

素数或非合数（πρῶτος καὶ ἀσύνθετος），以及二次数或合数（δεύτερος καὶ σύνθετος），在斯珀西波斯基于菲洛劳斯著作的一个片段中进行了区分。[46] 我们被告知[46]，西马里达斯把素数称作直线数（εὐθυγραμμικός），理由是：它只能被组织在一个维度上（由于除了该数本身之外，它唯一的约数是 1）[47]；士麦那的赛翁给出了直约数和线性数，作为可选的名称[48]，后者（γραμμικός）也出现在斯珀西波斯著作的残片中。严格说来，只有那些直线的或线性的数才可以被称作素数。正如我们已经看到的那样，2 起初并不被认为是一个素数，甚或根本不被看作一个数。但亚里士多德曾说，二是"唯一一个是素数的偶数"[49]。这个说法表明，这一和早期毕达哥拉斯学派学说之间的分歧发生在欧几里得时代之前。欧几里得把素数定义为"只被一整除的数"[50]，合数是"能被某个数整除的数"[51]，同时，他还增加了"互素"数的定义（"那些只有 1 作为公约数的数"）[52]。接下来，欧几里得和亚里士多德都把 2 包括进了素数中。赛翁说，偶数不只是能被一整除，除了 2 之外，因此，2 有点像奇数，而不是素数[53]。新毕达哥拉斯学派、尼科马库斯和杨布里科斯不仅把 2 排除在素数之外，而且在定义合数、互素数和互合数时把所有偶数都排除在外；他们把所有这些类别都归为奇数的子类[54]。他们的目标是把奇数分为三类，与偶数的三个子类平行，即偶偶数 = 2^n，偶奇数 = $2(2m+1)$ 和准中间的奇偶数 = $2^{n+1}(2m+1)$。因此，他们把奇数分为：（a）素数和非合数，这些是欧几里得的素数（除 2 之外）；（b）二级数和合数，其所有因子必须不仅是奇数，而且是素数；（c）那些"本身是二级数和合数、但互相之间为素数和非合数的数"，比如 9 和 25，它们都是二级数和合数，但除了 1 之外没有公约数。（b）中的限制的不方便显而易

73

74 见，有进一步的反对意见是：（ b ）和（ c ）部分重叠，事实上，（ b ）包含了（ c ）的全部。

"完全"数和"亲和"数

菲洛劳斯著作残存的片段中，柏拉图或亚里士多德的著作中，或者欧几里得之前的任何文献中，都没有欧几里得（第七卷定义 22）所定义的那种意义上的完全数的蛛丝马迹，完全数亦即一个"等于其自身各部分（之和，亦即它的所有因子，包括 1 在内）"的数，例如：

$$6 = 1 + 2 + 3; 28 = 1 + 2 + 4 + 7 + 14$$
$$496 = 1 + 2 + 4 + 8 + 16 + 31 + 62 + 124 + 248$$

这些数的构成规则在《几何原本》第九卷命题 36 中得到了证明，大意是，若级数 1、2、2^2、$2^3 \cdots 2^{n-1}$ 所有项数之和（$= S_n$）都是素数，则 $S_n \times 2^{n-1}$ 是"完全"数。赛翁[55] 和尼科马库斯[56] 都定义了"完全"数，并解释了其构成规则；他们还进一步将其与和另外两种数区别开来：（1）盈数（ὑπερτελής 或 ὑπερτέλειος），之所以这样称呼，是因为其所有真因子之和大于数本身，例如 12，它小于 $1 + 2 + 3 + 4 + 6$；（2）亏数（ἐλλιπής），之所以这样称呼，是因为其所有真因子之和小于数本身，例如 8，它大于 $1 + 2 + 4$。完全数当中，尼科马库斯只知道 4 个（6、28、496 和 8128）。他说，它们以"有序的"方式构成，个位数（亦即小于 10）当中有一个，十位数（小于 100）当中有一个，百位数（小于 1000）当中有一个，千位数（小于 10000）当中有一个；他还补充道，它们交替地结束于 6 和 8。它们全都结束于 6 或 8〔我们可以很容易借助公式 $(2^n - 1) 2^{n-1}$ 来证明这一点〕，但并不是交替性的，因为第 5 个和第 6 个完全数都结束于 6，第 7 个和第 8 个完全数都结束于 8。杨布里科斯补充了一个试探性的暗示：以同样的方式，第一阶万位数（小于 10000^2）当中可能有（εἰ τύχοι）一个完全数，第二阶万位数（小于 10000^3）当中有一个，依此类推，以至无穷。[57]

这是正确的，因为接下来的完全数如下：*

第 5 个：$2^{12}(2^{13} - 1) = 33550336$ 75

第 6 个：$2^{16}(2^{17} - 1) = 8589869056$

第 7 个：$2^{18}(2^{19} - 1) = 137438691328$

第 8 个：$2^{30}(2^{31} - 1) = 2305843008139952128$

第 9 个：$2^{60}(2^{61} - 1) = 2658455991569831744654692615953842176$

第 10 个：$2^{88}(2^{89} - 1)$

应当把这些"完全"数与所谓的"亲和数"进行一番比较。如果两个数互为对方所有真因子之和，那么它们被称为"亲和数"，例如 284 和 220（因为 $284 = 1 + 2 + 4 + 5 + 10 + 11 + 20 + 22 + 44 + 55 + 110$，而 $220 = 1 + 2 + 4 + 71 + 142$）。杨布里科斯把发现这样的数的功劳归到了毕达哥拉斯本人的名下，有人问他"朋友是什么？"他说"alter ego（拉丁文：另一个我）"，并根据这一类比，把"亲和数"（译者注：亲和数亦被直译为"友数"）这个称号应用于这样两个数：它们各自的真因子构成了对方。**(58)   76

尽管对于欧几里得、赛翁和新毕达哥拉斯学派来说，"完全"数是上文描述过的那种数，但我们被告知，毕达哥拉斯学派把 10 视为完全数。亚里士多德说，这是因为他们在其中发现了空无、比例、奇特，以及诸如此类 (59)。赛翁 (60) 以及斯珀西波斯的著作残片更详细地解释了理由。10 是 1、2、3、4 之和，它们构成了 τετρακτύς（"他们最大的誓言"，也被称为"健康原则" (61)）。这些数包括符合毕达哥拉斯所发现的音程的比率，即 4：3（四度音）、3：2（五度音）和

---

* 杨布里科斯可能知道第 5 个完全数，尽管他没有给出来。然而，在 17 世纪，从库尔策发现的一本用德语写成的小册子（Cod. lat. Monac. 14908）中，我们得知这个数，连同它的所有因子。前 8 个"完全"数是让·普列斯特（卒于 1670 年）计算出来的；费马（1601—1665）声称（并由欧拉证明），$2^{31} - 1$ 是素数。第 9 个完全数被 P. 泽尔霍夫发现（*Zeitschr. f. Math. u. Physik*, 1886, pp. 174sq.），并被 E. 卢卡斯所证明（*Mathésis*, vii, 1887, pp44-6）。第 10 个完全数被 R. E. 鲍尔斯发现（*Bull. Amer. Math. Soc.*, 1912, p.162）。

** 欧拉后来继续研究了"亲和数"这个主题，他发现了多达 61 对这样的数。笛卡儿和斯霍滕之前只找到了 3 对亲和数。

2：1（八度音）。斯珀西波斯进一步注意到，10 包含了"直线的""平面的"和"立体的"等各种不同的数；因为 1 是一个点，2 是一条线[62]，3 是一个三角形，4 是一个棱锥体[63]。

形数

本节再次把我们带到了形数理论，这一理论似乎可以追溯到毕达哥拉斯本人。一个点被用来代表 1；分开放置的两个点代表 2，同时把直线定义为两点相连；三个点代表 3，标示出了第一个直线平面数；四个点（其中一个点在另外三点所构成平面之外）代表 4，并定义了第一个直线立体数。有一点似乎很清楚：毕达哥拉斯学派熟悉借助卵石或小圆点构成三角形数和正方形数[64]；我们根据斯珀西波斯据菲洛劳斯作品而写成的书《论毕达哥拉斯学派的数》（*On the Pythagorean Numbers*）中的记述来判断，前者处理的是线性数、多边形数，以及各种平面数和立体数。[65] 尼科马库斯[66] 和士麦那的赛翁[67]讨论过各种平面数（三角形、正方形、长方形、五边形、六边形等）和立体数（立方体、锥体等），连同它们的构成方法。

（1）三角形数

先从三角形数开始。大概是毕达哥拉斯本人发现：自然数列 1，2，3，…从 1 开始的任意项数之和构成了一个三角形数。从下面点行的排列中很明显可以看出这一点：

77　　因此，$1+2+3+\cdots+n=\dfrac{1}{2}n(n+1)$ 是一个边为 n 的三角形数。卢西恩讲过一个毕达哥拉斯的故事，里面提到了边为 4 的三角形数。

毕达哥拉斯叫某个人数数。那人数道：1，2，3，4，……数到这里，毕达哥拉斯打断了他："你看到没有？数到 4 恰好得 10，一个完全三角形数，也是我们的誓言。"[68] 这把三角形数的知识与毕达哥拉斯学派的观念联系了起来。

（2）正方形数和磬折形数

我们现在来看看正方形数。不难看出，如果我们像附图中那样用很多小圆点来构成和填充一个正方形，代表 16，是一个边为 4 的正方形，而下一个阶次更高的正方形，亦即边为 5 的正方形，可以通过在最初正方形的两边各增加一排小圆点来构成，如图所示；这些小圆点的个数是 $2 \times 4 + 1 = 9$。这个构成连续正方形的过程可以一直应用下去，从第一个正方形数 1 开始。附图中显示的一对对连续直线之间的连续增加构成了直角；加到 1 上的连续数是

$$3，5，7，\cdots，2n + 1$$

亦即连续的奇数。这一构成方法显示，奇数数列 1，3，5，7，…从 1 开始的任意连续项之和都是正方形数，如果 n^2 是任一正方形数，则加上奇数 $2n + 1$ 便构成了下一个正方形数 $(n+1)^2$，而且，奇数数列之和 $1 + 3 + 7 + \cdots + (2n + 1) = (n+1)^2$，而

$$1 + 3 + 7 + \cdots + (2n - 1) = n^2。$$

所有这一切毕达哥拉斯全都知道。被连续加起来的奇数称作磬折形数；从亚里士多德的暗示中可以清楚地看出这一点，他曾提到，把磬折形置于 1 的周围，时而产生每次不同的图形（长方形，各相似于上一个长方形），时而保持一个同样的图形（正方形）[69]；后

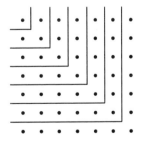

面的情形便是我们现在讨论的磬折形数。

（3）"磬折形"这个术语的历史

我们会注意到，上图中显示的磬折形在形状上符合我们在欧几里得《几何原本》第二卷中所熟悉的磬折形。"磬折形"（gnomon）这个单词的历史颇为有趣。（1）它最初是一个用来测量时间的天文学工具（*译者注：即晷表*），一根直棒，其影子投射在一个平面或球面上。这个工具据说是阿那克西曼德 [70] 引入希腊的，来自巴比伦 [71]。继"gnomon"这个单词的这一应用（一个"标志"或"指针"，一种读出并认知某种东西的手段）之后，我们发现，恩诺皮德斯把通过一条直线外的点画一条它垂直线称作画"gnomon-wise"（κατὰ γνώμονα）[72]。接下来，（2）我们发现，这个术语被用于一种画直角的工具，其形式如附图所示。这似乎是泰奥格尼斯第 805 首中的意思，那首诗中说，被派到德尔斐神庙征求神谕的使节应当"比 τόρνος（一种用一根拉直的线画圆的工具）、στάθμη（铅锤线）和 gnomon 还要直"。很自然，由于它的形状，gnomon 随后将被用来描述（3）从一个正方形中切掉一个小一点的正方形时剩下的那个图形（或者像亚里士多德所说的那样，把这个图形加到一个正方形上，保持原先的形状，组成一个更大的正方形）。菲洛劳斯著作的一个残片中使用了这个术语，这段文字中说："数使得万物可以被认知并互相一致，其方式是 gnomon 的典型特征。"[73] 推测起来，正如柏克所说的，磬折形与添加上去的正方形之间的联系被视为联合和一致的象征，菲洛劳斯使用这个观念来解释对事物的认知，让"知者"（the knowing）拥抱"被知者"（the known），就像磬折形拥抱正方形那样。[74]（4）在欧几里得的著作中，这个词的几何学意义得到了进一步的扩展（《几何原本》第二卷定义 2），涵盖了与任意平行四边形有类似关系的图形，而不只是正方形；它被定义为"在任何平行四边形面片中，以此形的对角线为对角线的一个小平行四边形和两个相应的补形"拼在一起。

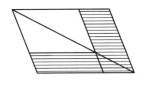

再后来，（5）亚历山大城的海伦把一般意义上的礜折形定义为这样的东西：当你把它加到任何东西（数或形）之上时，使得整体相似于被它加上的那个东西。(75)

（4）多边形数的礜折形数

士麦那的赛翁在这个一般意义上使用这一术语："一切［通过连续加］而产生三角形数、正方形数或多边形数的连续数都被称作礜折形数。"(76)附图中显示的是五边形数和六边形数，从中我们可以看出，外面的行或礜折形被连续地加到 1 的后面（1 是第一个五边形数、六边形数等）。就五边形数而言，它们是 4，7，10，…，或者从 1 开始、公差为 3 的算术级数，就六边形数而言，它们是 5，9，13，…，或者从 1 开始、公差为 4 的算术级数。一般而言，对于任何多边形数的连续礜折形数，比方说 n 边形数，都以 $n-2$ 为公差。(77)

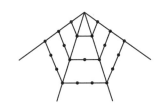 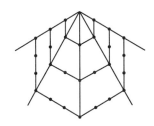

（5）各边为有理数的直角三角形

回到毕达哥拉斯。不管他是不是从埃及学到了这一事实，毕达哥拉斯肯定知道，$3^2+4^2=5^2$，任一各边之比为 3∶4∶5 的三角形都是直角三角形。这一事实可能不仅强化了他对万物皆数的确信，因为它建立了数与几何图形的角之间的关联。而且，它还不可避免地导致人们试图找出除 5^2 之外的其他正方形数等于两个正方形数之和，或者换句话说，找出另外的三个一组的整数，它们可以构成直角三角形的各边；在这里，我们看到了不定分析的开始，而在丢番图那里，不定分析达到了一个如此之高的发展阶段。考虑到下面这个事实：奇数数列

80

71

1，3，5，7，…从1开始的任意项数之和都是正方形数，我们只需要从该数列中挑出其本身也是正方形数的奇数；因为，如果我们取这样一个数，比方说9，那么，这个正方形数加上另外一个正方形数（它是前各项奇数之和）就构成了第三个正方形数，它刚好就是直至我们所取之数（9）为止的所有奇数之和。不过，我们很自然地试图找到一个公式，使得我们能够立即写出所有符合这一条件的三个一组的整数，这样一个公式实际上被归到了毕达哥拉斯的名下。[78]这个公式相当于声称，若 m 是任一奇数，则

$$m^2 + \left(\frac{m^2-1}{2}\right)^2 = \left(\frac{m^2+1}{2}\right)^2$$

推测起来，毕达哥拉斯应该是按照下面的方式得出了这个公式。注意到 n^2 外围的磬折形数是 $2n+1$，他只要让 $2n+1$ 是一个正方形数就行了。

若我们假设　　$2n+1 = m^2$

则我们得到　　$n = \frac{1}{2}\left(m^2-1\right)$

因此　　　　　$n+1 = \frac{1}{2}\left(m^2+1\right)$

接下来便得出

$$m^2 + \left(\frac{m^2-1}{2}\right)^2 = \left(\frac{m^2+1}{2}\right)^2$$

81　　　　为了同样的目的而发明出来的另外一个公式被归到柏拉图的名下 [79]，亦即：

$$\left(2m\right)^2 + \left(m^2-1\right)^2 = \left(m^2+1\right)^2$$

我们只要把毕达哥拉斯的公式中各平方数的边加倍，便可以得到这个公式；但如果这样获得的话，它将是不完全的，因为在毕达哥拉斯的公式中，m 必须是奇数，而在柏拉图的公式中则不必这样。正如毕达

哥拉斯的公式很有可能是从小圆点构成的磬折形得来的那样，我们也忍不住假设，柏拉图的公式是用类似方法演变来的。不妨考量一下边为 n 点的正方形数与紧邻的较小正方形数 $(n-1)^2$ 和紧邻的较大正方形数 $(n+1)^2$ 之间的关系。n^2 比 $(n-1)^2$ 多出磬折形数 $2n-1$，但比 $(n+1)^2$ 少了磬折形数 $2n+1$。因此，正方形数 $(n+1)^2$ 比正方形数 $(n-1)^2$ 多出了两个磬折形数 $2n-1$ 和 $2n+1$ 之和，这个和是 $4n$。

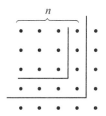

也就是说：$4n+(n-1)^2=(n+1)^2$

而且，为了使 $4n$ 成为一个正方形数，我们用 m^2 取代 n，这样就得到了柏拉图的公式：

$$(2m)^2+(m^2-1)^2=(m^2+1)^2$$

毕达哥拉斯的公式和柏拉图的公式互为补充。欧几里得的解决办法（第十卷命题 28 之后的引理）更一般，相当于下面这个过程。

若 AB 为线段，在点 C 被等分，并延长至 D，那么（《几何原本》第二卷命题 6）

$$AD \cdot DB + CB^2 = CD^2$$

我们可能这样写：

$$uv = c^2 - b^2$$

这里，　　　　　$u = c + b$，$v = c - b$

因此，　　　　　$c = \dfrac{1}{2}(u+v)$，$b = \dfrac{1}{2}(u-v)$

为了让 uv 可以是一个正方形数，欧几里得说，u 和 v 必须是（如 82 果它们实际上不是正方形数的话）"相似平面数"，而且，为了让 b（还有 c）是一个整数，它们必须要么都是奇数，要么都是偶数。"相似平面"数当然是按对成比例的两个因子的积，如：$mp \cdot np$ 和 $mq \cdot nq$，或者 mnp^2 和 mnq^2。若这些数要么都是偶数，要么都是奇数，那么，

$$m^2n^2p^2q^2 + \left(\frac{mnp^2 - mnq^2}{2}\right)^2 = \left(\frac{mnp^2 + mnq^2}{2}\right)^2$$

便是解决办法,它把毕达哥拉斯的公式和柏拉图的公式都包括进来了。

（6）长方形数

毕达哥拉斯发现，或者说毕达哥拉斯学派最早的成员发现，从1开始把自然数列任意多项加起来，即 $1 + 2 + 3 + \cdots + n = \frac{1}{2}n(n+1)$，我们就得到了三角形数；把连续的奇数加起来，即 $1 + 3 + 5 + \cdots + (2n - 1) = n^2$，我们就得到了正方形数，毫无疑问，以类似的方式，他们把偶数数列加起来，即 $2 + 4 + 6 + \cdots + 2n = n(n + 1)$，并因此发现，这个数列从2开始任意多项之和是一个两"边"或因子相差为1的"长方形"数（έτερομήκης）。他们还会看出，这个长方形数是一个三角形数的两倍。用下面的方法将会揭示出这些事实：取两个小圆点代表2，然后围绕它们以类似磬折形的方式连续放置偶数4、6等，就这样：

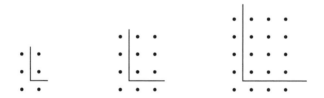

连续长方形数是

$$2 \times 3 = 6, \ 3 \times 4 = 12, \ 4 \times 5 = 20, \ \cdots, \ n(n + 1), \ \cdots,$$

而且很显然，这样的数没有两个是相似的，因为 $n : (n + 1)$ 对于所有不同的 n 值都是不同的。在这里，我们有了一个解释，说明毕达哥拉斯学派为什么认为"奇"是"限制"或"有限的"，而"偶"是"无限的"[80]（不妨比较一下毕达哥拉斯学派十对相反概念的组合，在这个组合里，"奇""有限"和"正方形"在一组，而对立的"偶""无限"和"长方形"分别在另一组）。[81] 因为，从1开始的作为磬折形数的连续奇数之和给出了唯一的形式：正方形，而从2开始的连续偶数之和却给出了一连串的"长方形"数，它们在形式上全都不相似。亚里士多德《物理学》（*Physics*）里的一段话似乎指出了这一点，在那段话中，为了说明偶数是无限的这个观点，他说，把磬折形数置于 1 的周围，结果所得的形数在一种情况下其种类始终不同，而在另一种情况下始终保持一种形式。[82] 这一种形式当然是正方形数，它是从 1 开始把作为磬折形数的奇数加在一起而形成的；καὶ χωρίς 这两个单词（我们大概会翻译成"在不同的情况下"）有所缺陷地描述了第二种情况，因为在那种情况下，偶数是从 2 开始，而不是从 1 开始，但意思似乎是清楚的。[83] 应当指出的是，ἑτερομήκης（长方形）这个词在赛翁和尼科马库斯那里被局限于两个相差为 1 的因子之积，与此同时，他们把 προμήκης 这个术语（原意是"扁长的"）应用于两个相差为 2 或 2 以上的因子的积（赛翁让 προμήκης 包含了 ἑτερομήκης）。在柏拉图和亚里士多德那里，ἑτερομήκης 有着更宽泛的意义，表示任何有两个不等因子的非正方形数。

很明显，任何长方形数 $n(n + 1)$ 都是两个相等三角形数之和。同样明显的是赛翁定理：任何正方形数都是由两个三角形数组成的 [84]；在这种情况下，正如我们从附图中看到的那样，两个三角形的边相差为 1，而且当然

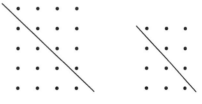

84

$$\frac{1}{2}n(n-1) + \frac{1}{2}n(n+1) = n^2$$

另一个把三角形数和正方形数联系起来的定理是：8 乘以任一三角形数 + 1 构成了一个正方形数，这个定理很容易追溯到早期的毕达哥拉斯学派。普鲁塔克[85] 引用过它，丢番图[86] 使用过它，它相当于下面这个公式：

$$8 \times \frac{1}{2}n(n+1) + 1 = 4n(n+1) + 1 = (2n+1)^2$$

很容易用通常的方式借助小圆点组成的图形来证明这个定理。两个相等的三角形数组成了一个形如 $n(n+1)$ 的长方形数，如上所示。因此，我们要证明的是：4 个相等的这种形式的数再加上 1 个小圆点便构成了 $(2n+1)^2$。附图代表了 7^2，它显示了这个数如何可以被分为 4 个 3×4 的"长方形"数并剩下 1。

除了斯珀西波斯之外，柏拉图的《法律篇》的编辑者和《伊庇诺米篇》的作者、欧普斯的菲利普斯据说撰写了一部论述多边形数的作品。[87] 丢番图的《论多边形数》（*Polygonal Numbers*）中两次提到海普西克利斯（公元前 170 年前后从事著述）是多边形数的一个"定义"的作者。

比例与平均数的理论

普罗克洛斯的"摘要"（关于这份文献，可参看第 4 章开头）声称（如果弗里德莱因的解读正确的话），毕达哥拉斯发现了"无理数理论（τὴν τῶν ἀλόγων πραγματείαν）和宇宙图形的结构（四个正立体）" [88]。我们这里只涉及这一陈述的第一部分，就 ἀλόγων（无理数）这个词的解读所引发的争议而言。法布里丘斯似乎是第一个记录异体词 ἀναλόγων 的人，E. F. 奥古斯特也注意到了这一点 [89]；穆拉赫从法布里丘斯那里采用了这一解读。ἀναλόγων 并不是这个词的正确形式，它的意思是"比例"或"成比例的量"，而且，真正的解读可能要么是 τῶν ἀναλογιῶν（比例），要么（更有可能）是 τῶν ἀνὰ λόγον（成比例的量）；狄尔斯把它解读为 τῶν ἀνὰ λόγον，看来，如今普遍同意 ἀλόγων 是错的，而且普罗克洛斯打算归到毕达哥拉斯名下的那套理论是比例或成比例的量的理论，而不是无理数理论。

3. 毕达哥拉斯学派的算术

（1）算术平均数、几何平均数与调和平均数

有一点倒是真的，我们并没有确凿的证据，证明毕达哥拉斯在几何学中使用了比例，尽管他想必十分熟悉相似形，而相似形意味着某种形式的比例理论。但他发现了音程依赖于数之比，在他的学派中很早就发展出了与音乐和算术理论有关的平均数理论。我们被告知，在毕达哥拉斯的时代，有三种平均数：算术平均数、集合平均数和小反对平均数，第三种平均数的名字（"小反对的"）后来被阿契塔和希帕索斯改为"调和的"[(90)]。阿契塔的作品《论音乐》（*On Music*）的一个片段实际上定义了这三种平均数；如果三项当中，第一项超出第二项的量等于第二项超出第三项的量，这时我们就得到了算术平均数；三项当中如果第一项与第二项的比等于第二项与第三项的比，我们就有了几何平均数；"小反对平均数，即我们所说的调和平均数"是这样的情况：三项当中，如果"第一项超出第二项，多出的是第一项本身的一部分，第二项超出第三项，多出的恰好是第三项相同比例的一部分"[(91)]。也就是说，若 a、b、c 在调和级数中，且 $a=b+\dfrac{a}{n}$，必须让 $b=c+\dfrac{c}{n}$，因此，事实上

$$\frac{a}{c}=\frac{a-b}{b-c}，或者\frac{1}{c}-\frac{1}{b}=\frac{1}{b}-\frac{1}{a}$$

尼科马库斯也说，"调和平均数"这个名称的采用符合菲洛劳斯关于"几何调和"的观点，后面这个名称被应用于立方体，因为它有 12 条边、8 个角和 6 个面，而根据和声理论（κατὰ τὴν ἀρμονικήν），它是 12 和 6 之间的中间值。[(92)]

继尼科马库斯[(93)]之后，杨布里科斯[(94)]提到了"最完美的比"，由 4 项组成，被称作"音乐比"，据传说，它是巴比伦人发现的，毕达哥拉斯最早把它引入希腊。他说，毕达哥拉斯学派的很多人使用了这个比，比方说克罗顿的阿里斯泰俄斯、洛克里的蒂迈欧、菲洛劳斯和塔伦特姆的阿契塔，最后柏拉图在《蒂迈欧篇》（*Timaeus*）中介

86

绍了它，柏拉图告诉我们，在双倍和三倍之间，有两个平均数，其中一个比两个端值大于和小于占相同比例的部分（调和平均数），另一个比两个端值大于和小于相同数量值（算术平均数）⁽⁹⁵⁾。这个比例为：

$$a : \frac{a+b}{2} = \frac{2ab}{a+b} : b$$

一个实例是 $12:9=8:6$

（2）另外七个著名的平均数

平均数理论在毕达哥拉斯学派那里得到了进一步的发展，在最初 3 个平均数的基础上逐步增加了另外 7 个平均数，总共凑满了 10 个。说到第四、五、六个平均数的发现，描述并不完全一致。杨布里科斯在一处说是欧多克索斯把它们加进来的⁽⁹⁶⁾；而在另一处，他说柏拉图的继任者（迄至埃拉托斯特尼）一直在使用它们，却又说阿契塔和希帕索斯最早发现了它们⁽⁹⁷⁾，或者说它们是阿契塔和希帕索斯的传说的组成部分⁽⁹⁸⁾。剩下的 4 个平均数（第 7 至第 10 个）据说是晚期毕达哥拉斯学派的两个人迈奥尼德斯和欧弗拉诺尔加进来的⁽⁹⁹⁾。从波菲利的一段评论来看，波塞冬尼亚的西谟斯似乎发现了前 7 个平均数之一，但毕达哥拉斯学派的妒忌剥夺了他的功劳⁽¹⁰⁰⁾。尼科马库斯⁽¹⁰¹⁾和帕普斯⁽¹⁰²⁾都描述过 10 个平均数。他们的记述只有 10 个平均数当中的一个是不同的。若 $a>b>c$，则下表中的第三列显示了不同的平均数：

尼科马库斯	帕普斯	公式	相当于
1	1	$\frac{a-b}{b-c}=\frac{a}{a}=\frac{b}{b}=\frac{c}{c}$	$a+c=2b$（算术平均数）
2	2	$\frac{a-b}{b-c}=\frac{a}{b}\left[=\frac{b}{c}\right]$	$ac=b^2$（几何平均数）
3	3	$\frac{a-b}{b-c}=\frac{a}{c}$	$\frac{1}{a}+\frac{1}{c}=\frac{2}{b}$（调和平均数）

4	4	$\dfrac{a-b}{b-c}=\dfrac{c}{a}$	$\dfrac{a^2+c^2}{a+c}=b$（小反对调和平均数）
5	5	$\dfrac{a-b}{b-c}=\dfrac{c}{b}$	$a=b+c-\dfrac{c^2}{b}$（小反对几何平均数）
6	6	$\dfrac{a-b}{b-c}=\dfrac{b}{a}$	$c=a+b-\dfrac{a^2}{b}$（小反对几何平均数）
7	（遗漏）	$\dfrac{a-c}{b-c}=\dfrac{a}{c}$	$c^2=2ac-ab$
8	9	$\dfrac{a-c}{a-b}=\dfrac{a}{c}$	$a^2+c^2=a(b+c)$
9	10	$\dfrac{a-c}{b-c}=\dfrac{b}{c}$	$b^2+c^2=c(a+b)$
10	7	$\dfrac{a-c}{a-b}=\dfrac{b}{c}$	$a=b+c$
（遗漏）	8	$\dfrac{a-c}{a-b}=\dfrac{a}{b}$	$a^2=2ab-bc$

这两份清单合在一起，除了前 6 个共同的平均数之外，另外给出了 5 个平均数；要不是由于假定 $a=b$，$\dfrac{a-c}{a-b}=\dfrac{a}{b}$ 是虚假的，还会有 6 个平均数（正如士麦那的赛翁所说的那样[103]）。坦纳里评论道，上面列出的第 4、5、6 号平均数都给出了二次方程，他于是得出结论：这些平均数的发现者知道此类方程的几何解法，甚至算术解法，比方说大约在柏拉图的时代[104]。事实上，希俄斯的希波克拉底在他求新月形面积时便采用了一个混合二次方程的几何解法。

帕普斯有一系列十分有趣的命题，涉及他所定义的 10 个平均数当中的 8 个[105]。他指出，若 α、β、γ 是几何级数中的三项，我们可以从这三项得出另外三个平均数 a、b、c，是 α、β、γ 的线性函数，分别满足上述 10 种关系当中的 8 种；也就是说，他给出了二次不定

88

79

分析中 8 个问题的解。这些解如下：

尼科马库斯	帕普斯	公式	对于 α、β、γ 的解	最小解
2	2	$\dfrac{a-b}{b-c}=\dfrac{a}{b}=\dfrac{b}{c}$	$a=\alpha+2\beta+\gamma$	$a=4$
			$b=\beta+\gamma$	$b=2$
			$c=\gamma$	$c=1$
3	3	$\dfrac{a-b}{b-c}=\dfrac{a}{c}$	$a=2\alpha+3\beta+\gamma$	$a=6$
			$b=2\beta+\gamma$	$b=3$
			$c=\beta+\gamma$	$c=2$
4	4	$\dfrac{a-b}{b-c}=\dfrac{c}{a}$	$a=2\alpha+3\beta+\gamma$	$a=6$
			$b=2\alpha+2\beta+\gamma$	$b=5$
			$c=\beta+\gamma$	$c=2$
5	5	$\dfrac{a-b}{b-c}=\dfrac{c}{b}$	$a=\alpha+3\beta+\gamma$	$a=5$
			$b=\alpha+2\beta+\gamma$	$b=4$
			$c=\beta+\gamma$	$c=2$
6	6	$\dfrac{a-b}{b-c}=\dfrac{b}{a}$	$a=\alpha+3\beta+2\gamma$	$a=6$
			$b=\alpha+2\beta+\gamma$	$b=4$
			$c=\alpha+\beta-\gamma$	$c=1$
—	8	$\dfrac{a-c}{a-b}=\dfrac{a}{b}$	$a=2\alpha+3\beta+\gamma$	$a=6$
			$b=\alpha+2\beta+\gamma$	$b=4$
			$c=2\beta+\gamma$	$c=3$
8	9	$\dfrac{a-c}{a-b}=\dfrac{a}{c}$	$a=\alpha+2\beta+\gamma$	$a=4$
			$b=\alpha+\beta+\gamma$	$b=3$
			$c=\beta+\gamma$	$c=2$
9	10	$\dfrac{a-c}{b-c}=\dfrac{b}{c}$	$a=\alpha+\beta+\gamma$	$a=3$
			$b=\beta+\gamma$	$b=2$
			$c=\gamma$	$c=1$

89

帕普斯没有把他的第 1 号和第 7 号平均数相对应的解包含进来，坦纳里提出了这样做的一个理由是：在这两种情况下，方程已经是线性的，没有必要假设 $\alpha\gamma = \beta^2$，因此不定方程是多余的[106]。帕普斯没有做太多的工作来证明他的结果，只是用各种不同的方式来改变比例 $\dfrac{\alpha}{\beta} = \dfrac{\beta}{\gamma}$，合比、分比等。

（3）柏拉图论述两个平方数或两个立方数之间的几何平均数

众所周知，柏拉图的《蒂迈欧篇》中的数学本质上是毕达哥拉斯学派的。因此推理起来很有可能，柏拉图提到的一个观点就是 πυθαγορίζει（毕达哥拉斯学派的），他在那个段落中说[107]，两个平面数之间，一个平均数就足够了，但要把两个立体数联系起来，就需要两个平均数了。他所说的平面数和立体数，实际上指的就是正方形数和立方体数，他的这段评论相当于声称：若 p^2、q^2 是两个正方形数，且

$$p^2 : pq = pq : q^2$$

与此同时，若 p^3、q^3 是两个立方体数，且

$$p^3 : p^2 q = p^2 q : pq^2 = pq^2 : q^3$$

那么，平均数当然是连续等比中的平均数。欧几里得在《几何原本》第八卷命题 11、12 证明了正方形数和立方体数的属性，并在第八卷命题 18、19 对平面数和立体数给出了类似的证明。尼科马库斯引用了柏拉图那段评论的要旨，称之为"柏拉图定理"，并添加了一段解释，相当于《几何原本》第八卷的命题 11、12。[108]

90

（4）阿契塔的一个定理

另一个跟几何平均数有关的十分有趣的定理明显可以追溯到毕达哥拉斯学派。如果我们有两个数，其比被称作 ἐπιμόριος（超特比），亦即 $n + 1$ 比 n，那么，它们之间不可能有一个成比例的平均

数。这个定理就是欧几里得《卡农的分段》（*Sectio Canonis*）中的命题 3[(109)]，博蒂乌斯保存了阿契塔对这个定理的一个证明，基本上和欧几里得的证明是一样的[(110)]。我们稍后将会给出这个证明。就本章所涉及的范围而言，这个比的重要性在于下面这个事实：它暗示了，早在阿契塔的时代（约前 430—前 365），就存在《算术原本》（*Elements of Arithmetic*），其形式就是我们所说的"欧几里得式的"；而且毫无疑问，这种教科书甚至在阿契塔之前的时代就存在，很可能，阿契塔本人以及他之后的其他人依次对这种教科书进行了改进和发展。

"无理数"

前面我们提到了普罗克洛斯的格言（如果 ἀλόγων 这个词的解读正确的话）：毕达哥拉斯发现了无理数的理论，或者说是无理数的研究。希腊人认为这个课题属于几何学，而不是算术。在欧几里得《几何原本》第十卷中，无理数是直线或面积，而普罗克洛斯在一些几何学问题中提到了几个专门的论题，关系到（1）比例（对于没有位置的数），（2）接触（对于两个连续之物的相切），（3）无理的直线（对于这些直线，既有无限的分割，也有无理的分割）[(111)]。因此，我将把无理数理论的发现年代这个问题推迟到第 5 章论述毕达哥拉斯学派的几何学的那一部分。但可以肯定的是，一个正方形的对角线与其边之间的不可通约性，亦即 $\sqrt{2}$ 的"无理性"，是在毕达哥拉斯的学派中被发现的，在这里处理这一特殊情况更合适一些，这既是因为这一事实的传统证明依赖于基本数论，也是因为毕达哥拉斯学派发明了一种方法，可以获得一系列无穷的算术比，越来越逼近 $\sqrt{2}$ 的值。

毕达哥拉斯学派用来证明 $\sqrt{2}$ 与 1 不可通约这个事实的实际方法，毫无疑问就是亚里士多德所指出的归谬法（reductio ad absurdum）：如果一个正方形的对角线与它的边不可通约，那么，同样的数既不是奇数，也不是偶数。[(112)] 这明显是欧几里得《几何原本》第十卷命题 117 中插入的证明，它基本上相当于下面的过程：

设一个正方形的对角线为 AC，与其边 AB 不可通约；设 $\alpha:\beta$ 是最小可能的正整数中所表示的它们的比。

那么，$\alpha>\beta$，因此，必定 $\alpha>1$

现在，$AC^2:AB^2=\alpha^2:\beta^2$

并且，由于 $AC^2=2AB^2$，$\alpha^2=2\beta^2$

因此，α^2 和 α 都是偶数

由于 $\alpha:\beta$ 是其最小的项，那么，β 必定是奇数

设 $\alpha=2\gamma$；那么，$4\gamma^2=2\beta^2$，或 $2\gamma^2=\beta^2$，这样一来，β^2 和 β 都是偶数

但 β 又是奇数：这是不可能的

因此，对角线 AC 与边 AB 不可通约

代数方程

（1）"边数"与"径数"，给出 $\sqrt{2}$ 的连续近似值

毕达哥拉斯学派求 $\sqrt{2}$ 的任意多个连续近似值的方法，相当于求下面这个不定方程的所有整数解：

$$2x^2-y^2=\pm 1$$

这个方程的解是一对对连续的数，它们分别被称作边数和径数。士麦那的赛翁解释了这些数的构成规则，如下所述。[113] 作为万物之始，1 必定潜在的既是边数，也是径数。因此，我们从两个 1 开始，其中一个 1 是第一个边数，我们称之为 a_1，另一个 1 是第一个径数，我们称之为 d_1。

第二对边数和径数 (a_2,d_2) 是从第一对形成的，第三对边数和径数 (a_3,d_3) 是从第二对形成的，依此类推，过程如下：

$$a_2=a_1+d_1,\quad d_2=2a_1+d_1$$
$$a_3=a_2+d_2,\quad d_3=2a_2+d_2$$
$$\cdots\cdots\cdots$$

92

$$a_{n+1} = a_n + d_n, \quad d_{n+1} = 2a_n + d_n$$

由于 $a_1 = d_1 = 1$，因此，

$$a_2 = 1 + 1 = 2, \quad d_2 = 2 \times 1 + 1 = 3$$
$$a_3 = 2 + 3 = 5, \quad d_3 = 2 \times 2 + 3 = 7$$
$$a_3 = 5 + 7 = 12, \quad d_3 = 2 \times 5 + 7 = 17$$

其余依此类推。

赛翁声称，关于这些数，一般命题是：

$$d_n^2 = 2a_n^2 \pm 1,$$

而且，他指出，（1）随着连续的 a 和 d，交替采用正负号，$d_1^2 - 2a_1^2$ 等于 -1，$d_2^2 - 2a_2^2$ 等于 $+1$，$d_3^2 - 2a_3^2$ 等于 -1，依次类推；（2）所有 d 的平方之和是所有 a 的平方之和的两倍。（如果各数列中连续项的个数是有限的，这个数当然应该是偶数。）

上述属性依赖于下面这个特性是否为真：

$$(2x+y)^2 - 2(x+y)^2 = 2x^2 - y^2$$

因为，如果 x、y 满足下列两个方程之一：

$$2x^2 - y^2 = \pm 1$$

那么，这个公式给了我们两个更高的数：$x+y$ 和 $2x+y$，它们满足这两个方程中的另外一个。

93　　这个特性不仅为真，而且我们还从普罗克洛斯那里知道它是如何被证明的。[114] 普罗克洛斯指出："他（欧几里得）在《几何原本》第二卷中用图示的方法证明了这个特性。"随后他补充了《几何原本》第二卷命题10的说明。这个命题证明：若 AB 在点 C 被等分，延长至 D，那么，

$$AD^2 + DB^2 = 2AC^2 + 2CD^2$$

$$A \qquad C \qquad B \quad D$$

并且，若 $AC = CB = x$，且 $DB = y$，则得到：

$$(2x+y)^2 + y^2 = 2x^2 + 2(x+y)^2$$

或

$$(2x+y)^2 - 2(x+y)^2 = 2x^2 - y^2$$

这就是我们要求的公式。

当然，我们也可以用代数的方法证明相邻边数和径数的这个特性：

$$\begin{aligned}
d_n^2 - 2a_n^2 &= (2a_{n-1} + d_{n-1})^2 - 2(a_{n-1} + d_{n-1})^2 \\
&= 2a_{n-1}^2 - d_{n-1}^2 \\
&= -(d_{n-1}^2 - 2a_{n-1}^2) \\
&= +(d_{n-2}^2 - 2a_{n-2}^2)
\end{aligned}$$

按同样的方式，依次类推。

在《理想国》中处理几何数的那个著名段落中（546 C），柏拉图区分了"5 的无理径数"（即边长为 5 的正方形的对角线，或 $\sqrt{50}$）和他所说的 5 的"有理径数"。"有理径数"的平方比"无理径数"的平方小 1，因此是 49，好让"有理径数"等于 7；也就是说，柏拉图提到了下面这个事实：$2 \times 5^2 - 7^2 = 1$，他心里想的是一对特殊的边数和径数：5 和 7，因此这对数在他的时代之前就必定已经为人所知。一般意义上的边数和径数的特性，正如普罗克洛斯所说的，欧几里得《几何原本》第二卷命题 10 的那个几何定理中给出了它的证明，可以合理地推断，这个定理是毕达哥拉斯学派的，大概是为了特殊的目的而发明出来的。

（2）西马里达斯之 ἐπάνθημα（花）

94

帕罗斯岛的西马里达斯是古代毕达哥拉斯学派的学者，前面已经提到过，他发现了解一组包含 n 个方程、有 n 个未知量的简单联立方程的规则。这项规则显然众所周知，因为它有一个专门的名字，叫作

西马里达斯之 ἐπάνθημα（花）[115]。（然而，ἐπάνθημα 这个术语并不局限于我们现在所讨论的特定比例。杨布里科斯谈到了《算术导论》［Introductio arithmetica］的 ἐπανθήματα、"算术的 ἐπανθήματα" 和"特殊数的 ἐπανθήματα"）。这个规则是用一般术语来陈述的，没有使用符号，但内容是纯代数的。已知或给定的量（ὡρισμένον）与未定或未知的量（ἀόριστον）区别开来，后面这个术语正是丢番图在词组 πλῆθος μονάδων ἀόριστον（未定义或未决定的单位数）中所使用的单词，他用这个词组来描述他的 ἀριθμός 或未知量（= x）。这个规则措辞非常含糊，大意是，如果我们有下面这样一组包含 n 个未知量 x、x_1、$x_2 \cdots x_{n-1}$ 的 n 个方程，即：

$$x + x_1 + x_2 + \cdots + x_{n-1} = s$$
$$x + x_1 = a_1$$
$$x + x_2 = a_2$$
$$\cdots\cdots$$
$$x + x_{n-1} = a_{n-1}$$

那么，这个联立方程的解是

$$x = \frac{(a_1 + a_2 + \ldots + a_{n-1}) - s}{n - 2}$$

杨布里科斯是我们在这个主题上的信息提供者，他将证明，另一些类型的联立方程可以简化为这种类型，这样一来，在其中任何一种情况下，这项规则都不会"让我们束手无策"[116]。作为一个实例，他给出了下面 4 个未知量之间的 3 个线性方程所代表的不定方程问题：

$$x + y = a\,(z + u)$$
$$x + z = b\,(u + y)$$
$$x + u = c\,(y + z)$$

95　　从这些方程我们得到：

$$x + y + z + u = (a + 1)(z + u) = (b + 1)(u + y) = (c + 1)(y + z)$$

若 x、y、z、u 都是整数，则 $x+y+z+u$ 必定包含 $a+1$、$b+1$、$c+1$ 作为因子。若 L 是 $a+1$、$b+1$、$c+1$ 的最小公倍数，我们可以让 $x+y+z+u=L$，并从上面的方程得到

$$x+y=\frac{a}{a+1}L$$

$$x+z=\frac{b}{b+1}L$$

$$x+u=\frac{c}{c+1}L$$

同时，
$$x+y+z+u=L$$

这些方程是西马里达斯的规则适用的那种类型，而且，由于未知量（以及方程）的个数是 4，$n-2$ 在这种情况下就是 2，则

$$x=\frac{L\left(\dfrac{a}{a+1}+\dfrac{b}{b+1}+\dfrac{c}{c+1}\right)-L}{2},$$

分子是整数，但它可能是奇数，在这种情况下，为了 x 能够是整数，我们应该取 $2L$ 而不是 L 作为 $x+y+z+u$ 的值。

杨布里科斯给出了一个特例：$a=2$，$b=3$，$c=4$。因此是 $3\times4\times5=60$，x 的表达式的分子就成了 $133-60$，或 73，是一个奇数；他因此用 $2L$ 或 120 取代了 L，于是得到 $x=73$，$y=7$，$z=17$，$u=23$。

杨布里科斯接下来提供了下面方程的解法：

$$x+y=\frac{3}{2}(z+u)$$

$$x+z=\frac{4}{3}(u+y)$$

$$x+u=\frac{5}{4}(y+z)$$

由这几个方程得到：

96

87

$$x + y + z + u = \frac{5}{2}(z+u) = \frac{7}{3}(u+y) = \frac{9}{4}(y+z)$$

因此，

$$x + y + z + u = \frac{5}{3}(x+y) = \frac{7}{4}(x+z) = \frac{9}{5}(x+u)$$

在这种情况下，我们取 L 为 5、7、9 的最小公倍数，即 315，并让

$$x + y + z + u = L = 315$$
$$x + y = \frac{3}{5}L = 189$$
$$x + z = \frac{4}{7}L = 180$$
$$x + u = \frac{5}{9}L = 175$$

由此得

$$x = \frac{544 - 315}{2} = \frac{229}{2}$$

为了让 x 是整数，我们必须取 $2L$（630），而不是 L（315），这样，方程的解就是 $x = 229$，$y = 149$，$z = 131$，$u = 121$。

（3）与周长有关的长方形面积

斯吕塞[117]在 1657 年 10 月 4 日和 1658 年 10 月 25 日写给惠更斯的信中提到了他从普鲁塔克的作品中读到的 16 和 18 这两个数的一项特性，毕达哥拉斯学派早就知道这一特性，即：这两个数各代表了一个长方形的周长和面积；因为 $4 \times 4 = 2 \times 4 + 2 \times 4$，且 $3 \times 6 = 2 \times 3 + 2 \times 6$。我在普鲁塔克的作品中没有找到这样的段落，但《算术的神学思考》（*Theologumena Arithmetices*）中提到了 16 的这一特性，其中说，16 是面积与周长相等的唯一正方形数，更小正方形数的周长都大于面积，而所有更大正方形数的周长都大于面积。[118] 我们不知道毕达哥拉斯学派是不是证明了 16 和 18 是唯一具有上述特性的数字，但很有可能他们给出了证明，因为这个证明相当于求方程 $xy =$

97

$2(x+y)$ 的正整数解。这很容易，因为这个方程等价于 $(x-2)(y-2)=4$，我们只要让 $x-2$ 和 $y-2$ 等于 4 的各因子就行了。由于 4 只能以两种方式分成正整数因子：2×2 或 1×4，我们得到 x、y 唯一可能的解是 $(4,4)$ 或 $(3,6)$。

算术（数论）的系统论著

把一篇关于晚期毕达哥拉斯学派的算术的记述包含在本章中是合适的，先从尼科马库斯开始。在欧几里得（《几何原本》第七至九卷）与尼科马库斯之间，就算有人撰写过算术的任何系统论著，也没有幸存下来。格拉森（可能是约旦河以东朱迪亚的格拉森）的尼科马库斯大约活跃于公元 100 年前后，因为，一方面，在他一部题为《和声学指南》（*Enchiridion Harmonices*）的作品中提到了斯拉苏卢斯，此人曾整理过柏拉图的对话录，撰写过论述音乐的著作，是台比留的占星家朋友；另一方面，在安东尼父子统治时期，尼科马库斯的《算术入门》由马道拉的阿普列乌斯翻译成拉丁文。除了《算术入门》（$\mathit{Ἀριθμητικὴ}$ $\mathit{εἰσαγωγή}$）之外，尼科马库斯据说还写了一部两卷本的专著，论述数字的神秘属性，叫作《算术的神学》（$\mathit{Θεολογούμενα}$ $\mathit{ἀριθμητικῆς}$），在这个标题之下传到我们手里并由阿斯特[(119)]编定的那本稀奇古怪的大杂烩肯定不是出自尼科马库斯之手；因为，其给出的引文的作者包括老底嘉的主教亚纳多留斯（公元 270 年）；但它包含了一些出自尼科马库斯的引文，似乎源于真作。很有可能，尼科马库斯还写了一本《几何入门》，因为在某个地方谈到立体数时，他说，它们"在几何入门中"专门处理，"更适合于量值理论"[(120)]；不过，这本《几何入门》也未必是他自己的作品。

从欧几里得到尼科马库斯隔得太远。在《算术入门》中，我们发现阐述的形式完全变了。欧几里得用附带字母的直线表示数，这套方法有一个优势：正如在代数记数法中一样，我们可以在一般意义上处理数字，而无需赋给它们具体的值；在尼科马库斯那里，数字不再由

98

直线表示，这样一来，当你要区分不同的未定数的时候，就不得不用迂回的说法来表达，这使得命题十分啰嗦，很难追踪线索，在每个命题陈述之后，有必要用具体数字的实例来加以说明。此外，不再有任何严格意义上的证明；阐述一个一般命题时，尼科马库斯认为在特例中证明它为真就足够了；有时候，我们不得不仅仅根据给出的特例，用归纳法来推导一般命题。偶尔，作者由于没能区分一般和特例而作出十分荒唐的评论，例如，他把"小反对调和"平均数定义为由关系 $\dfrac{a-b}{b-c}=\dfrac{c}{a}$ 所决定（这里，$a > b > c$），并给出了 6、5、3 作为说明，然后他指出，这个平均数特有的属性是：最大项和中间项之积是中间项和最小项之积的两倍 (121)，同样是因为这个属性碰巧在特例中为真！很有可能，尼科马库斯（他实际上并不是一个数学家）并不打算让他的《算术入门》成为一部科学著作，而是要让它成为这个学科的一本通俗论述，让初学者熟悉迄今为止所有的最值得关注的成果，从而唤起他们读数论的兴趣；因为，他的大多数命题的证明都可以参考欧几里得的著作，无疑还可以参考如今已经失传的其他专著。这本书的风格证实了这个假设；它修辞华丽、色彩丰富；数的属性被弄得十分奇妙甚至是神奇；数之间最明显的关系都是用十分浮夸的语言来陈述，读起来令人生厌。尼科马库斯感兴趣的，与其说是数论的数学方面，不如说是它的神秘主义方面。如果删除冗词赘语，数学内容可以用相当小的篇幅陈述清楚。书中原创性的东西很少，甚或没有，除了某些定义和分类的精细化之外，其精华明显可以追溯到早期的毕达哥拉斯学派。它的成功很难解释，除非依据下面这个假设：最初阅读它的是哲学家，而不是数学家（帕普斯明显看不起它），后来，在数学家一个都不剩、只是附带着对数学有点兴趣的哲学家的时代，它便广泛流行起来。但它无疑是一次成功；古代出现的版本和评注的数量证明了这一点。除了阿普列乌斯（约出生于公元 125 年）的拉丁文译本之外（这个译本没有留下任何踪迹），还有博蒂乌斯（约出生于公元 480 年，卒于 524 年）的版本，以及很多的评注者，包括杨布里科斯（公元 4 世纪）、赫罗纳斯 (122)、特拉勒斯的阿斯克勒庇俄斯（公元 6 世纪）、约翰尼斯·斐劳波诺斯、普罗克洛斯[123]。杨布里科斯的评注出版了[124]，斐劳波诺斯的评注也是如此[125]，而阿斯克勒庇俄斯的评注据说以手抄本的形式仍存于世。当（假托的）卢西恩在他的《斐洛帕特里斯篇》（*Philopatris*）中让克里提亚斯对特里封说"你像尼科马库斯一样计算"时，我们由此看出，这本书广为人知，尽管这句话可能更多是嘲笑毕达哥拉斯学派的精明，而不是一句赞扬。*

《算术入门》的第一卷在一段哲学开篇（第 1-6 章）之后，主要包括构成的定义和规则。首先处理的是数：奇数和偶数（第 7 章），然后是把偶数分为 3 种：（1）形如 2^n 的偶偶数；（2）形如 $2(2n+1)$ 的偶奇数；（3）形如 $2^{m+1}(2n+1)$ 的奇偶数，最后这种占据了某种意义上的中间位置，兼有前两种数的特征。接下来，奇数也被分为 3 种：（1）"素数和非合数"；（2）"二级数和合数"，是素数因子的积（2 除外，它是偶数，不被认为是素数）；（3）"本身是二级数和合数，但与另外数的关系是互素的非合成数"，例如 9 与 25 的关系，这第三种再一次是另外两种奇数的某种中间类别（第 11-13 章）。这种分类的缺点前面已经指出过了。在第 13 章，我们在对埃拉托斯特尼"筛法"（κόσκινον）描述中看到了这些不同种类的奇数，它是一种命名十分恰当的找素数的方法。方法是这样：我们从 3 开始列出奇数数列。

3，5，7，9，11，13，15，17，19，21，23，25，27，29，31，…

现在，3 是素数，但 3 的倍数不是；我们从 3 开始，每次跳过两个数，便得到这些倍数 9，15，…；我们因此划掉了这些不是素数的数。类似的，5 是素数，从 5 开始每次跳过四个数，我们得到了 5 的倍数 15，25，…；因此我们划掉所有 5 的倍数。一般而言，如果 n 是素数，那么，从 n 开始，每次跳过 $n-1$ 项，就找出了数列中 n 的倍数；然后我们划掉所有这些倍数。只要我们把这个过程进行到足够远，剩下

---

* 特里封叫克里提亚斯凭借三位一体（"一生三，三生一"）发誓，克里提亚斯答道："你是让我学计算呀，因为你的誓词纯粹是算术，你像尼科马库斯一样计算。我不知道你说的'一生三，三生一'是什么意思；我猜，你的意思不是毕达哥拉斯的 τετρακτύς（圣十），或者 ὀγδοάς（第八）或 τριακάς（三十）吧。"

91

的数就是素数。然而，很明显，为了确保数列中的奇数 $2n+1$ 是素数，我们不得不测试 3 至 $\sqrt{2n+1}$ 之间的所有素除数；因此很显然，这个原始的经验主义方法，作为一种获得任何可观规模素数的实用手段，是毫无希望的。

同样是第 13 章，还包含了求两个给定的数是不是互素的规则；它就是欧几里得《几何原本》第七卷命题 1 中的方法，相当于我们求最大公约数的规则，但尼科马库斯是用文字来表述整个事情，没有用任何直线或符号来代表数。如果有一个大于 1 的公约数，这个过程就终止；如果一个这样的公约数也没有，亦即，如果 1 作为最后的余数被留了下来，则这两个数互素。

101　　接下来的几章（第 14—16 章）分别论述盈数（ύπερτελής）、亏数（έλλιπής）和完全数（τέλειος）。相关定义，完全数的构成规则，以及尼科马库斯由此得出的观察意见，上文都已经给出了。

接下来（第 17—23 章）是大于 1 的数值比的详细分类，连同小于 1 的对应部分。它们各有五类，各类之下有（1）通称，（2）与所取特殊数字相对应的特称。

逐一列举是单调乏味的，但是，为了参考的目的，我们给出下面这张表：

大于 1 的比	小于 1 的比
1.（a）通称 　　πολλαπλάσιος（倍） （b）特称 　　διπλάσιος（双倍） 　　τριπλάσιος（三倍） 　　等等。	1.（a）通称 　　ύποπολλαπλάσιος（约数） （b）特称 　　ύποδιπλάσιος（一半） 　　ύποτριπλάσιος（三分之一） 　　等等。
2.（a）通称 　　έπιμόριος（超特比） 形如 $1+\dfrac{1}{n}$ 或 $\dfrac{n+1}{n}$ 的数，	2.（a）通称 　　ύπεπιμόριος（倒超特比） 形如 $\dfrac{n}{n+1}$ 的分数，

大于 1 的比	小于 1 的比
这里，n 为任意整数。 （b）特称 根据的值，我们有了下面这些名称： $\dot{\eta}\mu\iota\acute{o}\lambda\iota o\varsigma \quad = 1\dfrac{1}{2}$ $\dot{\epsilon}\pi\acute{\iota}\tau\rho\iota\tau o\varsigma \quad = 1\dfrac{1}{3}$ $\dot{\epsilon}\pi\iota\tau\acute{\epsilon}\tau\alpha\rho\tau o\varsigma \quad = 1\dfrac{1}{4}$ 等等	这里，n 为任意整数。 （b）特称 $\dot{v}\varphi\eta\mu\iota\acute{o}\lambda\iota o\varsigma \quad = \dfrac{2}{3}$ $\dot{v}\pi\epsilon\pi\acute{\iota}\tau\rho\iota\tau o\varsigma \quad = \dfrac{3}{4}$ $\dot{v}\pi\epsilon\pi\iota\tau\acute{\epsilon}\tau\alpha\rho\tau o\varsigma \quad = \dfrac{4}{5}$ 等等
3．（a）通称 $\dot{\epsilon}\pi\iota\mu\epsilon\rho\acute{\eta}\varsigma$（超比） 比 1 超出约数的两倍、三倍甚或更多倍。因此它可以表示为： $1+\dfrac{m}{m+n}$ 或 $\dfrac{2m+n}{m+n}$	3．（a）通称 $\dot{v}\pi\epsilon\pi\iota\mu\epsilon\rho\acute{\eta}\varsigma$（倒超比） 其形式为： $\dfrac{m+n}{2m+n}$
（b）特称 这些名称的构成代表了一系列特定的超比，遵循下面三种不同的方案。因此，这些数的形式为： $1+\dfrac{m}{m+1}$ ， $1\dfrac{2}{3}\left\{\begin{array}{l}\dot{\epsilon}\pi\iota\delta\iota\mu\epsilon\rho\acute{\eta}\varsigma\\ \text{或 }\dot{\epsilon}\pi\iota\delta\acute{\iota}\tau\rho\iota\tau o\varsigma\\ \text{或 }\delta\iota\sigma\epsilon\pi\acute{\iota}\tau\rho\iota\tau o\varsigma\end{array}\right.$ $1\dfrac{3}{4}\left\{\begin{array}{l}\dot{\epsilon}\pi\iota\tau\rho\iota\mu\epsilon\rho\acute{\eta}\varsigma\\ \text{或 }\dot{\epsilon}\pi\iota\tau\rho\iota\tau\acute{\epsilon}\tau\alpha\rho\tau o\varsigma\\ \text{或 }\tau\rho\iota\sigma\epsilon\pi\iota\tau\acute{\epsilon}\tau\alpha\rho\tau o\varsigma\end{array}\right.$	（b）特称 尼科马库斯没有指定相应的名称。

102

93

大于 1 的比	小于 1 的比
$1\frac{4}{5}$ $\begin{cases}\text{ἐπιτετραμερής}\\ \text{或 ἐπιτετράπεμπτος}\\ \text{或 τετρακισεπίπεμπτος}\end{cases}$ 等等 在需要表示更一般的形式 $1+\dfrac{m}{m+n}$（而不是 $1+\dfrac{m}{m+1}$） 的地方，尼科马库斯使用的术语遵循上述第三种构成方案，例如： $1\frac{3}{5}=\text{τρισεπίπεμπτος}$ $1\frac{4}{7}=\text{τετρακισεφέβδομος}$ $1\frac{5}{9}=\text{πεντακισεπένατος}$ 等等，尽管他也可以使用第二种翻案把这些比例称作 ἐπιτρίπεμπτος，等等。	
4.（a）通称 πολλαπλασιεπιμόριος（多倍超特比）这由某个倍数加某个约数组成（而不是 1 加约数），因此其形式为 $m+\dfrac{1}{n}$（而不是 ἐπιμόριος 表示的 $1+\dfrac{1}{n}$），或 $\dfrac{mn+1}{n}$	4.（a）通称 ὑποπολλαπλασιεπιμόριος（倒多倍超特比）其形式为 $\dfrac{n}{mn+1}$
（b）特称 根据的值，我们有了下面这些名称：	（b）特称 尼科马库斯的作品中似乎没有出现相应的特称，但博蒂

103

94

大于 1 的比	小于 1 的比
$2\dfrac{1}{2} = \delta\iota\pi\lambda\alpha\sigma\iota\epsilon\phi\acute{\eta}\mu\iota\sigma\upsilon\varsigma$ $2\dfrac{1}{3} = \delta\iota\pi\lambda\alpha\sigma\iota\epsilon\pi\acute{\iota}\tau\rho\iota\tau\sigma\varsigma$ $3\dfrac{1}{5} = \tau\rho\iota\pi\lambda\alpha\sigma\iota\epsilon\pi\acute{\iota}\pi\epsilon\mu\pi\tau\sigma\varsigma$ 等等	乌斯给出了名称，例如二分之一的一倍半，等等
5．（a）通称 $\pi\sigma\lambda\lambda\alpha\pi\lambda\alpha\sigma\iota\epsilon\pi\iota\mu\epsilon\rho\acute{\eta}\varsigma$ （多倍超比） 这和 $\dot{\epsilon}\pi\iota\mu\epsilon\rho\acute{\eta}\varsigma$（上文第 3 类）有关，与 $\pi\sigma\lambda\lambda\alpha\pi\lambda\alpha\sigma\iota\epsilon\pi\iota\mu\acute{\sigma}\rho\iota\sigma\varsigma$ 和 $\dot{\epsilon}\pi\iota\mu\acute{\sigma}\rho\iota\sigma\varsigma$ 之间的关系是一样的；也就是说，其形式是： $p + \dfrac{m}{m+n}$ 或 $\dfrac{(p+1)m+n}{m+n}$	5．（a）通称 $\dot{\upsilon}\pi\sigma\pi\sigma\lambda\lambda\alpha\pi\lambda\alpha\sigma\iota\epsilon\pi\iota\mu\epsilon\rho\acute{\eta}\varsigma$ （倒多倍超比） 下面这种形式的分数： $\dfrac{m+n}{(p+1)m+n}$
（b）特称 这些名称只对 $n = 1$ 的情况给出了；它们遵循的是特例 $\dot{\epsilon}\pi\iota\mu\epsilon\rho\epsilon\tilde{\iota}\varsigma$ 的名称的第一种形式，例如： $2\dfrac{2}{3} = \delta\iota\pi\lambda\alpha\sigma\iota\epsilon\pi\iota\delta\iota\mu\epsilon\rho\acute{\eta}\varsigma$ 等等	（b）特称 尼科马库斯的作品中没有找到相应的特称，但博蒂乌斯给出了名称，例如二分之一的倍超比，等等

在第 23 章，尼科马库斯显示了这些不同的比如何能够借助某种规则从另外一项比得到。假设

$$a、\quad b、\quad c$$

是 3 个这样的数：$a : b = b : c =$ 上面描述的比之一；我们形成下面这 3 个数：

$$a、\quad a+b、\quad a+2b+c$$

还有这样 3 个数：

$$c、\quad c+b、\quad c+2b+a$$

可以给出两个实例。若 $a=b=c=1$，反复应用第一个公式得到 $(1,2,4)$，然后是 $(1,3,9)$，然后是 $(1,4,16)$，等等，显示了连续的倍数。把第二个公式应用于 $(1,2,4)$，我们得到 $(4,6,9)$，这里的比是 $\frac{3}{2}$；类似的，从 $(1,3,9)$ 得到 $(9,12,16)$，这里的比是 $\frac{4}{3}$，依此类推；也就是说，我们从 πολλαπλάσιοι 得到了 έπιμόριοι。再一次，从 $(9,6,4)$（这里的比是后面那种），我们通过第一个公式得到 $(9,15,25)$，得到的比是 $1\frac{2}{3}$，即 έπιμερής，通过第二个公式得到 $(4,10,25)$，这里的比是 $2\frac{1}{2}$，即 πολλαπλασιεπιμόριος。其余依次类推。

第二卷的前两章显示了如何通过一个相反的过程，上述任何一种形式的连续比中的三项可以化为三个相等的项。若

$$a、\quad b、\quad c$$

105　为最初的项，a 最小，我们取下面这样形式的三项：

$$a、\quad b-a、\quad \{c-a-2(b-a)\}=c+a-2b$$

然后把同样的规则应用于这三项，其余依此类推。

在第 3-4 章，作者指出，若

$$1,\ r,\ r^2,\ \cdots,\ r^n,\ \cdots$$

是几何级数，且

$$\rho_n=r^{n-1}+r^n,$$

那么

$$\frac{\rho_n}{r^n}=\frac{r+1}{r}，是 έπιμόριος（超特比），$$

类似地，若
$$\rho'_n = \rho_{n-1} + \rho_n$$

$$\frac{\rho'_n}{\rho_n} = \frac{r+1}{r}$$

依次类推。

如果我们列出一行行以这种方式构成的数，

1、r, $\qquad r^2$, $\qquad\qquad r^3 \cdots \qquad\qquad\qquad r^n$

$\qquad r+1$, $\quad r^2+r$, $\qquad\quad r^3+r^2 \cdots \qquad\qquad r^n+r^{n-1}$

$\qquad\qquad r^2+2r+1$, $\quad r^3+2r^2+r \cdots \qquad r^n+2r^{n-1}+r^{n-2}$

$\qquad\qquad\qquad\qquad r^3+3r^2+3r+1 \cdots \qquad r^n+3r^{n-1}+3r^{n-2}+r^{n-3}$

$$r^n+nr^{n-1}+\frac{n(n-1)}{2}r^{n-2}+\cdots+, 1$$

那么，垂直的列是比例为 $r/(r+1)$ 的连续的数，从对角线的方向我们
得到了几何级数 1, $r+1$, $(r+1)^2$, $(r+1)^3$, $\cdots$

接下来是多边形数理论。随后是解释借助小圆点或字母表示数字
的准几何方式。从 2 往后的任何数字都可以表示为一条线，平面数从
3 开始，它是第一个可以用三角形来表示的数，三角形之后，接着是
正方形、五边形、六边形等（第 7 章）。三角形数（第 8 章）是通过
把自然数列从 1 开始的任意多个连续项加起来而产生的：

$$1, \ 2, \ 3, \ \cdots, \ n, \ \cdots$$

三角形数的磬折形数因此是连续的自然数。正方形数（第 9 章）通过
把奇数数列从 1 开始的任意多个连续项加起来而得到：

$$1, \ 3, \ 5, \ \cdots, \ 2n-1, \ \cdots$$

正方形数的磬折形数因此是连续的奇数。类似的，五边形数（第 10 章）
的磬折形数是以 3 为公差的算术级数而形成的数：

$$1, \ 4, \ 7, \ \cdots, \ 1+3(n-1), \ \cdots$$

一般意义上（第 11 章），边数为 a 的多边形数的磬折形数是

106

$$1,\ 1+(a-2),\ 1+2(a-2),\ \cdots,\ 1+(r-1)(a-2),\ \cdots,$$

边长为 n 的 a 边形数是

$$1+1+(a-2)+1+2(a-2)+\cdots+1+(n-1)(a-2)=n+\frac{1}{2}n(n-1)(a-2)。$$

尼科马库斯没有给出一般公式，他只满足于写下各个种类一定数量的多边形数，直至七边形数。

他提到了（第 12 章）任意正方形数是两个连续三角形数之和，亦即：

$$n^2=\frac{1}{2}(n-1)n+\frac{1}{2}n(n+1)$$

而且，边长为 n 的 a 边形数是一个边长为 n 的 $(a-1)$ 边形数加上一个边长为 $n-1$ 的三角形数，亦即：

$$n+\frac{1}{2}n(n-1)(a-2)=n+\frac{1}{2}n(n-1)(a-3)+\frac{1}{2}n(n-1)$$

107 然后，他转到了第一个立体数：棱锥体数。棱锥体的底可以是三角形数、正方形数或任意多边形数。若底的边长为 n，棱锥体通过把处于类似位置的相似多边形连续置于其上而构成，各多边形的边长比上一个多边形的边长小 1；当然，它终止于顶部的 1，这个 1 "潜在的"是任何多边形。尼科马库斯提到的第一个三角形棱锥体数是 1、4、10、20、35、56、84，并且（第 14 章）解释了以正方形数为底的棱锥体数级数的构成，但他没有给出一般公式或总和。一个边长为 n 的 a 边形数是

$$n+\frac{1}{2}n(n-1)(a-2)$$

由此得到，以这个多边形数为底的棱锥体数是

$$1+2+3+\cdots+n+\frac{1}{2}(a-2)\{1\times2+2\times3+\cdots+(n-1)n\}$$

$$= \frac{n(n+1)}{2} + \frac{(a-2)}{2} \times \frac{(n-1)n(n+1)}{3}$$

一个棱锥体数，如果截掉顶部的 1，就是 κόλουρος（截锥数），如果截掉顶部的 1 加上接下来的一层，就是 δικόλουρος（二次截锥数），如果截掉三层就是 τρικόλουρος（三次截锥数），依此类推（第 14 章）。

另外的立体数随后进行了分类（第 15–17 章）：立方体数，它是三个相等的数之积；不等边立体数，它是三个都不相等的数之积，也被称为楔数（σφηνίσκοι）、砧数（σφηκίσκοι）或坛数（βωμίσκοι）。后面三个名称实际上不适合纯粹的三个不等因子之积，因为，可以恰当地用这些名称来称呼的那个数应该是成锥形的，亦即，其顶部有一个小于底的平面。当我们来到论述海伦测积法的那一章时，我们将会发现，那里所测量的真正的（几何的）βωμίσκοι 和 σφηνίσκοι 顶部的长方形面事实上小于与之平行的长方形底。杨布里科斯也指出了 βωμίσκοι 和 σφηνίσκοι 的真正特性，他说，它们不仅有不相等的维度，并且它们的面和角也不相等，而且，πλινθίς 或 δοκίς 相当于平行四边形，而 σφηνίσκοι 则相当于梯形 [126]。因此，把上述术语作为不等边立体数的可选方案使用看来应该是由于误解。立体数的另外几个变种有：平行六面体数，它的面是 έτερομήκεις（长方形），或 $n(n+1)$ 的形式，因此两个因子的差为 1；柱数（δοκίδες）或圆柱数（στηλίδες，杨布里科斯），其形式为 $m^2(m+n)$；瓦数（πλινθίδες），形式为 $m^2(m-n)$。如果立方体数的末位数（个位数）与边的末位数是一样的，则它是球体数（σφαιρικοί）或循环数（άποκαταστατικοί）；这些边和立方体数都结束于 1、5 或 6，而且，当正方形数结束于相同数字时，这些正方形数也被称作循环数（κυκλικοί）。

正如我们已经看到的那样，长方形数（έτερομήκεις）的形式为 $m(m+1)$；扁长方形数（προμήκεις）的形式为 $m(m+n)$，这里 $n > 1$（第 18 章）。书中给出了长方形数、正方形数和三角形数之间的一些简单的关系（第 19–20 章）。若 h_n 代表长方形数 $n(n+1)$，t_n 代表边长为 n 的三角形数 $\frac{1}{2}n(n+1)$，我们得到（例如）：

108

$$h_n / n^2 = (n+1)/n , \quad h_n - n^2 = n , \quad n^2 / h_{n-1} = n(n-1)$$

$$n^2 / h_n = h_n / (n+1)^2 , \quad n^2 + (n+1)^2 + 2h_n = (2n+1)^2$$

$$n^2 + h_n = t_{2n} , \quad h_n + (n+1)^2 = t_{2n+1}$$

$$n^2 + n = h_n , \quad n^2 - n = h_{n-1}$$

所有这些公式都很容易证明。

立方体数级数之和

第 20 章结束于一段十分有趣的关于立方体数的说明。尼科马库斯说，如果我们列出奇数数列：

$$1, 3, 5, 7, 9, 11, 13, 15, 17, 19, \cdots$$

第一项（亦即 1）是一个立方体数，接下来的两项之和（3 + 5）是一个立方体数，再接下来的三项之和是一个立方体数，其余的依此类推。我们可以证明这一规律，假设 n^3 等于从 $2x + 1$ 开始、到 $2x + 2n - 1$ 结束的 n 个奇数之和。这个和是 $(2x+n)n$；因此，$(2x+n)n = n^3$，那么，

$$x = \frac{1}{2}(n^2 - n)$$

这个公式是

$$(n^2 - n + 1) + (n^2 - n + 3) + \cdots + (n^2 + n - 1) = n^3$$

通过在这个公式中连续地取 $n = 1$、2、3 $\cdots r$ 等，并把结果加起来，我们得到：

$$1^3 + 2^3 + 3^3 + \cdots + r^3 = 1 + (3 + 5) + (7 + 9 + 11) + \cdots + (\cdots r^2 + r - 1)$$

很明显，这个奇数数列的项数是

$$1 + 2 + 3 + \cdots + r \text{ 或 } \frac{1}{2}r(r+1)$$

因此，$1^3 + 2^3 + 3^3 + \cdots + r^3 = \dfrac{1}{4}r(r+1)(1+r^2+r-1) = \left\{\dfrac{1}{2}r(r+1)\right\}^2$

尼科马库斯没有给出这个公式，但罗马的 agrimensores（测量员）知道它，如果尼科马库斯不知道，倒是有些奇怪。发现这个公式的人，可能是实际上发现尼科马库斯所陈述的那个命题的人，他很可能属于更早的时期。因为从早期毕达哥拉斯学派的那个时代起，希腊人就已经习惯于把 3、5、7 等作为磬折形数连续地置于 1 的周围，从而求奇数数列的和；他们知道，这个结果不管是不是磬折形数，都始终是一个正方形数，而且，如果磬折形数的个数加上 1（比方说）等于 r，那么，这个和（包括 1）是 $(r+1)^2$。因此，一旦人们发现了第一个立方体数（即 2^3）是 $3+5$，第二个（即 3^3）是 $7+9+11$，第三个（即 4^3）是 $13+15+17+19$，等等，他们就能够求出级数 $1^3+2^3+3^3+\cdots+r^3$ 之和；因为这只需要求出立方数之和所包括的级数 $1+3+5+\cdots$ 有多少项就行了。很明显，这个项数是 $1+2+3+\cdots+r$，磬折形数（包括 1 本身）是 $\dfrac{1}{2}r(r+1)$；所有这些数（包括 1）的和等于

$$1^3 + 2^3 + 3^3 + \cdots + r^3$$

也就是 $\left\{\dfrac{1}{2}r(r+1)\right\}^2$。幸运的是，我们拥有一件证据，使得下面这个结论很有可能是真的：希腊人就是以这种方式处理这个问题。公元 10–11 世纪阿拉伯代数学家阿尔卡西写了一本题为《法赫利》（*Al-Fakhri*）的代数学。看来，在那个时期，阿拉伯似乎有两个互相对立的学派，一个赞同希腊人的方法，另一个赞同印度人的方法。阿尔卡西是其中几乎完全仿效希腊人榜样的人之一，他给出了我们刚才讨论的这个定理的证明，借助一个里面画了磬折形的图形，从而提供了一个几何代数的绝佳例证，这明显是希腊人的。

设 AB 是正方形 AC 的边，且

$$AB = 1 + 2 + \cdots + n = \dfrac{1}{2}n(n+1)$$

设 $BB' = n$，$B'B'' = n - 1$，$B''B''' = n - 2$，等等。AB'、AB'' 上画正方形……组成图中所显示的磬折形。

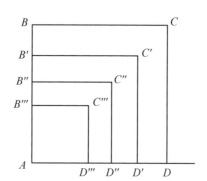

那么，磬折形数

$$BC'D = BB' \times BC + DD' \times C'D' = BB'(BC + C'D')$$

现在，$BC = \dfrac{1}{2}n(n+1)$

$C'D' = 1 + 2 + \cdots + (n-1) = \dfrac{1}{2}n(n-1)$，$BB' = n$；因此（磬折形 $B'C''D'$）$= (n-1)^3$，其余依此类推。

因此，$1^3 + 2^3 + 3^3 + \cdots + n^3 =$ 围绕以 A 为顶点、以 1 为边长的小正方形的磬折形数之和加上那个小正方形数，亦即：

$$1^3 + 2^3 + 3^3 + \cdots + n^3 = \text{正方形数 } AC = \left\{ \dfrac{1}{2}n(n+1) \right\}^2$$

不难看出，以 A 为顶点的小正方形周围的第一个磬折形数是 $3 + 5 = 2^3$，第二个磬折形数是 $7 + 9 + 11 = 3^3$，依此类推。

这个证明因此与尼科马库斯陈述的那个定理是一致的。有两种可能。阿尔卡西可能是按照希腊人的方式，根据尼科马库斯的定理所提供的线索，自己想出了这个证明。或者，他可能在某部如今已经失传的希腊人著作中发现了整个证明，并把它抄了下来。无论哪种情况为真，我们几乎不可能怀疑：立方体数级数的求和源于希腊。

接下来，尼科马库斯转到了算术比理论和各种不同的平均数（第21–29 章），我们前面已经给出了这一部分的描述。在这个标题之下

还提到了几个命题。若$a-b=b-c$，因此a、b、c成算术级数，那么（第23章第6节），

$$b^2-ac=(a-b)^2=(b-c)^2$$

据尼科马库斯说，这个事实并不广为人知。博蒂乌斯[127]提到了这个命题，如果我们取$a+d$、a、$a-d$作为算术级数中的三项，可以得到：$a^2=(a+d)(a-d)+d^2$。推测起来，这大概是一个名叫奥克瑞图斯的人引用过的"尼科马库斯法则"（regula Nicomachi）的来源，此人在12或13世纪写了一本小册子*Prologus in Helceph*[128]（这里的Helceph或Helcep明显相当于Algorismus［算术］）。尼科马库斯法则的目标是为了求一个只包含一个数字的数的平方数。若$d=10-a$，或$a+d=10$，这个法则被下面的公式所代表：

$$a^2=10(a-d)+d^2$$

这样一来，计算a^2就变得依赖于计算d^2，若$d<a$，这个计算就更容易。

再者（第24章第3、4节），若a、b、c是递降几何级数中的三项，r是公比（a/b或b/c），那么，

$$\frac{a-b}{b-c}=\frac{a}{b}=\frac{b}{c}$$

且$(a-b)=(r-1)b$，$(b-c)=(r-1)c$，$(a-b)-(b-c)=(r-1)(b-c)$。则得到 $b=a-b(r-1)=c+c(r-1)$。

这就是几何级数中三项的属性，相当于调和级数中三项a、b、c的属性：

$$b=a-\frac{a}{n}=c+\frac{c}{n}$$

由此得出

$$n=\frac{a+c}{a-c}$$

尼科马库斯指出（第25章），若a、b、c为降序，则依据a、b、

103

c 在算术级数、几何级数和调和级数中的不同，$\frac{a}{b} <=> \frac{b}{c}$。

112　　　关于两个正方形数之间以及两个立方体数之间可能的平均数（几何平均数）的"柏拉图定理"（第24章第6节），还有"最完美的比例"，我们前面已经提到过。

　　　　士麦那的赛翁写过一本数学手册，声称它是一本这样的书：一个学者要想让自己能够读懂柏拉图，就需要它。对这部作品的更完整的介绍稍后将会给出，眼下我们只涉及它的算术部分。这本书介绍了最基本的数论，其路子和我们在尼科马库斯的书中看到的并无不同，尽管不那么系统。我们可以忽略赛翁和尼科马库斯共同的东西，只局限于前者所特有的东西。重要的东西有二。一者是毕达哥拉斯学派为了求方程 $2x^2 - y^2 = \pm 1$ 的连续整数解而发明出来的边数与径数理论，关于这一理论可见上文。另一者是对正方形数可能具有的有限多个形式的解释[129]。赛翁说，若 m^2 是一个正方形数，要么 m^2，要么 $m^2 - 1$，可以被 3 整除，而且，要么 m^2，要么 $m^2 - 1$，可以被 4 整除。这相当于说，一个正方形数不可能是下列任何一种形式：$3n + 2$、$4n + 2$、$4n + 3$。他还说，对于任意正方形数 m^2，下列属性必居其一：

　　（1）$\dfrac{m^2 - 1}{3}$、$\dfrac{m^2}{4}$ 都是整数（例如 $m^2 = 4$），

　　（2）$\dfrac{m^2 - 1}{4}$、$\dfrac{m^2}{3}$ 都是整数（例如 $m^2 = 9$），

　　（3）$\dfrac{m^2}{3}$、$\dfrac{m^2}{4}$ 都是整数（例如 $m^2 = 36$），

　　（4）$\dfrac{m^2 - 1}{3}$、$\dfrac{m^2 - 1}{4}$ 都是整数（例如 $m^2 = 25$），

113　杨布里科斯以稍微不同的形式陈述了同样的事实[130]。可以按下面的方法，看出这些说法都是真的[131]。由于任何数 m 必定有下面的形式之一：

$$6k, \quad 6k \pm 1, \quad 6k \pm 2, \quad 6k \pm 3$$

那么，任何正方形数必定是下列形式之一：

$$36k^2 , \quad 36k^2 \pm 12k+1 , \quad 36k^2 \pm 24k+4 , \quad 36k^2 \pm 36k+9$$

对于第一种类型的正方形数 $\dfrac{m^2}{3}$ 和 $\dfrac{m^2}{4}$ 都是整数，对于第二种类型的正方形数 $\dfrac{m^2-1}{3}$ 和 $\dfrac{m^2-1}{4}$ 都是整数，对于第三种类型的正方形数 $\dfrac{m^2-1}{3}$ 和 $\dfrac{m^2}{4}$ 都是整数，对于第四种类型的正方形数 $\dfrac{m^2}{3}$ 和 $\dfrac{m^2-1}{4}$ 都是整数；这和赛翁的说法是一致的。而且，若这四种形式的正方形数除以 3 或 4，余数要么为 0，要么是 1；因此，正如赛翁所说的，没有哪个正方形数属于 $3n+2$、$4n+2$ 或 $4n+3$ 这样的形式。我们几乎用不着怀疑，这些发现也是毕达哥拉斯学派的。

杨布里科斯出生于科埃勒—叙利亚的哈尔基斯，是亚纳多留斯和波菲利的学生，属于公元 4 世纪的上半叶。他写过 9 卷论述毕达哥拉斯学派的书，标题如下：1. 论毕达哥拉斯的生平，2. 哲学规劝录（ $Προτρεπτικὸς$ $ἐπὶ$ $φιλοσοφίαν$ ），3. 数学通论，4. 论尼科马库斯的《算术入门》，5. 论物理学中的数学，6. 论伦理学中的数学，7. 论神学中的数学，8. 论毕达哥拉斯学派的几何学，9. 论毕达哥拉斯学派的音乐。其中前 4 卷幸存了下来，可以读到它们的现代版本；另外 5 卷失传了，尽管《算术的神学思考》中无疑包含了第 7 卷的摘录。论述尼科马库斯《算术入门》的第 4 卷是我们这里所关心的，几项需要注意的东西如下。首先是把一个正方形数看作一条跑道（ $δίαυλος$ ）[132]，由从 1（作为起始点，$ὕσπληξ$ ）到 n 的连续数组成，n 为正方形的边，它是转弯点（ $καμπτήρ$ ），然后再次通过 $n-1$、$n-2$ 等，回到 1（目标点，$νύσσα$ ），因此：

$$
\begin{aligned}
&1+2+3+4\cdots \qquad\qquad (n-1)_{}{}^{+n}\\
&1+2+3+4\cdots(n-2)+(n-1)^{+n}
\end{aligned}
$$

这当然相当于命题：n^2 是两个边长分别为 n 和 $n-1$ 的三角形数 $\dfrac{1}{2}n(n+1)$ 和 $\dfrac{1}{2}(n-1)n$ 之和。类似的，杨布里科斯指出 [133]，长方形数

114

105

$$n(n-1) = (1+2+3+\cdots+n) + (n-2+n-3+\cdots+3+2)$$

他指出，正是根据这个原则，在 10（它被称作第二道的个位数，δευτερωδουμένη μονάς）之后，毕达哥拉斯学派把 $100 = 10 \times 10$ 看作第三道的个位数（τριωδουμένη μονάς），$1000 = 10^3$ 看作第四道的个位数（τετρωδουμένη μονάς），依此类推 [134]，因为

$$1+2+3+\cdots+10+9+8+\cdots+2+1 = 10 \times 10$$
$$10+20+30+\cdots+100+90+80+\cdots+20+10 = 10^3$$
$$100+200+300+\cdots+1000+900+800+\cdots+200+100 = 10^4$$

依此类推，杨布里科斯从中看出了 10 的特殊优点。不过当然，同样的公式在任何记数法中就像在十进制中一样，也是成立的。

和毕达哥拉斯学派这套十进制术语相关联，杨布里科斯给出了一个最重要的命题。[135] 假设我们有 3 个连续的数，其中最大的数可以被 3 整除。取这 3 个数的和，这个和将包括一定数量的个位数、一定数量的十位数、一定数量的百位数，等等。现在，取上述和中的个位数，取其中的十位数作为个位数，取其中的百位数作为个位数，依此类推，再把这样得到的所有个位数加起来（亦即把我们的十进制计数法所表示的和中的所有数字加起来）。把同样的过程应用于所得到的结果，依此类推。那么，杨布里科斯说，最终的结果将是 6 这个数。例如，取这 3 个数为 10、11、12；它们的和为 33。把所有数字加起来，结果是 6。取 994、995、996，和为 2985；各位上数字的和是 24；24 的各数字的和是 6。用下面的方法可以看出其一般命题为真。[136]

设 $\qquad N = n_0 + 10n_1 + 10^2 n_2 + \cdots$

是用十进制记数法写下的一个数。设 $S(N)$ 代表其各位上数字的和，$S^{(2)}(N)$ 是 $S(N)$ 各位上数字的和，依此类推。

现在，$\qquad N - S(N) = 9(n_1 + 11n_2 + 111n_3 + \cdots)$

由此得 $\qquad N \equiv S(N)$ （模 9）

类似地 $\qquad S(N) \equiv S^{(2)}(N)$ （模 9）

$\qquad$……

设 $S^{(k-1)}(N) \equiv S^{(k)}(N)$（模 9）

是最小可能的这种关系；$S^{(k)}(N)$ 将是数 $N' \leqslant 9$

依据恒等式，我们得到

$$N \equiv N'（模 9），而 N' \leqslant 9$$

现在，如果有 3 个连续整数，其中最大的数能被 3 整除，我们可以代入它们的和

$$N = (3p+1)+(3p+2)+(3p+3) = 9p+6$$

上面的恒等式就变成了：

$$9p+6 \equiv N'（模 9）$$

因此　　$N' \equiv 6$（模 9）

由于 $N' \leqslant 9$，所以，N' 只能等于 6

用我们的记数法所表示的一个数的各位上的数字这种相加，在圣希波吕托斯的《驳斥所有异端》（*Refutation of all Heresies*）的一个段落中有一个重要的对应物，[137] 那里描述了一种预测未来事件的方法，叫作"毕达哥拉斯运算"。他说，那些声称能够凭借数字、字母和名称来预测未来事件的人，使用的是基数（pythmen）原理，也就是说，我们所说的一个十进制所表示的数中各位上的数字；对希腊人来说，就任何大于 9 的数字而言，pythmen 是同样的个位数，就像字母数字所包含的十位数、百位数、千位数等一样。因此，700（希腊语是 ψ）的 pythmen 是 7（ζ）；ϛ（6000）的 pythmen 是 ϛ（6），依此类推。接下来介绍了求某个名称的基数的方法，比方说 Ἀγαμέμνων（阿伽门农）。取所有字母的基数，再把它们加起来，我们得到：

$$1+3+1+4+5+4+5+8+5 = 36$$

取 36 的基数，即 3 和 6，它们的和是 9。Ἀγαμέμνων 的基数因此是 9。

接下来以 Ἕκτωρ（赫克托耳）为例。基数是 5、2、3、8、1，其和为19；19 的基数是 1 和 9，其和为 10，其基数为 1。因此 Ἕκτωρ 这个名字的基数是 1。希波吕托斯说："下面这个方法更容易。找出各字母的基数，就 Ἕκτωρ 而言，我们得到基数的和为 19。用这个数除以9 并记下余数，因此，如果我用 19 除以 9，余数就是 1，因为 9 的 2倍是 18，剩余 1，它因此就是 Ἕκτωρ 这个名字的基数。"再一次，以 Πάτροκλος（普特洛克勒斯）这个名字为例。基数之和是

$$8 + 1 + 3 + 1 + 7 + 2 + 3 + 7 + 2 = 34$$

而 3 + 4 = 7，因此 7 是 Πάτροκλος 的基数。"那么，那些根据九的法则来计算的人则取基数之和的九分之一，然后用余数来决定基数之和。另一方面，那些遵循'七的法则'的人则用它除以 7。因此，Πάτροκλος 的基数之和被求出是 34。用这个数除以 7，得 4，因为 7的 4 倍是 28，余数为 6……""必须指出的是，如果除法得出了整数商（没有余数），……那么基数就是 9 本身"（也就是说，如果遵循九的法则的话）。其余的依此类推。

　　从这个片段中浮现出了两件事情。（1）当阿波罗尼奥斯为了表示大数和进行大数的乘法而构建他的体系时，pythmen 的使用并不是第一次出现；它的起源要早很多，来自毕达哥拉斯学派。（2）计算基数的方法就像证明中的所谓"去九法"运算，在这样的运算中，我们取一个数各位上的数字之和，然后除以 9，得到余数。"去九法"的证明方法是从阿拉伯人那里传到我们手上的，正如阿维森纳和普拉努得斯所说的，阿拉伯人可能是从印度人那里得到了这个方法。但上文的证据表明，无论如何，它赖以构建的原理就在毕达哥拉斯学派的算术中。

117

4. 最早的希腊几何学，泰勒斯

普罗克洛斯的"概要"

在希腊数学史这门课程中，我们经常有机会引用来自所谓普罗克洛斯"概要"中的材料，上一章我们已经引用过了。在普罗克洛斯的《几何原本》第一卷评注中占据了几页篇幅（第65–70页），它以尽可能简短的概述，回顾了希腊几何学从最早时期到欧几里得的发展过程，特别提到了《几何原本》的演变。一度，这篇概述被称作"欧德谟斯概要"，基于这样一个假说：它是一本摘录，摘自亚里士多德的弟子欧德谟斯的四卷本巨著《几何学的历史》（*History of Geometry*）。但仔细阅读概要本身就足以发现：它不可能是欧德谟斯写的。充其量只能说，在某句话之前，它有可能或多或少是直接基于欧德谟斯《几何学的历史》中的材料。在我们说到的这句话那儿，叙述上有一个中断，这句话是这样的：

> 那些编纂历史的人把这门科学的发展带到了这样的高度。欧几里得并不比这些人年轻很多，他整理编纂了《几何原本》，收集了欧多克索斯的很多定理，完善了泰阿泰德，并对一些命题给出了无可辩驳的证明，而对这些命题，他的前辈们只给出了不怎么严谨的证明。

由于欧几里得晚于欧德谟斯，那么欧德谟斯不可能写下这段话；与此同时，"那些编纂历史的人"这个说法，以及他们并不比欧几里得早很多的暗示，十分适合于欧德谟斯。然而，在这个中断之后，概要的风格并没有显示比前面的部分有太多改变，以至于暗示了不同的作者。前面部分的作者经常提到《几何原本》的来源问题，任何一个不晚于欧几里得的人都不可能那样写。似乎出自同一个人之手，在第二部分，把欧几里得的《几何原本》与欧多克索斯和泰阿泰德的作品联系起来。实际上，不管作者是谁，他编纂这份摘要似乎都是着眼于一个目标，亦即追踪《几何原本》的起源和发展，因此忽视了提及几何学中某些著名的发现，比如倍立方体问题的解，这无疑是因为它们并不属于《几何原本》。在两个实例中，他间接提到了这样的发现，那是出现在括号中，为的是提醒读者记住，当前人们把某个特定几何学家的名字跟某个特定发现联系在一起。他就这样提到希俄斯的希波克拉底是一个著名的几何学家，因为最早撰写《几何原本》这个特定原因而闻名于世，为了识别的目的，他还在他的名字前面加上了"新月形求积法的发现者"。类似的，在说到毕达哥拉斯时，他说，"（正是）他"（δς δὴ……）"发现了无理数［或"比例"］理论，以及宇宙图形的构成"，他似乎暗示了（完全是为了他自己）一个大意如此的流行传说。如果这篇概要是一个作者的作品，那么他是谁呢？坦纳里的回答是：他是盖米诺斯。但这似乎不大可能，因为我们所掌握的盖米诺斯作品的摘录暗示了里面讨论的主题是不同的性质；它们似乎是关系到哲学和数学内容的一般问题，就连坦纳里也承认，历史细节只是偶然进入这部作品。

作者有没有可能是普罗克洛斯本人呢？大抵说来，这似乎还是不大可能。支持普罗克洛斯作者身份的是下面这些事实：（1）《几何原本》来源的问题一直很突出；（2）没有提到德谟克利特，而欧德谟斯肯定不会忽略他，作为柏拉图的追随者，普罗克洛斯很可能仿效柏拉图，对他做出这样不公正的事，柏拉图是德谟克利特的反对者，从未提到他，据说还希望把他的所有作品付之一炬。另一方面，（1）概要的文风并不足以证明普罗克洛斯是作者；（2）如果是他写的，很难想象他会默不作声地忽略解析法的发现,因为他在别的地方曾说，解析法是"几何学传统方法当中最好的，据说柏拉图把它传授给了拉俄达玛斯"；而且，（3）很难设想普罗克洛斯会以那样超然的方式说到欧几里得，而后者的《几何原本》是他整个评注的主题："欧几里得并不比这些人年轻很多，他整理编纂了《几何原本》……""此人生活在托勒密一世时期……"因此，总的来看，似乎很有可能，这篇概要的主体部分是普罗克洛斯取自某个比欧德谟斯更晚的作者所作的摘要，尽管前面的部分是直接或间接地基于欧德谟斯《几何学的历史》中的评注。但这篇概要的序言部分很可能是普罗克洛斯本人写的，或者说至少是他扩充的，因为介绍"有灵感的亚里士多德（ὁ δαιμόνιος Ἀριστοτέλης）"正是他的方式——他在这里以及在别的地方都这样称呼亚里士多德——而且，过渡到几何学的埃及起源也是他的：

> 那么，我们不得不考量［亚里士多德假设的］宇宙目前正在经历的这个特定周期的艺术和科学的开端，我们说，依据大多数记述，几何学最早是在埃及被发现的，起源于土地面积的测量。由于尼罗河的上涨抹去了各人土地的确切边界，这种测量对埃及人来说是必不可少的。

接下来的一段也很有可能出自普罗克洛斯之手：

> 一点也不奇怪，这门科学像其他科学一样，其发现也是源于实际的需要，由于每一件事情都是处在从不完美到完美的演变过程中。因此，从感知过渡到推理，再从推理过渡到理解，只不过是自然而然的事。

这几句话看上去像是普罗克洛斯的思考，紧接着过渡到真正的概要：

> 因此，正如精确算术是由于在商业和契约中的使用而在腓尼基人当中开始的，几何学也是由于上述理由在埃及被发现。 121

关于几何学起源的传说

除了普罗克洛斯之外，还有很多希腊作者对几何学的起源给出了类似的说法。希罗多德说，塞索斯特里斯（拉美西斯二世，约公元前1300年）按照相等的长方形地块把土地分配给埃及人，他按照土地面积征收岁贡；因此，当河水冲走了地块的一部分时，土地拥有者就会申请相应减少岁贡，于是便派出土地测量员去验证实际减少的面积。"在我看来（δοκέει μοι），"他继续说，"这就是几何学的起源，后来传入了希腊。"[1] 另外一些作者重复了同样的故事（略有扩充），包括亚历山大城的海伦[2]、西西里的狄奥多罗斯[3]，以及斯特雷波[4]。有一点倒是真的，所有这些陈述（即便普罗克洛斯是直接取自欧德谟斯的《几何学的历史》）可能全都是基于希罗多德的某个段落，而且，希罗多德可能是把他从埃及听来的东西当作了他自己的结论。因为狄奥多罗斯给出了一个埃及的传说：几何学和天文学都是埃及的发现，并说，埃及的祭司声称，梭伦、毕达哥拉斯、柏拉图、德谟克利特、希俄斯的恩诺皮德斯和欧多克索斯都是他们的弟子。但埃及人把这些发现归到自己名下的主张从未受到希腊人的质疑。在柏拉图的《斐德罗篇》（*Phaedrus*）中，苏格拉底说，他听说埃及人的神修思最早发明了算术、计算科学、几何学和天文学。[5] 类似的，亚里士多德说，数学的技艺最早在埃及成形，尽管他认为测量土地的科学方法的产生，不是出于实际的需要，而是源于这样一个事实：埃及有一个有闲阶级，祭司，他们可以抽出时间从事这样的事情。[6] 德谟克利特自吹，"在把直线变成图形并证明它们的属性上"，他那个时代没有一个人超过他，"哪怕是埃及那些所谓的 Harpedonaptae（拉绳者）"[7]。这个词由两个希腊文单词 ἁρπεδόνη 和 ἅπτειν 组合而成，意思是"拉绳子的人"或"系绳子的人"。从这段话可以清楚地看出，里面提到的那些人都是熟练的几何学家，这个单词揭示了他们典型的工作方法。埃及人对神庙的方位极其小心仔细，使用绳子和木桩标示出神圣区域的界线，比方说拐角，所有表现神庙奠基的图画都描绘了这样的情景。[8] 在柏林博物馆一段皮革上的铭文中提到"拉绳"的操作，这表明它早在阿

122

蒙涅姆赫特一世时期（约公元前 2300 年）就被使用了。[9]古代印度几何学家，大概还有中国的几何学家，有一个习惯做法：拉直一根分成三段的绳子，以便形成（比方说）一个直角，这三段符合一个直角三角形有理数边长的比，例如 3、4、5。三条边以这样的方式组成一个三角形，当然，两个较短的边相交的地方便组成了一个直角。似乎不用怀疑，埃及人知道这个三角形（3，4，5），其各边有这样的关系：最大边上的正方形面积等于另外两条边（它们成直角）上的正方形面积之和；如果这是真的，那么这是他们至少熟悉著名的毕达哥拉斯定理的一个实例。

埃及几何学，亦即测量法

根据亚里士多德关于埃及祭司因为有闲而最早培养数学能力的说法，我们可能以为，他们的几何学应该超越了纯实用的阶段，变得更像是几何学理论或科学。但现存的文献并没有为这一猜测提供任何根据。在祭司们的手里，几何学的技艺似乎从未超越过纯粹的日常工作。关于埃及人的数学，最重要的可用材料是莱因德纸草书（Papyrus Rhind），大概在公元前 1700 年前后写成的，但它是一个副本，抄自阿蒙涅姆赫特三世国王（第十二王朝）时期的原件，约公元前 2200 年。它自称是一份"计算指南，一种查清一切事物，阐明一切隐晦、一切神秘、一切困难的手段"，其中的几何学是粗糙的测量法。下面是我们这里所关注的几个实例：（1）有长方形，其面积当然是通过把代表各边的数乘到一起而得到的。（2）三角形的测量是作为底的一半与边的积给出的。在这里，关于所测量三角形的种类，存在观点分歧。艾森洛尔和康托尔认为那个图示代表了一个画得有点不太准确的等腰三角形，必须假设是作者方面搞错了，让面积等于 $\frac{1}{2}ab$，而不是 $\frac{1}{2}a\sqrt{b^2 - \frac{1}{4}a^2}$。这里，$a$ 是底，b 是"边"，当然，如果 a 相对

123

于 b 来说更小的话，这个错误也就不那么严重（以 $a=4$、$b=10$ 为例，根据这个规则求出的面积是 20，和实际上的值 19.5959 差别不是很大）。但另外一些权威认为，这个三角形就是直角三角形，b 是垂直于底的那条边，他们的论据是：那个三角形，如果表示的是一个直角三角形的话，也并不比别的手稿中发现的其他表示直角三角形的图形画得更差劲。实际上，比起等腰三角形来，它画得更像是一个直角三角形，与此同时，图中显示的那个代表边的数字只挨着一条边，亦即那个更接近于表示直角的角的邻边。这个解释的好处是，那样的话这个规则就正确无误了，对于一个为了评估税收而拥有自己的土地测量专家的民族，你不可能预料他们会犯这样的错。同样的怀疑涉及（3）求梯形面积的公式，亦即 $\frac{1}{2}(a+c)\times b$。这里，a、c 分别是底和与之平行的对边，而 b 是"边"，亦即不平行的两条边之一。在这个实例中，图形似乎打算是等腰的，而只有当 b（不平行的边之一）与底成直角的话，这个公式才是精确的，当然，在这种情况下 b 的对边与底不成直角。在这个实例中，平行的两条边（6 和 4）相对于"边"（20）来说很短，与底所成的角也就差不多是直角了，很有可能，其中一条边（与那条标为 20 的边相邻的边）打算与底成直角。埃德富的荷鲁斯神庙上的铭文证实了下面这个假说：那些三角形和梯形是等腰的，公式因此是粗糙的和不精确的。那座神庙是公元前 237 年设计建造的；提到分配地块给祭司的那些铭文属于托勒密十一世（译者注：此处原文有误，应为托勒密十世）、亚历山大一世统治时期（前 107—前 88 年）。从莱普修斯发表的那么多这样的铭文来看[10]，我们推断 $\frac{1}{2}(a+c)\times\frac{1}{2}(b+d)$ 是一个求四边形面积的公式，其边依次为 a、b、c、d。有些四边形明显是两个不平行的边相等的梯形；另一些则不是，尽管它们通常接近于长方形或等腰梯形。例如"16 对 15 和 4 对 $3\frac{1}{2}$ 得 $58\frac{1}{8}$"（亦即 $\frac{1}{2}(16+15)\times\frac{1}{2}\left(4+3\frac{1}{2}\right)=58\frac{1}{8}$；"$9\frac{1}{2}$ 对 $10\frac{1}{2}$ 和 $24\frac{1}{2}\frac{1}{8}$ 对 $22\frac{1}{2}\frac{1}{8}$ 得 $236\frac{1}{4}$"；"22 对 23 和 4 对 4 得 90"，等等。三角形没有提供单独的公式，而被视为四边形的特例：有一条边的边长为零。因此，三角形 5、17、17 被描述为各边为"0 对 5 和 17 对 17"的四边形，面积因此是 $\frac{1}{2}(0+5)\times\frac{1}{2}(17+17)$ 或 $42\frac{1}{2}$；0 用意思为零的象形字来表示。值得注意的是，一个如此不精确的公式使用了很多年，一直持续到欧几里得在埃及生活和教学 200 多年之后。在从前被归到海伦名下的《农书》（*Liber Geeponicus*）中 [11]，也有一个使用这个公式的实例，其中的四边形有两条对边平行，两对对边分别是 (32, 30) 和 (18, 16)。不过，应当公正地补充一句：在布鲁格施后来发表的其余的埃德富铭文中，有一些实例并没有使用这个不精确的公式，有人认为，这些实例中所尝试的是求一个非正方形数的平方根的近似值。[12]

现在我们来到了（4）莱因德纸草书中发现的圆的测量。若 d 为直径，纸草书中给出的面积是 $\left\{\left(1-\frac{1}{9}\right)d\right\}^2$ 或 $\frac{64}{81}d^2$。由于与之相对应的是 $\frac{1}{4}\pi d^2$，因此 π 的值在这里被取为 $\frac{256}{81}=\left(\frac{16}{9}\right)^2$，或 3.16，已经 125 非常接近了。还有一个略微不同的 π 值，可以从谷堆或它们所填充空间的测量中推断出来。不幸的是，这些空间或谷堆的形状没法确定。在莱因德纸草书中，这个单词是 shaa；很明显，它通常指的是一个长方形的平行六面体，但它也可以用于一个以圆为底的图形，例如圆柱体，或一个类似于顶针的图形，亦即顶部是圆的。在卡亨纸草书（Kahun papyri）中，一堆谷物的测量属于后面那种 [13]。图形显示了一个圆，里面写着堆的容量是 $1365\frac{1}{3}$，圆的上面和左边分别写着 12 和 8。计算是这样做的：取 12 和它的 $\frac{1}{3}$ 相加，得到 16；求 16 的平方，得 256，最后用 256 乘以 8 的 $\frac{2}{3}$，得到 $1365\frac{1}{3}$。如果我们写下 h 和 k 分别代表最初的数字 12 和 8，那么用来求容积的公式就是 $\left(\frac{3}{4}h\right)^2\times\frac{2}{3}k$。格里菲思认为 12 是这个图形的高，8 是底的直径。

但根据另外的解释 [14]，12 只是 8 的 $\frac{3}{2}$，要测量的图形是一个直径为 8 厄尔的半球体。如果是这样，这个求直径为 k 的半球体的公式就是 $\left(\frac{4}{3}\times\frac{3}{2}k\right)^2\times\frac{2}{3}k$ 或 $\frac{8}{3}k^3$。比较这个公式和半球体的真正体积 $\frac{2}{3}\times\frac{1}{8}\pi k^3$ 或 $\frac{1}{12}\pi k^3 = 134.041$ 立方厄尔，我们可以看出，通过这个公式得到的结果 $1365\frac{1}{3}$ 必定表示为 1 立方厄尔的多个 $\frac{1}{10}$，因此，这个公式就是以 $\frac{8}{30}$ 取代了 $\frac{1}{12}\pi$，这样一来，公式中用 3.2 代替了 π，这个值与阿默士的 3.16 有差别。波尔哈特认为，测量半球体的公式是通过反复实际测量谷堆而得出的，这些谷堆被尽可能堆得接近于半球体的形状，在这样的情况下，π 值的不精确也就不值得大惊小怪了。必须把卡亨纸草书中的这个问题与莱因德纸草书中的 43 号问题进行一番比较。莱因德纸草书中对仓库或谷堆的测量有一个古怪的特征，至今尚没有得到令人满意的解释，这就是：先求出底（正方形或圆）的面积，然后再做乘法，通常不是乘以"高"本身，而是乘以高的 $\frac{3}{2}$。但在 43

号问题中，计算方法有所不同，更类似于卡亨纸草书中的实例。这个问题是求一个"高为 9、宽为 6"的圆形空间的容积。"qa"这个单词在这里被翻译成"高"，而在其他文献中明显是用来表示"长"或"最大维度"，在本例中必定是指底的直径，而"宽"才是我们现在意义上的高。如果我们用 k 来表示圆形底的直径，用 h 来表示高，那么，这个问题中用来求体积的公式就是 $\left(\frac{4}{3}\times\frac{8}{9}k\right)^2\times\frac{2}{3}h$。这里取为积的最后一个因子的不是 $\frac{3}{2}h$，而是 $\frac{2}{3}h$。艾森洛尔认为，这个半球体公式的类似方法 $\left(\pi r^2\times\frac{2}{3}r\right)$ 可能是为了让计算者取高的 $\frac{2}{3}$，尽管在这个特例中，高和底的半径并不一样，是不相同的。但依然有一个困难：这里取的是直径为 k 的圆面积的 $\left(\frac{4}{3}\right)^2$ 或 $\frac{16}{9}$ 倍，而不是面积本身。关于这一点，艾森洛尔只能认为，容易测量的直径为 k 的圆并不是真正的或普通的圆切面，必须对此留有余地，或者，底并不是一个直径为 k 的圆，而是一个以 $\dfrac{16}{9}k$ 和 k 分别为长轴和短轴的椭圆。但是，这样的解释几乎不可能应用于卡亨纸草书那个实例中的因子 $\left(\dfrac{4}{3}\right)^{2}$，如果后者确实是一个半球形的实例的话。不管真正的解释是什么，有一点很清楚：测量的法则必定是经验主义的，几乎没有什么几何学的东西。

从几何学上讲，更重要的，是一些涉及金字塔（莱因德纸草书中 56–59 号问题）和纪念碑（第 60 号问题）的比例的计算。在金字塔的实例中，图中区分了两条线：（1）*ukha-thebt*，这明显是底中的一条线，（2）*pir-em-us* 或 *per-em-us*（"高"），

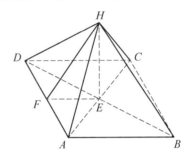

πυραμίς（金字塔）这个名称很可能源于这个单词 *。这些问题的目标是要求出一个被称作 *se-qet* 的关系，其字面意思是"造化自然"，亦即，

它决定了金字塔的比例。这个关系是：$se-qet = \dfrac{\frac{1}{2}ukha-thebt}{piremus}$。就纪念碑而言，图形中有另外两个名字代表直线：（1）*senti*："基础"，（2）*qay en heru*："垂直长度"或高；同样是 *se-qet* 这个名称，被用来表示关系 $\dfrac{\frac{1}{2}senti}{qay\ en\ heru}$ 或它的倒数。艾森洛尔和康托尔认为，在金字塔的实例中，（1）和（2）这两条线不同于纪念碑中用不同名字称呼的（1）和（2）两条线。假设 *ABCD* 是一个金字塔的正方形底，*E* 是它的中心，*H* 是顶点，*F* 是底上 *AD* 边的中点。据艾森洛尔和康托尔说，*ukha-thebt* 是底的对角线，比方说 *AC*，*pir-em-us* 是棱，比方说 *AH*。

127

---

* 另一个观点认为，πυραμίς 和 πυραμοῦς 指的是一种通过烘烤小麦和蜂蜜制作而成的蛋糕，源于 πυροί（小麦），因此其起源纯粹是希腊的。

根据这个假设，

$$se-qet = \frac{AE}{AH} = \cos\angle HAE$$

在纪念碑的实例中，他们认为 senti 是底的边，如 AB，qay en heru 是棱锥体 EH 的高，se-qet 是 EH 和 $\frac{1}{2}AB$ 或 EH 和 EF 的比，亦即角 HFE 的正切，它是棱锥体的面的斜度，亦即 tan∠HFE。用 ukha-thebt 和 senti 这两个不同的单词来表示同样的东西，亦即底的边，以及用 per-em-us 和 qay en heru 这两个不同的单词表示同样的意思"高"，都并不存在什么麻烦，这样的同义词在埃及很常见，而且，对金字塔使用 mer 这个单词不同于用于纪念碑的 an 这个单词。再者说，有一点很清楚：尽管斜度（角 HFE）是建筑者很想知道的东西，但角 HAE（棱和底的平面所形成的夹角）的余弦对他来说却没有什么直接用途。但是，最后，56 号问题中的 se-qet 是 $\frac{18}{25}$，而且，如果 se-qet 取 cot∠HFE 的意思，由此得到角 HFE 的值是 54°14′16″，这恰好是（而且精确到秒）代赫舒尔南边那座石金字塔下半部分的斜度；在 57–59 号问题中，se-qet $\left(\frac{3}{4}\right)$ 是角 53°7′48″ 的余切，这再一次完全符合弗林德斯·皮特里测量的吉萨第二座金字塔的斜度；第 60 号问题中的 se-qet $\left(\frac{1}{4}\right)$ 是角 75°57′50″ 的余切，这完全符合古帝国时期马斯塔巴陵墓和美敦金字塔的各边的斜度。[15]

无论如何，这些 se-qet 的测量显示了几何比例的经验法则，十分自然地把它们和泰勒斯测量金字塔高度的故事联系在了一起。

希腊几何学的开端

在普罗克洛斯那篇概要的开头，我们被告知，泰勒斯（前 624—前 547）——

最早去埃及，并从那里把这项研究（几何学）引入了希腊。他自己发现了很多命题，并把奠定其他很多命题的原理传授给了他的继任者，他的处理方法在某些实例中更一般（亦即更理论化或更科学），在另一些实例中更经验主义（αἰσθητικώτερον，更带有简单的目测或观察性质）。[16]

因此，在泰勒斯那里，几何学第一次成了依赖于一般命题的演绎科学；这符合普鲁塔克关于他作为"七贤"之一所说的那些话：

他显然是唯一一个这样的人，在思考中，其智慧超越实际效用的限制，其余的人则是在政治活动中赢得了智慧的名声。[17]

（就政治智慧而言，泰勒斯也并不次于其他人。有两个故事说明事实恰好相反。他为了拯救爱奥尼亚，极力主张各自分离的城邦组成一个联盟，以提欧斯为首府，那是爱奥尼亚最中心的地方。当克罗伊斯派使节去米利都提议结盟时，泰勒斯力劝本城邦的公民不要接受这个提议，结果，当居鲁士大帝征服的时候，这座城市得以保全。）

129

（1）金字塔高度的测量

关于泰勒斯测量金字塔高度的方法，相关的记述各不相同。最早和最简单的是希罗尼穆斯的版本，他是亚里士多德的弟子，第欧根尼·拉尔修引用了他的说法：

希罗尼穆斯说，他甚至成功地测量了金字塔的高度，方法是：在我们的影子等于我们自己的身高那一瞬间，观测金字塔影子的长度。[18]

普林尼说：

泰勒斯发现了如何得到金字塔及其他所有类似物体的高度，

亦即通过在一个物体与其影子在长度上相等的时候测量该物体的影子。[19]

普鲁塔克对这个故事渲染了一番，让尼洛克森纳斯对泰勒斯说：

> 除了你的其他功绩之外，他（阿玛西斯）特别满意你对金字塔的测量，当时，不费吹灰之力，也没有借助于任何器具，你仅仅把一根棍子竖在金字塔投下的影子的末端，并因此形成了由太阳光线制造出来的两个三角形，你便显示了金字塔与那根棍子的比与它们的影子之比是一样的。[20]

其中第一个版本显然是最初的版本，因为里面所采取的步骤比普鲁塔克所显示的那个更一般的方法更加初级，所以前一个版本似乎更有可能。泰勒斯不可能没有认识到，在特定物体的影子等于它的高度时，其他所有物体都和它们投下的影子有同样的关系。在他发现一个物体的影子长度等于其高度的时候进行过相当数量的实际测量之后，他可能会通过归纳法推导出这一关系。但是，即使泰勒斯使用了普鲁塔克所指出的那个更一般的方法，这个方法也并不比埃及人的 *se-qet* 计算更多地暗示了任何相似三角形理论或比例理论。这个解法本身就是 *se-qet* 的计算，就像阿默士手册中第 57 个问题的解法一样。在后面的这个问题中，给出了底和 *se-qet*，我们要求的是高。在泰勒斯的问题中也是如此，我们用已经测量出来的棍棒影子的长度除以棍棒本身的长度，便得到了某个 *se-qet*；然后，我们只要知道与金字塔顶点相对应的影子的端点与金字塔的底的中点之间的距离，就能够确定金字塔的高度。唯一的困难是测量或估算影子的顶点到底的中心的距离。

（2）被归到泰勒斯名下的几何定理

下面是被归到泰勒斯名下的几个初等几何的一般定理。

（1）据说他最早证明了一个圆被其直径等分。[21]

（2）传说把最早陈述下面这个定理（《几何原本》第一卷命题 5）的功劳记到了他的头上：任意等腰三角形底上的两个角相等，尽管他使用的是更古老的术语"相似"，而不是"相等"。[22]

（3）泰勒斯发现了下面这个命题（《几何原本》第一卷命题 15）：若两条直线相交，则对顶角相等，尽管他并没有用科学的方法给出证明。欧德谟斯被引用为这个说法的权威。

（4）欧德谟斯在他的《几何学的历史》中把《几何原本》第一卷命题 26 归到了泰勒斯的名下：若两个三角形有（对应的）两个角和一条边分别相等，则这两个三角形全等。[23]

"因为他（欧德谟斯）说，泰勒斯证明如何求船与岸之间的距离的方法必定涉及这个定理的使用。"[24]

（5）"庞菲勒说，从埃及人那里学到了几何学的泰勒斯最早在一个圆上画出了一个（应该是）直角三角形，而且，他还（由于这一发现）献祭了一头牛。然而，另外一些人，包括计算家阿波罗多洛斯，说这个人是毕达哥拉斯。"[25]

131

对于庞菲勒的话，十分自然的解释是假设其把"一个半圆上的角是直角"这个发现归到了泰勒斯的名下。

整理一下这些命题，我们可以注意到，当泰勒斯据说"证明"（ἀποδεῖξαι）了圆被其直径等分，而只是"陈述"了关于等腰三角形的定理，并"发现"了（但没用科学方法证明）对顶角相等时，一定不要完全从字面上理解"证明"这个词。就连欧几里得也没有"证明"圆被其直径等分，而只是在《几何原本》第一卷定义 17 中陈述了这个事实。泰勒斯因此可能是观察到了而不是证明了这个属性；正如康托尔所说的那样，有可能，某些图形的样子让他联想到了这一属性，比如一些埃及纪念碑上发现的一个圆被 2、4 或 6 条直径分成了一定数量相等的扇形，或者 18 王朝时期亚洲附庸国国王们带来的器皿上所描绘的那些图形。[26]

有人暗示，"相似"这个词被用来描述一个等腰三角形上相等的角表明了泰勒斯尚没有认为一个角是一个量，而认为它是一个有某种形状的图形，在决定金字塔各面相似或相同斜度这个意义上，这个观

点十分契合埃及人 *se-qet* 的观念："造化自然"。

关于命题（4），即《几何原本》第一卷命题 26 的定理，我们会注意到，欧德谟斯只是从下面这个事实推断泰勒斯知道这个定理：它对于泰勒斯确定船与岸之间的距离来说必不可少。不幸的是，他所使用的方法只是猜测。通常的猜测是：泰勒斯从岸上一座塔的顶部观察那艘船，使用两个相似直角三角形（一大一小）的边的比实际相等。假设 B 是塔底，C 是船。一个站在塔顶的人只需要一个两条腿的工具（两条腿形成直角），把一条腿 DA 垂直放置，与 B 成直线，另一条

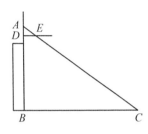

腿 DE 指向船的方向，取 DA 上任一点 A，然后在 DE 上标出 E，从 A 到 C 的视线在点 E 与腿 DE 相交。那么，AD（比方说 $= l$）和 DE（比方说 $= m$）可以实际测量出来，从 D 到塔脚的高 BD（比方说 $= h$）也可以测出来，根据相似三角形，

$$BC = (h + l) \times \frac{m}{l}$$

反对这一解答的理由是：它并没有像欧德谟斯暗示的那样直接依靠《几何原本》第一卷命题 26 的定理。坦纳里 [27] 因此支持这样的假说：泰勒斯的解决方法就是罗马测量学家马库斯·朱尼厄斯·尼普萨斯在他的《河的宽度》（*fluminis varatio*）中遵循的思路——要求点 A 到一个不可到达的点 B 的距离。沿着一条与 AB 成直角的直线，从点 A 测量距离 AC，它在点 D 被等分。从 C 开始，在 AC 远离 B 的一边画 CE 与 AC 成直角，让点 E 与 B 和 D 成直线。

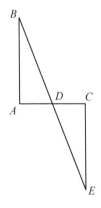

那么很明显，根据《几何原本》第一卷命题 26，CE 等于 AB；而 CE 是可以测量的，因此也就求出了 AB。

这个假说容易招致一个不同的反对，亦即：一般说来，在这个假设的实例中，通常很难得到足够数量的空旷而水平的空间来作图和

测量。

我在别的地方⁽²⁸⁾ 提出了一个更简单的方法，可以免遭这样的反对，它完全直接依赖《几何原本》第一卷命题26的定理。如果把观察者置于一座塔的顶部，他只要使用一个粗糙的工具，它由一根直棍和一根拴扣在上面的横棍做成，使得横棍能够围绕拴扣物（比方说一颗钉子）转动，好让它与直棍形成任意角，同时依旧拴扣在直棍上。随后，自然而然的事情是把直棍垂直固定（借助铅垂线），把横棍对准船。接下来，让横棍保持这样得到的角度，转动直棍，同时保持它垂直，直至横棍指向岸上某个可见物体，在心里把它记下来；这之后，只要测量从塔脚到该物体的距离，根据《几何原本》第一卷命题26，这个距离就等于船到岸的距离。在印刷术发明之后的第一个世纪里，有很多实用几何学中都可以找到这个准确的方法，看来我们必须假定，它长期以来就是一个常见的简便方法。有一个故事讲到，拿破仑的一位工程师用完全一样的方法，迅速测量出了一条阻挡军队前进的河流的宽度，从而赢得了皇帝的青睐。⁽²⁹⁾

关于庞菲勒暗示泰勒斯最早发现了半圆上的角是直角的说法，甚至有更大的困难。庞菲勒生活在尼禄统治时期（54—68），因此是相对晚近的一个权威。"计算家"或算术家阿波罗多洛斯的年代我们并不知道，但他只是把这一命题归到毕达哥拉斯名下的几个权威之一。而且，泰勒斯在得出发现时献祭一头牛的故事让人怀疑很像是阿波罗多洛斯的对句中所讲的那个故事："当毕达哥拉斯发现这个著名命题时，他因此主动提供了一份极好的献祭：牛。"但是，在引用阿波罗多洛斯这个对句时，普鲁塔克也表达了他的怀疑：因此而庆祝的这个发现究竟是弦的求方定理，还是"面积贴合"问题的解法⁽³⁰⁾；没有任何话涉及半圆上的角是直角这一事实的发现。因此很有可能，第欧根尼·拉尔修把阿波罗多洛斯带入我们现在讨论的这个故事根本就是错误的，庞菲勒的记述中仅仅提到献祭自然会让人想起关于毕达哥拉斯的那两行诗，第欧根尼可能忘了它们提到的是不同的命题。

即使我们接受了庞菲勒的故事，也还是有一些实质性的困难。正如奥尔曼所说的那样，如果泰勒斯知道半圆上的角是直角，他就能够

133

134

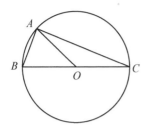

同时推断出：任意直角三角形各角之和等于两个直角。因为，设 BC 是半圆的直径，O 是圆心，A 是半圆上的一点；然后，假设我们知道角 BAC 是直角。连接 OA，我们得到了两个等腰三角形 OAB 和 OAC；而且，泰勒斯知道等腰三角形的两个底角相等。因此，角 OAB、OAC 之和等于角 OBA、OCA 之和。前一个和已经知道是直角；因此，第二个和也是直角，且三角形 ABC 的三个角加在一起等于上述和的两倍，亦即两个直角。

接下来不难看出，任意三角形 ABC，从顶点 A 画直线 AD 垂直于其对边 BC，这样就可以把它分为两个直角三角形。那么，两个直角三角形 ABD、ADC 各自的 3 个角之和都等于两个直

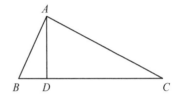

角。通过把这两个三角形的 3 个直角全都加在一起，我们得到三角形 ABC 的各角之和加上角 ADB、ADC 等于 4 个直角；且后两个角之和是两个直角，因此得出剩下的 3 个角即 A、B、C 上的角之和等于两个直角。而且，ABC 是任意三角形。

《几何原本》第三卷命题 31 证明了一个半圆的内接角是直角，借助的是第一卷命题 32 的一般定理：任意三角形的各角之和等于两个直角；但是，如果泰勒斯知道后面这个一般命题为真，并以这个方法证明了关于半圆的命题，那么，凭借这一点，欧德谟斯怎么会认为毕达哥拉斯学派不仅提供了一般证明，而且还发现了下面这个定理呢？这个定理是任意三角形的各角之和等于两个直角。[31]

康托尔认为，泰勒斯按照《几何原本》第三卷命题 31 的方式，亦即借助第一卷命题 32 的一般定理，证明了他的命题，他暗示，泰勒斯得出后者为真，不是通过像欧德谟斯归到毕达哥拉斯学派名下的那样的一般证明，而是通过遵循盖米诺斯所指示的那些步骤。盖米诺斯说：

135

　　古人在各种不同的三角形中研究了两个直角定理，首先是在等边三角形中，然后是在等腰三角形中，最后是在不等边三角形中，但后来的几何学家证明了一般命题：在任意三角形中，三个内角之和等于两个直角。[(32)]

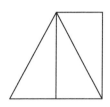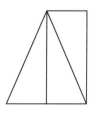

　　"后来的几何学家"是毕达哥拉斯学派，有人认为，"古人"可能是指泰勒斯及其同时代人。关于等边三角形，这个事实可能被下面的观察所暗示：6个这样的三角形围绕一点作为公共顶点排列，刚好填满围绕该点的空间；因此得出结论：每个角是4个直角的六分之一，3个这样的角组成了两个直角。此外，假设无论是在等边三角形还是在等腰三角形的情况下，顶角被一条与底相交的直线所等分，而且，以等分线和底的一半为相邻的边，便可以完成一个长方形；这个长方形是最初三角形的一半的两倍，那个半三角形的各角之和等于长方形各角之和的一半，亦即等于两个直角；我们立即可以得出：最初那个等腰或等边三角形的各角之和等于两个直角。很容易对任意三角形证明同样的属性，只要把它分成两个直角三角形，并完成相应的正方形，这两个正方形分别是它们的两倍，如图所示。但是，这些路线在一般三角形的实例中就像在等边三角形和等腰三角形中一样容易，这一事实让人不由得怀疑整个过程；我们被领向了这样一个问题：盖米诺斯的记述是不是真的有什么根据。亚里士多德评论道：

136

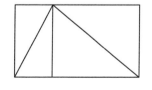

　　对于各种三角形，分别为等边、不等边和等腰，即使一个人证明了它的各角之和等于两个直角，要么通过一个证明，要么通

过不同的证明，他也不知道三角形（亦即一般的三角形）的各角
之和等于两个直角，除非是在诡辩的意义上，纵然除了上面提到
的几种三角形之外并不存在其他的三角形。因为他知道的不是一
般三角形，也不是每一个三角形，除非是在数的意义上；他并没
有在理论上知道每一个三角形，即使实际上并不存在他所不知道
的三角形。[33]

很有可能，盖米诺斯错误地把亚里士多德仅仅作为假说而给出的
说明当作历史事实，而且，盖米诺斯并没有指出这个命题最早被证明
的确切步骤。

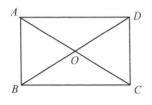

有没有可能，泰勒斯得出了他关于半圆
的命题，而并没有假设，甚或也不知道任意
三角形的各角之和等于两个直角呢？就下述
方式而言，这似乎是有可能的。有很多命题
无疑是通过画出各种图形以及它们当中的直
线，并观察各部分之间明显的关系，从而第一次被发现了。例如，一
个非常自然的做法是：画出一个长方形，有 4 个直角（我们将会发现，
这个图形在实践中是可以画出来的），并画出两条对角线。在几何学
刚刚开始的时候，对边相等无疑被认为是显而易见的，或者被测量所
证实。那么，如果假设长方形是一个所有角都是直角、各边都与对边
相等的图形，那么很容易推导出某些结论。首先，设两个三角形为
ADC、*BCD*。由于根据前提 *AD = BC*，且 *CD* 是公共的，则这两个三
角形的边 *AD*、*DC* 分别等于 *BC*、*CD*，所包含的角是相等的（都是
直角）；因此，角 *ADC*、*BCD* 在所有方面都是相等的（参见《几何
原本》第一卷命题 4），因此角 *ACD*（即 *OCD*）和 *BDC*（即 *ODC*）
相等，所以（根据泰勒斯所知道的《几何原本》第一卷命题 5）*OD* =
OC。类似的，凭借 *AB*、*CD* 的相等，我们证明了 *OB*、*OC* 的相等。
因此，*OB*、*OC*、*OD*（和 *OA*）全都相等。由此可知，一个以 *O* 为圆心、
OA 为半径的圆也通过 *B*、*C*、*D*；由于 *AO*、*OC* 在一条直线上，那么
AC 是圆的直径，而且，角 *ABC*（根据假设是一个直角）是"半圆的

137

内接角"。那么可以看出，给定任何直角，像 ABC 那样以 AC 为底，只要在点 O 处等分 AC，那么 O 就是一个以 AC 为直径、且通过点 B 的半圆的圆心。这里指示的作图是围绕直角三角形 ABC 作一个圆，这似乎十分符合庞菲勒的那句话："在一个圆上画出了一个（应该是）直角三角形。"

（3）作为天文学家的泰勒斯

泰勒斯还是第一位希腊天文学家。人人都知道那个关于他的故事，说的是他在凝望星空时掉进了一口井里，遭到"一个来自色雷斯的聪明而漂亮的女仆"的嘲笑，他如此渴望了解天上正在发生的事情，以至于看不到近在眼前——不，是就在脚下——的东西。但他并不仅仅是一个仰望星空的人。有充分的证据表明，他预言了公元前 585 年 5 月 28 日发生的一次日食。我们可以猜测这一预言的根据。巴比伦人通过连续多个世纪的观察，发现了日食每隔 223 个阴历月重复出现的周期；而且，泰勒斯无疑知道这个周期，要么是直接知道，要么是通过埃及人知道的。然而，泰勒斯不可能知道日食的原因，他也不可能对月食给出真正的解释（正如《希腊学述》[Doxographi] 中所说的那样），因为他认为大地就是一个漂浮在水上的圆盘，就像一段原木。而且，如果他正确地解释了日食，后来的爱奥尼亚哲学家们也就不可能一个接一个提出我们发现记录在案的稀奇古怪的解释。

泰勒斯在天文学上的其他功绩可以非常简短地来陈述。欧德谟斯认为是他发现了"这样一个事实：关于二至点的太阳周期并不总是一样的"[34]；这个含糊说法的意思似乎是，他发现了 4 个天文季的长度并不相等，也就是说根据二至点和二分点划分的"回归"年的 4 个部分并不相等。推测起来，欧德谟斯大概把第欧根尼·拉尔修提到过的《论二至点和论二分点》（On the Solstice and On the Equinoxes）是泰勒斯的作品。[35] 他知道一年分为 365 天，这大概是从埃及学来的。

泰勒斯谈到过毕星团：有两个毕星团，一南一北。他用小熊星座作为求地极的手段，并建议希腊人像腓尼基人那样，依据小熊星座来航行，优先于他们自己依据大熊星座来航行的习惯做法。这一教诲大

138

概记录在题为《航海天文学》（*Nautical Astronomy*）的教科书里，有人把这本书归到泰勒斯的名下，另一些人则认为它出自萨摩斯的福科斯之手。

　　把很多后来才得出的发现归到泰勒斯（在各种情况下与其他天文学家并无不同）的名下已经成了《希腊学述》的习惯。下面是一份清单，连同这些发现最有可能归到其名下的天文学家的名字：（1）月亮的光得自太阳（阿那克萨哥拉，也可能是巴门尼德）；（2）大地是球状（毕达哥拉斯）；（3）天体分为五个区（毕达哥拉斯和巴门尼德）；（4）黄道的斜度（希俄斯的恩诺皮德斯）；（5）太阳的直径被估算为太阳圈的 1/720（萨摩斯的阿里斯塔克斯）。

从泰勒斯到毕达哥拉斯

　　关于泰勒斯时代和毕达哥拉斯时代之间几何学的发展，我们完全处在黑暗中。阿那克西曼德（约出生于公元前 611/610 年）提出了天文学中一些大胆而原创的假说。据他说，大地是一个短圆柱体，有两个底（我们生活在其中一个底上），其深度等于任意底的直径的三分之一。它自由地悬在宇宙中，没有支撑，凭借它与末端以及与周围其他天体之间的等距离保持平衡。太阳、月球和恒星被封闭在不透明的压缩空气组成的圆环中，与地球同心，并充满了火；我们所看到的是透过孔发出的光（在某种意义上就像是煤气喷嘴）。太阳环是地的 27 或 28 倍，月球环是 19 倍，亦即，太阳和月球的距离（正如我们可能猜测的那样）是依据地的圆面半径来估算的；恒星和行星比太阳和月球离地更近。这是有记录的关于大小和距离的最早推测。阿那克西曼德据说还把 gnomon（有一根垂直针的日晷）引入了希腊，并在上面显示了二至点、时间、季节和二分点 [36]（据希罗多德说 [37]，希腊人从巴比伦人那里学会了使用日晷）。像他之前的泰勒斯一样，人们把建造一个球体来代表天的功劳也记到了他的头上 [38]。但阿那克西曼德还有另一项功绩，有资格赢得不朽的名声。他是第一个斗胆画了一张有人居住的大地的地图的人。埃及人之前画过地图，但只是某些特定地区的地图；阿那克西曼德大胆地画出了整个世界，"周围是大地和大海"[39]。这项工作当然涉及试图估算大地的尺寸，尽管关于他的结果我们没有任何材料。因此很显然，阿那克西曼德有点像个数学家；但他是否对几何学本身作出过什么贡献并不确定。诚然，苏达斯曾说，他"引入了日晷，并在一般意义上提出了几何学的概要或提纲"；但很有可能，这里的"几何学"是在它土地测量的字面意义上使用的，而且只提到了那幅著名的地图。

140

> 仅次于泰勒斯，有人提到诗人斯特西克鲁斯的兄弟阿摩里斯特扩大了几何学的研究；从埃利斯的希庇亚斯说的话可以看出，他因为几何学而赢得了名声。[40]

诗人斯特西克鲁斯大约生活在公元前 630 年至公元前 550 年。他的兄弟因此有可能差不多和泰勒斯是同时代人。除了普罗克洛斯的这段话之外，我们对他的情况一无所知，就连他的名字也不能肯定。弗里德莱因编的普罗克洛斯著作中的这个名字是玛默库斯，苏达斯把它写为玛默提努斯，在海贝格编的海伦的《定义集》（*Definitions*）中它被写作玛默提乌斯。

5. 毕达哥拉斯学派的几何学

毕达哥拉斯对几何学的特殊贡献在普罗克洛斯的概要中是这样描述的：

> 在这些人（泰勒斯和阿摩里斯特或玛默库斯）之后，毕达哥拉斯把几何学变成了一门通识教育课程，从头开始研究这门科学的原理，以非物质的、智性的方式探索定理：正是他发现了无理数（或"比例"）理论，以及宇宙图形的构成。[1]

这些假想的发现值得我们稍后给予关注。描述的其余部分与另外一段关于毕达哥拉斯学派的话相一致。普罗克洛斯说：

> 因此，我不妨模仿毕达哥拉斯学派，他们甚至有一句约定俗成的短语来表达我想说的意思："一个图形一个平台，不是一个图形一块硬币。"他们通过这句话所暗示的是：几何学是值得研究的，每发现一个新的定理，就是搭起了一个向上攀登的平台，把灵魂提升到更高的地方，而不是任由它向下沦落到可感知的物体当中，变得从属于俗世生活的平常需要。[2]

同样，我们被告知，"毕达哥拉斯根据物体的数学特性来使用定义"[3]，这再一次暗示，对于几何学本身作为一门学科的系统化，他迈出了最初的几步。

狄奥多罗斯引用了一个相对较早的权威卡利马科斯（约公元前

250 年），他曾说，毕达哥拉斯本人发现了一些几何问题，并且最早把另外一些问题从埃及引入了希腊[4]。狄奥多罗斯提供了一段文字，看来似乎是卡利马科斯的 5 首诗，但缺掉了几个单词；如今在"俄克喜林库斯纸草书"（Oxyrhynchus Papyri）中可以找到一个更长的片段，包含相同的段落（尽管文字依然有缺漏）。[5] 故事是这样的：一个名叫巴绪克勒的阿卡狄亚人留下了一个杯子，要把它遗赠给"七贤"当中最贤的人。这个杯子最早被给了泰勒斯，接下来，在传遍了其他几个人之后，再一次被给了泰勒斯。我们被告知，巴绪克勒的儿子把杯子拿给了泰勒斯，而且（推测起来应该是在第一次赠送的时候），

142

> 碰巧，他发现……老人正在刮平地面，画出弗里吉亚人欧福耳玻斯（＝毕达哥拉斯）发现的几何图形，他是第一个画出不等边三角形和圆……并规定禁食动物性食物的人。

尽管有时代错误，但推测起来，这个"欧福耳玻斯发现的几何图形"应该是关于一个直角三角形各边上的正方形的著名命题。在狄奥多罗斯的引文中，"不等边三角形"后面的单词是 κύκλον ἑπταμήκη，这个词组似乎很费解，除非"七段长度的圆"可以被理解为指的是"七个圆的长度"（在太阳、月球和行星的七条独立轨道的意义上），或者是把这七个圆都包括其中的圆（黄道带）。

不过，是时候转到那些被明确归到毕达哥拉斯学派名下的几何命题上了。

被归到毕达哥拉斯学派名下的命题

143

（1）一个三角形的三个角之和等于两个直角

我们已经看到，泰勒斯如果真的发现了半圆的内接角是直角的话，首先，他就能够证明，在任意直角三角形中，三个角之和等于等于两

个直角，然后，他就能够通过从任意三角形的一个顶点画对边的垂直线，把这个三角形分为两个直角三角形，从而证明任意三角形的三个角之和也等于两个直角。就算泰勒斯没有想到这个从直角三角形的特例过渡到任意三角形的方法，那它也几乎不可能逃过毕达哥拉斯。但是，我们信不过的是，欧德谟斯把任意三角形内角之和等于两个直角这个命题的发现归到了毕达哥拉斯学派的名下。[6]欧德谟斯接着告诉我们，他们证明了这个命题。证明方法稍稍不同于欧几里得的方法，但和欧几里得的证明一样依赖于平行线的属性，因此只能在这些属性已经为人所知的时期发展出来。

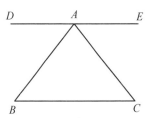

设 ABC 是任意三角形，通过画直线 DE 平行于 BC。

由于 BC、DE 平行，则内错角 DAB、ABC 相等。

同理，内错角 EAC、ACB 相等。

因此，角 ABC、ACB 之和等于角 DAB、EAC 之和。

把这个和与角 BAC 加起来，因此 ABC、ACB、BAC 这三个角之和，亦即三角形的三个内角之和，等于 DAB、BAC、CAE 之和，即两个直角。

我们可以毫不犹豫地把关于任意多边形内角的更一般的命题记到毕达哥拉斯学派的名下，即：（1）若 n 为边数或角数，则这个多边形的内角之和等于 2n – 4 个直角；（2）多边形的外角（分别是内角的余角）之和等于 4 个直角。这两个命题是互相依赖的，亚里士多德两次引用了后者[7]。毕达哥拉斯学派还发现，只有三个这样的正多边形：如果以一个共同点作为顶点，把它们围绕这个顶点放置，则刚好填满顶点周围的空间（4 个直角），它们分别是等边三角形、正方形和正六边形。

（2）"毕达哥拉斯定理"（《几何原本》第一卷命题 47）

尽管传统上普遍把这个命题与毕达哥拉斯的名字联系在一起，但实际上并不存在可信的证据表明它确实是毕达哥拉斯发现的。一些相对晚一点的把这个命题归到他名下的作家补充了这么个故事：他为了庆祝这一发现而献祭了一头牛。普鲁塔克[8]（约公元46年）、阿忒纳乌斯[9]（约公元200年）和第欧根尼·拉尔修[10]（公元200年或稍后）全都引用了前面已经提到过的"计算家"阿波罗多洛斯的那几句诗。但是，阿波罗多洛斯说到了因为发现它而献祭的"著名定理"，或者多半是"图形"（γράμμα），但并没有说这个定理是什么。阿波罗多洛斯在其他方面不为人知；他可能比西塞罗更早，因为西塞罗[11]以同样的形式讲述了这个故事，但没有具体说这个几何发现指的是什么，而只是补充道，他不相信有过这次献祭，因为毕达哥拉斯学派的规矩是禁止流血的献祭。维特鲁威[12]（公元前1世纪）把这次献祭与特定三角形 (3, 4, 5) 的属性的发现联系了起来。普鲁塔克在引用阿波罗多洛斯的诗时，对它指的是关于弦平方的定理，还是"面积贴合"问题，表示了疑问，而在另外的地方[13]，他说，献祭的原因是这样一个问题的解："给定两个图形，贴合第三个图形，使它等于其中一个图形，相似于另一个图形。"他还补充道，这个问题无疑比那个关于弦上的正方形的定理更好。但阿忒那奥斯和波菲利[14]（233—304）把这次献祭与后面的命题联系起来；第欧根尼·拉尔修在某个地方也是这么做的。我们最后来看看普罗克洛斯是怎么说的，他非常小心地提到这个故事，但拒绝支持下面这个观点：是毕达哥拉斯，甚或是任何一个人有了这一发现：

> 如果我们听信那些希望讲述古代史的人，我们可能发现，他们当中有的人把这个定理归到毕达哥拉斯的名下，并说他为了庆祝自己的发现而献祭了一头牛。但在我看来，尽管我钦佩那些最早注意到这个定理为真的人，但我更加赞叹《几何原本》的作者，不仅因为他通过一个清晰易懂的证明让这个定理尘埃落定，而且也因为他通过第六卷中无可辩驳科学论证，让人不得不同意更一般的定理。

很有可能，所有这些权威意见都是建立在阿波罗多洛斯的那两句诗的基础之上。但值得注意的是，尽管诗本身并没有明确指明具体的

145

定理，但实际上人们一致同意把《几何原本》第一卷命题 47 归到毕达哥拉斯的名下。即使普鲁塔克的评论中表达了对那次献祭的特定原因的怀疑，但没有任何迹象表明他在同意下面这个观点上表现出了任何犹豫：是毕达哥拉斯发现了弦上的正方形定理，并解决了面积贴合问题。因此，像汉克尔 (15) 一样，我也不会走得太远，以至于否认毕达哥拉斯发现了这个命题；不，我愿意相信传说是正确的，而且，这个定理确实是他发现的。

诚然，也有人替印度主张这个发现的权利。(16) 所依据的作品是《阿帕斯檀跋绳法经》（Āpastamba Śulba Sūtra），其年代至少早至公元前 5 世纪或公元前 4 世纪，而且，有人注意到，书的内容一定比书本身古老得多；有一个直角三角形的作法，使用长度分别为 15、36、39（＝5、12、13）的几段绳子，在《泰迪黎耶本集》（Tāittirīya-Saṃhitā）和《百道梵书》（Satapatha Brāhmana）的时代就被人们知道，这两部作品更古老，至少属于公元前 8 世纪。《阿帕斯檀跋绳法经》的一个特色就是直角三角形的这种作法，借助几根绳子，其长度等于某些有理直角三角形的三条边（或者像阿帕斯檀跋所称呼的那样，叫有理长方形，亦即，在这样的长方形中，对角线和各边都是有理数）。实际上使用的有理直角三角形是 (3, 4, 5)、(5, 12, 13)、(12, 35, 37)。有一个命题，把《几何原本》第一卷命题 47 作为一个一般化的事实来陈述，但没有给出证明，而且有一些基于这一命题的规则，用来作一个正方形，使之等于（1）两个给定正方形之和，（2）两个正方形之差。但有一些考量暗示了这样一个怀疑：这个命题是不是通过任何适用于所有实例的证明来证实它是成立的。因此，阿帕斯檀跋只提到了 7 个有理直角三角形，实际上可以减少到上面提到的 4 个（另外一个 [7, 24, 25] 也是真的，它出现在《檠达耶那法经》中，被认为比阿帕斯檀跋还要古老）；他没有像那个被归到毕达哥拉斯名下的一般法则，来构成任何数量的有理直角三角形；他提到自己的 7 个直角三角形时说"有这么多公认的作法"，暗示了他不知道还有其他这样的三角形。另一方面，在等腰直角三角形的情况下，这个定理被公认为真；甚至有 $\sqrt{2}$ 的作法，亦即一个边长为 1 的正方形的对角线的长度，它是以

$\left(1+\dfrac{1}{3}+\dfrac{1}{3\times4}-\dfrac{1}{3\times4\times34}\right)$ 为边长而作出来的，然后它被用来画边上的

正方形，所取的长度当然是 $\sqrt{2}$ 的近似值，这源自下面这个作法：$2\times$

$12^2=288=17^2-1$；但作者并没有说任何话暗示他完全不知道这个近

似值并不准确。借助这个对角线的近似值画出了一个并不准确的正方

形之后，他继续用它作了一个面积等于最初正方形三倍的正方形，或

者换句话说，作出了 $\sqrt{3}$，因此这个值也只是近似地求出的。这个定 147

理就这样被阐述和被使用，仿佛它是通用的；然而，没有迹象表明存

在一般证明；事实上，没有任何东西表明，对于它普遍为真的假设建

立在任何更坚实的基础之上，充其量不过是基于从一定数量的实例得

出的并不完美的归纳，从经验上发现了这样的三角形，其边是成比例

的整数，其属性（1）最长边上的正方形等于另外两条边上的正方形

之和，被发现始终伴随着属性（2）后两条边包含着一个直角。但是，

就算印度人实际上实现了一般定理的科学证明，既没有证据表明，也

不存在这样的可能性：希腊人是从印度得到它的；这个课题毫无疑问

是在这两个国家独立发展的。

　　接下来的问题是：毕达哥拉斯或毕达哥拉斯学派是如何证明这个

定理的？维特鲁威说，毕达哥拉斯首先发现了三角形 (3, 4, 5)，毫无

疑问，这个定理最早是受到了这样一个发现的暗示：这个三角形是直

角三角形；但这个发现可能是从埃及传到希腊的。接下来，一个非常

简单的作图就会显示：对于等腰直角三角形，这个定理为真。暗示了

两条可能的思路，根据这样的思路，可以发展出一般证明。一条思路

是把正方形和长方形的面积分解为正方形、长方形和三角形，再把它

们按照《几何原本》第二卷中的方式拼到一起，等腰直角三角形给出

了这个方法最明显的实例。另一条思路依赖于比例，我们有很好的理

由假设：毕达哥拉斯发展出了比例理论。这一理论只适用于可公度量，

但是，只要人们依然没有发现存在不可公度量或无理量，这一点对于

这个方法的使用就不是什么障碍。普罗克洛斯说，尽管他钦佩那些最

早注意到这个定理为真的人，但他更钦佩欧几里得，因为他最清楚地

证明了这个定理，他在《几何原本》第六卷中无可辩驳地证明了这个

定理的扩展命题，由此，我们自然而然地得出下面这个结论：欧几里得在《几何原本》第一卷命题 47 中的证明是新的，尽管这一点并不是十分肯定。现在，只要使用第一卷命题 47 加上第四卷命题 22，第四卷命题 31 立即可以得到证明；但欧几里得借助比例，在第一卷命题 47 中独立地证明了它。这似乎暗示了，他之所以用第一卷的方法，而不是用比例来证明第一卷命题 47，是为了把这个命题纳入第一卷，而不是第四卷，如果他用比例来证明，就必定会降低它的重要性。另一方面，如果毕达哥拉斯借助第一卷和第二卷的方法证明了它，对于欧几里得来说，为第一卷命题 47 发明出一种新的证明方法就几乎是不必要的了。因此，看来最有可能的情况是：毕达哥拉斯借助他（不完美）的比例理论证明了这个命题。这个证明可能采取三种不同的形式。

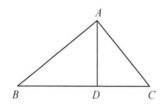

（1）若 ABC 是一个直角为 A 的直角三角形，AD 垂直于 BC，三角形 DBA、DAC 都小于三角形 ABC。

那么，从《几何原本》第四卷命题 4 和命题 17 得到：

$$BA^2 = BD \times BC,$$
$$AC^2 = CD \times BC,$$

由此，通过相加得到：$BA^2 + AC^2 = BC^2$

我们会注意到，这个证明本质上和《几何原本》第一卷命题 47 的证明是一样的，差别在于：后者使用的是同底的平行四边形和三角形之间亦即同样的平行线之间的关系，而不是比例。很有可能，正是这个借助比例的特殊证明，向欧几里得暗示了第一卷命题 47 的方法；这个依赖于比例的证明转变为那个基于《几何原本》第一卷的证明（它绝对需要被置于欧几里得对《几何原本》的编排之下）只是天才之举。

（2）我们会注意到，在相似三角形 DBA、DAC、ABC 中，各例中直角的对边分别是 BA、AC、BC。

因此，这些三角形与这些边成复比，边上的正方形也是如此。

但是，其中的两个三角形，亦即 DBA、DAC，组成了第三个三角形 ABC。

因此，对于正方形必定是同样的情形，或者说：

$$AB^2 + AC^2 = BC^2$$

（3）用正方形代替任意相似的直线形，可以准确地得出第四卷命题 31 的方法。由于三角形 DBA、ABC 是相似的，那么，

$$BD : AB = AB : BC$$

或者说 BD、AB、BC 是成比例的三项，由此得：

$$AB^2 : BC^2 = BD^2 : AB^2 = BD : BC$$

同理，　　$AC^2 : BC^2 = CD : BC$

因此，　　$(BA^2 + AC^2) : BC^2 = (BD + DC) : BC$　　［第四卷命题 24］

$$= 1$$

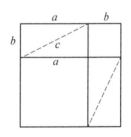 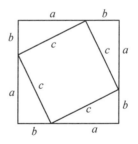

另一方面，如果这个命题最初仅通过《几何原本》第一、二卷的方法来证明（正如我们已经说过的那样，这似乎是一个不大可能的假设），那么，布雷特施奈德和汉克尔的意见似乎是最好的。根据这个意见，我们假设，首先，一个像《几何原本》第二卷命题 4 中那样的图形表示了一个边长为 $a+b$ 的更大正方形被分为两个相似的正方形，边长分别为 a 和 b，再加上两个补足的图形，它们是两个相等的长方形，边长为 a 和 b。

接下来，把每个补足的长方形分为两个相等的三角形，再按照第

二个图形所显示的方式，把这4个三角形环绕排列，组成另一个边长为 $a+b$ 的正方形。

在这两个正方形中都减去4个三角形，我们在第一个图形中得到两个正方形 a^2 和 b^2，在第二个图形中得到一个边长为 c 的正方形，它是长方形 (a, b) 的对角线，或以 a、b 为直角边的直角三角形的斜边。由此得：$a^2 + b^2 = c^2$。

150

（3）面积贴合与几何代数

我们已经看到，在讲到献祭一头牛的故事时，普鲁塔克把面积贴合的问题归到了毕达哥拉斯本人的名下，或像他在另一个地方所说的，就是这样一个问题："给出两个图形，去'贴合'第三个图形，使之等于（两个给定图形中的）一个图形，并相似于另一个图形。"严格说来，后面这个问题（=《几何原本》第四卷命题25）更多的不是贴合面积，而是作一个图形，因为底在长度上没有给出；但它直接依赖于"面积贴合"最简单的实例，亦即这样一个问题（在《几何原本》第一卷的命题44、45中被解决）：把一条给定的直线作为底，去贴合一个平行四边形，使之包含一个给定的三角形，并在面积上等于一个给定的三角形或直线形。面积贴合的方法在希腊几何学中是基本的，需要仔细注意。我们将看到，在它的一般形式中，它相当于一个混合二次方程的几何解法，因此可以恰当地把它称为几何代数的重要组成部分。

可以肯定的是，面积贴合理论源于毕达哥拉斯学派，如果不是毕达哥拉斯本人的话。我们从欧德谟斯那里确认了这一点，被引用在普罗克洛斯的下面这段话中：

> 欧德谟斯说，这些东西很古老，是毕达哥拉斯学派的缪斯发现的，我指的是面积的贴合（παραβολὴ τῶν χωρίων），以及面积的贴盈（ὑπερβολή）和贴亏（ἔλλειψις）。正是从毕达哥拉斯学派那里，后来的几何学家［即阿波罗尼奥斯］拿来了这些名字，然后把它们转变成所谓的圆锥曲线，称其中之一为抛物线（贴合），

另一者为双曲线（贴盈），第三者为椭圆（贴亏），而那些神一般的古人，在一条给定的有限直线上的面积作图（在一个平面上）中，看到了这些名字所表示的东西。因为，当你从一条直线开始，沿着整个直线准确地铺开给定面积时，他们说，你贴合了该面积。然而，当你让这一面积的长度大于直线时，便被称作贴盈，而当你让它小于直线时（在这种情况先，画出了面积之后，直线的一部分超出了它），便被称作贴亏。欧几里得也在第六卷中以这种方式说到了贴盈和贴亏；但在这个地方（第一卷命题 44），当他试图把等于一个给定三角形的面积贴合到一条给定直线上时，他需要贴合只是为了让我们不仅能够作出一个等于给定三角形的平行四边形，而且还能够把它贴合到一段有限的直线上。[17]

涉及贴盈或贴亏问题的一般形式如下：

> 在一条给定直线上贴合一个长方形（或者更一般的形式是一个平行四边形），使之等于一个给定的直线形，且（1）盈余或（2）亏欠一个正方形（或者在更一般的情况下，是一个相似于给定平行四边形的平行四边形）。

最一般的形式（括弧中的文字所显示的）出现在《几何原本》第四卷命题 28、29 中，它相当于下面这个二次方程的几何解法：

$$ax \pm \frac{b}{c}x^2 = \frac{C}{m^2}$$

第四卷命题 27 给出了当符号为减号、平行四边形贴亏时可能有一个解的条件。一般情况当然需要使用比例；但在更简单的实例中，要贴合的面积是一个长方形，盈余或亏欠的部分是一个正方形，这种情况可以仅仅借助第二卷中的方法来解。第二卷命题 11 是特殊二次方程

$$a(a - x) = x^2$$

或 $$x^2 + ax = a^2$$

的几何解法。第二卷命题 5 和 6 是以定理的形式。拿前一个命题的图形来说，设 $AB = a$，$BD = x$，我们得到：

$$ax - x^2 = 长方形\ AH$$
$$= 磬折形\ NOP$$

那么，若磬折形的面积是给定的（比方说 $= b^2$，因为任何面积可以借助《几何原本》第一卷命题 45 和第二卷命题 14 转变成相等的正方形），则方程

$$ax - x^2 = b^2$$

152 的解就是（使用面积贴合的语言）"对一条给定的直线（a）贴合一个长方形，使之等于一个给定的正方形（b^2），并亏欠一个正方形"。

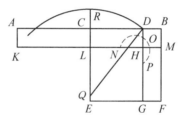

由于毕达哥拉斯学派解出了第二卷命题 11 中那个有点类似的方程，因此他们不可能解不出这个方程，还有相当于第二卷命题 6 的那些方程。因为在当前的这个实例中，只需从 AB 的中点 C 画 CQ 与之成直角，让 CQ 等于 b，然后，以 Q 为圆心、CB（或 $\frac{1}{2}a$）为半径，画一个圆与 QC 的延长线相交于 R，与 CB 相交于 D（b^2 必定不大于 $\frac{1}{2}a^2$，否则不可能有解）。

然后，点 D 的确定便构成了方程的解。

因为，根据第二卷命题 5，

$$AD \times DB + CD^2 = CB^2$$

$$= QD^2 = QC^2 + CD^2$$

因此，$$AD \times DB = QC^2$$

或者，$$ax - x^2 = b^2$$

类似地，第二卷命题 6 使我们能够解方程

$$ax + x^2 = b^2$$

和 $$x^2 - ax = b^2$$

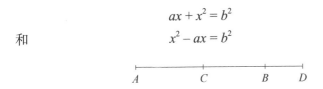

在命题的图形中，第一个方程相当于 $AB = a$，$BD = x$，而第二个方程相当于 $AB = a$，$AD = x$。

阿波罗尼奥斯把贴合理论应用于圆锥曲线，我们将等到处理他的著作时再加以描述。

欧几里得《几何原本》第二卷的一个重要特征是磬折形的使用（命题 5 至 8），它无疑是毕达哥拉斯的，而且正如我们已经看到的那样，与面积贴合相关联。可以说，整个第二卷，连同第一卷从命题 42 往后的部分，处理的是面积转变为不同形状的相等面积，或借助"贴合"并使用第一卷命题 47 来作图。第二卷命题 9 和 10 是两个特例，在一般意义上的几何学中非常有用，但也被毕达哥拉斯学派用于特定的目的：证明"边数"和"径数"的属性，其目的非常清楚，是要发展出一个级数，逐渐逼近 $\sqrt{2}$ 的值。

因此，我们在《几何原本》第一和第二卷发现的那种几何代数是毕达哥拉斯学派的。它当然局限于不涉及二次以上表达式的问题。在这个局限之内，它是现代代数的一个非常有效的替代。两个线性因子的积是一个长方形，《几何原本》第二卷使得两个各有任意多个线性项的因子相乘成为可能；接下来就可以借助退位定理（《几何原本》第一卷命题 44）把结果压缩为一个积（长方形）。这个定理本身相当于用两个线性因子的积除以第三个线性表达式。要把任意面积转变为一个正方形，我们只要先把这个面积转变为一个长方形（就像在《几

153

何原本》第一卷命题 45 中那样），然后借助第二卷命题 14 的方法，求出与该长方形相等的正方形；那么，后面这个问题相当于求平方根。我们已经看到，《几何原本》第二卷命题 5、6 使得某些类型的混合二次方程能够被解出，只要它们的根是实根。在一个二次方程有一个根是负数或者两个根都是负数的情况下，希腊人会把它转化为有一个或两个正数根的方程（相当于用 –x 取代 x）；因此，在一个根为负、一个根为正的情况下，他们会通过取两个实例，分两部分解这个问题。

希腊几何代数的另一个大发动机（亦即比例的方法）并没有在充分程度上可以为毕达哥拉斯学派所用，因为他们的比例理论只适合于可公度量（欧多克索斯最早建立一般理论，同样适合于可公度量和不可公度量，我们可以在《几何原本》第五、六卷中找到）。然而，毋庸置疑，在不可公度量的发现让他们看到自己是建立在一个不可靠、不充分的基础上之前，他们一直十分自由地使用这个方法。

（4）无理数

回到普罗克洛斯概要中关于毕达哥拉斯的那句已经被引用多次的话。即使 ἀλόγων 的解读是正确的，而且普罗克洛斯确实打算把"无理数的理论或研究"归到毕达哥拉斯的名下，也有必要考量这个说法的权威性，以及它在多大程度上得到了其他证据的支持。我们注意到，它出现在一个相关句中：δς δὴ……，看上去是概要的编纂者插入在括弧中的，而不是抄自原文；相同概要第一部分的缩略形式发表在胡尔奇编辑的海伦的《杂集》（Variae collectiones）中，如今被海贝格收入海伦的《定义集》中 [18]，不包含这样的括弧。另外一些权威没有把无理数理论归功于毕达哥拉斯，而是归功于毕达哥拉斯学派。《几何原本》第十卷的一条边注说：

> 毕达哥拉斯学派最早致力于公度性的研究，并由于他们对数的观察而发现了不可公度量；因为，尽管 1 是一切数的公约数，但他们找不到一切量的公约数，……因为一切量都是无穷可分的，决不会留下一个量小到不能再分的程度，相反，余数同样是无穷

可分的，

其余的依此类推。注释者还补充了这样一个传说：

> 毕达哥拉斯学派中第一个公布这些研究的人在一场海难中遭受了惩罚。[19]

另一条关于《几何原本》第十卷的评论是沃普克在阿拉伯文译本中发现的，而且，人们有很好的理由相信它是帕普斯评注的组成部分，这段评论说，无理量理论"来源于毕达哥拉斯学派"。再者，毕达哥拉斯本人在任何严格意义上发现了无理数的"理论"或"研究"都是不可能的。我们从《泰阿泰德篇》中得知[20]，昔兰尼的西奥多罗斯（毕达哥拉斯的一位弟子，柏拉图的老师）证明了 $\sqrt{3}$、$\sqrt{5}$ 等直至 $\sqrt{7}$ 的无理性，此事所发生的年代必定不会比公元前 400 年早很多——就算比它早的话；而正是泰阿泰德，受到西奥多罗斯对这些特殊"根"（或无理数）的研究的启发，最早把这一理论一般化了，并一直在寻找涵盖所有无理数的条件。来自帕普斯的评注的一个段落的续篇证实了这一点，这段文字说：

> 雅典人泰阿泰德极大地发展了这一理论，在数学的这一部分，就像在其他方面一样，他证明了值得人们钦佩的能力……关于上述无理量的准确区分，以及这一理论所产生的命题的严格证明，我相信主要是这位数学家建立起来的。

根据所有这些信息推断，就算毕达哥拉斯发现了关于无理数的任何东西，那也不是什么无理数的"理论"，充其量只不过是不可通约性的某个特例。那个声称西奥多罗斯证明了 $\sqrt{3}$、$\sqrt{5}$ 等是无理数的段落并没有说到 $\sqrt{2}$。其原因无疑是：$\sqrt{2}$ 的不可通约性之前已经被证明了，所有信息都指向这样一种可能性：这是第一个被发现的实例。但是，如果毕达哥拉斯哪怕是发现了这一个实例，也很难看出，数是一切存在之物的本质（或曰万物皆数）的理论何以能够长时间地屹立不倒。这一证据暗示了这样一个结论：在一段时间里，几何学的发展所依据的基础是数的比例理论，而这一理论仅仅适用于可公度量，后来由于无理数的发现而遭受了意外的一击。这一事态带来的麻烦涉及限制或放弃使用比例的方法，直到欧多克索斯发现一般化的理论，这一情况解释了为什么要对无理数的存在保守秘密，第一个泄露这个秘密的人将会受到惩罚。

156

那么，如果不是毕达哥拉斯，而是毕达哥拉斯学派的某个人发现了 $\sqrt{2}$ 的无理性，我们应该把它发现的时间假定在哪个年代呢？晚近的一位论述这个问题的作者 [21] 认为，是晚期的毕达哥拉斯学派作出了这一发现，时间不会比公元前 410 年早很多。他的理由是，在发现 $\sqrt{2}$ 的无理性和西奥多罗斯（约公元前 410 或前 400 年）发现 $\sqrt{3}$、$\sqrt{5}$ 等另外几个无理数之间，不可能隔着 50 年或 100 年的距离。这个论据很难反驳，除非假设在这段时间里，几何学家们的思想被其他的著名难题给占据了，比如化圆为方和倍立方体（这个问题本身相当于求 $\sqrt[3]{2}$）。另一个论点是基于《法律篇》中的一个段落，在这个段落中，那个雅典的异乡人说到了希腊人对一般性无知得有些可耻，他们竟然不知道并非所有的几何量都能与另外一个几何量通约；此人还补充道，他只是"很晚"（ὀφέ ποτε）才得知这一真相 [22]。即使我们确定无疑地知道，这个"很晚"究竟是"一天当中的很晚"还是"一生当中的很晚"，这个说法对于确定发现 $\sqrt{2}$ 的无理性的年代也没有多大帮助；因为那个段落中的语言是修辞性的夸张（柏拉图说到那些不知道无理数存在的人时，认为他们与其说是人，不如比作猪）。此外，无理数作为某个众所周知的东西出现在《理想国》中，并确切地提到了 $\sqrt{2}$；因为里面使用了"5（边长为 5 的正方形）的有理直径"（＝ $\sqrt{49}$ 的近似值或 7）和"5 的无理（ἄρρητος）直径"（＝$\sqrt{50}$）的说法，而没有给出任何解释。[23]

此外，我们有德谟克利特（出生于公元前 470 或前 460 年）的一部作品的得到了确切证实的标题：περὶ ἀλόγων γραμμῶν καὶ ναστῶν

144

αβ，意思是"两卷论无理的直线和立体的书"（ναστόν 是 πλῆρες，亦即"满"，相对于 κενόν，亦即"空"，而且，德谟克利特把他的"第一体"称作 ναστά）。关于这部作品的内容，我们一无所知；前面已经提到的那位晚近的作者暗示，ἄλογος 根本不是指无理数或不可通约数，这本书是试图通过"不可分直线"把原子理论与连续量（直线）联系起来（参见亚里士多德的《论不可分直线》［On Indivisible Lines］），而且，德谟克利特的意思是说，由于任何两条直线同样都是由无穷多个（不可分的）成分组成的，因此不可能说它们互相之间有任何可表达的比，也就是说，他会把它们视为"没有比"。然而，我们不可能假设一个像德谟克利特那样水平的数学家会否认两条直线可能有一个比；此外，根据这一观点，由于没有两条直线互相之间有一个比，ἄλογοι γραμμαί（无理直线）就不会是某一类直线，而是所有直线，这个标题就会毫无意义。但实际上，正如我们将会看到的那样，还有另外一些不可想象的理由，证明德谟克利特是"不可分直线"的支持者。我认为没有必要使用进一步的论证，来支持我们正在讨论的这一解释，亦即：在亚里士多德之前的任何其他作者那里，都找不到在"无理的"这个意义上使用 ἄλογος 一词，而且，柏拉图只使用了 ἄρρητος 和 ἀσύμμετρος 这两个词。后面这个陈述在严格意义上甚至都不是真的，因为事实上，柏拉图在《理想国》中把 ἄρρητος 这个单词特别用于 γραμμαί，在那个段落里，他说到年轻人并不 ἄλογοι ὥσπερ γραμμαί（像直线一样无理）[24]。尽管是个蹩脚的玩笑，但它证明了 ἄλογοι γραμμαί 是一个公认的专业技术术语，这句话看上去就像是心领神会地提到我们正在谈论的德谟克利特这部著作。我想，没有理由怀疑，这本书是在技术的意义上论述"无理数"。我们从其他材料来源得知，德谟克利特已经在追踪几何学中的无穷小；因此极有可能，他会撰文论述无理数这个相关主题。

因此，我看不出有什么理由怀疑，$\sqrt{2}$ 的无理性是毕达哥拉斯学派的某个人发现的，年代大概比德谟克利特稍早一些；实际上，亚里士多德已经指出了它的简单证明，并在欧几里得《几何原本》第十卷末尾插入的那个命题中提出来了，它似乎适合于几何学发展的早期

157

145

阶段。

（5）五个正立体

普罗克洛斯概要中把无理数理论（或比例理论）的发现归到毕达哥拉斯名下的那句插入语还声称，他发现了"宇宙图形［五个正立体］的拼装法（σύστασις）"。像往常一样，关于这个短语的意义，以及关于毕达哥拉斯是不是有可能做了被归到他名下的事（在这些单词的任何意义上），引发了一场论战。我不认为论证下面这个问题有什么意义：柏拉图——推测起来应该是"毕达哥拉斯化的（Pythagorizing）"——把前四个立体分配给土、火、气、水四元素，而正是恩培多克勒，而不是毕达哥拉斯，宣布这四种元素是宇宙由此演化而来的物质本原；我也不认为可以得出结论：因为元素是四个，所以当四元素被人们认识的时候只有前四个立体被发现，正十二面体是后来才发现的。我看不出有什么理由，为什么所有五个正立体不可以在有人提出把它们和这些元素关联起来之前由早期的毕达哥拉斯学派发现。实际上，菲洛劳斯著作的一段残片就说：

> 天体中有五体，天体中有火、水、土、气，天体本身的容器构成了第五体。[25]

但这只能被理解为宇宙天体中的元素，而不是立体图形，根据狄尔斯的翻译，《蒂迈欧篇》中的柏拉图是这一分配的最早权威，而且很有可能，它要归功于柏拉图本人（这些天体不是被称作"柏拉图图形"么？），尽管被算到了毕达哥拉斯的名下。与此同时，《蒂迈欧篇》基本上是毕达哥拉斯学派的，这一事实可能导致埃提乌斯所引用的权威（可能是泰奥弗拉斯托斯）也仓促地得出结论："在这里，柏拉图也毕达哥拉斯化了"，并在谈到这一信念时武断地说：

> 毕达哥拉斯认识到存在五个立体图形，也被称作数学图形，他说，土源自立方体，火源自正棱锥体，气源自正八面体，水源

自正二十面体，宇宙天体源自正十二面体。[26]

我认为，可以承认：毕达哥拉斯或早期的毕达哥拉斯学派几乎不可能在完全的理论作图（就像我们在《几何原本》第八卷中发现的那样）的意义上"作出"五个正立体；有可能泰阿泰德是最早给出这些作图的人，不管苏达斯评注中的 ἔγραφε（写）的意思究竟是指"他是第一个作图的人"，还是指"撰文论述了所谓的五个立体"。但没有理由认为，毕达哥拉斯学派为什么就不能以柏拉图在《泰阿泰德篇》中使用的那种方式"拼出"这五种图形，亦即把一定数量的等腰三角形、正方形或五边形的角在一个顶点上拼在一起，使之构成一个立体角，然后以这种方式完成所有的角。早期毕达哥拉斯学派应该以这种初级的方式发现了五个正立体，这个推测完全契合下面这一事实：我们知道，他们曾把某些规则图形的角围绕一个点拼在一起，并证明只有三种这样的角能在一个平面上填满该点周围的空间。[27]这种作图法在柏拉图手上究竟多么初级，可以从下面这个事实加以推断：他坚持认为，只有三个元素可以互相转化，因为只有三个立体是等边三角形构成的；如果给定的正立体中存在足够数量的这样的三角形，则可以把它们再次分开，以构成面数不同的正立体，仿佛这些立体实际上是空的，被平面或薄片一样的三角形面所限定（亚里士多德在《论天》[De Caelo]第三卷第1节中批评了这个观点）。其实我们可以把柏拉图的初级方法当作一个迹象，它表明这实际上就是最早的毕达哥拉斯学派所使用的方法。

把正方形三个三个拼在一起，组成8个立体角，把等边三角形三个三个、四个四个或五个五个拼在一起，分别组成4个、6个或12个立体角，我们实际上就构成了立方体、正四面体、正八面体或正二十面体，但是，第五个正立体，即正十二面体，需要一个新的元素：正五边形。诚然，如果我们通过把五个等边三角形拼在一起组成一个正二十面体的角，那么这些三角形的底拼到一起便构成了一个正五边形；但毕达哥拉斯或毕达哥拉斯学派需要的是理论作图。认为早期毕达哥拉斯学派能够作出正五边形的证据是什么呢？希帕索斯的故事似

160

147

乎证实了他们作过正五边形：

> 毕达哥拉斯学派的一个人，最早公布并写下了十二个正五边形组成的立体图形（的作法），由于他的这一不虔敬的行为而让他在一场海难中丧生，但这一发现的功劳被归于他，而它实际上属于陛下（ἐκείνου τοῦ ἀνδρός），因为他们这样称呼毕达哥拉斯，而不是直呼其名。[28]

希帕索斯的名字与这个主题之间的联系几乎不可能是向壁虚构的，这个故事可能指向了他的一项正面成就，当然，毕达哥拉斯学派对大师的妒忌解释了对希帕索斯和道德的反思。此外，有证据表明，实际上很早就存在正十二面体。1885 年，蒙特洛法（帕多瓦附近的欧加内丘陵）发现了一个源于伊特鲁里亚人的正十二面体，其年代被认为是公元前 500 年之前。[29] 而且，看来有多达 26 件正十二面体形式的物体，它们来源于凯尔特人。[30] 因此很有可能，毕达哥拉斯或毕达哥拉斯学派见过这种正十二面体，而且，他们的长处就是把它们当作数学物品来处理，把它们带入理论几何学中。那么，他们有无可能作出了正五边形呢？我想，答案必定是肯定的。若 ABCDE 为正五边形，连接 AC、AD、CE，那么，很容易从（毕达哥拉斯的）关于多边形内角之和与三角形内角之和的命题证明：BAC、DAE、ECD 是一个直角的 $\frac{2}{5}$，因此，在三角形 ACD 中，角 CAD 是一个直角的 $\frac{2}{5}$，底角 ACD 和 ADC 各为直角的 $\frac{4}{5}$，或者说是角 CAD 的两倍；从这些事实很容易得出：若 CE 和 AD 相交于 F，则 CDF 是一个等腰三角形，且等角于，因此也相似于三角形 ACD，而且 AF = FC = CD。现在，由于三角形 ACD 和 CDF 相似，那么，

$$AC : CD = CD : DF$$

或
$$AD : AF = AF : FD$$

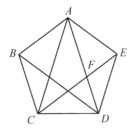

也就是说，若 AD 给定，则可以根据《几何原本》第二卷命题 11 的"黄金分割"，通过在点 F 分割 AD，从而求出 AF 或 CD 的长。如果需要进一步的证据来表明早期毕达哥拉斯学派对正五边形的兴趣，下面这个事实可以提供：卢西恩和阿里斯托芬的《云》的注释者声称，"三重交织的三角形所构成的五角形"，亦即五角星形，被毕达哥拉斯学派用作该学派成员之间的辨识符号，他们称之为"健康"[31]。从上图中的五角星形可以看出，它实际上显示了 5 个我们提到的此类等腰三角形相等的边，还有它们的黄金分割点。（我或许应该补充一句：这个五角星形据说在亚里士多诺弗斯的花瓶上可以找到，这个花瓶是在卡西里发现的，有人认为它属于公元前 7 世纪，与此同时，迈锡尼的发现中也包括五角星形的装饰物。）

162

很容易得出结论：正十二面体可内接于一个球体，要求出这个球的中心，既用不着按照《几何原本》第八卷命题 17 的那种复杂方式来作图，也无需得出这个正十二面体的边与球半径之间的关系；有一项研究大概要归功于泰阿泰德。这里不妨提一下欧几里得《几何原本》第八卷边注 1 中的评论：本卷是关于

> 五个所谓的柏拉图图形，但它们并不属于柏拉图，其中有三个要归功于毕达哥拉斯学派，即：立方体、正棱锥体和正十二面体，而正八面体和正二十面体则要归功于泰阿泰德。[32]

这段陈述（大概出自盖米诺斯）可能是基于下面这个事实：泰阿泰德最早详细写到了上面提到的最后两种立体，正如他大概也最早在

理论上作出所有这五种图形，并充分研究了它们互相之间以及它们与外接球之间的关系。

（6）毕达哥拉斯学派的天文学

毕达哥拉斯和毕达哥拉斯学派在天文学的历史上占据着一个重要位置。（1）毕达哥拉斯是最早提到宇宙和大地都是球形的人之一。我们不确定究竟是什么导致毕达哥拉斯得出大地是一个球体的结论。有一个暗示是，他是从下面这个事实推导出了这个结论：在月食时，地球投下的阴影是圆形的。但有一点是肯定的，阿那克萨哥拉最早暗示了关于月食的这一解释是真的。一个极有可能的假设是：毕达哥拉斯的根据纯粹是数学上的，或者说是数学—美学的；也就是说，他之所以认为大地是球形（正如宇宙一样），是因为一个简单的理由：球体是最美的立体图形。出于同样的理由，毕达哥拉斯想必会认为，太阳、月亮及其他天体也都是球形。（2）有人认为毕达哥拉斯注意到了晨星和昏星的同一性。（3）很有可能，他最早陈述了下面这个观点（有人把它归到阿尔克米翁和"某个数学家"的名下）：行星及日月都有它们自己的运动，自西向东，相反并独立于恒星每天自东向西的旋转 (33)。赫耳墨西阿那克斯是更早一代的亚历山大诗人（约公元300年），有人引用他的话说：

> 是什么样的灵感，给毕达哥拉斯以有力的支持，使他发现了（天体）螺旋形精细微妙的几何学，被压缩在一个小球内，整个圆被以太包围。(34)

这似乎暗示了一个球体的结构，代表了太阳、月球和行星连同天球每天的旋转所描述的圆；不过当然，赫耳墨西阿那克斯并不是一个十分值得信赖的权威。

不大可能的是，毕达哥拉斯本人创立了后来被称作"毕达哥拉斯天文学"的天文学体系，在这一体系中，地球被剥夺了其在宇宙中心静止不动的位置，成了一颗"行星"，像太阳、月球和其他行星一样，围绕中央火旋转。在毕达哥拉斯看来，地球依旧处在中心的位置上，而围绕它运动的有：（1）每天自东向西旋转的恒星球体，旋转轴是一条通过地球中心的直线；（2）太阳、月球和行星，在独立的圆形轨道上运行，方向与每天旋转的轨道相反，亦即自西向东。

后来的毕达哥拉斯体系被埃提乌斯归到了菲洛劳斯的名下（大概是依据泰奥弗拉斯托斯的权威），而且可能被这样描述过。宇宙在形状上是球形的，在大小上是有限的。它的外边是无限的空无，使得宇宙能够呼吸——在某种程度上可以这么说。中心是中央火，被称作"宇宙之炉"，还有其他各种不同的名字：宙斯的王座、宙斯的家、诸神之母、圣坛、大自然的纽带和度量。在这个中央火里，坐落着统治本原，指导宇宙运动和活动的力量。在宇宙中，围绕中央火转圈的有如下天体：距离中央火最近的是地球对应体，它始终与地球相伴随，地球的轨道紧挨着地球对应体的轨道；紧接着地球之后，按照从中心向外围的顺序，先是月球，然后是太阳，太阳之后是五大行星，最后，在五大行星的轨道之外，是恒星球体。与地球相伴随并在最小轨道上旋转的地球对应体我们是看不到的，因为地球上我们所生活的半球背对着地球对应体（月球也总是把一面对着我们，这种相似性或许暗示了这一点）；顺便说一句，这涉及地球的绕轴旋转在它带着地球完成绕中央火旋转的同一时刻完成。由于地球的后面这种旋转被认为产生了日和夜，因此很自然地推断，地球被假定在一日一夜（或 24 小时）的时间里完成绕中央或旋转一周。地球的这一运动让我们所在的半球始终朝外，作为这一现象的解释，这当然相当于地球绕着一根固定的轴旋转，但由于地球在空间里画出了一个圆，其半径大于地球自身的半径，结果便产生了视差；如果亚里士多德的话可信[35]，毕达哥拉斯学派曾大胆地宣称，这一视差完全可以忽略不计。这一体系中多余的东西是引入了地球对应体。亚里士多德说，其目的是让运动天体的数量达到 10 个，据毕达哥拉斯学派说，10 是一个完全数[36]；但他在另一段中暗示了更真实的解释，他说，月食被认为有时候是由于地球的介入，有时候是由于地球对应体的介入（更别说相同种类的其他天体被假设出来，为的是解释为什么看上去月食比日食更多）[37]；我们

164

165

因此可以认为，地球对应体是为了解释月食及其频繁性的目的而发明出来的。

总结

毕达哥拉斯及其学派的天文学体系说明了他的物理思考的纯数学品质；天体全都是球体，最完美的立体图形，它们在圆上移动，没有提出导致各自运动的力的问题。天文学是纯数学，它是几何学，结合了算术与和声学。毕达哥拉斯的主要发现是音程依赖于数字比，在他的继承者那里，这一发现导致了"球体和声"学说。同一物质做成的弦，在同一张力下，弦长之间的 2∶1 对应于八度音程；3∶1 对应于五度音程；4∶3 对应于四度音程。因此他们认为，空间中的天体运动产生声音，那些移动得较快的天体发出的声音高于那些移动得较慢的天体，而那些隔着最远距离移动的天体移动得最快；因此，这些天体所产生的声音取决于它们的距离（亦即其轨道的大小），组合起来产生了和声，"整个宇宙就是数与和声"。(38)

我们还看到了，在毕达哥拉斯学派那里，数论或"算术"如何与几何学携手并进；数通过组成几何图形的点或线来表示；数的种类的名称常常取自它们的几何对应物，而它们的属性则通过几何学来证明。因此，毕达哥拉斯学派的数学就是科学，他们的科学就是数学。

166
正是数学（特别是几何学）与一般科学的这种同一性，以及他们为了数学而研究数学，导致这一学科在毕达哥拉斯学派那里取得了不同寻常的进步。毕达哥拉斯本人的最大功劳是（除了他发现的特定的几何学与数学的定理之外）：他是第一个这样看待数学的人。正如有人告诉我们的那样，其典型特征是："几何学被毕达哥拉斯称作研究或科学。"(39) 他不仅让几何学成为一门通识教育，他还是第一个试图探索几何学首要原理的人；作为他试图奠定的科学基础的组成部分，他"使用了定义"。据毕达哥拉斯学派说，一个点是一个"有位置的单位"(40)；就算他们论述一条线、一个面、一个立体和一个角的方法并不等于定义，它至少表明他们对于差异已经有了一个清晰的概念，正如他们在说 1 是一个点、2 是一条线、3 是一个三角形、4 是一个棱锥体时所表现出来的那样。他们把一个面称作 χροιά，即"肤色"，这是他们描述表面外观的方式，正如亚里斯多德所说的，这个观念是：肤色要么在界面（πέρας）中，要么就是 πέρας[41]，因此，它打算表达的意义恰好就是欧几里得的定义（《几何原本》第十一卷定义 2）打算表达的："立体的界限是面"。他们把一个角称作 γλωχίς，亦即一个由一条线在某个点上折断或折回所形成的"点"（就像一支箭的尖端）。[42]

毕达哥拉斯学派的正面成就，以及他们所取得的巨大进步，可以从下面的摘要中看到。

1. 他们熟悉平行线的属性，他们使用平行线是为了通过一般证明来确立下面这个命题：任意三角形的三个内角之和等于两个直角。他们再次使用这个命题来证明关于任意多边形的内角和外角之和的著名定理。

2. 他们原创了相等面积的课题，把一个图形的面积转换为另一个不同图形的面积，特别是面积贴合的整套方法，构成了几何代数，借此，他们实现了加、减、乘、除、乘方、开方等运算的代数过程的等价物，最后实现了混合方程 $x^2 \pm px \pm q = 0$ 的完全解，只要它的根为实数。用欧几里得的术语来表达，这相当于《几何原本》第一卷命题 35 ～ 48 和第二卷的全部内容。面积贴合的方法是整个晚期希腊几何学中最根本的方法之一；它后来为强有力的比例方法所取代；此外，它是阿波罗尼奥斯的圆锥曲线理论的起始点，三个基本术语，即 parabole（抛物线）、ellipsis（椭圆）和 hyijerbole（双曲线），被用来描述"面积贴合"中的三个单独的问题，后来实际上被阿波罗尼奥斯用作三种圆锥曲线的名称，当然，它们就是我们今天所使用的名称。毕达哥拉斯学派并非不知道用几何代数来解数字问题，下面这个事实证明了这一点：《几何原本》第二卷的定理 9、10 是为了求不定方程 $2x^2 - y^2 = \pm 1$ 的连续整数解而发明出来的。

3. 他们让比例理论得到了相当充分的发展。我们对他们论述比

167

例理论的形式一无所知，我们所知道的只是：它没有考虑不可通约量。因此我们得出结论：它是一种数论，这一理论所遵循的程式和欧几里得《几何原本》第七卷中所包含的程式是一样的。

他们知道相似形的属性。从下面这个事实中可以清楚地看出这一点，他们必定解决了这样一个问题：画出一个图形，使得它相似于一个给定的图形，并在面积上等于另一个给定的图形。据普鲁塔克说，这个问题被归到毕达哥拉斯本人的名下。这暗示了他们知道这样一个命题：相似形（三角形或多边形）的对应边之比相等（《几何原本》第四卷命题19、20）。由于这个问题在《几何原本》第六卷命题25中解决了，我们不妨认为，由于他们关于相似性的定理都是通过对应成分可通约的图形来证明的，他们的这些定理与欧几里得《几何原本》第六章的很大一部分内容是一致的。

而且，他们知道如何按照黄金分割比来分割一条直线（《几何原本》第六卷命题30）；推测起来，这个问题应该是用《几何原本》第二卷命题11中所使用的方法来解决的，而不是使用《几何原本》第六卷命题30中的方法，后者依赖于面积贴合中一个问题的解，它比第二卷中的方法更一般，这个方法使得我们能够解出《几何原本》第六卷命题29的问题。

4. 他们发现了五个正立体，或者至少是知道它们的存在。他们可能通过经验主义的方法，把正方形、等腰三角形和正五边形拼在一起，从而作出了这些正立体。这意味着他们能够作出一个正五边形，而且，由于这个作法依赖于底角等于顶角两倍的等腰三角形的作法，这再次涉及按黄金分割比分割一条直线，因此，我们可以合理地假设，正五边形的作法实际上就是这样演化出来的。毕达哥拉斯学派已经实践过用解析的方法解决问题，尽管普罗狄克斯把解析法的发现归到了柏拉图的名下。由于《几何原本》第四卷命题10、11中实际上给出的特殊作图，我们可以假设，《几何原本》第四卷的部分内容也是毕达哥拉斯学派的。

5. 在下面这个意义上他们发现了无理数的存在：他们证明了正方形的对角线与它的边不可通约；换句话说，他们证明了$\sqrt{2}$的无理性。关于这一点，亚里士多德提到了一个证明，其所使用的术语与《几何原本》第十卷中一个命题所使用的方法相一致，由此我们可以得出结论：这个证明是古代的，因此很可能是这个命题的发现者所使用的证明。这个方法就是证明：如果一个正方形的对角线与边可通约，那么，同样的数必定既是奇数，也是偶数；在这里，我们大概有了一个实例，表明早期的毕达哥拉斯学派使用过归谬法。

毕达哥拉斯学派不仅发现了 $\sqrt{2}$ 的无理性，正如我们已经看到的那样，他们还展示了如何尽可能接近地求它的近似值。

在发现了无理性的这个特例之后，有一点变得很明显：这些命题是借助数字的比例理论来证明的，这一理论不适用于不可通约量，因此只是部分被证明了。所以，在发现既适用于可通约量、又适用于不可通约量的比例理论之前，将会存在这样一种激励：在可能的情况下，用不依赖于比例理论的证明，来取代使用比例理论的证明。这一替代在《几何原本》第一至四卷中被带到了更远；我们并不能得出结论：毕达哥拉斯学派在欧几里得注定要做到的那种程度上重塑了他们的证明。

169

155

6. 柏拉图时代之前几何原理取得的进步

在追踪柏拉图时代几何原理所取得的进步上，普罗克洛斯的概要并没有给我们提供太多的帮助。其中有一段话，陈述了从毕达哥拉斯到柏拉图及其同时代人几何学的承前启后，内容如下：

在他［毕达哥拉斯］之后，阿那克萨哥拉处理了很多几何学问题，恩诺皮德斯也是如此，他比阿那克萨哥拉稍微年轻一些；柏拉图本人在《情敌》（*Rivals*）中提到，他们两个都因为数学而赢得了名声。他们之后，出现了新月形求积法的发现者希波克拉底和西奥多罗斯，他们两个都成了著名的几何学家；希波克拉底实际上是第一个据记载确实编纂了《几何原本》的人。紧接着他们之后，柏拉图导致了一般意义上的数学，特别是几何学取得了非常大的进步，这要归功于他自己对这些研究的热情；因为每一个人都知道，他甚至让自己的著作中充斥着数学讨论，并且每一次都努力唤起那些从事哲学研究的人对数学的热情。萨索斯的勒俄达马斯、塔拉斯的阿契塔和雅典的泰阿泰德也生活在这一时期，通过他们，定理的数量有所增加，朝着更科学的定理分类取得了进一步的进展。[1]

不难看出，对于那些推进几何学发展、在几何学领域声望卓著的人，我们有了稍多一点的信息，而不仅仅是一份名单。概要中没有提到特定几何学家的具体发现，只是顺便提到了希波克拉底在求某些新月形面积上所做的工作，更多的是作为识别希波克拉底的一种手段，而不是作为一个切题的细节。看上去，整篇概要似乎对准了一个目标：追踪几何原理的演化过程，尤其是关于在更大的普遍性和更科学的次序与论述这个方向上方法的改进；因此，只有那些对这一发展作出过贡献的作者，才会在概要中被提及。希波克拉底之所以进入名单，不是因为他的新月形求积，而是因为他是一个声名卓著的几何学家，是最早撰文论述几何原理的人。另一方面，埃利斯的希庇亚斯尽管属于这篇概要所涵盖的那个时期，但他却被忽略了，推测起来大概是因为他的伟大发现（所谓割圆曲线的发现）不属于初等几何；然而，普罗克洛斯在与割圆曲线有关的另外两个地方提到了希庇亚斯[2]，而且再一次是作为关于阿摩里斯特的几何学成就的权威[3]。对德谟克利特不那么公正，概要中的这一部分及别的地方都没有提到他；遗漏德谟克利特的名字是下面这个观点的论据之一：这篇概要并非引自欧德谟斯的《几何学的历史》（欧德谟斯不大可能漏掉像德谟克利特这样一个成就卓著的数学家），它要么是某个中间人的作品，要么是普罗克洛斯自己的作品，确实是基于欧德谟斯的材料，只不过局限于和这篇评注的目标相关的特定材料，也就是说，阐述欧几里得及几何原理发展的故事。

有一点倒是真的，在普罗克洛斯的概要中，有很少的几个实例，欧几里得《几何原本》第一卷中的一些特定命题被归到个别几何学家的名下，例如那些据说是泰勒斯发现的命题。我们马上要提到的两个命题以同样的方式被记到了恩诺皮德斯的名下；但是，除了这些关于恩诺皮德斯的细节之外，我们必须到别的地方去寻找证据，来说明我们眼下所关注的这个时期几何原理的发展。幸运的是，我们拥有一份从这个观点看十分重要的文献，那是欧德谟斯论述希波克拉底的一个片段，被保存在辛普利丘斯对亚里士多德《物理学》的评注中[4]。这个片段后文中将会描述。在此期间，我们将按顺序举出普罗克洛斯提到的一些名字。

171

172

阿那克萨哥拉（约前 500—前 428）出生在士麦那附近的克拉佐曼纳。他为了致力于科学而忽略自己相当可观的财产。有人曾问他，人生下来的目标是什么，对此，他答道："探究太阳、月亮和天空。"他显然是第一个定居雅典的哲学家，在那里赢得了伯里克利的友谊。当伯里克利在伯罗奔尼撒战争爆发之前变得不得人心的时候，有人通过他的朋友们对他进行攻击，阿那克萨哥拉因为坚持认为太阳是一块炽热的石头、月亮是土，而被指控不敬。据一篇记述说，他被判处5个别塔兰特罚金，并被流放；另一篇记述说，他被关进了监狱，面临被处死，但伯里克利让他获释了；阿那克萨哥拉去了兰普萨库斯，并在那里一直生活到去世。

关于阿那克萨哥拉真正意义上的数学成就，我们几乎一无所知。但在天文学领域，除了提出了一些引人注目的关于宇宙演化的原创理论之外，他有一个划时代的发现。是他第一个清晰地认识到，月球自身并不发光，它的光是从太阳那里接收来的；这一发现使得他能够对月食和日食给出真正的解释，尽管关于前者（大概是为了解释为什么月食更频繁）他错误地认为，有另外一些不透明的、看不见的天体"在月亮之下"，这些天体像地球一样，有时候由于它们的介入，产生月食。关于他的宇宙论，由于其中包含的成果丰富的观念，我们应当补充一句。据他说，世界的形成始于一个由智性（voῦs）引发的漩涡，它处在混合团块的某个部分，"万物集拢"在这个混合团块中。这一回旋运动是从中心开始的，然后逐步蔓延，不断纳入越来越宽的圆圈。第一个影响是分开两个巨大的团块，一个团块由稀薄、灼热、轻盈、干燥的物质组成，这一物质被称作"以太"；另一个团块属于相反的种类，被称作"气"。以太占据着外面，气占据着里面。接下来，从气中分离出了云、水、土和石。稠密、潮湿、黑暗和寒冷的物质，以及一切最重的事物，都由于圆周运动而聚集在中心，正是这些元素在合并的时候，地球形成了；但这之后，由于旋转运动的猛烈，周围燃烧的以太把石块带离地球，把它们烧成恒星。把这一观念与下面这个说法联系起来：石"比水更向外冲"，我们便可以看出，阿那克萨哥拉构想出了离心力的观念，还有漩涡运动所引发的集中的观念，而且，他假设了一连串的投射，这恰好和康德和拉普拉斯对于太阳系的形成所设想的理论属于同一种性质。与此同时，他坚持认为，一个天体可能挣脱和跌落（这一观念可能解释了一个故事：据说他预言了公元前468或467年陨石跌落在伊哥斯波塔米），向心趋势在这里得到了确认。

在数学领域，据说阿那克萨哥拉"在坐牢期间写出（或画出，ἔγραφε）了化圆为方"[5]。但我们没有办法判断这句话意味着什么。鲁迪奥把 ἔγραφε 翻译成 zeichnete（德语：画），并指出，他可能知道埃及人化圆为方的法则，简单地在沙上画了一个正方形，尽其所能地等于一个圆的面积[6]。在我看来，有一点很清楚，这个说法不可能正确，但是，在他试图从理论上解决这个问题的意义上，这个词的意思是"写下"。因为同一个词出现在欧德谟斯关于希波克拉底的一段引文中："新月形求积……最早是希波克拉底写出来（或证明）的，并被发现得到了正确的论述。"[7] 这里的上下文表明，ἐγράφησαν 不可能仅仅是"被画出"的意思。此外，τετραγωνισμός（求积）是一个过程或运算，严格说来，你不可能"画出"一个过程，尽管你可以"描述"它或证明它的正确性。

维特鲁威告诉我们，有一个名叫阿戛塔耳库斯的人，是雅典第一个画舞台布景的人，也正是在那个时期，埃斯库罗斯的悲剧在雅典上演，此人留下了一部论述这个主题的专著，后来成了德谟克利特和阿那克萨哥拉的指南，他们也讨论了同样的问题，亦即：以这样一种方式在一个平面上描绘物体，使得被描绘的东西有一些看上去在背景上，有一些看上去在前景上，这样一来，看上去似乎有——比方说——真的建筑物在你面前；换句话说，德谟克利特和阿那克萨哥拉都撰写过专著论述透视法。[8]

普罗克洛斯提到的《情敌》中的那个段落没有提供太多的信息。苏格拉底在进入狄奥尼修斯的学校时，发现两个小伙伴在那里争论某个观点，是关于阿那克萨哥拉或恩诺皮德斯的什么问题，对此他不是很有把握；但他们看上去在画圆，并把他们的手放在一个角上，以此模仿某些交角[9]。这段描写暗示了，这两个孩子试图描绘的应该是赤道圆和黄道；我们知道，事实上，欧德谟斯在他的《几何学的历史》中把"黄道带"的发现归到了恩诺皮德斯的名下[10]，这必然意味着黄赤交角的发现。得出下面这个结论大概很不靠谱：阿那克萨哥拉也

174

有同样的发现，但暗示下面这一点似乎还是很有把握：阿那克萨哥拉在某种程度上接触到了天文学中的数学。

175　　　**恩诺皮德斯**首先是一个天文学家。这一点不仅被刚才引用的欧德谟斯的引文所证明，而且被普罗克洛斯的一段评论所证明，这段评论涉及被归到恩诺皮德斯名下的两个初等几何命题中的一个。[11] 文中引述欧德谟斯的话说，他不仅发现了黄赤交角，而且还发现了"大年"周期。据狄奥多罗斯说，埃及的祭司们声称，恩诺皮德斯是从他们那里学到了：太阳在一个倾斜的轨道上运行，而且在某种意义上和恒星的运动相反。看来，恩诺皮德斯并没有对黄赤交角进行任何测量。据说他把大年的周期定为 59 年，而他把年本身的长度定为 $365\frac{22}{59}$ 天。他的大年明显只参考了太阳和月亮；他只是试图找出包含准确数量朔望月的完整年的整数个数。大概，首先是以 365 天作为一年的长度，以 $29\frac{1}{2}$ 天作为一个朔望月的长度，这是他那个时代之前人们就知道的近似值，他会看出，两个 $29\frac{1}{2}$（或 59）年将会包含两个 365（或 730）个朔望月。接下来，他可以根据自己的历法知识得出：21557 是 730 个朔望月所包含的天数，因为，21557 除以 59 得 $365\frac{22}{59}$，便是一年所包含的天数。

关于恩诺皮德斯的几何学，我们并没有任何详细的材料，只知道普罗克洛斯把欧几里得《几何原本》第一卷中的两个命题归到了他的名下。关于第一卷命题 10（"从一条给定直线外的一点画一条该直线的垂直线"），普罗克洛斯说：

> 最早研究这个问题的是恩诺皮德斯，他认为这个问题对天文学很有用。然而，他以陈旧的方式来把这条垂直线（一条画出的直线）称为日晷般的直线（κατὰ γνώμονα），因为日晷也与视平线成直角。[12]

关于《几何原本》第一卷命题 23（"在一条给定直线上的一个给定点上作一个直线角，使之等于一个给定的直线角"），普罗克洛斯评论道，这个问题是"恩诺皮德斯的发现，正如欧德谟斯所说的那样"[13]。有一点很清楚，恩诺皮德斯在几何学上的名声不可能仅仅依靠解决这样一些简单的问题。当然，他也不可能是第一个画出一条这种垂直线的人；关键点可能是：他是第一个仅凭直尺和圆规解决这个问题的人，而在早年，推测起来，垂直线可能是借助一个三角板或一个直角三角形画出来的，而这个直角三角形最初是按照各边的比为（比方说）3、4、5 作出来的。同样，恩诺皮德斯可能最早对于欧几里得《几何原本》第一卷命题 23 的问题给出了理论上的而不是实践上的作图。因此很有可能，恩诺皮德斯的重要性在于从理论的观点改进了方法；例如，他可能是第一个限定方法的人：作图中只允许使用直尺和圆规，后来这一限制成了希腊几何学中一切"平面"作图的准则，亦即针对一切涉及解不高于二次的代数方程的问题。

176

德谟克利特作为一个数学家，可以说最终得到了应得的荣誉。在 1906 年幸运地发现的阿基米德的《论方法》（*Method*）中，我们被告知，德谟克利特是第一个陈述下面这些重要命题的人：一个圆锥体的体积等于一个同底等高的圆柱体的体积的三分之一，一个棱锥体的体积等于一个同底等高的棱柱体的体积的三分之一；也就是说，德谟克利特清晰地阐述这些命题五十多年之后，它们才在科学上第一次为欧多克索斯所证明。

德谟克利特来自阿布德拉，据他自己说，在他还很年轻的时候，阿那克萨哥拉已经很老了。阿波罗多洛斯把他的出生日期定为奥林匹亚纪元 80 年（＝前 460—前 457 年），而据斯拉苏卢斯说，他出生于奥林匹亚 77.3 年（＝前 470/前 469 年），比苏格拉底大一岁。他活到了很大年纪，据狄奥多罗斯说是 90 岁，而据另外一些权威说是 104、108、109 岁。正如斯拉苏卢斯所说的那样，他确实是哲学领域的 πένταθλος（五项全能）[14]；没有哪个主题他不曾作出显著的贡献，从数学和物理学，到伦理学和诗学；他甚至被称为"智慧"（Σοφία）

161

(15)。当然，柏拉图在他的所有对话录中都忽略了他，据说还希望烧掉他的所有作品；另一方面，亚里士多德则对德谟克利特的天才大加赞赏，并指出（比方说），在变化和发展的主题上，除了德谟克利特之外，没有一个人观察过任何东西，除非是浅薄的观察；而德谟克利特似乎思考过每一件事情(16)。他可以这样谈到自己（诚然，狄尔斯认为这个片段是假托的，而冈佩兹则认为它是真的）："所有同时代人当中，我在旅行中到过的地方最多，其间进行了最广泛的研究；我见过最多的气候和国家，聆听过最多的饱学之士的教诲。"(17) 他的旅行持续了5年，据说探访过埃及、波斯和巴比伦，结交了那里的祭司和教士；有人说，他还去了印度和埃塞俄比亚。很有可能，他着手编纂地理学考察，正如阿那克西曼德、赫卡塔埃乌斯和达玛斯忒斯所做的那样。在他的有生之年，他的名声还远远没有达到天下共知的程度，他说："我来到雅典，没有一个人知道我。"(18)

关于他的著作，有一份很长的清单，保存在第欧根尼·拉尔修的作品中，权威是斯拉苏卢斯。在天文学领域，除了其他著作之外，他还写过《论行星》（*On the Planets*）和《论大年或天文学》（*On the Great Year or Astronomy*），包括一份天文历法（parapegma）*。德谟克利特排定了天体的次序，从地球向外依次如下：月球，金星，太阳，其他行星，恒星。卢克莱修(19) 保存了一份有趣的解释，是他解释太阳为什么要花一年的时间画出黄道带完整的圆，而月球用一个月完成它的圆。任何天体，离地球越近（因此离恒星越远），天空的旋转带动它绕行的速度就越慢。月球比太阳更近，而太阳比黄道各宫更近；因此，月球绕行的速度看上去似乎比太阳更快，因为，太阳比黄道各宫更低，因此也更慢，被它们甩在了后面，但月球还要低，因此也还要慢一些，更加被它们甩在了后面。德谟克利特的大年被塞索里努斯(20) 描述为82（LXXXII）年，包括28个闰月，后面这个数字和卡

---

* parapegma 是一份通报记录，有点像历书，对于一系列年份给出太阳的运行，月相的日期，某些星星的升起和降落，还有 ἐπισημασίαι（天气征兆）；德谟克利特的天文历法的很多细节被保存在盖米诺斯《绪论》（*Isagoge*）末尾的"历书"中，以及在托勒密的作品中。

利普斯在他的 76 年中包含的月数一样；因此很有可能，LXXXII 是
LXXVII（72）的误植。

关于他的数学，我们首先有一段陈述，它出现在我们已经引用过 178
的那个真实性可疑的残片的后续部分：

> 在拼合直线（连同必要的证明）这件事情上，迄今尚没有一
> 个人超过我，哪怕是埃及那些所谓的 harpedonaptae（拉绳者）。

这段话并没有告诉我们太多东西，只不过表明，到德谟克利特的
时代，"拉绳者"们（他们最初的职责是土地测量或实用几何学）已
经在某种程度上推进了理论几何学（幸存下来的文献，比如阿默士的
书，连同其纯粹实用性的规则，并不能让我们推断出这个事实）。然
而，并没有合理的理由怀疑，在几何学领域，德谟克利特充分了解他
那个时代的知识；他的一些专著的标题，亦即其他的材料来源，都充
分证实了这一点。被分类为数学的作品（除了上文提到的天文学作品
之外）的标题有：

1. 《论意见分歧，或论圆和球的相切》（*On a difference of opinion,
or on the contact of a circle and a sphere*）；

2. 《论几何学》（*On Geometry*）；

3. 《几何学》（*Geometricorum*）；

4. 《数论》（*Numbers*）；

5. 《论无理的直线和立体》（*On irrational lines and solids*）；

6. 《翼幅》（Ἐκπετάσματα）。

关于其中的第一部作品，我认为，试图从科贝特的解读
γνώμονος（论意见分歧）中引申出意义的努力失败了，γνώμης 这个
解读（狄尔斯）更好。但"论意见分歧"似乎不够确定，如果它确实
是这本书的一个可选标题的话。我们知道，关于接触角（圆弧与它的
切线之间在切点形成的角，这种角有专门的名称似角［κερατοειδής］
来称呼）及其余角（半圆的角）的性质，古代有过一些争论 [21]。问
题是，"似角"究竟是不是一个可以和直线角相比较的量，亦即，它

179 是不是可以通过乘以足够的倍数，便能够超过一个直线角。欧几里得证明（在《几何原本》第三卷命题 16 中），"接触角"小于任何直线角，由此让这个问题最终得到了解决。这是欧几里得唯一一次提到这种角和"半圆的角"，尽管他在《几何原本》第三卷定义 7 中定义了"线段的角"，并在第三卷命题 31 中有关于线段的角的陈述。但我们从亚里士多德一段话中得知，在他的时代之前，"线段的角"作为图形中的元素进入了几何教科书，可以用在命题的证明中[22]；因此，例如，两个线段的角（假设已知）相等被用来证明《几何原本》第一卷命题 5 的定理。欧几里得在证明中放弃了使用所有这样的角，上文提到的对它们的参考只是残存的片段。争论毫无疑问在他的时代很久之前就出现了，诸如一个圆与其切线相切的性质之类的问题大概对德谟克利特很有吸引力，正如我们将会看到的那样，他还提出了其他一些涉及无穷小的问题。因此，由于一个圆与其切线相切的性质和"似角"的特性的问题明显相关，我宁愿解读为 γωνίης（角的），而不是 γνώμης；这将让这部著作有一个完全容易理解的标题："论角的差，或论圆和球的相切"。我们从亚里士多德那里得知，毕达哥拉斯写了一本论述数学（περὶ τῶν μαθημάτων）的书，用来反对几何学家们，他提出的论点是：大自然中并没有像他们假设的直线和圆，而且（比方说），实际上，一个物理的圆并不仅仅在一个点上与一根直尺接触[23]；似乎很有可能，德谟克利特的作品就是针对几何学所遭受的这种攻击。

对于德谟克利特的《论几何学》或《几何学》的内容，我们一无所知。其中这部或那部作品可能包含了关于一个与底平行且紧挨在一起的圆锥截面的著名二难推论，普鲁塔克依据克律西波斯的权威，描述了这个二难推论[24]。德谟克利特说：

180　　　如果一个圆锥体被一个与底平行的平面所截［这里明显指的是一个无限接近于底的平面］，我们当如何看待由此形成的截面？它们是相等还是不相等？如果不相等的话，它们就会让圆锥体变得不规则，仿佛有很多缩进，就像台阶一样，并且不平坦；但是，如果它们相等，那么截面都会相等，而圆锥体看上去就有着圆柱体的属性，由相等的（而非不等的）圆所组成，这显然非常荒谬。

"由相等的……圆所组成"这句话表明，德谟克利特已经有了这样的观念：一个立体是无穷多个平行的平面之和，或者说由无限薄的薄片无限地贴近在一起所组成，这是一个极其重要的预备观念，同样是这个思想，在阿基米德那里导致了如此丰硕的成果。这个观念可能源于一个论据，德谟克利特凭借这个论据，证明了两个被阿基米德归到他名下的命题为真，亦即：一个圆锥体是同底等高的圆柱体的三分之一，一个棱锥体是一个同底等高的棱柱体的三分之一。看来很有可能，德谟克利特应该会注意到，如果两个有着相同的高度和相等的三角形底的棱锥体分别被与底平行的平面所截，并按同样的比例分割高度，那么这两个棱锥体对应的截面是相等的，由此他会推断出：这两个棱锥体是相等的，都是同样无穷多个相等的平截面或无限薄的薄片之和。（这是卡瓦列里命题的一个特殊的预备命题：如果分别在两个图形相同的高度［不管这个高度是多少］取其两个截面，始终得到相等的直线或相等的平面，那么，这两个图形的面积或体积是相等的。）德谟克利特当然会看出，由一个棱柱体分成的三个同底登高棱锥体（像在《几何原本》第七卷命题 7 中那样）满足这一相等性检验，因此棱锥体是棱柱体的三分之一。这个命题很容易扩展到多边形底的棱锥体。德谟克利特可能对圆锥体陈述了这个命题，只要无限增加构成一个棱锥体的底的正多边形的边数，结果自然可以推断出这样的结论。

坦纳里注意到一个有趣的事实：德谟克利特的专著《论几何学》《几何学》《数论》和《论无理的直线和立体》的顺序刚好符合欧几里得《几何原本》各部分的顺序：第一至六卷（平面几何），第七至九卷（数论），第十卷（论无理数）。关于《论无理的直线和立体》，有人指出，由于他对圆锥体的研究导致德谟克利特自觉地面对了无穷小，因此他撰文论述无理数也就一点也不奇怪了；正相反，这个课题正是他很有可能产生特殊兴趣的一个课题。推测这部专著包含什么内容毫无意义；但有一件事情我们可以肯定，亦即：ἄλογο γραμμαί（无

181

理的直线）并不是 ἄτομοι γραμμαί（不可分的直线）[25]。德谟克利特是一个优秀的数学家，不可能跟这样一种理论有任何关系。我们不知道他对那个关于圆锥体的难题给出了什么样的回答；但他对这个二难推理的陈述表明，他充分意识到了与这个特例所说明的连续概念有关的困难，他不可能假设不可分的直线来解决它，这在某种意义上类似于他的原子物理理论，因为这将涉及这样一个推论：圆锥体的连续平行截面是不相等的，在这种情况下，表面将会是（正如他所说的那样）不连续的，在某种意义上形成了台阶。此外，辛普利丘斯告诉我们，据德谟克利特自己说，他的原子在数学意义上进一步可分，且事实上是无限的[26]，而亚里士多德《论天》的边注含蓄地否认了德谟克利特有任何不可分直线的理论："那些坚持认为存在不可分量的人当中，有些人——例如留基伯和德谟克利特——相信不可分的立体，而另一些人——例如色诺克拉底——则相信不可分的直线。"[27]

关于 Ἐκπετάσματα，值得注意的是，这个词在托勒密的《地理学》（Geography）中被解释为手镯形在一个平面上的投影[28]。这部作品和《论无理的直线》几乎不属于初等几何。

182　　　埃利斯的**希庇亚斯**是著名的诡辩家，前面已经提到过，他与苏格拉底和普罗狄克斯差不多是同时代人，大概出生于公元前460年前后。按照年代顺序，他的位置应该在这里，但归到他名下的唯一特定发现是一条曲线，后来被称作割圆曲线（quadratrix），割圆曲线并不在《几何原本》的范围之内。它首先被用来三等分任意直线角，或者更一般的情况，按任意比例分割直线角，其次被用来化圆为方，或者毋宁说是用来求一个圆的任意一段弧的弧长；这些问题都不是希腊人所说的"平面"问题，亦即，它们不可能借助直尺和圆规来解决。有一点倒是真的，有人否认发现割圆曲线的希庇亚斯是埃利斯的希庇亚斯；布拉斯[29]和阿佩尔特[30]持这一观点。阿佩尔特认为，在希庇亚斯的时代，几何学尚没有发展到超越毕达哥拉斯定理的阶段。要显示最后这句话是一个多么宽的界限，我们只要想想德谟克利特的成就。我们还知道，诡辩家希庇亚斯精通数学，我同意康托尔和坦纳里的意见：没有理由怀疑正是他发现了割圆曲线。当我们开始讨论化圆为方的问题时（第 7 章），这条曲线将得到详尽的描述；在这里，我们只要这样说就足够了：它暗示了这样一个命题：一个圆的弧的长度与它相对的圆心角成正比（《几何原本》第六卷命题 33）。

从本章的观点看，最重要的名字是希俄斯的**希波克拉底**。他实际上是第一个有文献记载的编纂过一本《几何纲要》的人。这本书失传了，但辛普利丘斯在他对亚里士多德《物理学》的注释中保存了一个片段，取自欧德谟斯的《几何学的历史》，记述了希波克拉底求某些"新月形"或弓形的面积 [31]。这个片段是欧几里得时代之前希腊几何史最珍贵的材料之一；由于方法（除了一个稍微明显的例外）都是直线和圆的方法，我们对希波克拉底时代之前的几何原理所取得的进步可以形成一个清晰的概念。

看来，在公元前 5 世纪的下半叶，希波克拉底有相当一部分时间生活在雅典，大概从公元前 450 至前 430 年。我们已经引述过这样一个故事：把他带到雅典的是一桩诉讼案，为的是找回他在做生意的过程中由于碰上海盗而损失的一大笔钱；据说他由于这个原因而长期逗留雅典，在此期间，他结交了一些哲学家，在精通几何学上达到了这样一种程度，以至于他试图发现化圆为方的方法 [32]。这当然暗示了新月形的求积。

还有一个重要发现被归到希波克拉底的名下。他最早注意到，倍立方体的问题可以简化为求两条直线之间连续比的两个比例中项的问题 [33]。正如普罗克洛斯所说，这一简化的结果是，从此之后，人们都把自己的注意力（完全）转向了求两条直线之间的比例中项这个等价的问题。[34]

（1）希波克拉底的新月形求积

现在，我将给出欧德谟斯著作中关于希波克拉底新月形求积这个主题的那段引文的细节，正如我已经指出过的，我之所以把这个主题放在这里，乃是因为它属于初等"平面"几何。辛普利丘斯说，他会

"逐字"（κατὰ λέξιν）引用欧德谟斯的原文，除了几处添加取自欧几里得的《几何原本》之外，这些添加是为了清晰起见而插入的，欧德谟斯的摘要（备忘录一样的）风格确实需要它们，他的陈述形式被压缩了，"符合古代的习惯"。因此，我们首先要把欧德谟斯的原文与辛普利丘斯添加的文字区分开来。让数学史家注意到辛普利丘斯这个段落的重要性是布雷特施奈德[(35)]的功劳。奥尔曼[(36)]是第一个试图把欧德谟斯的原文与辛普利丘斯的扩充区分开来的人；接下来，是狄尔斯编辑的决定性文本（1882 年）：辛普利丘斯对《物理学》的评注，狄尔斯在乌泽纳的帮助下，分离并用间距标示出了他们认为属于欧德谟斯自己的部分。坦纳里[(37)]给狄尔斯的序言贡献了一些关键性的意见，他编辑（1883 年）、翻译和注释了他判断属于欧德谟斯的文本（省略了其余的部分）。海贝格[(38)]在 1884 年回顾了整个问题；最后，鲁迪奥[(39)]在 1902 年的《数学文献》（*Bibliotheca Mathematica*）上发表了带有详尽注释的辛普利丘斯的完整段落的译文，紧接着于 1903 年和 1905 年再次在同一杂志及别的地方发表了另外一些文章，他编辑了希腊语文本，连同译文、导论、注释和附录，总结了整个论战。

辛普利丘斯评注中的整篇专题论文的起因是亚里士多德的一句评论：一个特定学科的倡导者没有义务去反驳与之相关的谬论，除非谬论的作者把他的论证建立在奠定该学科根基的公认原则的基础之上。"因此，"他说，"几何学家有义务驳斥（假想的）凭借线段（τμηάτων）化圆为方，但是，驳斥安提丰的论证不是几何学家的分内之事。"[(40)]亚历山大认为这段评论是针对希波克拉底的试图借助新月形来求积（尽管在那种情况下，亚里士多德使用了 τμῆμα［部分］，不是在一条线段的技术意义上，而是从一个图形上切割下来的任意部分的非技术意义）。这一点，本身就有足够的可能（因为在另外一个地方，亚里士多德使用同一个单词 τμῆμα 来表示一个圆的一个扇形区域[(41)]），而亚里士多德作品中另外两处暗示几乎让它变得确凿无疑，一处是证明一个圆加上某些新月形等于一个直线形[(42)]，另一处提到了"希波克拉底的（谬论），或借助新月形求积"[(43)]。这两个词组被"或"分开，无疑不是指一个谬论，而是指两个不同的谬论。但是，如果"借助新月形求积”不同于希波克拉底的新月形求积，那么很显然，它一定是某个类似于亚历山大（不是欧德谟斯）引用的第二种求积法，而且，被归到希波克拉底名下的谬论必定是某个新月形加一个圆的求积法（这本身根本没有包含任何谬论）。看来更有可能，那两个词组指的是一回事，而且，这是把希波克拉底的小册子的论证当作一个整体。

辛普利丘斯在转到欧德谟斯的引文之前复述的亚历山大的那个段落包含两个简单的求积实例，一个是新月形的求积，另一个是新月形加一个半圆的求积，并由这些实例得出了一个错误的推论：一个圆因此被化方了。很明显，这个说法并不代表希波克拉底自己的论证，因为他不可能犯下如此明显的错误；亚历山大的信息必定不是来自欧德谟斯，而是来自某个别的来源。辛普利丘斯承认了这一点，因为，在给出了引自欧德谟斯的另一个说法之后，他说，我们必须相信欧德谟斯的说法，而不是其他说法，因为欧德谟斯距离希波克拉底的“时代更近”。

亚历山大给出的两个求积法如下。

1. 设 AB 是一个圆的直径，D 是圆心，AC、CB 是圆内接正方形的边。

以 AC 为直径画半圆 AEC。连接 CD。

现在，由于

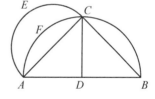

$$AB^2 = 2AC^2,$$

且两圆（因此还有两个半圆）之比等于其直径上的正方形之比，

$$（半圆 ACB) = 2（半圆 AEC)。$$

但　　　　　$$（半圆 ACB) = 2（四分之一圆 ADC);$$

因此　　　　$$（半圆 AEC) = （四分之一圆 ADC)。$$

现在，如果我们减去共同的部分，即弓形 AFC，则得到：

$$（新月形 AECF) = \triangle ADC,$$

因此，这个新月形被“化方”了。

2. 接下来，取一个直径为 CD 的内接正六边形的连续三条边 186

CE、EF、FD。同时取 AB 为一个圆的半径，并等于上述每一条边。

以 AB、CE、EF、FD 为直径画半圆（后三个半圆向外画）。

那么，由于

$$CD^2 = 4AB^2 = AB^2 + CE^2 + EF^2 + FD^2$$

且这些圆互相之间的比等于其直径的平方之比，因此，

(半圆 $CEFD$) = 4 (半圆 ALB) = (半圆 ALB、CGE、EHF、FKD 之和)。

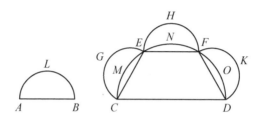

从各边上减去 CE、EF、FD 上的小弓形之和，得：

(梯形 $CEFD$) = (三个新月形之和) + (半圆 ALB)

作者接着说，减去等于三个新月形的直线形（"因为一个直线形被证明等于一个新月形"），我们得到了一个等于半圆 ALB 的直线形，"因此，这个圆被化方了"。

这个结论显然是错的，而且，正如亚历山大所说，错就错在所举的实例只能用一个内接正方形的边上的新月形来证明，亦即，它可以化方，但只适用于一个内接正六边形的边上的新月形。希波克拉底（最能干的几何学家之一）不可能犯这样的错。我们因此转向欧德谟斯的说法，他的说法很像希波克拉底作品的开头，接下来按他的顺序进行。

187　　从本章的观点看，重要的是要保留欧德谟斯的措辞，它让我们更清楚地认识了这样一个问题：欧几里得几何学的技术术语究竟在多大程度上已经被欧德谟斯（即便不是被希波克拉底）在其技术的意义上使用。因此，我将尽可能按照字面意思翻译确定属于欧德谟斯本人的

文字，除了纯几何作品，在这样的文字中，我将使用现代符号。

　　新月形求积由于（新月形）与圆的密切关系，而被认为属于一类不大常见的命题，最早研究这个问题的是希波克拉底，他的阐述被认为是一种正确的形式[44]；因此我们将详细地处理和描述它们。他首先从下面这个命题开始，并把它定为对自己的目的十分有用的诸多定理中的第一定理：相似圆弓形之比等于其底上的正方形之比。他首先证明了直径上的正方形之比等于圆面积之比，以此来证明这个命题。｛因为，正如圆面积的比等于其直径上的正方形之比，圆的相似弓形也是如此。因为相似弓形分别是各自圆上的同等部分，例如，半圆与半圆相似，圆的三分之一与圆的三分之一相似［鲁迪奥认为，在这里，弓形（τμήματα）这个词是在扇形的意义上使用的］。同理（διὸ καὶ），相似弓形包含相等的角［这里的"弓形"肯定是通常意义上的弓形］。所有半圆的内接角都是直角，大于半圆的弓形的内接角小于直角，而小于半圆的弓形，其内接角大于直角，并按弓形小于半圆的比例大于直角。｝

　　我把这段引文的最后几句放在了大括号中，因为，它们究竟是欧德谟斯的原文，还是辛普利丘斯添加的，是一个尚有争论的问题。

　　我想，如果我把鲁迪奥（他是整个引文最新版本的编辑者）的解释作为我的起始点的话，我就应该尽可能澄清这个段落中产生的问题。狄尔斯、乌泽纳、坦纳里和海贝格全都认为大括号中那几句话是辛普利丘斯添加的，就像前面的那句短语（上文没有引述）一样："一个被欧几里得放在《几何原本》第十二卷第2节中的命题：'圆面积之比等于其直径上的正方形之比'。"而鲁迪奥则坚持认为，这几句话完全是欧德谟斯的，因为，"正如圆面积之比等于其直径上的正方形之比，圆上的相似弓形也是如此"这句话明显与前面的命题"相似圆弓形之比等于其底上的正方形之比"相关。假设这几句话是欧德谟斯的，然后，鲁迪奥把他接下来的论证建立在定义相似圆弓形的那句话

188

的基础之上："相似圆弓形分别是各自圆上的同等部分，例如，半圆与半圆相似，（一个）圆的三分之一与（另一个）圆的三分之一相似"。他认为，在严格意义上，一个"弓形"如果是圆的三分之一、四分之一等等，那它不是一个可能被引入到希波克拉底的讨论中的概念，因为它不可能通过实际作图来呈现，因此不会表达任何清晰的观念。另一方面，如果我们借助 3、4 或 n 条半径，把围绕圆心的四个直角分成 3、4 或 n 个相等的部分，那么我们也就有了明显的分割方法把这个圆分成相等的部分，这一点任何人都能想到；也就是说，如果这些部分是扇形而不是弓形的话，任何人都会懂得圆的三分之一或四分之一表达的是什么意思。（在数学术语尚没有最终固定下来的年代，在扇形的意义上使用 τμῆμα［部分］这个词并非不可能；实际上，在亚里士多德的一个段落里，它指的就是"扇形"[45]。）因此，鲁迪奥坚持认为，我们所引用的这段话中第二处和第三处的"相似圆弓形"是"相似扇形"。但是，希波克拉底前面阐述的那个基本命题中的"相似圆弓形"肯定是严格意义上的"弓形"；接下来一句话中的"弓形"也是如此，这句话说："相似圆弓形包含的内接角相等。"因此，有一个很大的困难是，按照鲁迪奥的解释，连续几句话中使用的 τμήματα 这个词，第一个是弓形，第二个是扇形，接下来又是弓形。然而，假设确实如此，鲁迪奥能够以下面的方式使论证前后一致。接下来的一句话说："同理（διὸ καὶ），相似圆片段包含的角相等"；因此，这必定是从下面这个事实推导出来的：相似扇形是各自圆上的同等比例的部分。文本中没有给出中间步骤；但是，由于相似扇形是各自圆上的同等比例的部分，它们包含的角相等，并由此推导出：构成扇形组成部分的弓形的内接角也相等，因为它们分别是各自扇形所包含角的一半的余角（这一推论意味着希波克拉底知道《几何原本》第三卷命题20—22的定理，它们并没有被包含在欧德谟斯引文的其他段落中）。假设这就是论证思路，鲁迪奥推断，在希波克拉底的时代，相似圆弓形并不像《几何原本》中所定义的那样，而被看作属于"相似扇形"的片段，因此是较早的概念。相似扇形是其包含的角相等的扇形。那么，导致希波克拉底命题的概念顺序就是这样。圆面积之比等于其直径或半径上的正方形之比。相似扇形（包含相等的角）的面积之比等于它们各自属于的整个圆之比。（欧几里得没有这个命题，但它包含在赛翁对《几何原本》第六卷命题 33 的补充中，在欧几里得时代很久之前就被人们知道了。）因此，相似扇形的面积之比等于各自半径上的正方形之比。但是，连接各扇形半径的端点所形成的三角形也是如此。因此（比较《几何原本》第五卷命题 19），扇形与各自对应的三角形之差，亦即对应的弓形，其面积之比等于（1）相似扇形之比，（2）相似三角形之比，因此也等于半径上的正方形之比。

我们无疑可以同意这个说法，只要满足下面这三个条件：（1）假如这个段落确实是欧德谟斯的；（2）假如我们可以认为 τμήματα 这个词在连续几句话中按照不同的意义使用，而没有给出任何解释；（3）假如定义相似"弓形"与推导"相似弓形所包含的角相等"这个结论之间的省略可以归因于欧德谟斯的"概要"风格。其中第二个条件是决定性的；经过充分思考之后，我觉得不得不同意一些伟大学者的观点，他们认为，这个假说是不可能的；实际上，文学批评的规则似乎完全把它排除了。果真如此，鲁迪奥精心构建的整个结构就会轰然坍塌。

现在，我们可以从头开始考量整个问题。首先，上面讨论的那几句话到底是欧德谟斯的，还是辛普利丘斯的？一方面，我认为，整个段落如果停止在大括号的起始处，也就是说，引文中如果根本没有这几句话，它就更像是欧德谟斯的"概要"风格。放在一起，它们篇幅更长，然而论说更含糊，而最后一句话实际上是多余的，我要说，完全配不上欧德谟斯。另一方面，我看不出辛普利丘斯有足够的动机插入这样一段解释；他可能会补充"因为，正如圆面积的比等于其直径上的正方形之比，圆上的相似弓形也是如此"，但他完全没有必要定义相似弓形；他必定十分熟悉这个术语及其意义，足以让他认为读者理所当然也熟悉它们。因此，我认为，这几句话，至少是直至"各自圆上的同等部分"为止，可能来自欧德谟斯。那么，这几句话中，"弓形"到底有没有可能指的是严格意义上的弓形（而不是扇形）呢？有人认为不可能，这个论点依赖于这样一个假设：希波克拉底时代的希

190

腊人如果看不到有什么办法通过实际作图把它呈现出来，不可能说整个圆的三分之一是一个弓形。但是，尽管这个观念对我们来说毫无用处，却并不能由此得出他们的观点和我们是一样的。恰恰相反，我同意邹腾的观点：希波克拉底很可能说，圆的弓形之比等于圆面积之比，它们是各自圆上的"同等部分"，因为这就是（诚然，其形式并不完备）当时所知道的唯一的比例理论（数的比例理论）中定义比例的语言（比较《几何原本》第七卷定义 20："当第一数是第二数的某倍、某一部分或某几部分，与第三数是第四数的某倍、某一部分或某几部分相同，称这四个数是成比例的。"亦即：两个相等的比属于下列形式之一：m、$\frac{1}{n}$ 或 $\frac{m}{n}$，这里 m、n 是整数）。这些例证，亦即半圆和分别是各自圆的三分之一的弓形，从这个观点看无伤大雅。

只剩下一个过渡尚待解释，那就是过渡到把相似弓形看作"包含相等的角"的弓形。对于这个问题，我们完全在黑暗中，因为，我们不知道——比方说——希波克拉底如何画出给定圆上的一个弓形，使它是与另一个给定圆上的给定弓形一样是该圆上的"同等部分"。（例如，如果他作两个圆的直径，垂直等分这两个相似弓形的底，则弓形的底把直径分成了两个部分，然后，他使用直径的这两个部分之比，那么，他就可以借助弓形所属于的扇形来证明：像扇形一样，弓形之比也等于圆之比，正如鲁迪奥假设他所做的那样；而且，弓形内接角的相等也会像鲁迪奥的证明那样被推导出来。）

实际上，我对"同理，相似弓形包含相等的角"这句话是不是辛普利丘斯的添加毫无把握。尽管希波克拉底完全知道这个事实，他无需在这个地方陈述它，而且，辛普利丘斯很可能是为了把希波克拉底关于相似弓形的观点与欧几里得的定义关联起来，才插入了这句话。接下来那句话说到半圆的"内接角"以及大于或小于半圆的弓形的"内接角"，退一步讲，至少是文不对题，几乎不可能出自欧德谟斯。

我们重新回到欧德谟斯的介绍。

在证明这个命题之后，他接下来显示了以什么样的方式，可能求出一个这样的新月形的面积：其外周长是一个半圆的周长。这个新月形他是这样实现的：先画一个等腰直角三角形外接半圆，再在三角形的底上画一个弓形，使之相似于三角形的腰所切割出来的弓形。［这就是《几何原本》第三卷命题 33 的问题，并涉及相似弓形包含相等内接角的知识。］

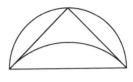

那么，由于底上的弓形等于腰上的两个弓形之和，由此可知，当三角形中底上弓形之上的部分同样与二者相加时，新月形就会等于三角形。

因此，在证明新月形等于三角形之后，就可以求出它的面 192 积了。

以这种方式，假设新月形的外周长是一个半圆的周长，希波克拉底很容易求出这个新月形的面积。

接下来，他假设（外周长）大于一个半圆，这个新月形是这样（获得的）：作一个三边相等的梯形，两条平行边中较长的一边上的正方形等于其余各边上的正方形的三倍，然后作这个梯形的外接圆，并在最长的边上作一个弓形，使之相似于三条等边在圆上切割下来的弓形。

辛普利丘斯在这里插入了一个很容易的证明，证明可以画一个圆外接于这个梯形。*

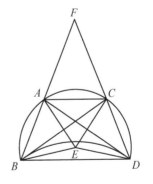

如果在梯形内画一条对角线的话，上述弓形［图中被外周 *BACD* 所限定］大于半圆就很明显了。

因为这条对角线［比方说是 *BC*］

---

* 海贝格（*Philologus*, 43, p.340）认为，καὶ ὅτι μὲν περιληφθήσεται κύκλῳ τὸ τραπέζιον δείξεις [οὕτως] διχοτομήσας. τὰς τοῦ τραπεζίου γωνίας（现在，你可以通过等分梯形的角，来证明这个梯形可以内接于一个圆）可能（没有 οὕτως）是欧德谟斯的。因为，ὅτι μὲν…与下一段中的 ὅτι δὲ μεῖζον…形成了自然对照。

与梯形的两条边［*BA*、*AC*］相对，其上的正方形大于剩下两边中任意一边上的正方形的两倍。

从下面这个事实可以得出这个结论：*AC* 平行于 *BD*，但小于它，*BA* 与 *DC* 若延长则相交于点 *F*。那么，在等腰三角形 *FAC* 中，角 *FAC* 小于直角，因此角 *BAC* 是钝角。

193

因此，梯形最大边［*BD*］上的正方形［$= 3CD^2$］小于对角线［*BC*］上的正方形与该（最大）边［*BD*］连同对角线［*BC*］对向[*]的两条边中的一条边［*CD*］上的正方形之和［亦即：$BD^2 < BC^2 + CD^2$］。

因此，梯形最大边所对的角［∠*BCD*］是钝角。

所以，该角的外接弓形大于半圆。而且，这个（弓形）是新月形的外周。

辛普利丘斯注意到，欧德谟斯新月形的实际求积，大概是因为太明显。我们只要提供下面的方法。

由于　　　　　　　　$BD^2 = 3BA^2$，

　　（*BD* 上的弓形）$= 3$(*BA* 上的弓形)

　　　　　　　　　　$=$ (*BA*、*AC*、*CD* 上的弓形之和)。

等式两边都加上 *BA*、*AC*、*CD* 与 *BD* 上的弓形外周围成的区域，我们得到：

（梯形 *ABDC*）$=$（两段圆周围成的新月形）。

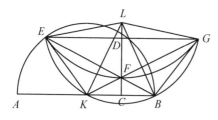

---

[*]　注意这里 ὑποτείνειν 的古怪用法：在下延伸，对向。一个三角形的第三边据说与另两条边"对向"。

外周长小于半圆的实例也被希波克拉底解决了 *，他给出了下面的初级作图。

设有一个圆以 AB 为直径，圆心为 K。

设 CD 垂直等分 BK，让直线 EF 这样被置于 CD 与半圆外周之间，使之逼近于 B（亦即，如果延长的话，它将通过 B），其长度使得其上的正方形等于半径上的正方形的 $1\frac{1}{2}$ 倍。

画 EG 平行于 AB，再画（直线）连接 K 到 E 和 F。

连直线［KF］到 F 并延长，与 EG 相交于 G，再画（直线）连接 B 到 F 和 G。

那么很明显，延长 BF 将会通过［"落到"］E［因为根据假设，EF 逼近于 B］，而且 BG 将会等于 EK。

辛普利丘斯详细证明了这一点。证明很容易。三角形 FKC、FBC 全等（《几何原本》第一卷命题 4）。因此，EG 平行于 KB，三角形 EDF、GDF 全等（《几何原本》第一卷命题 15、29、26）。所以梯形是等腰梯形，$BG = EK$。

既然如此，那么我可以说，梯形 $EKBG$ 可以内接于一个圆。

让弓形 $EKBG$ 内接于圆。

接下来，让一个弓形也外接于三角形 EFG；那么很明显，EF、FG 上的弓形将会相似于 EK、KB、BG 上的弓形。

这是因为所有这些弓形都包含相等的角，亦即一个等于 EGK 的余角的角。

这样一来，新月形就形成了，$EKBG$ 是它的外周，而且，它

194

---

* 字面意思是"若(外周长)小于半圆，希波克拉底解决了(κατεσκεύασεν，作出了)这个(实例)"。

将等于由三个三角形 *BFG*、*BFK*、*EKF* 组成的直线形。

因为，在这个新月形的内侧，直线 *EF*、*FG* 从直线形上切下的两个弓形（加起来）等于直线 *EK*、*KB*、*BG* 从直线型的外侧切下的三个弓形之和，这是由于内侧各弓形等于外侧各弓形的 $1\frac{1}{2}$ 倍，因为，根据假设，

$$EF^2 \left(= FG^2\right) = \frac{3}{2}EK^2$$

亦即，　　　$2EF^2 = 3EK^2$

$$= EK^2 + KB^2 + BG^2$$

那么，（新月形）=（三个弓形）+（直线形）−（两个弓形），梯形包括两个弓形，但不包括三个弓形，而两个弓形（之和）等于三个弓形（之和），因此得到：

（新月形）=（直线形）

这个新月形就是一个其外周小于半圆的新月形，他用来证明这一点的是下面这个事实：外弓形所包含的角［*EKG*］是钝角。

对于角 *EKG* 是钝角这个事实，他的证明如下。

有人认为，这个证明是欧德谟斯用希波克拉底自己的话给出的，但很不幸，文本被混淆了。论证大致上似乎如下。

根据假设，　　　$EF^2 = \frac{3}{2}EK^2$

且　　　$BK^2 > 2BF^2$（这是假设，我们稍后考量理由）

或　　　$EK^2 > 2KF^2$

因此，　　　$EF^2 = EK^2 + \frac{1}{2}EK^2$

$$> EK^2 + KF^2$$

所以，角 *EKF* 是钝角，且弓形小于半圆。

希波克拉底是如何证明 $BK^2 > 2BF^2$ 的呢？原稿中有这样的说法："因为 *F* 上的角大于"（推测起来，这里我们应当补上 ὀρθῆς，即"大

于直角"）。但是，如果希波克拉底证明了这一点，那么很显然，他必定是借助 $EF^2 = \frac{3}{2}EK^2$ 这个假设来证明的，这个假设更直接地导致了 $BK^2 > 2KF^2$，而不是 F 上的角大于直角。

我们可以补充证明如下。

根据假设，
$$EF^2 = \frac{3}{2}EK^2$$

而且，由于 A、E、F、C 在同一个圆周上，
$$EB \times BF = AB \times BC$$
$$= KB^2$$

或
$$EF \times FB + BF^2 = KB^2$$
$$= \frac{3}{2}EF^2$$

从最后的关系得到：$EF > FB$，且
$$KB^2 > 2BF^2$$

上述证明中最引人注目的特征是解决这个问题的假设："让直线 EF 这样被置于 CD 与半圆外周之间，使之逼近（νεύειν）于 B（亦即，如果延长的话，它将通过 B），其长度使得其上的正方形等于半径上的正方形的 $1\frac{1}{2}$ 倍。"这是一个希腊人称之为 νεύσεις（趋向或逼近）的问题。理论上，它可以被视为求一个这样的长度（x）的问题：若在 CD 上取点 F，使 $BF = x$，且延长 BF 会使 CD 与半圆外周之间被截得的长度 EF 等于 $\sqrt{\frac{3}{2}} \times AK$。

如果我们假设做到了上述这些，则我们得到：
$$EB \times BF = AB \times BC = AK^2$$

或
$$x\left(x + \sqrt{\frac{3}{2}} \times a\right) = a^2 \quad （这里，AK = a）$$

也就是说，这个问题等价于解二次方程 $x^2 + \sqrt{\frac{3}{2}} \times ax = a^2$。

196

179

这又是面积贴合的问题"在一条长度为 $\sqrt{\dfrac{3}{2}} \times a$ 的直线上贴合一个长方形，使之多出一个正方形，并在面积上等于 a^2"，理论上可以用毕达哥拉斯基于《几何原本》第二卷命题 6 的方法来解。毫无疑问，希波克拉底能够用这个理论方法来解这个问题；但这一次，他可能使用了纯机械的方法：在一根直尺上标出一段长度等于 $\sqrt{\dfrac{3}{2}} \times AK$，然后移动它，直至标出的两个端点分别落在圆周和 CD 上，同时直尺的边缘通过 B。下面这个事实或许表明他使用的是这种方法：他首先放置 EF（没有把它延伸到 B），后来才连接 BF。

现在，我们来看希波克拉底求积的最后部分。欧德谟斯继续说：

197

就这样，希波克拉底求出了每一（种）新月形的面积，我们看到*，（他求积的）不仅有（1）外周是半圆弧的新月形，而且还有（2）外周大于半圆的新月形和（3）外周小于半圆的新月形。

---

* 坦纳里把 πάντα 和 εἴπερ καί 用括括了起来。海贝格认为（l. c, p. 343），这里是辛普利丘斯的措辞，复述欧德谟斯的内容。句子中的措辞对于下面两个问题很重要：（1）亚里士多德指控希波克拉底的谬论究竟是什么？（2）如果有理由的话，这一理由是什么？现在，欧德谟斯给出的四个求积已经很清楚了，其本身根本不包含任何错误。那么，这个假定的谬论只能包含在希波克拉底方面的一个臆断里，因为他只对三种新月形各求了一个特例的面积，亦即，其外周分别（1）等于半圆、（2）大于半圆和（3）小于半圆的新月形，他就认为自己求出了所有可能新月形的面积，因此也包括他最后求积的新月形，这个新月形的求积（假如可能的话）实际上将使得他能够化圆为方。问题是，希波克拉底真的会这样欺骗自己吗？海贝格认为，就当时逻辑学的现状而言，他可能会这么做。但对于一个如此优秀的数学家，我们似乎不可能相信这个说法；此外，就算希波克拉底确实认为他已经解决了化圆为方的问题，有一点也是不可想象的：他竟然没有在他第四个求积的末尾明确地说出来。

另一个晚近的观点是比约恩博的观点（参见 Pauly-Wissowa, *Real-Encyclopädie*, xvi, pp. 1787–99），他认为，希波克拉底完全认识到了他能做什么的局限，并且知道他并没有解决化圆为方的问题，但他故意使用了那样的语言（实际上并非不忠实），打算误导任何阅读他的作品的人，使之相信他实际上已经解决了这个问题。这似乎也不可信，因为毫无疑问，希波克拉底必定知道，第一个读到他的小册子的专家将会立即发现这个谬误，他是在毫无来由地拿自己作为一个数学家的名声冒险。我更愿意认为，他仅仅是试图以最为有利的方式把自己发现的东西呈现出来；但必须承认，他所使用的语言，其效果只能是给自己招来他原本可以轻而易举地避免的指控。

但他还以下面的方式对一个新月形和一个圆之和进行了求积。

［原文是用文字陈述的，没有使用图中的字母。］

设有两个圆以 K 为圆心，外圆直径上的正方形是内圆直径上的正方形的 6 倍。

作（正）六边形 $ABCDEF$ 内接于内圆，从圆心连接 KA、KB、KC，并延长至外圆圆周，连接 GH、HI、GI。

在 GI 上画一个弓形，使之相似于 GH 在外圆上切下的弓形。

那么，$$GI^2 = 3GH^2$$

因为，$GI^2 + ($ 外六边形的边 $)^2 = ($ 外圆的直径 $)^2$
$$= 4GH^2$$

而且，$$GH^2 = 6AB^2$$

因此，GI 上的弓形 ［$=2(GH$ 上的弓形 $) + 6(AB$ 上的弓形 $)$ ］   198
$$= (GH、HI \text{ 上的弓形}) + (\text{内圆中的所有弓形})$$

［等式两边都加上 GH、HI 和弧 GI 围成的区域；］

所以，（$\triangle GHI$）=（新月形 GHI）+（内圆中的所有弓形）

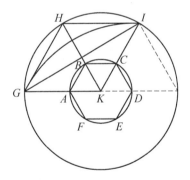

等式两边都加上内圆中的六边形，得到

（$\triangle GHI$）+（内正六边形）=（新月形 GHI）+（内圆）

那么，由于两个直线形之和可以求积，题中的圆和新月形也就可以求积。

辛普利丘斯接下来补充了下面这段评论：

> 现在，就希波克拉底而言，我们必须承认，欧德谟斯有更好的条件了解事实，因为他离那个时代更近，是亚里士多德的弟子。但是，关于亚里士多德认为包含一个谬论的"借助弓形化圆为方"，存在三种可能性：（1）它指的是借助新月形化圆为方（亚历山大十分正确地用下面这句话暗示了他的怀疑："如果它和借助新月形化圆为方是一回事的话。"）；（2）它指的不是希波克拉底的证明，而是其他的证明，亚历山大实际上复述了其中一个证明；（3）它旨在反思希波克拉底的圆加新月形的求积，希波克拉底事实上是"借助弓形"来证明的，亦即（大圆里的）三个弓形和小圆里的那些弓形……根据第三个假设，谬误就在于下面这个事实：被化方的是圆与新月形之和，而不只是圆。

然而，如果亚里士多德所指的确实只是希波克拉底的最后一个求积，那么，希波克拉底明显被冤枉了；里面没有任何谬误，希波克拉底也不可能像他的证明实际上做到的那样欺骗自己。

在上面对欧德谟斯的引文的复述中，有些段落我使用了图中的字母，而作者则是按照古代的方式来描述点、线、角，等等。有人假设，那些使用古代更长形式（而不是欧几里得更短的形式）的地方，欧德谟斯想必是逐字引用了希波克拉底的话；但这并不是一个很有把握的标准，因为，比方说，这两种表达形式亚里士多德本人都使用过，另一方面，在阿基米德的作品中甚至都有一些古代形式的遗存。

三角学使得我们能够轻而易举地求出希波克拉底新月形当中所有能够借助直线和圆求积的类型。设 ACB 是这样一个新月形的外周，ADB 是内周，r、r' 分别是这两段弧的半径，O、O' 是圆心，θ、θ' 分别是这两段所对的圆

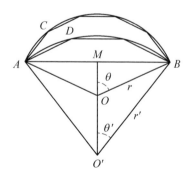

心角的一半。

那么，（新月形的面积）

= (弓形 ACB 和 ADB 之差)

= (扇形 OACB − △ AOB) − (扇形 O'ACB − △ AO'B)

$= r^2\theta - r'^2\theta' + \dfrac{1}{2}\left(r'^2 \sin 2\theta' - r^2 \sin 2\theta\right)$

我们还得到：

$$r \sin \theta = \frac{1}{2} AB = r' \sin \theta' \cdots\cdots\cdots（1）$$

为了让这个新月形可以求积，我们必须首先让

$$r^2\theta = r'^2\theta'$$

假设 $\theta = m\theta'$，并由此得到

$$r' = \sqrt{m} \times r$$

因此，这个面积便成了

$$\frac{1}{2}r^2\left(m \sin 2\theta' - \sin 2m\,\theta'\right)$$

剩下的只要解上面的方程（1），它现在成了

$$\sin m\,\theta' = \sqrt{m} \times \sin \theta'$$

只有当 m 为 2、3、$\dfrac{3}{2}$、5、$\dfrac{5}{3}$ 这几个值之一时，这个方程才可以简化为一个二次方程。

希波克拉底的解答符合 m 为其中的前三个值。但在另外两个实例中，新月形也可以用"平面"的方法求积。克劳森（1840）给出了这个问题最后四个实例，把它们作为新的实例 [46]（当时并不知道希波克拉底所解决的并不只是第一个实例）；但是，据 M. 西蒙说 [47]，马丁·约翰·瓦伦纽斯很早就给出了全部五个实例（Abveae,

1766）。早在 1687 年，契尔恩豪森就注意到，希波克拉底的第一个新月形就存在无数多个可化方的部分。韦达[48]曾讨论过 $m = 4$ 的实例，这当然导致三次方程。

（2）倍立方体的问题简化为求两个比例中项

我们已经间接提到，希波克拉底把倍立方体的问题简化为求连比中的两个比例中项。也就是说，他发现，如果

$$a : x = x : y = y : b$$

那么，$a^3 : x^3 = a : b$。这表明他能够处理复比，尽管对他来说，比例理论想必依然是毕达哥拉斯学派发展出来的很不完善数字理论。有人暗示，简化倍立方体的问题可能是他通过类比想到的。加倍一个正方形的问题被包括在求两条线段的一个比例中项的问题中；因此，他可能想到了求两个比例中项的结果会是什么。要不然的话，他可能是从数论中得到了这个观念。在柏拉图的《蒂迈欧篇》中有这样的命题：两个正方形数之间存在一个比例中项，但是，把两个立方体数联系起来的，不是一个平均数，而是连续比中的两个平均数。[49]这是《几何原本》第八卷的命题 11 和 12 中的定理，后面这个定理说："两个立方数之间有两个比例中项数，且立方数与立方数的比是边与边的三次比。"如果这个比例确实是毕达哥拉斯学派的，那么很有可能，希波克拉底只是给出了它的几何改编版。

（3）希波克拉底所知道的"几何原本"

现在我们可以来估量一下迄至希波克拉底完成以此为标题的一部作品的时代为止，"几何原本"所取得的进步。我们已经看到，毕达哥拉斯学派的几何学已经包含了欧几里得《几何原本》第一卷和第二卷以及第四卷一部分的实质内容，以及与第四卷很大一部分相一致的定理；但是，没有证据表明，毕达哥拉斯学派对我们在——比方说——欧几里得《几何原本》第三卷中发现的圆的几何学给予太多的关注。但是，到希波克拉底的时代，第三卷中的主要命题也已经被人们所知

道和使用，正如我们从欧德谟斯关于新月形求积的记述中所看到的那样。因此假设"相似"弓形包含的角相等，而且，由于希波克拉底假设：如果图中有一件事情显而易见，即，圆周上的角与弓形所包含的角的余角完全一样，那么两个弓形就是相似的，由此我们明显可以推断，正如上文所陈述的那样，希波克拉底知道《几何原本》第三卷命题20—22的定理。此外，他假设了在一条给定直线上作一个弓形相似于另一个给定弓形的作法（参见《几何原本》第三卷命题33）。希波克拉底明显知道《几何原本》第三卷命题26—29的定理，正如他知道第三卷命题31的定理一样（半圆的内接角是直角，据此，若一个弓形小于或大于半圆，则它的内接角是钝角或锐角）。他假设了画一个三角形的外接圆的问题的解（《几何原本》第四卷命题5），以及圆内接正六边形的边等于半径这个定理（《几何原本》第四卷命题15）。 202

　　但最引人注目的事实是：据欧德谟斯说，希波克拉底实际上证明了《几何原本》第十二卷命题2：圆面积之比等于其直径上的正方形之比，后来又使用这个命题证明了：相似弓形之比等于其底上的正方形之比。欧几里得当然是用穷竭法证明了第十二卷命题2，穷竭法的发明被归到了欧多克索斯的名下，其根据是阿基米德的评论[50]。这种方法依赖于一个引理的使用，被称作阿基米德公理，或者换个说法，是一个与之相似的引理。欧几里得所使用的引理就是《几何原本》第十卷的命题1，它和阿基米德的引理关系密切，因为后者实际上被用在它的证明中。很不幸，关于希波克拉底的证明的性质，我们没有任何信息；然而，如果它相当于真正的证明的话，正如欧德谟斯似乎暗示的那样，那么我们很难看出，除了某个本质上算是穷竭法的某个先在方法之外，它还有可能受到什么别的方法的影响。

　　昔兰尼的**西奥多罗斯**被普罗克洛斯与希波克拉底一起相提并论，作为著名几何学家，而杨布里科斯则声称他是属于毕达哥拉斯学派[51]，我们只是从柏拉图的《泰阿泰德篇》中知道他。据说他在数学上是柏拉图的老师[52]，很有可能，柏拉图在他前往埃及或者从埃及回来的路上，在昔兰尼与西奥多罗斯一起待过一段时间 [53]，尽管正如我们从《泰阿泰德篇》中了解的那样，在苏格拉底的时代，西奥多罗斯也在雅典。我们从同一篇对话录中得知，他是毕达哥拉斯的弟子，不仅在几何学领域，而且在天文学、算术、音乐及所有教育学科上，都声望卓著。[54] 关于他的具体成就，有一则评注暗示，正是他，推动了无理数理论跨越了第一步，即，毕达哥拉斯学派发现 $\sqrt{2}$ 的无理性。据《泰阿泰德篇》说：

> 西奥多罗斯向我们证明 * 关于平方根（δυνάμεις）的什么东西，我说的是三平方尺和五平方尺的（平方根，即边长），也就是说，这些平方根在长度上与尺长不可公度，他以这种方式继续进行，取了所有单独的实例，直至 17 平方尺的根，在这个点上，由于某种原因，他停住了。

也就是说，他证明了 $\sqrt{3}$，$\sqrt{5}$……直至 $\sqrt{17}$ 的无理性。然而，看

---

* Περὶ δυνάμεών τι ἡμῖν Θεόδωρος ὅδε ἔγραφε, τῆς τε τρίποδος πέρι καὶ πεντέποδος [ἀποφαίνων] ὅτι μήκει οὐ σύμμετροι τῇ ποδιαία. 某些作者（特别是 H. 沃格特）坚持认为这句话中的 ἔγραφ 指的是 "画" 或 "作图"。这个观念是，西奥多罗斯的阐述必定包括两件事情，首先是 "作出" 代表……的直线（当然是借助毕达哥拉斯定理，《几何原本》第一卷命题 47），为的是证明这些直线存在，其次是 "证明" 其中每一条直线都与 1 不可通约；因此，有人认为，ἔγραφε 必定是指作图，而 ἀποφαίνων 则是指证明。但是，首先，ἔγραφε τι περί（他写下了什么关于[根]的东西）的意思不可能是 "他作出了每个根的图"。此外，如果把 ἀποφαίνων 用方括号括起来（像伯内特所做的那样），ἔγραφε 与 ἀποφαίνων 之间假想的对比就消失不见了，而且，ἔγραφε 的意思必定是 "证明"，这符合 ἔγραφέ τι 的自然意义，因为，没有任何别的东西控制 ὅτι μήκει……（它们在长度上不可公度于……）这个短语当然是对 τι 的更接近的描述。有大量的实例，都是在 "证明" 的意义上使用 γράφειν。亚里士多德说（Topics, Θ. 3, 158 b 29）："看来，在数学中也有一些东西由于缺乏定义而很难证明（οὐ ῥαδίως γράφεσθαι），例如，一条直线平行于边并切割一个平面图形（平行四边形），相似地分割这条直线（边）和面积。" 比较阿基米德《论球体与圆柱体》（On the Sphere and Cylinder）第二卷序言："碰巧，它们大多数都借助定理而被证明（γράφεται）……"；"这样一些定理和问题借助我已经证明（或写出，γράψας）并收入本卷的这些定理而被证明（γράφεται）……"；《抛物线求积》（Quadrature of a Parabola）序言："我已经通过假设一个类似于上述命题的引理，从而证明了（ἔγραφον）每个圆锥体等于同底等高的圆柱体的三分之一。"
　　我并不否认西奥多罗斯 "作出" 了他的 "根"；我毫不怀疑他做到了；但这不是 ἔγραφέ τι 所指的意思。

来他并没有达到对一个无理数给出任何定义或证明关于所有无理数的任何一般命题，因为泰阿泰德接着说：

> 我们两个人（泰阿泰德和年轻的苏格拉底）想到了这个观念，认识到了这些平方根在数量上似乎是无限的，试图获得一个总称，让我们可以命名所有这些根……我们把一般意义上的数分为两类。有些数可以表达为相等的数乘以相等的数（ἴσον ἰσάκις），我们把它们比作正方形，称之为正方形数或等边形数（ἰσόπλευρον）……中间数，比如 3、5，以及任何不能表达为等数相乘的数，要么是少乘以多，要么是多乘以少，因此始终被一条更大的边和一条更小的边所包含，我们把它们比作长方形（προμήκει σχήματι），并称之为长方形数……那么，像等边平面数的平方这样一些直线，我们定义为长度（μῆκος），而像长方形数的平方（我们称之为）平方根（δυνάμεις），它们在长度上互不可通约，而只是在它们的平方等于的平面面积上可通约。对于立体数，同样的类型还有另外的区别。

柏拉图没有给出线索，暗示泰阿泰德如何证明被归到他名下的命题，亦即，$\sqrt{3}$、$\sqrt{5}$……$\sqrt{17}$ 全都与 1 不可通约；因此有一片宽阔的领域可供思考，有人提出了几个猜测。

（1）胡尔奇在一篇论述阿基米德求平方根的近似法的论文中提出，西奥多罗斯采取了求连续近似值的路线。正如 $\sqrt{2}$ 的第一个近似值是通过让 $2 = \dfrac{50}{25}$ 而得到的，西奥多罗斯可能从 $3 = \dfrac{48}{16}$ 开始，求出 $\dfrac{7}{4}$ 或 $1\dfrac{1}{2}\dfrac{1}{4}$ 作为第一个近似值，然后看出 $1\dfrac{1}{2}\dfrac{1}{4} > \sqrt{3} > 1\dfrac{1}{2}$，可能（大概是通过连续测试）得出了

$$1\frac{1}{2}\frac{1}{8}\frac{1}{16}\frac{1}{32}\frac{1}{64} > \sqrt{3} > 1\frac{1}{2}\frac{1}{8}\frac{1}{16}\frac{1}{32}\frac{1}{128}。$$

但是，尽管这种求渐近近似值的方法可能提供了一个推测：真值

不可能准确地表达为分数的形式，却让西奥多罗斯距离证明 $\sqrt{3}$ 的不可通约依然遥远。

（2）我们引用的这个段落中没有提到 $\sqrt{2}$，西奥多罗斯大概是因为 $\sqrt{2}$ 的不可通约及其传统的证明方法已经被人所知，从而把它忽略了。正如我们已经看到的那样，传统的证明方法是归谬法：如果 $\sqrt{2}$ 可以与 1 通约，那么就会得出这个数既是偶数，又是奇数，亦即，既能被 2 整除，又不能被 2 整除。同样的证明方法可以用于 $\sqrt{3}$、$\sqrt{5}$ 等实例，只要用 3、5…取代证明中的 2 就行；例如，我们可以证明，如果 $\sqrt{3}$ 可以与 1 通约，那么，这个数就既能被 3 整除，又不能被 3 整除。因此，有人暗示，西奥多罗斯可能把这个方法应用于从 $\sqrt{3}$ 到 $\sqrt{17}$ 的所有实例。因此，我们可以一般性地提出证明。设 N 是诸如 3、5……这样的非平方数，而且，如果可能，让 $\sqrt{N} = m/n$，这里，m、n 是互质的整数。

因此，$$m^2 = N \times n^2$$

所以，n^2 能被 N 整除，因此 m 也是 N 的倍数。

设 $$m = \mu \times N \cdots\cdots\cdots\cdots\cdots\cdots\cdots (1)$$

因此，$$n^2 = N \times \mu^2$$

接下来，用同样的方式，我们可以证明 n 是 N 的倍数。

设 $$n = v \times N \cdots\cdots\cdots\cdots\cdots\cdots\cdots (2)$$

从（1）和（2）得：$m/n = \mu/v$，这里 $\mu < m$，$v < n$；因此，m/n 不是最简分数，这与前提相矛盾。

对于这一关于西奥多罗斯证明的性质的推测，反对意见的理由是：采用关于 $\sqrt{2}$ 的传统证明方法是如此容易，以至于它几乎没有重要到足以作为一项新发现而被提及。而且，对于直至 $\sqrt{17}$ 的每一个实例重复证明也是不必要的；因为，早在到达 $\sqrt{17}$ 之前，这个方法的普遍适用就一清二楚了。后面这个反对意见在我看来似乎是有力的。前面那条反对意见可能有力，也可能没有力；因为我不敢肯定，柏拉图究竟是不是把任何重要的新发现归到了西奥多罗斯的名下。整个语境的目的是要显示，纯粹通过列举来定义根本不是定义；例如，列举特定的 ἐπιστῆμαι（职业，如鞋匠、木匠以及诸如此类），并不是对 ἐπιστήμη

的定义；这是本末倒置，ἐπιστήμη 的一般定义在逻辑上是优先的。因此，大概正是泰阿泰德对西奥多罗斯的步骤所进行的一般化，而不是西奥多罗斯的证明本身，给柏拉图留下了深刻的印象，认为它是原创性的和重要的。

（3）第三个假说是邹腾提出来的[55]。他从这样两个前提开始：（a）西奥多罗斯使用的证明方法必定有相当的原创性，足以引起柏拉图的特别注意。（b）它必定是这样一种方法，由于进入证明的数千变万化，把它应用于每个无理数需要分别着手。仅仅把关于 $\sqrt{2}$ 的传统证明方法应用于 $\sqrt{3}$、$\sqrt{5}$…的假说并没有满足这两个条件。邹腾因此提出了另一个满足这两个条件的假说，亦即，西奥多罗斯使用了求最大公约数的过程所提供的准则，《几何原本》第十卷命题 2 陈述了这个过程。"若有两个不相等的量，当我们轮流从较大量中连续减去较小的量〔这包括减去它所包含的另外一个量的任意项最高倍数〕，如果剩下的量永远不能度量它之前的那个量，则这两个量是不可公度的。"也就是说，如果求两个量的最大公约数的过程永无尽头，则这两个量是不可公度的。诚然，《几何原本》第十卷命题 2 依赖于著名的第十卷命题 1（给定两个不相等的量，若从较大的量减去一半多（或一半），再从剩下的量减去一半多（或一半），依此类推，最后剩下的某个量小于最初两个量中较小的那个），而这个命题基于欧多克索斯的著名假设（等价于《几何原本》第五卷定义 4），因此属于较晚的年代。对于这个反对意见，邹腾指出，第十卷命题 1 对于第十卷命题 2 的严格证明的必要性当时不可能被注意到；西奥多罗斯可能是凭直觉进行的，他甚至可能假设了第十卷命题 1 中所证明的事实。

$$A \quad\quad D \quad\quad E \quad C \quad\quad\quad B$$

说到不可通约性可以使用求最大公约数的过程来证明，最明显的实例是两个被分为黄金分割比的直线段。因为，若 AB 按黄金分割比在点 C 被分割，我们只要在 CA（较长的线段）上标出一段长度 CD 等于 CB（较短的线段），那么，CA 在点 D 被分为黄金分割比，CD

206

207

为较长线段。(《几何原本》第十三卷命题 5 等价于这个命题。)同样，我们在 CD 上标出 DE 等于 DA；依次类推。这恰好就是求 AC、CB 的最大公约数的过程，商始终是一；这个过程永无止境。因此 AC、CB 是不可公度的。这个实例中所证明的是 $\frac{1}{2}\left(\sqrt{5}-1\right)$ 的无理性。这当然顺便证明了 $\sqrt{5}$ 与 1 不可通约。有人提出，鉴于上述证明的容易性，无理数的最早发现，可能涉及到被分为黄金分割比的直线段，而不是涉及到正方形对角线与其边的关系。但总的来看，这似乎是不可能的。

当然，西奥多罗斯在用图形表示他研究的特定无理数之后，会赋予求最大公约数的过程以几何形式。邹腾通过两个实例来说明这一点，它们是 $\sqrt{5}$ 和 $\sqrt{3}$。

我们将取前一个实例，它相对更容易。求 $\sqrt{5}$ 与 1 的最大公约数（如果有的话）的过程如下：

$$
\begin{array}{r}
1)\ \sqrt{5}\,(2 \\
2 \\
\hline
\sqrt{5}-2\,)\,1 \qquad\qquad (4 \\
4\,(\sqrt{5}-2) \\
\hline
(\sqrt{5}-2)^{2}
\end{array}
$$

［第二次分割的解释是这样：$1=\left(\sqrt{5}-2\right)\left(\sqrt{5}+2\right)=4\left(\sqrt{5}-2\right)+\left(\sqrt{5}-2\right)^{2}$。］

那么，由于最后一项 $\left(\sqrt{5}-2\right)^{2}$ 与上一项 $\sqrt{5}-2$ 的比等于 $\sqrt{5}-2$ 与 1 的比，因此，这个过程永无尽头。

邹腾有一个并不难的几何证明，但我认为下面这个证明更整洁、更容易。

设 ABC 是一个直角三角形，B 为直角，且 $AB=1$，$BC=2$，因此 $AC=\sqrt{5}$。

从 CA 上截取 CD，使之等于 CB，画 DE 垂直

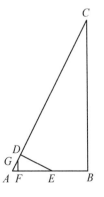

于 CA。那么，$DE = EB$。

现在，$AD = \sqrt{5} - 2$，由相似三角形得
$$DE = 2AD = 2\left(\sqrt{5} - 2\right)。$$

从 EA 上截取 EF 等于 ED，画 FG 垂直于 AE。

那么，$AF = AB - BF = AB - 2DE$
$$= 1 - 4\left(\sqrt{5} - 2\right)$$
$$= \left(\sqrt{5} - 2\right)^2$$

所以，ABC、ADE、AFG 是逐渐缩小的相似三角形，因此，
$AB : AD : AF = 1 : \left(\sqrt{5} - 2\right) : \left(\sqrt{5} - 2\right)^2$，等等。

而且，$AB > FB$，即 $2DE$ 或 $4AD$。

因此，这个系列中每个三角形的边都小于上一个三角形对应边的 $\dfrac{1}{4}$。

在 $\sqrt{3}$ 的实例中，求 $\sqrt{3}$ 与 1 的最大公约数的过程是这样：

$$
\begin{array}{l}
1) \sqrt{3} \quad (1 \\
\underline{\quad 1 \quad} \\
\sqrt{3}-1)\ 1 \quad (1 \\
\quad \underline{\sqrt{3}-1} \\
\quad \tfrac{1}{2}(\sqrt{3}-1)^2)\ \sqrt{3}-1 \ (2 \\
\quad\quad \underline{(\sqrt{3}-1)^2} \\
\quad\quad \tfrac{1}{2}(\sqrt{3}-1)^3
\end{array}
$$

$\dfrac{1}{2}\left(\sqrt{3} - 1\right)^2$ 与 $\dfrac{1}{2}\left(\sqrt{3} - 1\right)^3$ 的比等于 1 与 $\sqrt{3} - 1$ 的比。

这个实例更难用几何形式来显示，因为我们必须在重复出现之前作更多的分割。

$\sqrt{10}$ 与 $\sqrt{17}$ 的实例恰好类似于 $\sqrt{5}$ 的实例。

当然，$\sqrt{2}$ 的无理性可以用同样的方法来证明。若 $ABCD$ 是一个正方形，我们在对角线 AC 上标出长度 AE 等于 AB，画 EF 垂直于

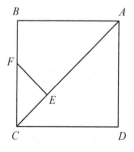

209 AC。对三角形 CEF 就相对三角形 ABC 做一样的事情，其余依此类推。如果西奥多罗斯在 $\sqrt{3}$ 、$\sqrt{5}$ …等实例的证明中采用了邹腾所说的那种形式，这不可能逃过他的注意；但是，推测起来，他大概满足于接受对于 $\sqrt{2}$ 的传统证明方法。

邹腾的推测很有独创性，但正如他所承认的那样，它必定依然是一个假说。

泰阿泰德[*]（约前 415—前 369 年）对几何原理的主体内容作出了重要贡献。这些贡献特别关系到两个课题：（a）无理数理论，（b）五个正立体。

泰阿泰德实际上成功地按照柏拉图对话录中那个段落的第二部分所指出的思路一般化了无理数理论，这一点得到了其他证据的证实。欧几里得《几何原本》第十卷的评注在阿拉伯语中幸存了下来，并被归到帕普斯的名下，评注说（在上文部分引述的那个段落中），无理数理论

> 源于毕达哥拉斯学派。雅典人泰阿泰德极大地发展了这一理论，他在数学的这一部分证明了自己的能力，就像在其他部分一样，这一能力公正地得到了人们的赞赏……关于上文提到的那些量的准确区分，以及这一理论所产生的那些命题的严格证明，我相信主要是这位数学家奠立的。因为泰阿泰德把那些在长度上可公度的平方根[**]与那些在长度上不可公度的平方根区别开来了，

---

[*] 关于泰阿泰德，读者可参看伊娃·萨赫斯最近的专著 *De Theaeteto Atheniensi mathematico*（柏林，1914）。

[**] "平方根"（Square roots）。这个词在沃普克译文中是"力"（puissances），这表明原文单词是 δυνάμεις，这个单词始终是有歧义的；它的意思可能是"平方数"，但我把它翻译成"平方根"，因为泰阿泰德定义中的 δύναμις 无疑是一个非平方数的平方根，一个无理数。在那种情况下，区别看来在于：在长度上可公度的"平方根"与仅在平方上可公度的平方根；因此，$\sqrt{3}$ 与 $\sqrt{12}$ 在长度上可公度，而 $\sqrt{3}$ 与 $\sqrt{7}$ 仅在平方上可公度。我看不出 δυνάμεις 在这里怎么可能是"平方数"的意思；因为"在长度上可公度的平方数"不是一个可理解的短语，把它扩展成"在长度上可公度的平方数（在直线上）"似乎不合理。

并仿照不同的平均数，划分了众所周知的无理直线的种类，把**中项线**归属于几何，把**二项线**归属于算术，把**余线**归属于和声学，正如逍遥学派的欧德谟斯所声称的那样。[*]

这里加粗的几个无理数的名称分别在《几何原本》第十卷命题 21、36 和 73 中被描述。

再一次，《几何原本》第十卷命题 9（包含这样一个一般定理：两个正方形之比如果不等于一个正方形数与另一个正方形数之比，则它们的边在长度上不可公度）的一位注释者[(56)]明确地把这个定理的发现归到了泰阿泰德的名下。但是，依照希腊几何学的传统做法，有必要证明这样一种不可公度比的存在，《几何原本》第十卷命题 6 的系论通过一个几何作图进行了这样的证明；这个系论首先声称，给定一条线段 a 和任意两个数 m、n，我们可以求出一条线段 x，使 $a:x = m:n$；接下来证明，若取 y 为 a 和 x 之间的比例中项，那么，

$$a^2 : y^2 = a : x = m : n$$

因此，如果比 $m:n$ 不是一个正方形数与另一个正方形数之比，我们就作出了一条无理线段 $a\sqrt{n/m}$，因此证明，这样一条线段是存在的。

《几何原本》第十卷命题 9 的证明在形式上仅依赖于第八卷命题 11（大意是，两个正方形数之间有一个比例中项数，且正方形与正方形之比等于边与边的二次比）；而第八卷命题 11 则依赖于第七卷命题 17 和 18（大意是，$ab:ac = b:c$，且 $a:b = ac:bc$，这是两个并不完全相同的命题）。但是，邹腾指出，这些命题是第七卷和第八卷开始部分所确立的整个理论不可分割的组成部分，而且，第十卷命题 9 的真正证明一定程度上被包含在这两卷的命题中，它们对分数和整数平方根的有理性的充分必要条件给出了严格的证明，尤其是第七卷命

210

---

[*] 对这一点的解释，可参看《欧几里得〈几何原本〉十三卷》（*The Thirteen Boohs of Euclid's Elements*），vol. iii, p. 4。

题 27 及之前的命题，还有第八卷命题 2。因此，他提出，第七卷开始部分所确立的理论不应归功于毕达哥拉斯学派，而是泰阿泰德的发现，其直接目标是为他的无理数理论奠定基础，而且，柏拉图打算大加赞扬的，与其说是《几何原本》第十卷命题 9 的阐述，不如说是无理数理论。

这一推测很重要，但就我所知道的而言，它并没有任何确凿的证据。另一方面，有一些情况暗示了怀疑。例如，邹腾自己就承认，把倍立方体问题简化为求两个比例中项的希波克拉底必定有一个这样的命题，它与第十卷命题 9 在形式上所依赖的第八卷命题 11 相一致。其次，在辛普利丘斯关于希波克拉底新月形求积的那段引文中，我们看到，相似弓形与它们所在的圆成比例被这样一句话所解释："相似弓形分别是各自圆上的同等部分"；如果我们可以认为这句话是欧德谟斯引自希波克拉底自己的论证，那么，推断的结论是：希波克拉底有一个数字比的定义，它在任何情况下都接近于《几何原本》第七卷定义 20。第三，有一个证明（我们稍后将给出）是阿契塔给出的，它证明了这样一个命题：不可能存在一个这样的数，它是两个连续整数之间的几何平均数，在这个证明中，我们会看出，《几何原本》第七卷中的几个命题被作为先决条件；但阿契塔（据说）生活在公元前430— 前365 年，而泰阿泰德更年轻一些。因此，我不愿意放弃这样一个观点（到目前为止它已被人们普遍接受）：毕达哥拉斯学派已经有了一套直线上的数字的比例理论，尽管它未必、甚或不可能像《几何原本》第七卷中的理论那样完整和详尽。

而帕普斯在前面引用的评注中说，泰阿泰德区分了众所周知的无理数种类，特别是中项线、二项线和余线，他接下来这样说：

> 至于欧几里得，他致力于把他所建立的严格规则赋予一般意义上的可公度性和不可公度性；他对有理量和无理量进行了准确的定义和区分，他提出了无理量的很多种类，最终厘清了无理数的整个范围。

由于欧几里得证明总共有 13 种无理直线，我们或许可以假设，把泰阿泰德所区分的三种无理数细分为 13 种应当归功于欧几里得本人，而这段引文的最后一句话似乎指的是《几何原本》第十卷命题 115，这个命题证明了：从中间无理直线中，可以得到无限多个与之不同且互相不同的无理直线。

我们应该还记得，在《泰阿泰德》那段引文的末尾，包含了"平方根"或无理数的定义，泰阿泰德说："在立体数的情况下，也有一个类似的区分。"对于源自立体数的无理数理论的发展，我们一无所知；但泰阿泰德的头脑里无疑有一个区分，它与第八卷命题 12（两个立方数之间有两个比例中项）有关，其方式和"平方根"或无理数的定义与第八卷命题 11 有关是一样的；也就是说，他指的是一个非立方数（它是三个因子的积）的不可通约的立方根。

除了奠定了我们在《几何原本》第十卷中发现的无理数理论的基础之外，对于《几何原本》另一部分，亦即第十三卷，泰阿泰德同样做出了实质性的贡献。这一卷致力于（在 12 个预备命题之后）作出 5 个正立体和它们的外接球体，并找出各立体的尺寸与外接球体之间的关系。我们前面已经提到过这样的传说：泰阿泰德是最早"作出"或"写出"五个正立体的人 (57)，他的名字特别与八面体和二十面体联系在一起 (58)。几乎不用怀疑，泰阿泰德关于正立体"作图"或论述给出了很大程度上像我们在欧几里得《几何原本》中所看到的一样的理论作图。

柏拉图时代的数学家当中，还有另外两个人，和泰阿泰德一起，增加了几何定理的数量，并推动它们朝着科学分组的方向取得了进一步的进展，他们是萨索斯岛的**勒俄达马斯**和塔拉斯的**阿契塔**。关于前者，我们被告知，柏拉图曾向"萨索斯岛的勒俄达马斯解释（εισηγήσατο）分析的研究方法"(59)；普罗克洛斯的记述更完整，他声称，发现几何引理的最好方法是"借助分析，把求出的东西带向公认原理的高度，有人说，柏拉图曾向勒俄达马斯传授这一方法，据说后者借助这一方法，也发现了几何学中的很多东西"(60)。对于勒俄达马斯，

212

213

我们所知道的仅此而已，但这些段落值得注意，因为它们导致了这样一个观念：柏拉图发明了数学分析的方法，正如我们稍后将会看到的那样，这个观念似乎是基于一个误解。

塔拉斯的**阿契塔**是毕达哥拉斯学派的一员，也是柏拉图的朋友，活跃于公元前4世纪上半叶（约前400—前365年）。柏拉图在逗留大希腊期间结识了他，据说，他凭借一封信，从狄奥尼修斯手里救了柏拉图的命。他是个政治家和哲学家，因为各种成就而挣得了名声。他担任本城邦的军事将领长达7年，尽管通常法律禁止任何人担任这一职务超过一年；他从未被打败过。据说他是第一个基于数学原理撰文论述力学的人 (61)。维特鲁威曾提到，像阿基米德、克特西比乌斯、尼姆波多洛斯和拜占庭的斐罗一样，阿契塔也撰写过论述机械的著作 (62)；特别有两个机械装置被归到他的名下，一个是会飞的木制机械鸽子 (63)，另一件是一个嘎嘎作响的玩具，据亚里士多德说，这个玩具被发现很有用，可以"让孩子集中注意力，防止他们弄坏家里的东西（因为小孩子没有能力保持静止不动）"。(64)

我们已经看到，阿契塔区分了四门数学科学：几何学、算术、球体几何学（或天文学）和音乐，就其相对效率和可靠性把计算的技艺与几何学进行了比较，定义了音乐中的三个平均数：算术平均数、几何平均数和调和平均数（阿契塔和希庇亚斯用这个名称取代了更古老的名字"小反对关系平均数"）。

他提到了球体几何学，联系到他的这样一句话："数学家让我们清楚地了解到天体的运行速度及其升起和降落"，我们由此推断，在阿契塔的时代，人们已经用数学方法来处理天文学了，球体的属性得到了研究，因为它对于解释天体运行是必不可少的。他也论述了宇宙在范围上是不是无限的这个问题，使用了下面的论证：

> 如果我在外面，比方说在恒星的天上，那么我能不能向外伸出我的手或手杖呢？认为我不能是荒谬的；如果我能伸出它，那外面必定要么是天体，要么是空间（正如我们将看到的那样，它究竟是哪个并无不同）。接下来，我们可以用同样的方式到它的

外面去，并一直这样下去，在到达每一个新的极限时问同样的问题；如果始终有一个新的地方，手杖可以伸出，很显然，这涉及到无限延伸。现在，如果这样延伸的是天体，那么命题得到证明；但即使它是空间，那么，由于空间是天体处在其中或者说是可以处在其中的东西，我们必须潜在地把它看作是永恒的事物，在这种情况下，同样可以得出结论：必定存在无限（延伸）的天体和空间。[65]

在几何学中，尽管阿契塔无疑增加了定理的数量（正如普罗克洛斯所说的那样），但他的几何学作品只有一个残片幸存下来，亦即，通过引人注目的三维理论作图，解决求两个比例中项的问题（相当于倍立方体）。然而，由于这属于高等几何，不属于"几何原理"，我们在另外的地方描述它更恰当一些。

在音乐中，他给出了代表三个音阶上的四度音程的数字比，这三个音阶分别是：不和谐音阶、半音节和全音阶[66]。他认为，声音应归因于冲击，更高的音相当于传递给空气的更快的运动，更低的音相当于更慢的运动。[67]

从本章的观点看，传到我们手里的阿契塔的著作残片当中，最有趣的材料是这样一个命题的证明：在其比被称作 ἐπιμόριος（超特比）的两个数之间，亦即 $(n + 1) : n$，不可能存在一个几何平均数。这个证明被博蒂乌斯保存下来了，关于它的一个值得注意的事实是：它和欧几里得的小册子《卡农的分段》命题 3 中相同定理的证明基本上是一样的。为了显示它与欧几里得的形式和符号的微小差别，我将全文引述阿契塔的证明。

设 A、B 是给定的"超特比"（在欧几里得那里是 ἐπιμόριον διάστημα）。［阿契塔把较小的数写在前面（而不是像欧几里得那样写在后面）；那么，我们假设 A、B 是整数，它们的比为 n 比 $n + 1$。］

取 C、DE 为其比等于 A 与 B 之比的最小数。［这里，DE 的意思是 $D + E$；在这方面，符号不同于欧几里得的符号，像往常一样，后者让直线 DF 在点 G 被分为两部分，DG、GF 分别相当于阿契塔

215

197

证明中 D 和 E。求其比等于 A 与 B 之比的最小数 C 和 DE 的步骤的先决条件是把《几何原本》第七卷命题 33 应用于两个数。]

DE 比 C 多出其本身的和 C 的一个可整除部分[参见 Nicomachus, i. 19.1 对 ἐπιμόριος ἀριθμός 的定义]。

设 D 为超出量[亦即假设 E 等于 C]。

我说 D 不是一个数，而是一个单位。

因为，如果 D 是一个数和 DE 的一个可整除部分，那么它就量尽 DE，因此它量尽 E，也就是 C。

所以，D 既量尽 C，也量尽 DE：这是不可能的，因为这是其比等于任意素数与另一素数之比的两个最小的数。[这以《几何原本》第七卷命题 22 为前提。]

所以 D 是一个单位；也即是说，DE 比 C 多出一个单位。

因此，C 和 DE 这两个数之间不可能求出一个平均数[因为没有整数介于它们之间]。

216   所以，最初的两个数 A 和 B（它们的比等于 C 与 DE 之比）之间不可能有任何数是平均数。[比较更一般的命题：《几何原本》第八卷命题 8；这个特别推论是《几何原本》第七卷命题 20 的结果，其大意为：用有相同比的数对中最小的一对数去度量其余的数对，大的量尽大的，小的量尽小的，且所得倍数相同。]

由于这个证明引用了几个命题，它们相当于欧几里得《几何原本》第七卷中的那些命题，因此，它提供了一个强有力的假设：至少早在阿契塔的时代，就已经存在某种论述"算术原理"的专著，其形式类似于欧几里得的《几何原本》，包含很多后来被欧几里得收入在他的算术书中的命题。

总结

我们现在能够对于几何原理在柏拉图时代所达到的那个阶段的范围形成一个清晰的概念。欧几里得《几何原本》第一至四卷的实质内容实际上已经完成了。第五卷当然缺失，因为这一卷详细论述的比例理论是欧多克索斯的创造。毕达哥拉斯学派有仅适用于可公度量的比例理论；这大概是一种数论，其路线类似于《几何原本》第七卷。但一般说来，《几何原本》第六卷的那些定理，尽管就它们依赖于数字的比例理论而言证明得不够充分，但已经被毕达哥拉斯学派所知道和使用。我们有理由假设：当时已经存在"算术原理"，（至少）部分程度上基于《几何原本》第七卷的路线，与第八卷中的某些命题（例如命题 11 和 12）也有着共同的属性。毕达哥拉斯学派也构想出了完全数（等于其所有因子之和的数）的观念，就算他们实际上并没有显示（像欧几里得在第九卷命题 36 中所做的那样）它们是如何演化出来的。几乎不用怀疑，欧几里得《几何原本》第八卷和第九卷中所证明的平面数和立体数以及这两类数的相似数的很多属性在柏拉图时代之前就已经被人们知道。

我们接下来转到第十卷，有一点很清楚：整个这一卷的基础完全是泰阿泰德奠定的，而且，无理数的主要种类被区分出来了，尽管它们的分类并没有像在欧几里得的《几何原本》中被带到那么远。

第十一卷命题 1-9 的实质内容必定已经被包括在当时的"几何原理"中（例如，在阿契塔两个比例中项的作法中就采用了欧几里得《几何原本》第十一卷命题 19），而且，泰阿泰德在五个正立体上所做的工作需要第十一卷的整个截面理论，毕达哥拉斯学派必定知道第十一卷命题 21；与此同时，这一卷后面关于平行六面体的部分（受制于缺乏严格的比例理论）没有任何东西超出了那些熟悉平面数和立体数的人的能力。

第十二卷始终应用穷竭法，这一方法的正统形式被归到欧多克索斯的名下，他所依据的是一条被称作阿基米德公理的引理或其等价命题（《几何原本》第十卷命题 1）。然而，就连第十二卷命题 2（大意是圆面积之比等于其直径上的正方形之比）也被希波克拉底抢先一步，而德谟克利特则发现了第十二卷命题 7（关于棱锥体的体积）和第十二卷命题 10（关于圆锥体的体积）为真。

正如第十卷的情形一样，看来，欧几里得《几何原本》第十三卷很大一部分实质内容要归功于泰阿泰德，这一卷后面的部分（命题12 ~ 18）致力于五个正立体的作图，以及把它们内接于球体。

因此，在欧几里得《几何原本》的整个范围内，除了应当归到欧多克索斯名下的新比例理论及其结果之外，实质上很少有什么东西没有被包含在柏拉图时代几何学和算术的公认内容之内，尽管主题的形式和排列以及特例中使用的方法不同于我们在欧几里得《几何原本》中所看到的。

7. 特殊问题

在初等几何原理逐步演化的同时，希腊人还致力于解决高等几何中的一些问题；特别是三个问题：化圆为方、倍立方体和三等分任意角，至少在 300 年的时间了成为数学家们的聚焦点，有些专门化的研究源自解决这三个问题的努力，其特征影响了希腊几何学的整个发展过程。为说明起见，我们只需提到圆锥截面的课题，它开始于利用两条曲线来求两个比例中项。

希腊人依据解决问题的手段，对问题进行归类。帕普斯说，古人把它们分为三类，分别称之为平面问题、立体问题和线性问题。仅借助直线和圆便可以解决的问题是平面问题，借助一个或多个圆锥截面可以解决的问题是立体问题，如果问题的解决需要使用其他更复杂、更难作图的曲线，就称它们为线性问题，比如螺线、割圆曲线、蚌线或蔓叶线，其或那些被包括在他们所说的"面上轨迹"（τόποι πρὸς ἐπιφανείαις）这一类别中的各种曲线 [1]。轨迹之间也有相应的区分：平面轨迹是直线或圆；依据最严格的分类，立体轨迹仅仅是圆锥曲线，它们源于某些立体，亦即圆锥体；而线性轨迹包括所有高次曲线 [2]。

另外一种轨迹分类把它们分为线上的轨迹（τόποι πρὸς γραμμαῖς）和面上的轨迹（τόποι πρὸς ἐπιφανείαις）[3]。前面这个术语实在普罗克洛斯的作品中找到的，其意义似乎即表示线（当然包括曲线），也表示由线围成的空间；例如，普罗克洛斯说，欧几里得《几何原本》第一卷命题 35 中的"两条平行线之间的空间"是"在相同的底上和相同的平行线内"（相等）平行四边形的轨迹 [4]。类似的，在普罗克洛斯的作品中，面上的轨迹可能是那些是面的轨迹；但是，普罗克洛斯（他

201

在那个标题下把一些引理给了欧几里得《几何原本》中的两卷）似乎暗示，它们是在面上画出的曲线，例如柱面螺旋线 [5]。

很显然，希腊的几何学家们很早就得出了结论：上述三个问题都不是平面问题，它们的解决，要么需要比圆更复杂的高次曲线，要么需要在特征上更加机械地作图，而不仅仅是在欧几里得公设 1—3 的意义上使用直尺和圆规。大概在公元前 420 年前后，埃利斯的希庇亚斯发明了所谓的割圆曲线，其目的就是为了三等分任意角，而且，正是在公元前 4 世纪的上半叶，阿契塔为了倍立方体而使用了一个立体作图，它涉及到平面图形在空间的旋转，其中之一是作一个内径为零的环面。很少有记录记载这些实例中试图做不可能之事的虚幻努力。实际上只有在化圆为方的实例中，我们才读到了借助"平面"方法来尝试的失败努力，其中没有一项涉及到任何真正的谬误（布里松的努力大概除外，如果关于他的论证的记述正确无误的话）。另一方面，诡辩家安提丰大胆宣称：让一系列正多边形内接于圆，其中每个正多边形的边数是上一个正多边形的两倍，我们就将穷尽圆的面积，尽管这个思路超前于他那个时代，并以下面这个技术上的理由而被指责为谬论：直线不可能与一个圆的弧段完全吻合，不管它的长度多么短，但它却包含了一个观念，这个观念将在后来的更有能力的几何学家手里成果丰硕，因为它给出了一个求圆面积的渐近法，在任何想要的精确度上，并为欧多克索斯所确立的穷竭法奠定了根基。至于希波克拉底的新月形求积，尽管有亚里士多德指控其为谬论，但我们还是拒绝相信，他对自己的方法所能实现的目标的局限存在任何幻想，也并不认为他实际上已经解决了化圆为方的问题。

化圆为方

大概没有哪个问题像圆的求长或化方问题那样，历代以来始终发挥着那样巨大的魔力；一个古怪的事实是，它对非数学家的吸引力丝毫不亚于对数学家的吸引力（甚或更大）。很自然，这样一种问题，从它的困难被认识到的那一刻起，所有民族当中，希腊人会首先充满热情地着手处理它。第一个与这个问题联系在一起的名字是阿那克萨哥拉，据说他身陷囹圄的时候就致力于研究它 [6]。毕达哥拉斯学派声称，这个问题在他们的学派中得到了解决，"正如从毕达哥拉斯学派的成员塞克斯都的证明中清楚地看到的那样，他从早期的传统中得到了他的方法" [7]；但是，塞克斯都生活在奥古斯都和台比留的统治时期，由于通常的原因，不可能认为这个声明有什么价值。

最早试图解决这个问题的严肃努力属于公元前 5 世纪上半叶。有人曾引用阿里斯托芬的《鸟》（Birds）中的一个段落作为证据，证明这个问题在这部戏剧最早演出的时期（公元前 414 年）十分流行。阿里斯托芬引出了天文学家和 19 年默冬周期的发现者默冬，他带来了一个直尺和圆规，作了一个图，"为的是让你的圆可以变成正方形" [8]。这是一句俏皮话，因为默冬实际上所做的是通过两条互相垂直的直径，把一个圆等分成四个扇形；其观念是，街道从市镇中心的集会地向四方延伸；τετμάγωνος（正方形）这个词当时真正的意思是"有四个直角"（在中心），而不是"正方形"，但这个词依然传达了一个令人发笑的暗示，暗指化圆为方的问题。

我们已经介绍了希波克拉底的新月形求积。这些求积构成了某种意义上的序幕，很明显没有声称是这个问题的解；希波克拉底知道"平面"方法不会解决这个问题，但出于兴趣，他希望显示，这些方法就算不可能用来化圆为方，至少可以用来求某些用圆弧围成的图形的面积，亦即某些新月形，甚至可以用来求某个圆和某个新月形之和。

雅典的**安提丰**是一个诡辩家和苏格拉底的同时代人，他是接下来有资格得到关注的人。关于安提丰，我们所拥有的知识要归功于亚里士多德和他的评注者们。亚里士多德指出，一个几何学家只需驳斥本学科中可能提出的任何此类谬论：如果它们是基于公认的几何学原理的话，如果它们的根据不是这样，他就不必去驳斥它们：

> 因此，驳斥借助弓形求积是几何学家的分内之事，但驳斥安

提丰的方法不是他的分内之事。[9]

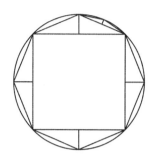

正如我们已经看到的那样，"借助弓形"求积多半指的是希波克拉底的新月形求积。安提丰的方法德米斯修[10]和辛普利丘斯[11]介绍过。假设有任意正多边形内接于圆，例如一个正方形或一个等边三角形。（据德米斯修说，安提丰是从等边三角形开始，这似乎是可信的说法；辛普利丘斯说，他内接了某个可以内接于圆的正多边形，"如果事情是这样，假设这个内接多边形是一个正方形"。）以内接等边三角形或正方形的各边为底画一个等腰三角形，其顶点在该边所对的小弓形的弧上。这样得到了一个边数翻倍的内接正多边形。对新的正多边形重复这个作图，我们得到一个内接正多边形，其边数是最初正多边形的四倍。继续这个过程。

安提丰认为，以这种方式，（圆的）面积便会被穷尽，经过若干时间后，我们将得到一个圆内接正多边形，由于其边极小，因而与圆周相吻合。而且，正如我们可以让一个正方形等于任意正多边形……我们将能够让一个正方形等于一个圆。

辛普利丘斯告诉我们，这里面违背的几何学原理是这样一个真理：一个圆（仅）在一点上与一条直线相切。欧德谟斯更正确地说，它违背的是这样一条原理：量是无限可分的；因为，如果圆的面积无限可分，那么，安提丰所描述的过程就决不会导致穷尽整个圆，也不会导致多边形的边与实际的圆周完全重合。但是，对安提丰的陈述的反对，实际上不过是口舌之争；欧几里得在《几何原本》第七卷命题2中恰好使用了同样的作图，只不过表达结论的方式有所不同，他说，如果这个过程持续到足够远，剩下的小弓形加在一起会小于任何给定的面积。安提丰事实上说的是一回事，我们还可以这样表达：圆是当一个内接多边形的边数无限增加时的极限。因此，安提丰应当在几何学的

历史上占据一个令人尊敬的位置，因为他开创了这样一个观念：可以
借助边数不断增加的内接正多边形来穷尽一个圆的面积，正如我们所
说的，欧德谟斯在这个观念的基础上开创了划时代的穷竭法。阿基米
德的专著《圆的测量》（*Measurement of a Circle*）说明了安提丰作图
的实际价值，在这本书里，通过作一个圆的内接和外切正96边形，
阿基米德证明了 $3\frac{1}{7}>\pi>3\frac{10}{71}$，下限 $\pi>3\frac{10}{71}$ 通过计算内接正96边形
的周长得到，这个值在安提丰的方法中是从一个内接等边三角形作
出的。同样的作图从一个正方形开始，它也是韦达的 $2/\pi$ 表达式的基
础，即：

$$\frac{2}{\pi}=\cos\frac{\pi}{4}\times\cos\frac{\pi}{8}\times\cos\frac{\pi}{16}\cdots$$

$$=\sqrt{\frac{1}{2}}\times\sqrt{\frac{1}{2}\left(1+\sqrt{\frac{1}{2}}\right)}\times\sqrt{\frac{1}{2}\left(1+\sqrt{\frac{1}{2}\left(1+\sqrt{\frac{1}{2}}\right)}\right)}\cdots\,（无限继续）$$

布里松比安提丰要晚一代，是苏格拉底或墨伽拉的欧几里得的弟
子，他是另一个尝试化圆为方的人，被亚里士多德批评为"诡辩的"
和"好争论的"，理由是：它所基于的原理并非几何学特有的，而是
同样适用于其他学科 [12]。一些评注者介绍了布里松的论证，基本上
是一样的，不同的在于：亚历山大说的是正方形内接和外切于一个圆
[13]，而德米斯修和斐劳波诺斯说的是任意多边形 [14]。据亚历山大说，
布里松让一个正方形内接于一个圆，让另一个正方形外切于它，同时
取一个正方形介于它们之间（亚里士多德没有说他是如何作图的）；
然后，他论证道，由于中间的正方形小于外切正方形并大于内接正方
形，而且，由于分别大于和小于相同之物的东西是相等的，因此得出
结论：圆等于中间的正方形。对此，亚历山大评论道，这个论证是假
的，这不仅因为它所采用的原理适用于除几何量之外的其他东西，例
如数、时间、颜色深度、温度等，而且还因为（例如）8 和 9 都小于
10 并大于 7，但它们并不相等。至于中间正方形（或多边形），有人

认为，它是内接图形和外切图形之间的算术平均数，而另一些人则认为它是几何平均数。这两个假设似乎都是出于误解*；因为古代评注者并没有把任何这样的陈述归到布里松的名下，实际上，根据他们对不同解释的讨论来判断，看来，关于布里松实际上说了什么，传说似乎并不清楚。但指出下面这一点似乎是重要的，德米斯修声称，（1）布里松宣称，圆大于所有内接多边形，并小于所有外切多边形。同时他还说，（2）这个假设的公理是真的，尽管它并非几何学所特有。这似乎暗示了对一个论证的可能解释，否则这个论证似乎是荒谬的。布里松可能像安提丰那样加倍了内接和外切正多边形的边数，接下来，他可能这样论证：如果我们足够长地持续这个过程，我们就会得到这样的内接和外切正多边形，它们在面积上的差别如此之小，以至于如果我们能够画出一个在面积上介于它们之间的多边形，那么，在面积上也介于内切和外接多边形之间的圆就必定等于这个中间多边形**。如果这是一个正确的解释，那就决不应该把布里松的名字从希腊几何学的历史中放逐出去；正相反，就他暗示有必要既考虑内接多边形又考虑外切多边形而言，他比安提丰前进了一步。这个观念的重要性被下面这个事实所证明：在阿基米德所运用的常规穷竭法中，既使用内接图形，也使用外切图形，而且，一个内接图形和一个外切图形被挤压为一个图形，以至于最终互相重合，并与要测量的曲线图形重合，这个方法正是阿基米德所特有的。

现在我们转到真正的圆的求长或求积，它是借助高次曲线实现的，其作图比圆的作图更加"机械"。有些曲线被用来解这三类问题当中

---

* 普塞洛斯（公元11世纪）说："关于求圆面积的恰当方法，一直存在不同的意见，但最受青睐的方法是取圆内接和外切图形的几何平均值。"我不知道他的这个方法是不是引用布里松作为权威，但这个方法给出了错误的 π 值：$\sqrt{8}$ 或 2.8284272……艾萨克·阿格鲁斯（14世纪）给他对布里松的介绍补充了下面这句话："因为外切正方西多出圆的量似乎等于内接正方形小于圆的量。"

** 有一点倒是真的，据斐劳波诺斯说，在他之前，普罗克洛斯有过一个这种类型的解释，但后来否定了它，理由是：这意味着圆实际上必须是那个中间多边形，而不仅仅是等于它，那样一来，布里松的论点就无异于安提丰的论点了，而据亚里士多德说，它是基于一个完全不同的原理。但这样说就足够了：应当认为圆等于两个最终多边形之间能够画出的任意多边形，这样就克服了普罗克洛斯的困难。

一种以上的问题，并不总是很容易确定它们的发明者最初究竟是为了解决哪类问题，因为不同权威的记述并不完全一致。杨布里科斯在谈到化圆为方时说：

> 阿基米德借助螺旋形曲线实现了化圆为方，尼科梅德斯借助的曲线有一个专用名称，叫作割圆曲线（τετραγωνίξουσα），阿波罗尼奥斯借助的某条曲线他自己称作"蚌线的姐妹"，但它和尼科梅德斯的曲线是一样的，最后，卡普斯借助了一种曲线，他只是说（这条曲线）"源于一次双重运动"。[15]

帕普斯说：

> 对于化圆为方的问题，地诺斯特拉图、尼科梅德斯和其他人以及后来的几何学家们使用某条根据其特性取名的曲线；这些几何学家称之为割圆曲线。[16]

最后，普罗克洛斯在谈到三等分任意角的问题时说：

> 尼科梅德斯借助蚌线三等分了任意直线角,他把蚌线的作图、阶次和特性传给了我们，其本人就是它们的特性的发现者。另一些人借助希庇亚斯和尼科梅德斯的割圆曲线做了同样的事情……还有一些人从阿基米德的螺线开始，按照任意给定的比例分割任意给定的直线角。[17]

所有这些段落都提到了埃利斯的希庇亚斯发明的割圆曲线。前两段引文似乎暗示，希庇亚斯本人并没有用它来化圆为方，倒是地诺斯特拉图（门奈赫莫斯的兄弟）及后来的一些几何学家最早为了这个目的而使用它；杨布里科斯和帕普斯甚至没有提到希庇亚斯的名字。我们可能得出结论：希庇亚斯最初是打算用他的曲线来解决三等分角的问题。不过，如果我们考虑到普罗克洛斯的那段话，这一点就变得更

226

可疑了。帕普斯的材料来源似乎是斯波鲁斯，他的年纪只是比帕普斯本人稍大一些（公元 3 世纪末），汇编了一本被称作 $K\eta\rho\acute{\iota}\alpha$（蜂巢）的集子，除了其他内容之外，其中包括了一些关于化圆为方和三等分角的数学引文。另一方面，普罗克洛斯的材料来源无疑是盖米诺斯，他更早（公元前 1 世纪）。尽管上文引用的普罗克洛斯那段话可能表明，希庇亚斯本人使用了割圆曲线这个名称，但在另外一个地方，普罗克洛斯（亦即盖米诺斯）说，不同的数学家解释了一些特殊种类的曲线的特性：

> 因此，阿波罗尼奥斯在各种圆锥曲线的实例中显示了它的特性，而且，尼科梅德斯对于蚌线，希庇亚斯对于割圆曲线，珀尔修斯对螺旋线，都做了同样的事情。[18]

这段话暗示了，盖米诺斯的面前就有一部希庇亚斯论述割圆曲线的正规著作（到斯波鲁斯时代可能已经散佚了），而且，尼科梅德斯并没有撰写任何论述那种曲线的一般著作；如果是这样的话，希庇亚斯本人似乎不可能发现它会有助于圆的求长，因此还有圆的化方。

（1）希庇亚斯的割圆曲线

帕普斯描述了作割圆曲线的方法 [19]。设 ABCD 是一个正方形，BED 是一个以 A 为圆心的圆的四分之一。

假设（1）这个圆的半径绕圆心 A 从 AB 向 AD 作匀速转动，（2）与此同时，直线 BC 作匀速移动，并始终保持与起始方向平行，它的端点 B 沿 BA 从 BC 向 AD 移动。

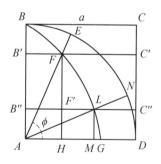

那么，在它们最终的位置上，移动的直线和移动的半径都会与 AD 重合；在之前它们移动期间的任何瞬间，移动的直线和转动的半径都会通过它们的交叉产生一个交点，比如点 F 或点 L。

这些点的轨迹便是割圆曲线。

割圆曲线的特性是：

∠BAD : ∠EAD = (弧 BED) : (弧 ED) = AB : FH。

换句话说，若 ϕ 是任意矢径 AF 与 AD 构成的角 FAD，ρ 是 AF 的长度，a 是正方形的边长，则

$$\frac{\rho \sin \phi}{a} = \frac{\phi}{\frac{1}{2}\pi}。$$

现在很明显，这条曲线一旦作出来，它不仅使得我们能够三等分角 EAD，而且还可以按照任何给定比例分割它。

因为，让 FH 在点 F′ 按照给定的比例被分割。画 F′L 平行于 AD，与曲线相交于 L；连接 AL 并延长使之与圆相交于 N。

那么很容易证明，角 EAN 与角 NAD 之比等于 F′F 与 F′H 之比。

因此，割圆曲线使得按给定比例分割任何角变得十分容易。

把割圆曲线应用于圆的求长是一件更困难的事，因为它需要我们知道 G 的位置，割圆曲线在这一点与 AD 相交。正如我们将看到的那样，这一困难在古代时期已经被人们充分认识到。

与此同时，假设割圆曲线与 AD 相交于 G，我们就必须证明给出四分之一圆 BED 的弧长、因此也就得出了圆周长的命题。这个命题大意是：

(四分之一圆 BED 的弧长) : AB = AB : AG。

这个命题用归谬法来证明。

如果前面的比不等于 AB : AG，它就必定等于某个比，设其为 AB : AK，这里，AK 要么（1）大于 AG，要么（2）小于 AG。

（1）设 AK 大于 AG；以 A 为圆心、AK 为半径，画四分之一圆 228 KFL，与割圆曲线相交于 F，与 AB 相交于 L。

连接 AF 并延长，使之与圆周 BED 相交于 E；画 FH 垂直于 AD。现在，根据假设，

(弧 BED) : AB = AB : AK = (弧 BED) : (弧 LFK)。

因此，AB = (弧 LFK)。

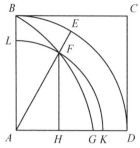

但是，根据割圆曲线的特性，

$AB : FH = ($弧 $BED) : ($弧 $ED)$

$\qquad = ($弧 $LFK) : ($弧 $FK)$；

而且，已证明 $AB = ($弧 $LFK)$；

因此，$FH = ($弧 $FK)$；这是荒谬的。因此，AK 不大于 AG。

（2）设 AK 小于 AG。

以 A 为圆心、AK 为半径，画四分之一圆 KML。

画 KF 垂直于 AD，与割圆曲线相交于 F；连接 AF，使之与两个四分之一圆分别相交于 M、E。

那么，像前面一样，我们证明

$$AB = ($$ 弧 $LMK)。$$

而且，根据割圆曲线的特性，

$AB : FK = ($弧 $BED) : ($弧 $ED)$

$\qquad = ($弧 $LMK) : ($弧 $MK)$；

因为　$AB = ($弧 $LMK)$，

所以　$FK = ($弧 $KM)$；

这是荒谬的。因此，AK 不小于 AG。

既然 AK 既不大于、也不小于 AG，那它必定等于 AG，而且

$$（弧 BED) : AB = AB : AG。$$

［上面的证明大概要归功于地诺斯特拉图（如果不是归功于希庇亚斯本人的话），而且，由于地诺斯特拉图是门奈赫莫斯的兄弟和欧多克索斯的弟子，因此，他大概活跃于公元前 350 年前后，也就是说，在欧几里得之前的某个时期，值得注意的是，某些命题被假设为已知的。除了欧几里得《几何原本》第六卷命题 33 之外，这样的命题有：（1）圆周长之比等于各自的半径之比；（2）任意圆弧大于它所对的

229

弦；（3）任意小于半圆的圆弧小于弧的一个端点上的切线被通过另一端点的半径所截得的部分。（2）和（3）当然等价于下面的事实：若 α 是一个小于直角的角的弧度，则 $\sin \alpha < \alpha < \tan \alpha$。〕

即使到现在，我们也只是求了圆的周长。要化圆为方，我们必须使用阿基米德《圆的测量》中的命题（1），大意是，圆的面积等于这样一个直角三角形的面积：它的一条直角边等于圆的半径，另一条直角边等于圆的周长。这个命题通过穷竭法来证明，晚于欧多克索斯地诺斯特拉图可能知道它，即便希庇亚斯不知道。斯波鲁斯的批评[20]（帕普斯表示赞同）值得在这里引用一下：

（1）这个作图被认为有助于解决的事情实际上在前提中已经假设了。因为，除非你先知道直线 AB 与圆周 BED 之比，否则的话，如何可能让两个点从 B 开始，在一段相等的时间里，其中一个点沿一条直线向 A 移动，另一个点沿着圆周向 D 移动？事实上，这个比还必须是运动的速度之比。因为，如果你使用的速度没有（按照这个比）进行明确的调整，你如何能让运动在相同的瞬间终止，除非是纯粹由于碰巧而有时候发生这样的事？这难道没有证明事情是荒谬的吗？

（2）再者，被用来化圆为方的那条曲线的端点—我指的是曲线与直线 AD 的相交的那个点—根本没有作出。因为，在图形中，若让直线 CB、BA 一起结束它们的运动，它们就会与 AD 本身重合，而再也不会相交。事实上，它们在与 AD 重合之前就不再相交了，然而，这两条直线的交点被假定给出了曲线的端点，它在那里与直线 AD 相交。除非确实有人断言，这条被构想出来的直线可以进一步延长至 AD，其方式与我们假设直线延长的方式一样。但我们并不能从假设中得出这样的结论；点 G 只能通过首先假设周长与直线之比（为已知）来作出。

230

第二个反对意见无疑是有力的。点 G 事实上只能通过以正统的希腊方式使用穷竭法来找出；比方说，我们可以首先等分四分之一圆的角，然后朝向 AD 等分这个半角，再等分它的半角，一直继续下去，每一次从等分线与割圆曲线的交点 F 画 FH 垂直于 AD，再以 AF 为半径画圆，与 AD 相交于 K。那么，如果我们足够长地继续这个过程，HK 就会越来越小，由于 G 位于 H 和 K 之间，我们就可以逼近 G 的位置，原意多近就多近。但这个过程相当于求 π 的近似值，这正是整个作图的目的。

至于反对意见（1），胡尔奇认为它并不有效，因为，以我们现代制造精密仪器的能力，让两个匀速运动花同样的时间不存在困难。因此，一个精确的时钟就会显示分针在明确的时间里画一个准确的圆，设计一个匀速直线运动准确地花同样的时间是完全可行的。然而，我怀疑，直线运动是把某一个或多个圆周运动转化为直线运动的结果；如果是这样，它们就涉及使用 π 的近似值，在这种情况下，解法就会依赖于这样一个假设：它刚好就是我们要求的东西。因此，我倾向于认为斯波鲁斯的两条反对意见都是有效的。

（2）阿基米德的螺旋线

我们确信阿基米德实际上使用了螺旋线来化圆为方。他事实上并没有显示如何借助螺旋线的极次切距来求圆的周长。螺旋线是这样产生的：假设一条直线有一个固定的端点从一个固定的位置开始（初始线），并围绕这个固定端点匀速旋转，还有一点在直线运动开始的同时从固定端点（原点）开始沿着这条直线匀速移动；画出的这条曲线就是螺旋线。

这条曲线的极坐标方程明显是 $\rho = a\theta$。

假设螺旋线上任意点 P 上的切线与从点 O（原点或极点）画出的一条与矢径 OP 垂直的直线相交于 T；那么，OT 就是极次切距。

阿基米德在《论螺线》（On Spirals）中一般性地证明了下面这个事实的等价物：若 ρ 为点 P 的矢径，则

$$OT = \rho^2/a。$$

若 P 在螺旋线的第 n 圈上，移动的直线就会通过一个角 $2(n-1)\pi + \theta$。

因此，$\qquad \rho = a\{2(n-1)\pi + \theta\}$，

且$\qquad\quad OT = \rho^2/a = \rho\{2(n-1)\pi + \theta\}$。

阿基米德的表达方式是这样说（命题20）：若 p 是以 OP（$=\rho$）为直径的圆的周长，而且，若这个圆与初始线相交于点 K，则

$OT = (n-1)p +$ 从 K 到 P "向前"量出的弧 KP。

若 P 是第 n 圈的终点，这个表达式可简化为

$OT = n$（以 OP 为半径的圆的周长），

而且，若 P 是第一圈的终点，则

$OT =$（以 OP 为半径的圆的周长）。（命题 19。）

因此，螺线可以用于任意圆的求长。求积直接根据《圆的测量》命题 1 得出。

（3）阿波罗尼奥斯与卡普斯的解法

杨布里科斯说，阿波罗尼奥斯自己把他用来化圆为方的曲线称作"蚌线的姐妹"。这条曲线究竟是什么，我们尚不确定。由于上文引用的那段话接下来说，它实际上"和尼科梅德斯的曲线是一样的"，而且只有割圆曲线作为尼科梅德斯所使用的曲线而被提到过，因此有人认为，"蚌线的姐妹"就是割圆曲线，但这个说法似乎很不可能。然而，还有另外一种可能性。人们知道，阿波罗尼奥斯写过一本论述贝壳线的正规专著，它是柱面螺旋线[21]。可以想象的是，他可能因为名称相近——如果不是曲线相似的话——而把贝壳线称作"蚌线的姐妹"。而且，事实上，画柱面螺旋线的一条切线使得圆柱体的圆截面能够被化方。因为，如果画一个平面垂直于圆柱体的中心轴，并通过描画螺旋线的那条移动半径的初始位置，再把螺旋线任意点的切线上切点与这个平面之间所截得的部分投射在这个平面上，则这段投影等于圆柱体的圆截面的一段弧，这个弧所对的圆心角等于移动半径在这个平面上的投影与其初始位置所夹的角。这种借助我们所说的"次切距"来化方的方法，十分类似于阿基米德为了同样的目的而使用螺旋线的极次切距，这使得上面的假设很有吸引力。

而对于卡普斯的"双重运动"曲线，我们一无所知。坦纳里认为

232

它是摆线；但没有证据证明这个说法。

（4）π 的近似值

正如我们已经看到的，阿基米德通过作圆的内接和外切正 96 边形，并计算它们各自的周长，从而得到了 π 的近似值：$3\frac{1}{7} > \pi > 3\frac{10}{71}$（《圆的测量》命题 3）。但我们现在知道[22]，在一部题为《论柱墩与圆柱体》（*Plinthides and Cylinders*）中，他得出了更接近的近似值。很不幸，用希腊文字表示的数字是不正确的，给出的下限是 211875：67441（＝ 3.141635），上限是 197888：62351（＝ 3.17377），因此，下限大于真值，上限比早先的上限 $3\frac{1}{7}$ 还要大。坦纳里稍作修正，给出了更准确的数字，亦即

$$\frac{195882}{62351} > \pi > \frac{211872}{67441}$$

或　　　$3.1416016 > \pi > 3.1415904\cdots$

另一个建议[23]是把它们修正为

$$\frac{195888}{62351} > \pi > \frac{211875}{67444}$$

或　　　$3.141697\cdots > \pi > 3.141495\cdots$。

如果上述任一说法代表了真正的解读，则两个限值之间的平均数给出了同样引人注目的近似值：3.141596。

托勒密[24]给出了用六十进制分数表示的圆周长与直径之比：γηλ，亦即 $3+\frac{8}{60}+\frac{30}{60^2}$ 或 3.1416。他指出，这几乎恰好就是阿基米德的两个限值 $3\frac{1}{7}$ 与 $3\frac{10}{71}$ 之间的平均数。但它比这个平均值更准确，托勒密无疑是独立地获得了这个值。他有准备编制《弦表》时的计算作为基础。这张《弦表》每隔半度给出了 $\frac{1}{2}^{\circ}$、1°、$1\frac{1}{2}^{\circ}$ 等等弧所对弦的弦长。

弦长以直径长度的 120 分之一为单位来表示。如果一个这样的部分被称作 1^p，《弦表》以这个单位及其六十进制分数给出的 1° 弧所对的弦长是 $1^p 2' 50''$。由于 1° 的圆心角所对的是圆内接正 360 边形的边，这个多边形的周长就是 $1^p 2' 50''$ 的 360 倍，或者说，由于 1^p = 直径的 1/120，那么，这个多边形的周长按照直径来表示就是 1 2' 50'' 的 3 倍，也就是 3 8' 30''，这就是托勒密得出的 π 值。

有证据表明，有一个计算比托勒密的计算还更接近真值，它应当归功于某个我们并不知道名字的希腊人。印度数学家阿耶波多（出生于公元 476 年）在他的《计算课程》（*Lessons in Calculation*）中说：

234

> 100 加 4，和乘以 8，再加上 62000，便得到一个以 2 万为直径的圆的近似周长。

也就是说，他给出了 $\dfrac{62832}{20000}$ 或 3.1416 作为 π 的值。但他表示这个值的方式无疑指向了希腊的来源，"因为所有民族当中，只有希腊人用万作为二阶单位"（罗德特）。

这让我们注意到埃图库斯对阿基米德《圆的测量》所作的评注的末尾，这一段记录道 [25]，另外一些数学家也得出了类似的近似值，尽管没有给出他们的结果。

> 有人指出，阿波罗尼奥斯在他的 Ὠκυτόκιο（速算法）中解决了同样的问题，使用的是另外的数，得出的近似值［比阿基米德的值］更接近。尽管阿波罗尼奥斯的数字似乎更准确，但它们对阿基米德所着眼的目的并没有什么用；因为，正如我们已经说过的那样，他在这本书中的目的是要找出一个适合在日常生活中使用的近似值。因此，我们不可能认为斯波鲁斯的指责是恰当的，他似乎指责阿基米德没能精确地确定等于圆周长的直线（长度），斯波鲁斯在他的《蜂巢》中指出，他自己的老师—指的是加大拉的菲隆—把（这个问题）简化为比阿基米德更精确的数字表达式，

我指的是他的 $\dfrac{1}{7}$ 和 $\dfrac{10}{71}$；事实上，人们一个接一个地没能充分理解阿基米德的目标。他们还是用万位数的乘法和除法，这种方法对于任何一个没有修完马格努斯的《逻辑学》（*Logistica*）课程的人来说都不容易做到。

235　很有可能，正如阿波罗尼奥斯使用万、"二次万"、"三次万"作为整数的阶次，他也可能使用了分数 $\dfrac{1}{10000}$、$\dfrac{1}{10000^2}$ 等；无论如何，马格努斯（明显晚于斯波鲁斯，因此大概属于公元 4 世纪或 5 世纪）似乎撰文阐述过这样一种方法，正如埃图库斯指出的那样，它必定比托勒密使用的六十进制分数的方法更加麻烦。

三等分任意角

推测起来，这个问题大概源自正五边形的作法被发现之后继续作正多边形的努力。为了作一个边数为 9 或 9 的任意倍数的正多边形，三等分角是必不可少的。另一方面，一个正七边形，在最早被发现的按照给定的比分割任意角的方法——亦即借助割圆曲线——的帮助下，无疑会被作出来。这个方法涵盖了三等分角，但另外一些更可行的实现这一特定作图的方法也及时地演化出来了。

我们被告知，古人曾尝试用"平面"方法——亦即借助直线和圆——来解决这个问题，但都失败了；他们之所以失败，乃是因为这个问题不是"平面"问题，而是"立体"问题。此外，他们尚不熟悉圆锥截面，束手无策；然而，后来，他们借助圆锥截面成功地三等分了一个角，导致他们得出这个方法的，是把这个问题简化为另一个问题，这种问题被称作 νεύσεις（趋向或逼近）。[26]

（1）简化为一个 νεύσεις 问题，通过圆锥曲线来解

这一简化是通过下面的分析实现的。只要处理被三等分的给定角是锐角的实例，因为直角可以通过画一个等边三角形来三等分。

设 *ABC* 为给定的角，画 *AC* 垂直于 *BC*。完成平行四边形 *ACBF*，延长边 *FA* 至 *E*。

设 *E* 是这样一个点：若连接 *BE* 与 *AC* 相交于 *D*，*AC* 与 *AE* 之间所截得的 *DE* 等于 2*AB*。

236

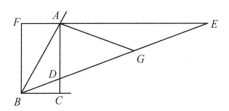

在点 *G* 等分 *DE*，连接 *AG*

那么，$DG = GE = AG = AB$

因此，$\angle ABG = \angle AGB = 2 \angle AEG$

$$= 2 \angle DBC，因为 FE、BC 平行$$

所以，$\angle DBC = \dfrac{1}{3} \angle ABC$

角 *ABC* 被 *BE* 三等分

因此，这个问题被简化为从点 *B* 画 *BE*，与 *AC* 和 *AE* 相交，使被截得的 $DE = 2AB$。

就这些被称作 νεύσεις（趋向或逼近）的问题的术语来看，问题就是要在 *AC* 和 *AE* 之间插入一条等于给定长度 2*AB* 的直线 *ED*，使得 *ED* 逼近点 B。

帕普斯以更一般的形式显示了如何解这个问题。给定一个平行四边形 *ABCD*（它不需要像帕普斯那样是长方形），画 *AEF* 与 *CD* 相交于 *E*，与 *BC* 的延长线相交于 *F*，使得 *EF* 等于一给定长度。

假设这个问题解决了，*EF* 就是给定长度。

完成平行四边形 *EDGF*。

那么，EF 在长度上被给定，DG 在
长度上被给定。

因此，点 G 在一个以 D 为圆心、
半径等于给定长度的圆上。

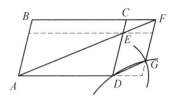

再一次，借助欧几里得《几何原本》
第一卷命题 43（涉及完整平行四边形对角线两边的平行四边形的补
形），我们看到，

$$BC \times CD = BF \times ED$$
$$= BF \times FG$$

所以，点 G 在一条以 BF、BA 为渐近线并通过点 D 的双曲线上。

因此，为了实现这个作图，我们只要作出这条双曲线，以及那个
以 D 为圆心、半径等于给定长度的圆。它们的相交给出了点 G，然
后画 GF 平行于 DC，与 BC 的延长线相交于 F，再连接 AF，这样，E、
F 都被决定了。

（2）"逼近"等价于一个立方方程

不难看出，"逼近"问题的解等价于一个立方方程的解。因为，
在前面第一个图中，如果 FA 是 x 轴，FB 是 y 轴，FA = a，FB = b，那么，
像帕普斯那样借助圆锥曲线解这个问题就等价于求下面这两条圆锥曲
线的交点：

$$xy = ab,$$
$$(x-a)^2 + (y-b)^2 = 4(a^2+b^2)$$

第二个方程给出了

$$(x+a)(x-3a) = (y+b)(3b-y)$$

从第一个方程很容易看出

$$(x+a):(y+b) = a:y$$

而且，

$$(x-3a)y = a(b-3y)$$

因此，消除 x，我们得到

$$a^2(b-3y) = y^2(3b-y)$$

或 $\qquad y^3 - 3by^2 - 3a^2y + a^2b = 0$

现在，假设 $\angle ABC = \theta$，则 $\tan\theta = b/a$

设 $\qquad t = \tan\angle DBC$

则 $\qquad y = at$

然后我们得到

$$a^3t^3 - 3ba^2t^2 - 3a^3t + a^2b = 0$$

或 $\qquad at^3 - 3bt^2 - 3at + b = 0$

由此得 $\quad b(1-3t^2) = a(3t - t^3)$

或 $\qquad \tan\theta = \dfrac{b}{a} = \dfrac{3t - t^3}{1 - 3t^2}$

238

根据众所周知三角学公式，

$$t = \tan\frac{1}{3}\theta$$

也就是说，BD 三等分角 ABC

（3）尼科梅德斯的蚌线

尼科梅德斯为了解决上述逼近问题的特殊目的而发明了一条曲线。他的年代可以根据下述事实，以足够的准确性加以确定：（1）他似乎很不适宜地批评过埃拉托斯特尼解决两个比例中项或倍立方体的方法；（2）阿波罗尼奥斯称某条曲线为"蚌线的姐妹"，显然是出于对尼科梅德斯的赞扬。因此，尼科梅德斯的生活年代必定介于埃拉托斯特尼（比阿基米德稍年轻一些，因此出生于公元前 280 年前后）和阿波罗尼奥斯（大概出生于公元前 264 年前后）之间。

帕普斯把这种曲线称为贝壳线（κοχλοειδὴς γραμμή），这显然是它最初的名称；后来，有人（例如普罗克洛斯）把它称作蚌线（κογχοειδής）。有各种不同的蚌线；帕普斯说到了"一阶""二阶""三阶"和"四阶"蚌线，并指出，"一阶"蚌线用于三等分任意角和倍立方体，而其他几类蚌线对另外一些研究很有用 [27]。我们这里关注的是"一阶"蚌线。尼科梅德斯借助一个机械装置作出了它，这个装置可以这样描述[(28)]：AB 是一根直尺，有一道与其长度平行的狭槽，FE 是第二根直尺，与第一根直尺垂直固定，有一个挂钉 C 固定在上面。第三根直尺 PC 在 P 处削尖，有一道与其长度平行的狭槽，卡住挂钉 C。D 是 PC 上一个固定的挂钉，与狭槽成直线，D 可以沿着 AB 中的狭槽自由移动。那么，如果这样移动直尺 PC，使得 D 在 F 的两边描画出 AB 中的狭槽的长度，这根直尺的端点 P 便描画出被称作蚌线或贝壳线的曲线。尼科梅德斯把直线 AB 称作尺（κανών），固定点 C 称作极（πόλος），恒定长度 PD 称作距（διάστημα）。

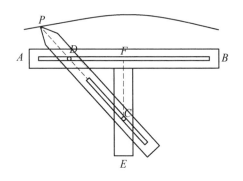

这条曲线的基本属性（如今在极坐标中会用方程 $r = a + b \sec\theta$ 来表示）：若从点 C 作这条曲线的任意矢径 CP，矢径上曲线与直线 AB 之间所截得的长度是恒定的。因此，两条直线（给定长度的直线被置于它们之间）中任意一条直线的逼近，都可以借助另一条直线与这样的一条蚌线的交点来解决，这条蚌线以这条插入的直线必须逼近的那个固定点作为它的极点。帕普斯告诉我们，在实践中，蚌线实际上并非总是那样画出来的，相反，"有人"为了更方便，围绕固定点移动一根直尺，直至通过测试，截得的部分被发现等于给定长度。[(29)]

在前面显示三等分任意角被简化为逼近问题的图中，所使用的蚌线以 B 为极点，AC 为尺或底，一段等于 2AB 的长度是它的距；而 E 被发现是蚌线与 FA 的延长线的交点。

帕普斯说，尼科梅德斯给出了蚌线的作图、阶次和属性[(30)]；但是，他的论著没有什么东西传到我们手里，除了"一阶"蚌线的作法，它的基本属性，以及下面这个事实：这条曲线以每个方向的渐近线作为它的尺或底。然而，帕普斯在"一阶""二阶""三阶"和"四阶"蚌线之间所作的区分很可能直接或间接来自他最初的论著。除了"一阶"蚌线之外，我们不知道其他蚌线的性质，但很有可能，它们是三种其他的曲线，通过改变图中的条件而产生出来。设 a 是距或曲线与底之间的固定截距，b 是极点到底的距离。那么很显然，沿着通过极点画出的每条矢径，我们从底向极点反向量出 a，便在底的朝向极点的一侧得到了贝壳状的图形。这条曲线依据 a 大于、等于和小于 b 而

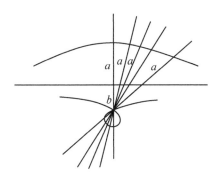

呈现出三种不同的形状。其中每一种曲线都以底作为渐近线，但就其中的第一种情况而言，曲线有一个图中所显示的圈，而在第三种情况下，它没有二重点。最有可能的假设似乎是：帕普斯提到的另外三个阶次的蚌线就是这三种曲线。

（4）另外一种简化为逼近的方法（阿基米德）

有一个命题导致三等分任意角被简化为另一种逼近，它包含在一本《引理集》（*Liber Assumptorum*）中，这本书被归到阿基米德的名下，以阿拉伯文的形式传到了我们手里。尽管这些引理不可能是阿基米德以它们现在的这种形式写出的，因为里面引用他的名字不止一次，但很有可能，其中有些引理是阿基米德原创的，特别是命题 8，因为它所暗示的逼近法在很大程度上与《论螺线》命题 5-8 中所采用的方法是同一种类型。这个命题如下。

若 AB 是一个以 O 为圆心的圆的任意弦，延长 AB 至 C，使 BC 等于半径，若 CO 与圆相交于 D、E，则弧 AE 等于弧 BD 的三倍。

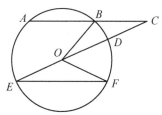

画弦 EF 平行于 AB，连接 OB、

240

241

OF。

因为 $BO = BC$

所以 $\angle BOC = \angle BCO$

现在，$\quad \angle COF = 2 \angle OEF$

$\qquad\qquad\qquad = 2 \angle BCO$（根据平行线的性质）

$\qquad\qquad\qquad = 2 \angle BOC$

所以 $\quad \angle BOF = 3 \angle BOD$

且 $\quad$（弧 BF）=（弧 AE）= 3（弧 BD）

借助这个命题，我们可以把弧 AE 的三等分简化为一个逼近问题。因为，为了求出一段弧等于弧 AE 的三分之一，我们只要通过 A 画一条直线 ABC，再次与圆相交于 B，与 EO 的延长线相交于 C，这样一来，BC 就等于圆的半径。

（5）借助圆锥曲线的直接解法

帕普斯给出了三等分角问题的两种解法，都直接使用圆锥曲线，而无需任何的预备工作，把问题简化为一次逼近。[31]

1. 分析法导致的第一个方法如下。

设 AC 是一条直线，B 是直线外的一点，而且，如果连接 BA、BC，则角 BCA 等于角 BAC 的两倍。

画 BD 垂直于 AC，并沿 DA 截 DE 等于 DC。连接 BE。

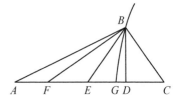

因为 $\quad DE = BC$

所以 $\quad \angle BEC = \angle BCE$

但 $\quad \angle BEC = \angle BAE + \angle EBA$，而且，根据前提，

$\quad \angle BCA = 2 \angle BAE$

因此，$\quad \angle BAE + \angle EBA = 2 \angle BAE$

所以，$\quad \angle BAE = \angle ABE$

或者，$\quad AE = BE$

在点 G 分割 AC，使 $AG = 2GC$，或 $CG = \dfrac{1}{3}AC$

同时截 FE 等于 ED，使 $CD = \dfrac{1}{3}CF$

由此得到：$GD = \dfrac{1}{3}(AC - CF) = \dfrac{1}{3}AF$

现在，　$BD^2 = BE^2 - ED^2$
　　　　　　$= BE^2 - EF^2$

而且，　$DA \times AF = AE^2 - EF^2$　　　（《几何原本》第二卷命题 6）
　　　　　　$= BE^2 - EF^2$

因此，　$BD^2 = DA \times AF$
　　　　　　$= 3AD \times DG$

所以，　$BD^2 : AD \times DG = 3:1$
　　　　　　$= 3AG^2 : AG^2$

因此，D 在一条以 AG 为横轴、共轭轴等于 $\sqrt{3}AG$ 的双曲线上。

现在，假设要求我们三等分一个以 O 为圆心的圆上的弧 AB。

画弦 AB，在点 C 分割它，使 $AC = 2CB$，作以 AC 为横轴、以一条等于 $\sqrt{3}AG$ 的直线为共轭轴的双曲线。

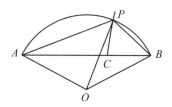

设双曲线与圆弧相交于 P。连接 PA、PO、PB。

那么，根据上面的命题，
　　　　$\angle PBA = 2\angle PAB$

因此，它们的两倍是相等的，

或者说，$\angle POA = 2\angle POB$

OP 因此三等分了弧 APB 和角 AOB

2. 帕普斯说，"有人"提出了另外的解法，不涉及求助于逼近，这个方法如下。

假设它已经作出了，让弧 SP 等于弧 SPR 的三分之一。

243

223

连接 RP、SP

那么，角 RSP 等于角 SRP 的两倍

画 SE 等分角 RSP，与 RP 相交于 E，

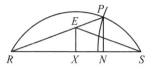

并画 EX、PN 垂直于 RS

那么，∠ERS = ∠ESR，所以，RE = ES

因此，RX = XS，且 X 是给定的

此外，RS : SP = RE : EP = RX : XN

因此，RS : RX = SP : NX

但是，RS = 2RX

所以，SP = 2NX

由此得出，P 在一条以 S 为交点、XE 为准线、偏心率为 2 的双曲线上。

因此，为了三等分这段弧，我们只要在点 X 等分 RS，画 XE 垂直于 RS，然后画一条以 S 为焦点、XE 为准线、2 为偏心率的双曲线。这条双曲线和第一种解法所使用的双曲线是一样的。

这个解法所取自的帕普斯的那个段落值得注意，因为它是希腊数学作品中至今尚存的提到圆锥曲线的焦点和准线属性的三个片段之一（两个片段在帕普斯的作品中，一个片段在安提莫斯论述取火镜的一段残片中）。帕普斯作品的第二段在"引理"这个标题下谈到了欧几里得的《面轨迹》（Surface Loci）[32]。帕普斯在这个段落里给出了下面这个定理的完整证明：若一个点到一个定点的距离与它到一条给定直线的距离成给定的比，则这个点的轨迹是一条圆锥曲线，依据这个给定的比是小于、等于还是大于 1，这条曲线分别是椭圆、抛物线或双曲线。这些段落的重要性在于：这个引理对于理解欧几里得的专著来说是必不可少的。我们几乎不可避免地得出结论：欧几里得在他的《面轨迹》中使用了这个属性，不过被认为是众所周知的。因此，它有可能取自欧几里得时代流行的某部论著，多半取自阿里斯泰俄斯的作品《立体轨迹》（Solid Loci）。

倍立方体，或两个比例中项问题

（1）问题的历史

在他对阿基米德《论球体与圆柱体》（*On the Sphere and Cylinder*）的评注中，埃图库斯为我们保存了一批宝贵的这个问题的解答集 (33)。其中一个解法是埃拉托斯特尼的，他是阿基米德的同时代人，更年轻一些，是一封据说是埃拉托斯特尼写给托勒密的信介绍了这个解法。这位托勒密是托勒密三世，他在自己的统治时期刚开始时（公元前 245 年）说服了埃拉托斯特尼，从雅典来到亚历山大城，给自己的儿子（腓罗巴特）当家庭教师。这封所谓的信给出了关于这个问题的起源以及直至埃拉托斯特尼时代其解法的历史。随后，在对它的实用性发表了一番评论之后，作者描述了埃拉托斯特尼本人解决这个问题的作法，给出了它的证明，并补充了在实践中用来实现这一作图的器具的制作指南。接下来，他说，埃拉托斯特尼所描绘的机械发明，"在还愿纪念碑上"，实际上是青铜做成的，用铅条固定在柱冠的下面。此外，立柱上有浓缩形式的证明，连同一个图，在立柱的末端还有一首短诗。这封所谓的埃拉托斯特尼的信是伪造的，但作者确实引用了证明和那首短诗（它们名副其实是埃拉托斯特尼的作品），从而真正立下了汗马功劳。

我们手里的文献首先从下面这个故事开始：古代一位悲剧诗人描写米诺斯给格劳克斯建造了一座陵墓，但对它各边只有 100 英尺很不满意；米诺斯随后说，必须把它的大小增加一倍，方法就是按照这个比例增加它的长、宽、高。很自然，诗人"被认为犯了一个错误"。冯·维拉莫维茨证明，让米诺斯说出这番话的那段诗文不可能出自埃斯库罗斯、索福克勒斯或欧里庇得斯的任何一部戏剧。它们是某个无名诗人的作品，他所表现出来的对数学的无知是它们为什么变得臭名昭著并因此幸存下来的唯一原因。这封信继续说：

几何学家们接手了这个问题，试图找出如何能够加倍一个给

245

225

定的立体，同时保持相同的形状；问题被冠以"倍立方体"的名称，因为他们首先从一个立方体开始，试图把它加倍。很长时间里，他们的所有努力全都是徒劳；接下来，希俄斯的希波克拉底第一次发现：如果我们能想办法求出两条直线（其中较长的是较短的两倍）之间连续比的两个比例中项，立方体就可以被加倍；也就是说，他把这个难题（ἀπόρημα）变成了另一个不那么难的问题。故事说，一段时间之后，一些提洛斯人奉神谕之命加倍一座祭坛，他们像以前一样陷入了同样的困境。

在这个节骨眼上，故事的版本有些分歧。假托的埃拉托斯特尼继续说：

他们于是派人去柏拉图的学园里求几何学家们帮他们找出解法。后者一直勤勉不懈地致力于求两条给定直线之间的两个比例中项。据说，塔拉斯的阿契塔借助半圆柱体求出了它们，而欧多克索斯则借助所谓的曲线求出来了；但是，结果发现，他们所有的解法全都是理论上的，没有人能够为平常的使用提供实用的作图，除了（在很小程度上）门奈赫莫斯，而且作法也很困难。

幸运的是，我们有埃拉托斯特尼自己的版本，保存在赛翁的引文中：

246

埃拉托斯特尼在他题为《柏拉图学派》（*Platonicus*）的作品中讲到，当神通过神谕向提洛斯人宣布：如果他们想要摆脱瘟疫，他们就应当建造一座祭坛，两倍于现有的祭坛时，他们工匠在试图发现如何让一个立体等于另一个（相似）立体的两倍上陷入了极大的困惑。他们因此去问柏拉图，他的答复是，神谕的意思并不是神想要一座大小翻倍的祭坛，而是他希望在把这项任务交给他们时，让希腊人为他们对数学的无知和对几何学的轻蔑而感到羞愧。[34]

埃拉托斯特尼的版本很可能是真的；而且，毫无疑问，柏拉图的学园里研究过这个问题，一些解法被归到欧多克索斯、门奈赫莫斯、甚至是（尽管是错误的）柏拉图本人的名下。那位假托的埃拉托斯特尼对阿契塔、欧多克索斯和门奈赫莫斯的三种解法所作的描述，不过是对埃拉托斯特尼那首诗中关于这个问题的诗行所作的释义，

不要试图去做困难的事，像阿契塔的圆柱体，或门奈赫莫斯的按三种方式切割圆锥体，或者画一个像敬畏神明的欧多克索斯所描述的那种曲线形。

不同的版本反映在普鲁塔克的著作中，他在某个地方给出了柏拉图对提洛斯人的答复，和埃拉托斯特尼的说法几乎是一样的 [35]，而在另一个地方，他告诉我们，柏拉图让提洛斯人去找欧多克索斯和基齐库斯的赫利孔，寻求这个问题的解 [36]。

在希波克拉底发现倍立方体等价于求两条给定直线之间的两个比例中项之后，这个问题似乎专门按照后面这种方式来着手处理。现在，我们按照年代顺序，来复述各种不同的解法。

（2）阿契塔

阿契塔的解法是所有解法中最值得注意的，尤其是如果我们考虑到他的年代（公元前4世纪上半叶），因为它不是在一个平面中作图，而是一个大胆的三维作图，决定一个点作为三个回转曲面的交点：（1）一个直圆锥体，（2）一个圆柱体，（3）一个内径为零的环面。后面两个曲面的相交给出了（阿契塔说）一条曲线（它实际上是一条双曲线），而要求的点就是圆锥曲面与这条曲线的交点。

设 AC、AB 是两条直线，我们要求的就是它们之间的两个比例中项，以 AC 为直径作一个圆，AB 是这个圆中的一段弦。

以 AC 为直径画半圆，但这个半圆是画在一个与圆 ABC 所在平面垂直的平面上，想象这个半圆绕着一条通过点 A 并与 ABC 所在平面垂直的直线旋转（因此画出了半个内径为零的环面）。

247

227

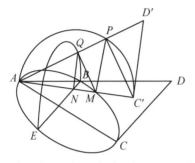

接下来画一个以半圆 ABC 为底的半圆柱体；这个半圆柱体将与半环面相交于一条曲线。

最后，以 C 为切点作圆 ABC 的切线，与 AB 的延长线相交于 D；假设三角形 ADC 绕 AC 为轴旋转。这会产生一个直圆锥体的曲面；点 B 将会描画出一个半圆 BQE，垂直于 ABC 所在的平面，其直径 BE 垂直于 AC；圆锥的曲面将在点 P 相交于半圆柱和半环面相交而成的那条曲线。

248

设 APC′ 是旋转半圆的对应位置，AC′ 与圆周 ABC 相交于 M。

画 PM 垂直于 ABC 所在的平面，我们看出，它必定与圆 ABC 相交，因为点 P 就在那个以 ABC 为底的圆柱体上。

设 AP 与半圆 BQE 的圆周相交于 Q，AC′ 与它的直径相交于 N。连接 PC′、QM、QN。

那么，由于两个半圆都垂直于平面 ABC，他们所截得的线段 QN 也是如此［《几何原本》第十一卷命题 19］。

因此 QN 垂直于 BE。

所以，$QN^2 = BN \times NE = AN \times NM$，［《几何原本》第三卷命题 35］，这样一来，角 AQM 是直角。

但角 APC′ 也是，因此 MQ 平行于 C′P。

根据相似三角形的属性，由此得到：

$$C'A : AP = AP : AM = AM : AQ$$

亦即：　　$AC : AP = AP : AM = AM : AB$

且 AB、AM、AP、AC 在连续比中，所以，AM、AP 就是要求的两个比例中项。

用解析几何的语言来表述，若以 AC 为 x 轴，以通过点 A 并垂直于平面 ABC 上的 AC 的一条直线为 y 轴，以通过点 A 平行于 PM 的一条直线为 z 轴，那么，下面这三个曲面的交点决定了点 P：

（1） $x^2 + y^2 + z^2 = \dfrac{a^2}{b^2} x^2$ （圆锥体）

（2） $x^2 + y^2 = ax$ （圆柱体）

（3） $x^2 + y^2 + z^2 = a\sqrt{x^2 + y^2}$ （环面）

这里，$AC = a$，$AB = b$

从前两个方程我们得到

$$x^2 + y^2 + z^2 = \frac{(x^2 + y^2)^2}{b^2}$$

从这个方程和方程（3）我们得到

$$\frac{a}{\sqrt{x^2 + y^2 + z^2}} = \frac{\sqrt{x^2 + y^2 + z^2}}{\sqrt{x^2 + y^2}} = \frac{\sqrt{x^2 + y^2}}{b}$$

或 $AC : AP = AP : AM = AM : AB$

组合这些比，我们得到

249

$$AC : AB = (AM : AB)^3$$

因此，边 AM 的立方与边 AB 的立方之比等于 AC 与 AB 之比。在这个特例中，$AC = 2AB$，$AM^3 = 2AB^3$，立方体被加倍了。

（3）欧多克索斯

埃图库斯显然见过某份文献，据说正是这份文献给出了欧多克索斯的解法，但有一点很清楚：那必定是一个错误的版本。埃拉托斯特尼的那首诗说，欧多克索斯借助一个"曲线的或弯曲的形状"（καμπύλον εἶδος ἐν γραμμαῖς）解决了这个问题。据埃图库斯说，尽管欧多克索斯在他的序言中说他发现了一个借助"曲线"的解法，然而，当他着手证明时，他并没有利用这样的曲线，此外，他犯了一个明显的错误：他在处理某个不连续的比时仿佛它是连续的[37]。很有可能，尽管欧多克索斯所使用的确实是一条曲线轨迹，但他实际上并没有画出整个

229

曲线，而只是标示出了曲线上的一两个点，这对他的目的来说足够了。这可能解释埃图库斯评论的第一部分，但无论如何我们也不可能相信第二部分；欧多克索斯是一个很有造诣的数学家，不可能把不连续的比和连续比混为一谈。推测起来，埃图库斯发现的那个错误有可能是某个抄错原稿的人犯下的；但这个错误可能算不上什么太大的遗憾，因为那样的话会导致埃图库斯从自己的记述中完全忽略这个解法。

坦纳里[38] 提出了一个很有独创性的说法，大意是，欧多克索斯的作图实际上是采用阿契塔的作图，在实践中借助阿契塔作图中圆 ABC 所在平面上的投影。不难在圆锥体和圆面相交的那条曲线所在的平面上描绘出这个投影，而且，当这条曲线在平面 ABC 上画出来时，它与圆 ABC 的交点便给出了阿契塔图中的点 M。

250　　借助上面的方程（1）和（3），不难看出，圆柱体和环面之间平面 ABC 上的投影是

$$x^2 = \frac{b^2}{a}\sqrt{x^2 + y^2},$$

或者，在以 A 为原点、以 AC 为轴的极坐标中，则是

$$\rho = \frac{b^2}{a\cos^2\theta}$$

很容易求出曲线上任意多个点。作圆 ABC，让直径 AC 和弦 AB 分别等于我们要求其两个比例中项的两条给定直线。

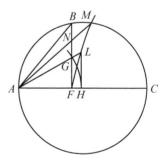

用上面的符号表示法，

$$AC = a,\ AB = b$$

如果画 BF 垂直于 AC，那么，

$$AB^2 = AF \times AC$$

或者，　$AF = b^2/a$

取 BF 上任意一点 G，连接 AG

那么，若∠ $GAF = \theta$，则 $AG = AF \sec \theta$。

以 A 为圆心、AG 为半径画一个圆，与 AC 相交于 H，画 HL 垂直于 AC，与 AG 的延长线相交于 L。

那么，$AL = AH \sec \theta = AG \sec \theta = AF \sec^2 \theta$

也就是说，若 $\rho = AL$，则 $p = \dfrac{b^2}{a} \sec^2 \theta$

且 L 是曲线上的一点。

类似地，曲线上任何数量的其他点可以求出。如果这条曲线与圆 ABC 相交于 M，则 AM 的长度等于阿契塔图中的 AM。

AM 是 AB 与 AC 之间两个比例中项的第一个。第二个（= 阿契塔图中的 AP）很容易从关系 $AM^2 = AB \times AC$ 求出。问题被解出。

必须承认，关于欧多克索斯的方法，坦纳里的说法很有吸引力；不过当然，这个说法只是一种推测而已。在我看来，反对这个说法的理由是：它太接近于对阿契塔的观念的改编。诚然，欧多克索斯是阿契塔的弟子，而且，阿契塔的双曲面作图与欧多克索斯借助同心球体的球面双纽线作图之间有太多的相似特征；但我认为，欧多克索斯是一个很有原创性的数学家，不可能满足于纯粹改编阿契塔的解法。

（4）门奈赫莫斯

埃图库斯描述了门奈赫莫斯求两个比例中项问题的两种解法，它们都是求某个点，作为两条圆锥曲线的交点，在一个实例中是两条抛物线，而在另一个实例中则是一条抛物线和一条直角双曲线。埃拉托斯特尼的那首诗中也提到了这两种解法："门奈赫莫斯按三种方式切割圆锥体。"把这两种解法与这个评论联系在一起，从中可以推断：门奈赫莫斯是圆锥曲线的发现者。

门奈赫莫斯是那位曾使用割圆曲线化圆为方的地诺斯特拉图的兄弟，是欧多克索斯的弟子，大约活跃在公元前 4 世纪中叶。关于几何学家和那位想走几何学捷径的国王的故事，最引人注目的版本讲的就是门奈赫莫斯和亚历山大："噢，国王，"门奈赫莫斯说，"周游全国有皇家大道和平民公路，但在几何学中，对所有人来说都只有一条路。"(39) 有一个类似的故事实际上讲的是欧几里得和托勒密；不过这里面有一个诱惑，让人忍不住在更晚的年代把这个故事转嫁给一个更著名的数学家。门奈赫莫斯显然是一个相当重要的数学家；普罗克洛斯把他和柏拉图的一位朋友、赫拉克里亚的阿密克拉联系在一起，与地诺斯特拉图联系在一起，认为他们"使整个几何学变得更完美"(40)。然而，除了把圆锥曲线的发现归到他的名下之外，很少有评论涉及他的工作。有人把他与亚里士多德和卡利普斯相提并论，作为欧多克索斯所发明的同心球理论的支持者，但前提条件是假设更大数量的球体(41)。我们从普罗克洛斯的介绍推断，他撰写过论述数学技术的专著；例如，他讨论过原理这个词的宽泛意义（在这个意义上，任何导致另外命题的命题都可以说是它的一个原理）与严格意义之间的差别，在严格的意义上，它是某种简单而基本的东西，能够从中得出与一项原理有关的结果，能够普遍使用并进入各种命题的证明(42)。再者，他不同意区分定理和问题，而是认为，它们都是问题，尽管旨在实现两个不同的目标(43)；他还讨论了定理的可转换性的重要问题，及其必要的条件。(44)

若 x、y 是两条直线 a、b 之间的两个比例中项，

亦即，若 $a:x=x:y=y:b$

那么很显然，$x^2=ay$，$y^2=bx$，$xy=ab$

在这里，我们很容易认出两条参照直径及其端点上的切线以及一条参照其渐近线的双曲线的笛卡儿方程。但门奈赫莫斯不仅认识到了、而且还发现了这种曲线的存在，它们具有的属性与笛卡儿方程相一致。他在直圆锥体的平截面中发现了它们，他首先得出的，无疑是轴上的主纵坐标相对于横坐标的属性。尽管只是为了解决特殊的问题才需要抛物线和双曲线，但他肯定也会发现椭圆及其属性。不过就抛物线而言，他需要这条曲线参照渐近线的属性，通过方程 $xy=ab$ 来表示；因此他必定发现了渐近线的存在，必定证明了它的属性，至少是直角双曲线的属性。发现圆锥曲线的最初的方法我们稍后介绍。在此期间，有一点很明显：使用 $x^2=ay$、$y^2=bx$ 和 $xy=ab$ 当中的任何两条曲线都可以给出我们这个问题的解，事实上，门奈赫莫斯在他的第一种解

253

法中，使用的正是第二种和第三种曲线，而他的第二种解法使用的是前两种曲线。埃图库斯完整地给出了每种解法的分析和综合。我将尽可能简短地复述它们，只压缩到用四条不同的线段来代表第一种解法的图示中两条给定的直线和两条要求的比例中项。

第一种解法

设 AO、OB 为两条给定的直线，$AO > OB$，并让它们在点 O 组成一个直角。

假设问题已解，沿着 BO 的延长线量出 OM，沿着 AO 的延长线量出 ON。完成长方形 $OMPN$。

那么，由于　　　　　$AO : OM = OM : ON = ON : OB$

我们得到：（1）$OB \times OM = ON^2 = PM^2$

所以，P 在一条以 O 为顶点、OM 为轴、OB 为正焦弦的抛物线上；

而且，（2）　　　　$AO \times OB = OM \times ON = PN \times PM$

因此，P 在一条以 O 为中心、以 OM 和 ON 为渐近线的双曲线上。

所以，要求点 P，我们就必须作出（1）一条以 O 为顶点、以

254

OM 为轴、正焦弦等于 OB 的抛物线；（2）一条以 OM、ON 为渐近线的双曲线，且从曲线上的任意一点 P 画直线 PM、PN 与一条渐近线平行、与另一条渐近线相交，其所包含的长方形面积等于长方形 $AO \times OB$。

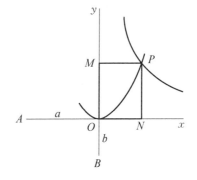

抛物线与双曲线的交点给出了解决这个问题的点 P，因为

$$AO : PN = PN : PM = PM : OB$$

第二种解法

假设问题已解，就像在第一个实例中一样，由于

$AO : OM = OM : ON = ON : OB$，我们得到：

（1）关系 $OB \times OM = ON^2 = PM^2$

255   所以，点 P 在一条以 O 为顶点、以 OM 为轴、以 OB 为正焦弦的抛物线上。

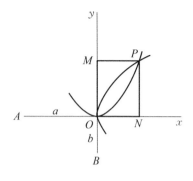

（2）类似关系 $AO \times ON = OM^2 = PN^2$

所以，点 P 在一条以 O 为顶点、以 ON 为轴、以 OA 为正焦弦的抛物线上。

因此，为了求出点 P，我们只要作出两条抛物线，分别以 OM、ON 为轴，以 OB、OA 为正焦弦；两条抛物线的焦点便给出了点 P，使得：

$$AO : PN = PN : PM = PM : OB$$

（我们后面相会看到，门奈赫莫斯并没有使用抛物线和双曲线这样的名字来描述这些曲线，这些名字属于阿波罗尼奥斯。）

（5）被归到柏拉图名下的解法

按照埃图库斯的排列，这个解法是他复述的各种解法当中的第一个。但是有几乎确凿的证据认为，这个解法被错误地归到了柏拉图的名下。除了埃图库斯之外，没有一个人提到它，如果柏拉图的一个解法当时就被人所知的话，人们几乎不可能不把它和阿契塔、门奈赫莫斯和欧多克索斯的解法相提并论。再者，普鲁塔克说，柏拉图告诉提洛斯人，两个比例中项的问题很难，但欧多克索斯和基齐库斯的赫利孔会帮他们解决这个问题，他显然并没有打算自己动手。而且，最后，被归到他名下的解法是机械的，而我们有两次被告知，柏拉图反对机械解法，认为那是在毁灭几何学的优势[45]。人们试图把这两个相反的传说协调起来。有人认为，尽管柏拉图原则上反对机械解法，但他希望显示，发现这样的解法多么容易，并提出了那个被归到他名下的解法，作为这一事实的说明。我更愿意认为，埃拉托斯特尼在这一点上的沉默是令人信服的，并假设这个解法是在柏拉图的学园里被某个门奈赫莫斯的同时代或稍晚一些的人发明出来的。

因为，如果观察一下门奈赫莫斯的第二种解法的图，我们就能看出，两条给定直线和它们之间的两个比例中项是按循环次序给出的（顺时针方向），就像这些直线是从点 O 放射出来，并被直角所分隔。这恰好就是柏拉图解法中直线的排列。因此，似乎很有可能，某个在门奈赫莫斯之前掌握了他的第二种解法的人希望显示，可以通过机械作图得到四条直线的相同表示，作为使用圆锥曲线之外的一个可选办法。

按照顺时针方向的循环次序画给定直线连同比例中线，也就是说，画 OA、OM、ON、OB，就像在门奈赫莫斯的第二种解法中那样，我们得到：

$$AO : OM = OM : ON = ON : OB$$

显然，如果连接 AM、MN、NB，则角 AMN、MNB 都是直角。那么，考虑到 OA、OB 互相垂直，这个问题就是要作出图中的其余部分，使得 M、N 上的角也是直角。

使用的器具有点像鞋匠用来量脚的长度的那种工具。FGH 是一个（比方说）木头做的固定直角。KL 是一根支杆，紧扣在（比方说）其边紧贴着 GF 的支杆 KF 上，可以移动，同时保持与 GH 平行，或者说与 GF 垂直。

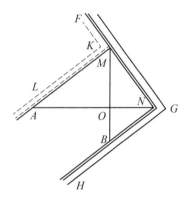

现在，这样放置固定直角 FGH，使得腿 GH 通过点 B，然后转动它，直至角 G 落在 AO 的延长线上。接下来，

滑动活动支杆 KL，同时始终保持与 GH 平行，直至它的边缘（朝向 GH）通过点 A。现在，如果支杆 KL 与腿 FG 之间的内角点不在 BO 的延长线上，那么就要再次转动这个装置，移动活动支杆，直至该点落在 BO 的延长线上，亦即点 M，当心，在整个移动期间，KL 和 HG 内边缘分别通过 A、B，而 G 上的内角点沿着 AO 的延长线移动。

这种机械装置，取得想要的位置是可能的，从门奈赫莫斯的图中可以清楚地看出这一点，在那里，MO、NO 是 AO 和 BO 之间的比例中项，角 AMN、MNB 是直角，尽管让它进入想要的位置大概并不十分容易。

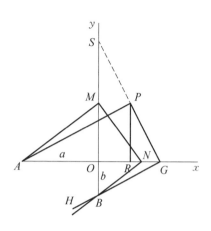

因此，可以用分析的方法来看待这个问题。我们不妨取这个装置的任意位置，在这个位置上，支杆和腿 GH 分别通过 A、B，同时 G 在 AO 的延长线上，但支杆 KL 与腿 FG 的角点 P 并不在 OM 的延长线上。让 ON、OM 分别落在 x 轴、y 轴上。画 PR 垂直于 OG，延长 GP 与 OM 相交于 S。

设 $\qquad AO = a$，$BO = b$，$OG = r$

那么， $\qquad AR \times RG = PR^2$

或 $\qquad (a + x)(r - x) = y^2 \quad （1）$

而且，根据相似三角形的属性，

$$PR : RG = SO : OG$$
$$= OG : OB$$

或 $\qquad \dfrac{y}{r - x} = \dfrac{r}{b} \qquad （2）$

从方程（1）我们得到

$$r = \frac{x^2 + y^2 + ax}{a + x}$$

用（1）乘以（2），我们得到

$$by(a + x) = ry^2$$

由此，代入 r 的值，我们得到 P 的轨迹，是一条三次曲线：

$$b(a + x)^2 = y(x^2 + y^2 + ax)$$

这条曲线与 y 轴的交点给出了

258

$$OM^3 = a^2b$$

因此，作为一种理论上的解法，"柏拉图的"解法比门奈赫莫斯的解法更困难。

（6）埃拉托斯特尼

这也是一种机械解法，借助三个平面图形（相等的直角三角形或长方形）形来实现，它们可以在两根平行的直尺之间移动，同时保持互相平行，并与它们最初的位置平行，这两根直尺形成了某种框架，装配着沟槽，使得那些图形可以互相越过对方移动。在帕普斯的记述中，这些图形是三角形[46]，埃图库斯说是画出了对角线的平行四边形，三角形似乎更可取。我将就第二种图形使用埃图库斯的字母描述，但我使用的是三角形，而不是长方形。

设这个框架被两条平行线 AX、EY 所限制。三角形的初始位置显示在第一幅图中，它们是 AMF、MNG、NQH。

259

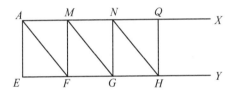

第二幅图中的 AE、DH 是互相平行的直线，我们要求的便是它们之间的两个比例中项。

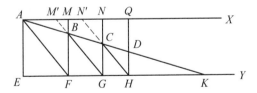

在第二幅图中，三角形（AMF 除外，它一直是固定的）朝向 AMF 移动，同时与它们的初始位置平行，使它们互相重叠（就像图中的 AMF、$M'NG$、$N'QH$），NQH 占据 $N'QH$ 的位置，QH 通过点 D，

237

MNG 占据 $M'NG$ 的位置，使得 MF、$M'G$ 和 NG、$N'H$）分别相交于 B、C，且与 A、D 在一条直线上。

设 AD、EH 相交于 K

那么，　　　$EK:KF = AK:KB$
　　　　　　　　　　　　 $= FK:KG$

而且，　　　$EK:KF = AE:BF$，同时 $FK:KG = BF:CG$

因此，　　　$AE:BF = BF:CG$

类似地，　　$BF:CG = CG:DH$

所以，AE、BF、CG、DH 成连比，BF、CG 是要求的比例中项。

260 　　这本质上是埃拉托斯特尼那篇立柱铭文中所给出的简短证明；作图只能从与上面第二幅图相一致的单一图形中推导出来。

埃拉托斯特尼添加的那首短诗如下：

> 朋友，如果你想要从一个小（立方体）获得一个是其两倍的大立方体，并把任何立体图形变为另一种图形，这是你力所能及的事；你可以用这个方法，求出一个羊圈、一个地坑或一口水井的度量，也就是说，你只要得出其端点趋于相交的两根直尺之间的（两个）比例中项就行了。你不用试图去做困难的事，像阿契塔的圆柱体，或门奈赫莫斯的按三种方式切割圆锥体，或者画一个像敬畏神明的欧多克索斯所描述的那种曲线形。不，在这些板子上，你不可能轻而易举地求出无数个中项，从一个很小的底开始。你是幸运的，托勒密，作为一个父亲，有着他儿子一样的年轻活力，你让自己把缪斯和国王们所钟爱的一切都给了他，哦，宙斯，天国的神，愿他未来接过你手中的节杖。因此，让未来看到这一贡献的人说："这是昔兰尼的埃拉托斯特尼的礼物。"

（7）尼科梅德斯

尼科梅德斯的解法被包含在他论述蚌线的著作中，据埃图库斯说，他对这个解法十分自豪，声称它比埃拉托斯特尼的解法要优越很多，他曾嘲笑后者的解法既不可行，也不是几何学的解法。

尼科梅德斯把这个问题简化为他借助蚌线来解决的逼近问题。帕普斯和埃图库斯都解释了这个解法（前者解释过两次以上[47]），只有很小的变动。

设 AB、BC 是两条直线，我们要求的就是它们之间的两个比例中项。完成平行四边形 $ABCL$。

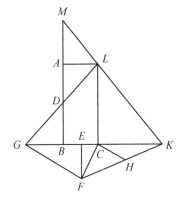

分别在 D 和 E 等分 AB、BC

连接 LD 并延长，与 CB 相交于 G

画 EF 垂直于 BC，使 $CF = AD$

连接 GF，画 CH 平行于它

然后，从点 F 画 FHK 截 CH 和 EC 的延长线于 H 和 K，使 $HK = CF = AD$。

261

（这是通过画一条蚌线来做到的，这条蚌线以 F 为极点，以 CH 为"尺"，"距"等于 AD 或 CF。这条蚌线与 EC 的延长线相交于点 K。接下来我们连接 FK，并根据蚌线的属性得到：$HK =$ "距"。）

连接 KL 并延长，与 BA 的延长线相交于 M。

那么，CK、MA 就是要求的比例中项。

因为，由于 BC 在点 E 被等分，并被延长至 K，所以，

$$BK \times KC + CE^2 = EK^2$$

在等式两边加上 EF^2

所以 　　　$BK \times KC + CF^2 = KF^2$ 　　　　（1）

现在，根据平行线的性质，

$$MA : AB = ML : LK$$
$$= BC : CK$$

但 $AB = 2AD$，且 $BC = \dfrac{1}{3}GC$

因此，　　$MA : AD = GC : CK$
$$= FH : HK$$

根据合比定理，$MD : DA = FK : HK$

但根据作图，$DA = HK$

因此，$\quad MD = FK, \quad MD^2 = FK^2$

现在，$\quad MD^2 = BM \times MA + DA^2$

根据（1），$FK^2 = BK \times KC + CF^2$

因此，$\quad BM \times MA + DA^2 = BK \times KC + CF^2$

但 $DA = CF$，因此，$BM \times MA = BK \times KC$

所以，$\quad CK : MA = BM : BK$

$\quad\quad\quad\quad\quad\quad = LC : CK$

同时，$\quad BM : BK = MA : AL$

因此，$\quad LC : CK = CK : MA = MA : AL$

或者，$\quad AB : CK = CK : MA = MA : BC$

（8）阿波罗尼奥斯，海伦，拜占庭的菲隆

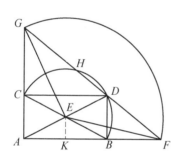

我之所以把这些人的解法放在一起，乃是因为它们实际上是一回事。[*]

设 AB、AC 是成直角的两条给定直线。完成长方形 $ABDC$，两条对角线在点 E 互相等分。

那么，一个以 E 为圆心、EB 为半径的圆将会外接于长方形 $ABDC$。

现在，（阿波罗尼奥斯）画一个以 E 为圆心的圆，与 AB、AC 的延长线相交于 F、G，并使得 F、D、G 在一条直线上。

或者，（海伦）这样放置一根直尺，使它的边缘通过 D，再绕点 D 转动直尺，直至其边缘与 AB、AC 的延长线的交点（F、G）到点 E 的距离相等。

或者，（菲隆）这样放置一根直尺，使它的边缘通过 D，再绕点

---

[*] 海伦的解法在他的《力学》（*Mechanics*，iii.11）和《弓弩武器制造法》（*Belopoeica*）中，帕普斯（iii, pp. 62-4）和埃图库斯（loc. cit.）都进行过介绍。

D 转动直尺，直至其边缘与 AB、AC 的延长线和 $ABDC$ 的外接圆相交于 F、G、H，并且所截得的部分 FD 和 HG 相等。

很显然，所有这三种作图都给出了同样的点 F、G。因为在菲隆作法中，由于 $FD = HG$，从 E 点作 DH 的垂直线，将等分 DH，也必定等分 FG，所以 $EF = EG$。

我们先来证明 $AF \times FB = AG \times GC$

（a）在阿波罗尼奥斯和海伦的作图中，我们得到，若 K 是 AB 的中点，则

$$AF \times FB + BK^2 = FK^2$$

等式两边都加以 KE^2；

因此，　　　$AF \times FB + BE^2 = EF^2$

类似地，　　$AG \times GC + CE^2 = EG^2$

但是，　　　$BE = CE$，$EF = EG$

所以，　　　$AF \times FB = AG \times GC$

（b）在菲隆的作图中，由于 $GH = FD$

$$HF \times FD = DG \times GH$$

但是，由于圆 $BDHC$ 通过点 A

　　　$HF \times FD = AF \times FB$，且 $DG \times GH = AG \times GC$

因此，　　　$AF \times FB = AG \times GC$

所以，　　　$FA : AG = CG : FB$

但是，根据相似三角形的属性，

　　　$FA : AG = DC : CG$，且 $= FB : BD$

因此，　　　$DC : CG = CG : FB = FB : BD$

或者，　　　$AB : CG = CG : FB = FB : AC$

因此可以看出这个解法与门奈赫莫斯的解法之间的联系。我们看到，若 $a : x = x : y = y : b$

$$x^2 = ay,\ y^2 = bx,\ xy = ab$$

在笛卡儿坐标系中，这些方程代表了两条抛物线和一条双曲线。门奈赫莫斯实际上是借助其中两条圆锥曲线的焦点解决了两个比例中项的问题。

但是，如果把前面两个方程加起来，我们便得到

$$x^2 + y^2 - bx - ay = 0$$

这是一个圆，通过两条抛物线 $x^2 = ay$ 和 $y^2 = bx$ 公共的点。

因此，我们同样可以借助圆 $x^2 + y^2 - bx - ay = 0$ 和直角双曲线 $xy = ab$ 的交点得到一个解。

这实际上就是菲隆所做的，因为，若 AF、AG 是坐标轴，圆 $x^2 + y^2 - bx - ay = 0$ 是圆 $BDHC$，而 $xy = ab$ 则是一条以 AF、AG 为渐近线且通过点 D 的等轴双曲线，这条双曲线再次与圆相交于点 H，使得 $FD = HG$。

（9）狄奥克勒斯与蔓叶线

我们从普罗克洛斯对《几何原本》第一卷的评注中间接提到蔓叶线来推断，盖米诺斯用这个名字来称呼的曲线，不过是狄奥克勒斯发明的那种曲线，他使用这种曲线来加倍立方体，或者说求两个比例中项。因此，狄奥克勒斯必定早于盖米诺斯（活跃于公元前 70 年）。而且，我们从埃图库斯保存下来的他的一部作品《论取火镜》（$\pi\varepsilon\rho\grave{\iota}$ $\pi\upsilon\rho\varepsilon\acute{\iota}\omega\nu$）中的两个片段得出结论：他晚于阿基米德和阿波罗尼奥斯。因此，他可能活跃于公元前 2 世纪末或 1 世纪初。埃图库斯给出的两个片段当中，一个片段包含借助圆锥曲线解这样一个问题：用一个平面切分一个球体，使切得的两个球缺之比等于给定的比——这个问题等价于解一个立方问题——而另一个片段则给出了借助蔓叶线解两个比例中项问题。

设 AB、DC 是一个圆的两条互相垂直的半径。E、F 分别是四分之一圆 BD、BC 上的点，且弧 BE、BF 相等。

画 EG、FH 垂直于 DC。连接 CE，点 P 为 CE、FH 的交点。

蔓叶线是所有点 P 的轨迹，它对应于四分之一圆 BD 上的点 E 和

四分之一圆 *BC* 上与 *B* 等距的点 *F* 的不同位置。

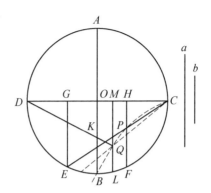

若 *P* 是上述作图求出的任意一点，则需要证明的是：*FH*、*HC* 是 *DH* 和 *HP* 之间连续比中的两个比例中项，或者说

$$DH : HF = HF : HC = HC : HP$$

从作图中可以清楚地看出：
EG = FH，*DG = HC*，因此，*CG : GE = DH : HF*。

而且，由于 *FH* 是 *DH*、*HC* 之间的一个比例中项，

$$DH : HF = HF : CH$$

但是，根据相似三角形的属性，

$$CG : GE = CH : HP$$

由此得到

$$DH : HF = HF : CH = CH : HP。$$

或者说，*FH*、*HC* 是 *DH* 和 *HP* 之间的两个比例中项。

［由于 $DH \times HP = HF \times CH$，我们得到，若 *a* 是圆的半径，*OH = x*，*HP = y*，或者换句话说，我们用 *OC*、*OB* 作为坐标轴，则

$$(a+x)y = \sqrt{a^2 - x^2} \times (a-x)$$

或　　$y^2(a+x) = (a-x)^3$

这就是曲线的笛卡儿方程。它在点 *C* 有一个尖端，点 *D* 上的圆的切线是它的渐近线。］

现在假设，这条蔓叶线被画出来了，就像图中的虚线所显示的那样，并要求我们求出两条直线 *a*、*b* 之间的两个比例中项。

266

在 OB 上取点 K，使 $DO:OK=a:b$

连接 DK 并延长，使之与蔓叶线相交于 Q

通过 Q 画纵坐标 LM 垂直于 DC

然后，根据蔓叶线的属性，LM、MC 是 DM、MQ 的两个比例中项。而且，

$$DM:MQ=DO:OK=a:b$$

接下来，为了得到 a 和 b 之间的两个比例中项，我们只要作出这样的直线，使得它们各自与 DM、LM、MC、MQ 的比等于 a 与 DM 之比。那么，两端是 a、b，两个比例中项被求出来了。

（10）斯波鲁斯和帕普斯

斯波鲁斯和帕普斯的解法实际上与狄奥克勒斯的解法是一样的，唯一的不同在于，他们不是使用蔓叶线，而是使用一根直尺，绕某一点转动，直至它在两对直线之间截得的线段相等。

为了证明这些解法是一样的，我将画出斯波鲁斯的图形，而字母描述与上面对应的点是一样的，而且，我将添加虚线，来显示帕普斯所使用的辅助线[48]。[和我的图形比较，斯波鲁斯的图形刚好倒过来，帕普斯在他自己的《数学汇编》（Synagoge）显示的图形也是如此，尽管在埃图库斯的介绍中不是这样。]

帕普斯知道斯波鲁斯，正如我们从帕普斯提到他对割圆曲线的批评中所推断的那样，而且，有一点并非不可能：斯波鲁斯要么是帕普斯的老师，要么是他的同学。但是，当帕普斯给出了和斯波鲁斯一样（尽管如果我们根据埃图库斯的复述来判断，他的形式更好）的解法，并称之为 καθ' ἡμᾶς 解法时，他的意思明显是"根据我的解法"，而不是"我们的解法"，因此看来，他似乎要把这一功劳据为己有。

斯波鲁斯让 DO、OK（互相垂直）作为实际上的给定直线；而帕普斯像狄奥克勒斯一样，只是按照两条给定直线同样的比来取它们。别的方面作图是一样的。

以 O 为圆心、DO 为半径画圆，连接 DK 并延长，使之与圆相交于 I。

现在，设想一根直尺通过点 C，并绕着 C 转动，直至它与 DI、OB 及圆周分别相交于 Q、T、R，使 $QT = TR$。画 QM、RN 垂直于 DC。

那么，由于 $QT = TR$、$MO = ON$，且 MQ、NR 到 OB 的距离相等。因此实际上，Q 就在狄奥克勒斯的蔓叶线上，而且，正如在狄奥克勒斯证明的第一部分，我们证明了（由于 RN 等于通过 Q 的纵坐标，它的足是 M）：

$$DM : RN = RN : MC = MC : MQ$$

我们有了 DM 和 MQ 之间的两个比例中项，所以我们很容易作出 DO 和 OK 之间的两个比例中项。

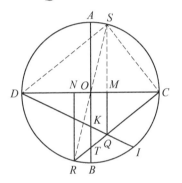

但是，斯波鲁斯实际上证明：DO 和 OK 之间两个比例中项的前一项是 OT。从上面的关系中明显可以看出这一点，因为

$$RN : OT = CN : CO = DM : DO = MQ : OK$$

斯波鲁斯从头开始证明了这一事实，但证明有点混乱，帕普斯的证明更值得在这里给出，尤其是因为它包含了实际的立方体加倍。

需要证明的是：$DO : OK = DO^3 : OT^3$

连接 RO 并延长，使之与圆相交于 S。连接 DS、SC。

那么，由于 $RO = OS$，且 $RT = TQ$，SQ 平行于 AB，并与 OC 相交于 M。现在，

$$DM : MC = SM^2 : MC^2 = CM^2 : MQ^2 \text{（由于 } \angle RCS \text{ 是直角）}。$$

乘以比 $CM : MQ$

因此，　$(DM : MC) \times (CM : MQ) = (CM^2 : MQ^2) \times (CM : MQ)$

或者，　$DM : MQ = CM^3 : MQ^3$

但是，　$DM : MQ = DO : OK$

而且，　$CM : MQ = CO : OT$

268

245

因此，$DO : OK = CO^3 : OT^3 = DO^3 : OT^3$

所以，OT 是 DO 和 OK 之间两个比例中项的前一项；第二项通过取 DO、OT 的比例第三项求出。

一个立方体可以按照任何给定的比例增加。

（11）只借助平面方法的近似解

还剩下帕普斯在《数学汇编》第三卷的开头详尽描述并批评的那种解法[(49)]。它是某个"被认为是伟大几何学家"的人提出的，但并没有给出此人的名字。帕普斯坚持认为，作者并不懂他所从事的工作，"因为他声称，他拥有了仅仅借助平面作图来求两条直线之间两个比例中项的方法"。他把自己的作图拿给帕普斯检查，并宣称，哲学家希埃利乌斯和他的另外几个朋友支持他来征求帕普斯的意见。这个作图如下。

设给定的直线 AB、AD 互相垂直，AB 是较长的一条。

画 BC 平行于 AD，且等于 AB。连接 CD，与 BA 的延长线相交于 E。

269 延长 BC 至 L，通过 E 画 EL' 平行于 BL。沿 CL 截取 CF、FG、GK、KL 各等于 BC。画 CC'、FF'、GG'、KK'、LL' 平行于 BA。

在 LL'、KK' 上截取 LM、KR 等于 BA，在点 N 等分 LM。

在 LL' 上取点 P、Q，使 $L'L$、$L'N$、$L'P$、$L'Q$ 成连比；连接 QR、RL，通过点 N 画 NS 平行于 QR，与 RL 相交于 S。

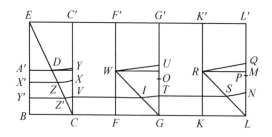

画 ST 平行于 BL，与 GG' 相交于 T。

像前面一样，取 $G'O$、$G'U$，与 $G'G$、$G'T$ 成连比。在 FF' 上取 W，使 $FW = BA$，连接 UW、WG，并通过 T 画 TI 平行于 UW，与 WG 相

交于 I。

通过 I 画 IV 平行于 BC，与 CC' 相交于 V。

取连续比 $C'C$、$C'V$、$C'X$、$C'Y$，并画 XZ、VZ' 平行于 YD，与 EC 相交于 Z、Z'。最后，画 ZX'、$Z'Y'$ 平行于 BC。

接下来，作者说，要求证明的是：ZX'、$Z'Y'$ 是 AD、BC 之间连续比中的两个比例中项。

现在，正如帕普斯所指出的，这个假设的结论明显不是真的，除非 DY 平行于 BC，而它们在一般情况下并不平行。但是，帕普斯没有注意到的是，如果反复进行文中所描述的取连续比的操作，不是三次，而是无穷多次，则 $C'Y$ 的长度就会连续不断地趋近等于 EA。因此，尽管通过继续作图，我们也决不可能准确决定要求的比例中项，但这个方法给出了一连串无穷无尽的近似值，不断趋近于比例中项真正的长度。

设 $LL' = BE = a$，$AB = b$，$L'N = \alpha$（因为有必要在 LM 的中点取 N）。 270

那么，　　　　$L'Q = \alpha^3/a^2$，

因此，　　　　$LQ = (a^3 - \alpha^3)/a^2$

而且，　　　$\dfrac{TG}{RK} = \dfrac{SL}{RL} = \dfrac{NL}{QL} = \dfrac{(a-\alpha)a^2}{a^3-\alpha^3}$

因此，　　　$TG = \dfrac{(a-\alpha)a^2 b}{a^3-\alpha^3}$

所以，　　　$G'T = a - \dfrac{(a-\alpha)a^2 b}{a^3-\alpha^3}$

现在，设 α_n 是 n 次操作之后与 $G'T$ 对应的长度；那么很显然，

$$a - \alpha_{n+1} = \frac{(a-\alpha_n)a^2 b}{a^3-\alpha_n^3}$$

当 $n = \infty$ 时，α_n 必定趋近于某个极限值。设 ξ 为这个极限值，我们得到：

$$a - \xi = \frac{(a-\xi)a^2 b}{a^3-\xi^3}$$

而且，$\xi = a$ 不是这个方程的根，我们立即得到：

$$\xi^3 = a^3 - a^2 b = a^2(a-b)$$

因此，到最后，$C'V$ 是 EA 和 EB 之间的比例中项之一，由此得到，$Y'Z'$ 将会是 AD 和 BC 之间的比例中项之一，亦即 AD 和 AB 之间的比例中项之一。

上述事实是 R. 彭德尔伯里第一次指出的 [50]，我是按照他的方式陈述这个问题。

8. 芝诺

我们已经看到，一旦希腊的数学家们紧紧抓住化圆为方的问题，便立即迫使他们不得不考虑无穷小的问题。诡辩家安提丰是第一个指出找到正确解法的道路的人，尽管他是以一种粗糙的形式来表达自己的观念，这注定要激起那些有逻辑头脑的人立即而强烈的批评。安提丰让一系列连续的正多边形内接于一个圆，每个正多边形的边数是上一个正多边形边数的两倍，他宣称，通过持续不断地进行这个过程，我们最终将穷尽这个圆："他认为，以这种办法，圆的面积某个时候会被穷尽，一个内接于圆的正多边形，由于其边长极小，它的边将会与圆周重合。"[1] 亚里士多德直言不讳地说，这是一个谬论，一个几何学家甚至不必费心去驳斥，因为，任何一门科学的专家，不应该要求他去驳斥所有的谬论，而只需驳斥那些从本学科的公认原理推导出来的错误结论；如果谬论赖以建立的基础与任何一项这样的原理相抵触，可以直接无视它 [2]。因此很显然，在亚里士多德看来，安提丰的论证违背了某项"几何学原理"，不管它是这样一个真理：一条直线不管多么短，它都不可能与一段圆弧重合；还是几何学家们所接受的这样一项原理：几何量可以无限分割。

　　不过，亚里士多德只是一个代表，还有很多的批评直接针对安提丰的论证中所暗示的观念；早在安提丰自己（苏格拉底的同时代人） 的那个时代，这些观念就遭受了一次毁灭性的批评，其表达方式前所未有地辛辣和有力。一点也不奇怪，芝诺关于运动的论证深刻地影响了希腊几何学后来的发展进程。亚里士多德实际上把它们称为"谬论"，却没法驳斥它们。然而，数学家们知道得更清楚，并意识到，芝诺的论证对无穷小来说是生死攸关的，他们认识到，他们只能通过一劳永逸地把无穷（甚至是潜在地无穷）的观念从科学的领地彻底放逐出去，从而避免与之有关的困难。因此，打那以后，他们就再也不使用无穷递增或无穷递减的量，而满足于可以任意大小的有限的量 [3]。就算他们使用无穷小，那也只是作为一种试探性手段，来发现命题，然后再用严格的几何学方法来证明它们。关于这一点，阿基米德的《方法论》提供了一个例证。在那本专著中，阿基米德要求的是（a）曲线的面积和（b）立体的体积，方法是分别把它们当作无穷多个（a）平行线（亦即无穷窄的窄条）和（b）平行面（亦即无穷薄的薄片）之和来处理；但他坦率地宣称，这个方法只对发现结果有用，而对提供结果的证明则没有用，但是，要想在科学上证实它们，穷竭法（连同它的两次归谬法）所提供的几何学证明依然是必不可少的。

　　然而，尽管对芝诺的批评对希腊几何学的发展路线有着如此重要的影响，但看来芝诺本人实际上并不是一个数学家，甚至也不是一个物理学家。柏拉图提到过他的一部作品（τὰ τοῦ Ζήνωνος γράμματα 或 τὸ σύγγραμμα），其措辞暗示了那是他唯一被人所知的作品 [4]。辛普利丘斯也只知道他的一部作品，和柏拉图提到的作品一样 [5]；苏达斯提到了 4 部作品：《恩培多克勒评注》（Commentary on Empedocles）或《恩培多克勒讲解》（Exposition of Empedocles）、《辩论集》（Controversies）、《反对哲学家》（Against the philosophers）和《论自然》（On Nature），但很有可能，后三本书是同一部作品的不同名称，而那本论述恩培多克勒的书则可能是错误地被归到了芝诺的名下 [6]。

273　柏拉图借芝诺自己之口，介绍了他那本书的特点和目标 [7]。它是青春年少时的一项成果，被某个人偷去了，因此作者也就没有机会考虑是不是发表它。它的目标是要通过处理事物的一般概念，以此来捍卫巴门尼德的体系。巴门尼德认为，只有"一"存在；然后，常识告诉我们，如果承认这个观点的话，就会有很多矛盾和荒谬随之而来。芝诺的回答是，如果接受流行的观点，认为"多"存在的话，将会有更荒谬的结果随之而来。这部作品被分为几个部分［据柏拉图说是 λόγοι（推理）］，每个部分再分为很多节［用柏拉图的话说是"假说"，用辛普利丘斯的话说是 ἐπιχειρήματα（论点）］，后者的每一条（据普罗克洛斯说总共有40条[8]）似乎是拿来一条基于平常生活观的假说，显示它导致一个谬论。毫无疑问，正是由于这种系统化地使用归谬法对特定假说进行间接的证明，导致芝诺据说被亚里士多德称为辩证法的发现者[9]；柏拉图在谈到他时也说，他懂得如何让一样和不一样、一个和多个、静止和运动的东西看上去完全一样。[10]

芝诺关于运动的论证

看来，直到最近，人们才充分认识到芝诺悖论的意义和价值。看待它们的最新观点用该文作者自己的话说：

> 在这个变化莫测的世界上，最变化莫测的，莫过于死后的名声了。埃利亚的芝诺是后世子孙缺乏判断力最引人注目的受害者之一。他首创了四个论证，全都极其微妙而深刻，而后世的哲学家全都宣称他纯粹是一个足智多谋的耍把戏的人，他的论证全都是诡辩。经过两千年持续不断的驳斥之后，一位德国教授恢复了这些诡辩应有的权利，并使之成为一次数学复兴的基础，他大概做梦也没想到自己和芝诺之间有什么瓜葛。魏尔斯特拉斯通过把所有的无穷小都严格地排除出去，终于证明了我们生活在一个恒定不变的世界里，箭在它飞行的每一瞬间确实是静止不动的。芝诺唯一犯错的地方，大概在于他推断（若他确实这样推断的话）：由于没有改变，这个世界在某个时刻必定处在像另一个时刻一样的状态。决不可能推导出这样的结果，在这一点上，这位德国教授比那位足智多谋的希腊人更有建设性。魏尔斯特拉斯能够把他的观点包含在数学中，在这一领域，对真理的熟悉消除了常识的低级偏见，他因此能够赋予他的命题以老生常谈的体面样子；而且，就算结果比芝诺的大胆挑衅更加让热爱理性的人感到不快，但它至少更能够安抚学术界的群体。[11]

274

因此，在过去，人们对待芝诺的论证或多或少有些不尊重，视之为纯粹的诡辩，而现在，我们要走向另一个极端。似乎有人暗示，芝诺是魏尔斯特拉斯的先行者。我想，更冷静的判断必定会宣布这个说法不可信。就算芝诺的论证被发现"极其微妙而深刻"，因为它们包含了魏尔斯特拉斯用来创立一种伟大数学理论的那些观念，那也不能得出这样的结论：对芝诺来说，它们所意味的东西就像对魏尔斯特拉斯来说一样。正相反，很有可能，芝诺碰巧想到了这些观念，而没有意识到魏尔斯特拉斯注定要赋予它们的任何意义。但我们也不应该由于这个原因而给予芝诺更少的肯定。

到了转向论证本身的时候了。从数学家的观点看，最重要的，正是关于运动问题的四个论证；但它们与芝诺在驳斥那些攻击巴门尼德的"一"的学说的人时用来证明"多"不存在的论证也有一些关联点。据辛普利丘斯说，芝诺证明，如果"多"存在，它们就必定既大又小，一方面大到了在大小上是无限的，另一方面又小到了根本没有大小[12]。为了证明后面一个论点，芝诺援引物体的无穷可分作为证据；假定这一观点成立，他很容易证明，分割将会连续不断地给出越来越小的部分，这种变小不会有任何限制，而且，就算有一个最终成分，它必定是绝对的"无"。（这是两难困境的第二难，很显然，芝诺并没有以这种形式来陈述它。一位批评者可能坚持认为：无穷分割只会导致有一定大小的部分，因此最后的成分本身也会有一定大小。对这个问题回答将会是：由于根据假设，会有无穷多个这样的部分，因此被分割的量在大小上是无限的。）反对"多"的论证和反对运动的论证之间的关联在于下面这个事实：前者依赖于物质无限可分的假说，而这正是反对运动的前两个论证中所采用的假说。我们将会看到，尽管前两个论证在这个假说的基础上进行，但后两个论证似乎是根据相反的假说：空间和时间并不无穷可分，它们由不可分的成分所组成。因此，这四个论证构成了一个完整的二难推理。

四个反对运动的论证我们将用亚里士多德的话来陈述。

1. 二分法

"不存在运动，因为被移动的物体在到达终点之前必须到达（其路线的）中间点。"[13]（当然，在到达中间点之前它必须经过一半路程的一半，依此类推，直至无穷。）

2．阿喀琉斯

"这个推理声称，跑得慢的决不会被跑得快的超过；因为，追赶者必须首先到达逃跑者开始跑的地方，因此跑得慢的必定始终领先一段距离。"[14]

3．箭

"芝诺说，如果每一物体当它占据（与自身）相等的空间时要么静止，要么在移动，而移动的物体始终处在此刻，那么，由此得出结论：移动的箭没有移动。"[15]

我同意布罗沙尔对这一段的解释[16]，而泽勒[17]则会把"要么在移动"从中排除掉。论证是这样。假设此刻不可分，箭在此刻移动是绝对不可能的，因为，如果它改变了自己的位置，此刻就会立刻被分割。在此刻，移动的物体要么静止，要么运动；但是，由于它没有运动，所以它是静止的；而且，根据假设，时间只是由瞬间所组成的，因此移动的物体始终是静止的。这个解释有一个优势：它与辛普利丘斯[18]的解释是一致的，似乎比泽勒所依据的德米斯修的解释[19]更可取。

4．赛跑场。我这里翻译亚里士多德的说明的前两句[20]：

> 第四个论证涉及两排物体，各由数量相同、大小相等的物体组成，它们在一条跑道上相向通过，行进时速度相同、方向相反，一排从跑道的端点出发，另一排从中间点出发。他认为，这包含了这样一个结论：一段给定时间的一半等于它的两倍。这个推理的谬误在于这样一个假说：一个相等的量以相等的速度通过一个运动的量和一个静止的量，占据的时间是相等的，这个假说是假的。

接下来是对这个过程的描述，借助了字母 A、B、C，其确切的

276

277

解释有点可疑[*]；然而，其实质内容是清楚的。下面的第一张图显示了几排物体（比方说每排 8 个）的初始位置。

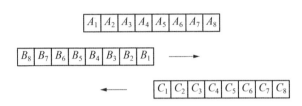

A 排代表静止不动的一排，B 排和 C 排沿着 A 排以相等的速度，按照箭头所指的方向，相向移动。

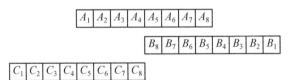

很显然，一定会有（1）某个瞬间 B 和 C 刚好都在各自对应的 A 之下，就像第二幅图中所显示的那样，这之后，（2）某个瞬间 B 排和 C 排相对于 A 排的位置刚好调了过来，就像第三幅图中所显示的那样。

很显然，一定会有（1）某个瞬间 B 和 C 刚好都在各自对应的 A 之下，就像第二幅图中所显示的那样，这之后，（2）某个瞬间 B 排和 C 排相对于 A 排的位置刚好调了过来，就像第三幅图中所显示的那样。

有人注意到[(21)]，这四个论证构成了一个古怪的对称的体系。第一个和第四个论证考量的是给定范围内的连续和运动，第二个和第三个论证考量的是不确定的长度。在第一个和第三个论证中，只有一个

---

* R. K. 盖伊在《语文学杂志》（*Journal of Philology*, xxxi, 1910, pp. 95–116）中详尽讨论了第 240 段 a 4 - 18 的解释。有一个疑问是：在上面那段引文中，亚里士多德的意思究竟是说芝诺认为，给定时间的一半等于一半的两倍，亦即整段时间，还是说等于整段时间的两倍，亦即一半时间的四倍。盖伊主张（我认为没有说服力）后者。

移动的物体，是要证明它甚至不可能开始移动。第二个和第四个论证比较两个物体的移动，可以说让假说的荒谬变得更加明显，因为它们证明：运动即使已经开始，也不可能继续下去，相对运动像绝对运动一样不可能。前两个论证借助空间的性质证实了运动的不可能，假设空间是连续的，而时间是以和空间一样的方式连续，没有任何地方暗示它以别的方式连续。在后两个论证中，正是时间的性质（考虑到它由不可分的成分或瞬间所组成），被用来证明运动的不可能，而空间也同样是由不可分的成分或点所组成，没有任何地方暗示它是以别的方式组成的。第二个论证只是第一个论证的另一种形式，第四个论证和第三个论证依赖于同样的原理。最后，前一对论证根据下面这个假说进行：连续量是无穷可分的。后一对论证给出了二难推理的另外一难，其目标是要推翻这样一个假说：连续量由不可分的成分所组成，这个假说本身几乎没有暗示想象力，直至与另一个假说相关的困难被充分认识。因此，这些论证的逻辑顺序完全符合亚里士多德把它们传递下来的历史顺序，它肯定是芝诺所采用的顺序。

不管这些悖论对芝诺来说是不是具有人们如今声称的那种深刻意义，有一点很清楚，它们通常被误解了，其结果是，针对它们的批评完全不着边际。诚然，亚里士多德认识到，前两个论证（二分法和阿喀琉斯）结果是一回事，后者和前者的不同仅仅在于下面这个事实：阿喀琉斯穿过的每一段空间与前面的空间之比不是 $1:2$，而是 $1:n$，这里的 n 可以是任何数，不管多大；但他说，两个证明都依赖于下面这个事实：某个移动的物体"不可能达到跑道的尽头，如果量以某种方式被分割的话"[22]。但另一段显示，他误解了二分法中论证的性质。他注意到，时间恰好可以像长度一样用完全相同的方式来分割；因此，如果长度无穷可分，那么对应的时间也是如此；他补充道："这就是为什么（διό）芝诺的论证错误地假设在一段有限的时间里不可能穿过或达到无穷多个点中的每一个点"[23]，借此暗示，芝诺并没有把时间看作像空间一样无穷可分。类似地，当莱布尼茨宣布，一段无穷可分的空间在一段无穷可分的时间里被穿过时，他也像亚里士多德一样完全跑题了。芝诺十分清楚地知道，就可分性而言，时间和空间有着

279

同样的属性，而且，它们始终一样是无穷可分的。问题是，在一者那里就像在另一者那里一样，这一系列的分割——根据定义是无穷无尽的——如何能够被穷尽；如果运动是可能的，它就必须被穷尽。说两个系列同时被穷尽并不是一个回答。

从笛卡儿到坦纳里，数学家们给出的通常的驳斥模式在某种意义上是正确的，但有一个类似的缺点。要证明无穷级数 $1+\frac{1}{2}+\frac{1}{4}\cdots$ 等于 2，或者，要计算（在"阿喀琉斯"中）阿喀琉斯追上乌龟的准确瞬间，就是回答"何时"的问题，而问题实际上是问"如何"。根据无穷可分的假说，在"二分法"中，你决不会达到极限，而在"阿喀琉斯"中，阿喀琉斯与乌龟之间的距离尽管在连续不断地缩短，但决不会完全消失。如果你引入极限，或者对于数字计算引入不连续的量，芝诺完全知道，他的论证便不再有效。接下来我们面对了另外一个关于连续统的构成假说；这个假说在第三和第四个论证中被处理。[24]

看来，第一和第二个论证，就其充分的意义而言，在 G. 康托尔阐述他关于连续和无穷的新理论之前，并没有被人们所认识。关于这一点，我只能参考伯特兰·罗素先生的《数学原理》（*Principles of Mathematics*）第一卷第 42 和 43 章。芝诺在"二分法"中的论证是：我们假设已经发生的不管什么运动，都以另外的运动为先决条件；反过来，这一运动又以另外的运动为先决条件，依此类推，迄至无穷。因此，在纯粹的任何给定运动的观念中，都存在无休无止的回溯。那么，芝诺的论证必须证明在这种情况下"无穷回溯"是"无损的"，才能被人们认识。

至于"阿喀琉斯"，G. H. 哈代评论道："它的核心在于它提供了完全令人信服的证明：乌龟和阿喀琉斯经过的点一样多，这个观点被包含在现代数学的一个公认学说中。"[25]

"箭"中的论证基于这样一个假说：时间由不可分的成分或瞬间所组成。亚里士多德对它的回应是否认这个假说。"因为时间并不是由不可分的瞬间（此刻）所组成，任何一个大于其他量的量都是由不可分的成分所组成。""（芝诺的结论）是通过假设时间由（不可分的）

瞬间（此刻）所组成而推导出来的；如果不承认这一个假设，他的结论就推导不出来。"[26]另一方面，现代的观点是：芝诺的论点是真的：（芝诺说）"如果每一物体当它占据与自身相等的空间时要么静止，要么在移动，而移动的物体始终处在此刻，那么，由此得出结论：移动的箭没有移动。"罗素先生认为[27]，这是"非常明白地陈述一个基本事实"；

有一个非常重要的、适用非常广泛的老生常谈，即"一个变量的每一个可能的值都是常量"。若 x 是一个变量，可以取从 0 到 1 之间的所有值，那么，它可以取的所有值都是确切的数，比如 $\frac{1}{2}$ 或 $\frac{1}{3}$，它们全都是绝对常量……尽管一个变量始终与某个种类联系在一起，但它并不是这个种类，不是这个种类的特定成员，也不是整个种类，而是这个种类的任意成员。在代数中，x 通常表示不同成员所组成的逻辑和……那么 x 的值就是这个逻辑和的项；每个这样的项都是一个常量。这个简单的逻辑事实似乎构成了芝诺下面这个论点的本质：箭始终是静止的……但是，芝诺的论证包含了一个特别适用于连续统的成分。就运动的特例而言，它否认存在诸如运动的状态这么一回事。就连续变量的一般情况而言，它可能被认为是否认实际上的无穷小。因为无穷小是一次这样的努力：它试图把只属于它的可变性扩大到一个变量的值。一旦我们明确地认识到：一个变量的所有值都是常量，那么就很容易看出，通过取任意两个这样的值，它们的差始终是有穷的，因此不存在无穷小的差。若 x 是一个变量，可以取从 0 到 1 之间的所有实数值，那么，取任意两个这样的值，我们都会看出，它们的差是有穷的，尽管 x 是一个连续变量。诚然，这个差可能比我们选择任意一个数都要小；但即便是这样，它也依然是有穷的。可能的差的下限是零，但所有可能的差都是有穷的；在这个结论中，不存在丝毫的矛盾。这一变量的静态理论应当归功于数学家，它在芝诺的时代是不存在的，这导致他假设：如果没有一个改变的状态，连续改变是不可能的，这涉及到无穷小，还涉及到这样

281

一个矛盾：一个物体在它所不在的地方。

在后面论"运动"的那一章里，罗素先生得出了如下的结论：[28]

　　有人指出，由于否认无穷小的存在，由于与此相关联的纯技术性地看待一个函数的导数，我们必须完全否认一种运动状态的观念。运动纯粹是在不同的时间占据不同的地方，受制于第五部分所解释的连续性。不存在从一个地方过渡到另一个地方，不存在连续的瞬间或连续的位置，不存在诸如速度这样的东西，除非是在一个实数的意义上，它是一组商的极限。正如我们将看到的那样，否认速度和加速度是物理事实（亦即在每个瞬间属于一个移动点的属性，而不仅仅是表示某些比例的极限的实数），涉及到陈述运动规律上的某些困难；但是，魏尔斯特拉斯在微积分领域引入的革新使这种否认变得绝对必要。

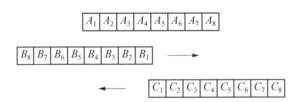

　　最后，我们来考量第四个论证（赛跑场）。亚里士多德对它的描述很模糊，这是由于他的措辞极其简略，解读的不确定性使问题变得更加复杂。但打算传达的意思却相当清楚。A 排、B 排和 C 排的 8 个物体最初在下图所显示的位置上。

　　假设 B 排向右移动，C 排以相同的速度向左移动，直至这三排垂直并列。就像下图所显示的那样。

接下来，C_1 从 B 排的所有 8 个物体旁边经过（C_1 依次与 B 排的所有 8 个物体垂直并列）。但是（亚里士多德让芝诺说），C_1 通过 B 排的每个物体与它通过 A 排的每个物体是在相同的时间。由此得到，C_1 通过整个 A 排所占用的时间与它通过 B 排的一半所占用的时间是一样的，或者说是一段等于它的一半的时间。对此，亚里士多德的批评实际上就是：芝诺没有搞懂绝对运动与相对运动之间的差别。然而，这是难以置信的，必须找到另外的解释。真正的解释似乎是布罗沙尔、诺埃尔和罗素给出的。芝诺的目的是要证明：时间不是由不可分的成分或瞬间所组成。假设 B 排向右移动一个地方，C 排向左移动一个地方，使得原本在 A_4 下面的 B_1 现在在 A_5 下面，原本在 A_5 下面的 C_1 现在在 A_4 下面。

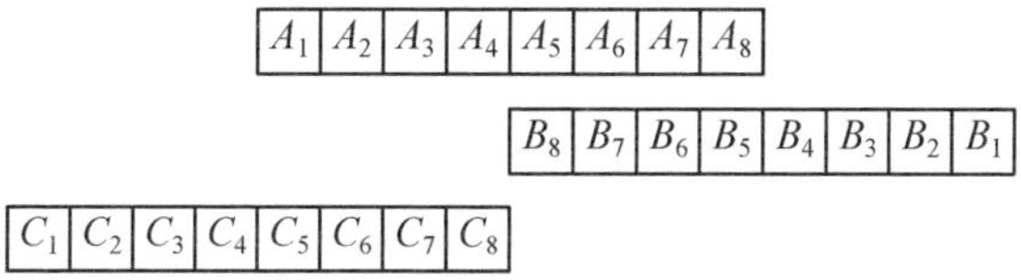

我们必须假设 B_1 和 C_1 都是空间的绝对不可分的成分，它们在一个瞬间内移动到新的位置，这个瞬间是时间的绝对不可分的成分；这是芝诺的假设。但是，为了让 B_1、C_1 可以占据它们的新位置，必定 283
有一个瞬间它们刚好交错，或者说 B_1 在 C_1 的正上方。然而，根据假设，运动是在一个不可分的瞬间发生的。因此，它们要么没有交错（在这种情况下不存在运动），要么在那个特定的不可分的瞬间，两个位置被两个移动的物体所占据，也就是说，那个瞬间不再是不可分的。而且，如果那个瞬间被分成两个相等的部分，根据不可分的假说，这等于说一个瞬间是它自身的两倍。

可以补充两句评论。尽管前两个论证针对的是那些宣称量和时间都无穷可分的人，但没有充足的理由支持坦纳里的论点：它们是专门针对一个观点，他认为这个观点是毕达哥拉斯学派的，亦即：体、面和线都是由数学意义上的点所组成。实际上根本没有证据表明毕达哥拉斯学派持这个观点；从他们对点的定义也推导不出这个结论，他们把点定义为"有位置的单位"（μονάς θέσιν ἔχουσα）；而且，正如我们已经看到的，亚里士多德说，毕达哥拉斯学派坚持认为，单位和数都有大小。[29]

看来，在2300多年后，关于芝诺论证的论战尚未结束。但这个话题在这里不可能进一步追踪下去。*

9. 柏拉图

正是在《理想国》第七卷中，我们发现，柏拉图最全面地陈述了自己对数学的态度。柏拉图认为，就其四个分支（算术、几何学、立体测量学和天文学）而言，数学在哲学家和那些应当统治他的理想国的人的训练中必不可少；他的学园大门上的铭文是："不懂几何者不得入内。"不可能还有比这更好的证据，表明他认为数学科学有着至高无上的重要性。

在谈到数学时，柏拉图始终强调它对于头脑训练的价值。相比之下，它的实际效用不值一提。因此，钻研算术必须是为了知识，而不是为了任何实用的目的，比如它在生意中的使用[1]；真正的算术科学与行动无关，它的目标是认知[2]。几何学和算术计算很少满足军队指挥官的需要；它是更高、更先进的部分，往往适合于把心智提升到更高的地方，最终使之能够看到哲学的终极目标：善的理念[3]。这两门科学的价值在于下面这个事实：它们把灵魂拉向真理，创造哲学的思想方法，把我们的日常习惯所压低的事物提升到高处。[4]

柏拉图坚持数学科学的纯理论品质，其程度被他对两门学科的独特看法所说明，普通人会认为这两门科学至少有一个重要的实用方面，亦即：天文学和音乐。据柏拉图说，真正的天文学与可见天体的运动没有什么关系。恒星在天空的排列，以及它们表面上的运动，的确神奇而美丽，但是，对它们的观测和解释离真正的天文学差之甚远。在到达这个目标之前，我们必须超越纯粹的观测天文学，"我们必须丢下天空不去管它"。真正的天文科学事实上是一种理念的运动学，处理的是一种数学天空里真正行星的运动，看得见的天空是数学天空在时间和空间上的一种并不完美的表达。看得见的天体，以及它们表面上的运动，我们仅仅视之为图示，类似于几何学家画的图，用来说明几何学所研究的真正的直线、圆，等等；它们只是作为"问题"被使用，目标是要摆脱表面上的无规律，抵达"真正的运动，对于这样的运动，本质上的快者和本质上的慢者在真正的数和真正的形上彼此相关，并携带着它们的所容之物一起运动"（这里使用的是伯内特对 τά ἐνόντα 的翻译）[5]。这段话里的"数"对应于表面运动的时期，"真正的形"是与表面运动截然不同的真实轨道。补充下面这样一句是正确的：根据一种观点（伯内特的观点），柏拉图的意思并不是说真正的天文学处理的是不同于表面现象的"理念天空"，而是说，它处理的是与其表面运动截然不同的可见天体的真正的运动。这无疑符合柏拉图在《法律篇》中的态度，当时，他让弟子们解答这样一个问题：什么样的匀速绕转组合可以解释天体的表面运动？但是，除非基于这样一个假说：他指的是一个理念的天空，否则很难看出柏拉图通过他在可见的天空装饰（可见的星星及其排列）之间所作的鲜明对照可能指什么，这些可见的装饰的确很美，而它们所模仿的真正的装饰则更加美丽和神奇。

　　这种看待天文学的观点对普通人不会有吸引力。柏拉图自己也承认了这个困难。当苏格拉底的对话者谈到，为了农业和航海的目的，甚至是为了军事的目的，而用天文学来区分月份和季节时，苏格拉底取笑了他，因为他有这样一种担心：他的课程中不应当包含平民大众认为无用的学科。苏格拉底说："相信下面这个观点决非易事，不，它很难，这个观点是：在研究这些学科的过程中，每个人头脑里某个被其他追求所摧毁和弄瞎的器官被净化，并被重新点燃，这个器官比一万只眼睛更值得去保护，因为只有借助它，才能看见真理。"[6]

　　正如天文学一样，和声学也是如此[7]。真正的和声学不同于人们通常理解的那门科学。就连毕达哥拉斯学派（他们发现了某些音程与某些数字比之间的联系）也还是让他们的理论太多地被拿来解释听得见的声音。真正的和声学应当完全独立于观察和实验。柏拉图同意毕达哥拉斯学派关于声音性质的看法。声音是由于空气的震动，当空气中存在快速的运动时，音调就高，运动很慢时音调就低；当速度成某些数学比的时候，结果就是谐和音或和声。但是，那些由（比方说）不同长度的弦所产生的听得见的声音只是作为说明才有用，它们是那些产生数学谐和音的运动不完美的表示，真正的 ἁρμονικός（和声学）应当研究的，正是数学谐和音。

当柏拉图讨论几何学时，我们理解起来更容易一些。几何学的重要性，不在于它的实用，而在于这样一个事实：它研究的是永恒的、不可改变的对象，往往会提升灵魂，走近真理。因此，几何学的本质甚至直接与语言相对立，由于缺乏更好的术语，几何学家才不得不使用语言；他们说"化方""贴合（长方形）""添加"等，仿佛目的是要做什么事情，而几何学的真正目的是认知 [8]。几何学所关联的，不是物质的东西，而是数学意义上的点、线、三角形、正方形等，作为纯思考的对象。就算我们在几何学中使用一幅图，那也只是作为一种说明；我们所画出的三角形是我们所思考的真三角形的一个不完美的表示。那么，作图，或化方过程，添加，以及诸如此类，并不是几何学的本质，实际上与几何学相对抗。面对这些观点，我们可以毫不犹豫地同意，并把普鲁塔克关于柏拉图指责欧多克索斯、阿契塔和门奈赫莫斯试图借助工具把倍立方体简化为机械作图的故事建立在这样的理由之上："几何学的善就这样丧失了，被消灭了，因为它被带回到了感官之物，而不是被引领向上，抓住永恒而无形的实象。" [9] 由此几乎不可避免地得出结论：我们必须否认那个把两个比例中项问题的简洁优雅的机械解法归到柏拉图本人名下的传说，我们已经在"特殊问题"那一章给出了这个解法。实际上，正如我们所说的，基于其他的理由，可以肯定，所谓的柏拉图解法要晚于埃拉托斯特尼的时代；否则的话，埃拉托斯特尼不可能不在他的那首短诗中提到它，与阿契塔和门奈赫莫斯的解法相提并论。实际上，坦纳里认为普鲁塔克的故事是杜撰的，其根据不过是柏拉图哲学的总体特征，因为它没有考虑阿契塔和门奈赫莫斯的解法的真正性质；这些解法事实上都是纯理论性的，在实践中很难实现，甚至不可能实现，没有理由怀疑欧多克索斯的解法性质类似 [10]。这是真的，但是很明显，正是这些作图实践

287

上的困难和理论上的优雅，给希腊人留下了深刻的印象。因此，那封介绍这个问题历史的信（它被错误地归到了埃拉托斯特尼的名下）的作者说，早期的解题者全都以理论的方式解决这个问题，却没能将他们的解法付诸实践，只有门奈赫莫斯在较小的程度上这样做了，而且费了很大劲；埃拉托斯特尼自己的那首诗说："不要试图去做不可行之事，像阿契塔的圆柱体，或门奈赫莫斯的按三种方式切割圆锥体。"因此，完全有可能，柏拉图认为阿契塔和门奈赫莫斯给出的作图都过于机械，因为它们比借助直线和圆来进行的普通作图更机械；即便是后者——只有它需要"化方""贴合"和"添加"等过程——据柏拉图说，也不是理论几何学的组成部分。这种甚至把简单作图从真正几何学中驱逐出去的做法，似乎让我们不可能同意汉克尔的猜测：我们应当感激柏拉图，是他把几何作图中允许使用的工具局限于直尺和圆规[11]，就其对几何学后来发展的影响而言，这一限制是如此重要。实际上，有迹象表明，这个限制在柏拉图之前的时代就已经开始了（例如，这可能解释了被归到恩诺皮德斯名下的两个作图），尽管毫无疑问，柏拉图的影响力会帮助这一限制保持有效；因为，在直尺和圆规能够发挥作用的任何情况下，其他工具，以及在作图中使用比圆更复杂的高次曲线，都明确被禁止（参见帕普斯对阿波罗尼奥斯《圆锥曲线论》第五卷中借助圆锥曲线解"平面"问题的批评）。

对数学哲学的贡献

我们在柏拉图的对话录中发现了这样的内容：它看上去是最早的在数学哲学上的严肃尝试。亚里士多德说，柏拉图把"数学的事物"（τὰ μαθηματικά）置于可感知物体和理念之间，它们不同于在永恒而静止的存在中可感知的事物，也不同于其中可能存在很多相同种类数学对象的理念，而理念是唯一的；例如，三角形的理念只有一个，但是，就像看得见的三角形一样，可能有任何数量的数学三角形，亦即完美的三角形，看得见的三角形只是它们不完美的复制品。《书信集》

（*Letters*）中的一封信（第 7 封，致狄翁的朋友们）里有一个段落，对这一联系表现出了兴趣[12]。谈到一个圆作为例证，柏拉图说，（1）有一种被称作圆并以这个名字被人们所认识的东西；接下来，（2）有圆的定义，它被定义为：在圆中，它所有方向上的端点到中心的距离始终相等，这可以说是人们用"圆形物"和"圆"这些名字表示的那种东西的定义；而且，（3）我们有画出或转出的圆：这样的圆是容易消亡的，而且一直在消亡；然而，（4）αὐτὸς ὁ κύκλος（本质的圆），或者说圆的理念，则并非如此：正是通过参照这个圆，其他的圆才存在，它不同于其他每一个圆。同样的区别适用于其他任何东西，例如，直线、颜色、善、美，或任何自然的和人工的物体，火，水，等等。分别处理了上文区分的四种东西之后，柏拉图指出，本质性的东西（1）不存在于名字中：名字纯粹是约定俗成的；没有什么东西让我们不能用"直线"这个名字来称呼我们如今称作"圆"的那种东西，反之亦然；（2）不存在于定义中，因为定义也是由部分言辞（名词和动词）所组成的。圆，（3）画出或转出的具体的圆，没有摆脱其他事物的混合：它甚至充满了与圆的真正特性相对立的东西，因为它会在任何地方接触一条直线，推测起来，其意思是：我们不可能在实践中画出一个圆和一条直线只有一个公共点（尽管一个数学圆和一条与之相切的数学直线仅仅相交于一点）。我们会注意到，在上面的分类中，不存在很多特定的数学圆与我们画出的圆相对应，介于这些不完美的圆与圆的理念（它只有一个）之间。

289

（1）数学的假设

柏拉图在《理想国》中讨论了数学的假设。

我想你知道，那些致力于几何学与算学及此类研究的人总是认为，奇数与偶数、图形、三种不同的角以及诸如此类的东西，理所当然地与各学科研究的那些东西同种同源；他们以为这些东西是已知的，把它们当作假设，从此以后，他们觉得不需要对自己或别人就这些东西给出任何解释，而把它们看作人人都清楚明

290

白的东西。他们以这些假设为基础，接下来直接完成论证的其余部分，直至得出他们的研究想要得出的特定结论。此外，你还知道，他们利用可见的图形以及关于它们的论证，但在这样做的过程中，他们思考的并不是这些图形，而是图形所代表的东西。因此，他们论证的目标正是绝对正方形和绝对直径，而不是他们画出的正方形和直径。同样，在另外一些实例中，他们实际上模仿或画出的那些东西，可能还有它们在阴影或在水中的影像，其本身反过来被当作影像使用，研究者的目的是要看到它们的绝对对应物，而这些只有通过思想才能看到。[13]

（2）两种智性方法

柏拉图区分了两个过程：它们都是从假设开始。一种方法不可能超越这些假设，但在处理它们的时候仿佛它们是第一原理似的，然后在它们的基础上，借助于图示或影像，得出结论：这就是几何学和一般意义上的数学方法。另一种方法把假设看作确实是假设，仅此而已，却把它们当作垫脚石来使用，为的是攀登得越来越高，直至达到万物的原理，这个原理不存在任何假设的东西；达到之后，有可能再次下来，经过的每一级台阶都与上一级台阶相关联，直至结论。这个过程不需要任何可感知的影像，而只是在理念中处理，在理念中结束[14]。这个方法超越于假设，并终止了假设，并用这种方式达到第一原理，它是辩证的方法。由于缺乏这一方法，几何学以及另外一些稍稍掌握了些许真理的科学无异于一个人梦想着真理，却不能醒着看到真理，因为他们把自己的假设当作不可动摇的真理，不能对它们给出任何说明或解释。[15]

291 带着上面的问题，我们应该读一读普罗克洛斯作品中的一个段落。

然而，还是有一些方法传了下来。最好的方法是借助**分析**把要寻求的东西带向一个公认原理；据说，柏拉图把这个方法传授给了勒俄达马斯，后者据说借助这个方法发现了几何学中的很多东西。第二种方法是**分解**法，亦即把问题的各部分分为不同的种类，通过排除所要求作图中的其他成分，从而给证明一个起始点，柏拉图也赞美这个方法是所有科学的好帮手。[16]

这段话的第一部分，连同第欧根尼·拉尔修的类似说法：柏拉图曾向"萨索斯岛的勒俄达马斯解释分析的研究方法"[17]，普遍被理解为把数学分析方法的发明归到柏拉图的名下。但是，根据古代的观点，分析不过是对定理或问题进行一系列的连续化简，直至它被化简为一个已经知道的定理或问题，很难看出柏拉图所谓的发现到底包含什么；因为这个意义上的"分析"在早期研究中经常被使用。不仅希波克拉底把倍立方体的问题简化为求两个比例中项的问题，而且很清楚，化简意义上的分析必定已被毕达哥拉斯学派所使用。另一方面，普罗克洛斯所使用的语言暗示了，他心里想的是《理想国》的那段话中所描述的哲学方法，指的当然不是数学分析。因此很有可能，认为柏拉图发现了分析法是由于一个误会。分析法和综合法互相关联的方式与辩证家的智性方法中向上和向下进行的关联方式是一样的。因此有人提出，柏拉图的功绩是注意到了紧接着分析之后的综合证明的重要性。普罗克洛斯提到的分解法是连续把属二分为种的方法，就像我们在《智者篇》（*Sophist*）和《政治家篇》（*Politicus*）中所看到的那样，与几何学关系不大。但是，把它和分析法相提并论，本身就暗示了普罗克洛斯把后者与哲学方法混为一谈。

292

（3）定义

在数学的基本原理当中，柏拉图关注较多的是定义。在某些实例中，他的定义本身与毕达哥拉斯学派的传统有关联；而在另一些实例中，他似乎自己开辟了新的路线。把数分为奇数和偶数是他最常见的例证之一；他说，数被均等地分组，亦即奇数和偶数一样多，这是真正的数的分组；把数分为（比方说）万和非万不是一个恰当的分法[18]。偶数被定义为可以分为两个相等部分的数[19]；在另外一个地方，它被解释为不是不等边数，而是等腰数[20]：这是一次古怪的、明显是独一无二的把这些术语应用于数，无论如何，它是一个有缺陷的陈述，除非"不等边"这个术语局限于这样一种情况：数的一部分是奇数，而另一部分是偶数；因为，一个偶数当然可以分为两个不相等的奇数或两个不相等的偶数（第一种情况除了 2，第二种情况除了 2 和 4）。进一步区分偶倍偶、奇倍偶、偶倍奇和奇倍奇也出现在柏拉图的作品中[21]：但是，由于 3 个 2 被称作奇倍偶，2 个 3 被称作偶倍奇，而这两种情况下的数是一样的，所以很明显，像欧几里得一样，柏拉图也把偶倍奇和奇倍偶看作同义术语，没有像尼科马库斯和新毕达哥拉斯学派那样限制它们的意义。

说到几何学，我们发现了看待"图形"这个术语的有趣观点。苏格拉底问，圆、直线以及你称为图形的其他事物当中，什么是真的，它们对所有人都是一样的吗？作为定义"图形"的一个建议，苏格拉底说，"让我们这样看待图形：现有事物中只有它和颜色相关联。"美诺问，如果对话者说他不知道颜色是什么，那该怎么办，有没有什么可选的定义？苏格拉底答道，应当承认，在几何学中，有我们所说的面或立体以及诸如此类的东西；从这些实例中，我们可以知道我们所说的图形指的是什么；图形是一个立体处在其中的东西，或者说图形是一个立体的界限（或末端，πέρας）[22]。除了作为形或形状的"图形"之外，这段话几乎让"图形"等价于面：χροιά，颜色或皮肤，亚里士多德类似地把它解释为 χρῶμα（颜色），某种与 πέρας（末端）不可分的东西[23]。在欧几里得那里，ὅρος（界限或边界）当然被定义为事物的末端（πέρας），而"图形"就是被一个或多个边界包含起来的东西。

尽管没有人明确告诉我们，但是有理由相信，把直线定义为"没有宽度的长度"源于柏拉图学园，柏拉图本人给出的直线定义是"其中间覆盖两端的东西"[24]（亦即，对于被置于任意一端的眼睛，都是顺着这条直线看）；在我看来，这似乎就是欧几里得的定义的起源，他把直线定义为"各点均匀分布其上的一条线"，我认为，这可能是一次努力，试图以特定的术语来表达柏拉图定义的意思，使得几何学家不可能认为它们游离于几何学主题之外，从而加以反对，亦即，这些术语把任何诉诸视觉的努力都排除在外。点被毕达哥拉斯学派定义为"有位置的单子"；柏拉图显然反对这个定义，但没有提出其他的定义取而代之；因为，据亚里士多德说，他把点这个种类视为"几何学的虚构"，把一个点称作一条线的开端，并经常在同样的意义上使用"不可分的线"这个术语[25]。亚里士多德指出，即便是"不可分的线"也必定有末端，因此它们帮不了什么忙，而把点定义为"线的末端"是不科学的。[26]

"圆形物"（στρογγύλον）或圆当然被定义为"其中所有方向的最远点到中间点（圆心）的距离相等"[27]。类似地，球被定为"其每个方向上的终点或端点到球心的距离相等"，或者干脆定义为其"各个方向上到球心等距"[28]。

294

《巴门尼德篇》（Parmenides）包含了短语，与我们在欧几里得的初等几何中所发现的某些术语相一致。因此，柏拉图谈到某个东西是一的"一部分"，而不是"多部分"[29]，让我们不由得想到欧几里得所作的区分：有的分数是"一部分"，亦即可整除部分或约数，有的分数是"多部分"，亦即某个大于这样一个"部分"的数，例如 $\frac{3}{7}$。如果给不相等的量加上相等的量，那么，所得之差等于最初不等量之差[30]：这个公理比欧几里得后来经常插入的形式更完整。

柏拉图著作中的数学概要

柏拉图著作中所提到或预先假设的实际上的算术命题和几何命题，并没有多少东西暗示他在数学上领先于自己的时代。他的知识似乎并没有超前于时代。在下面的几个段落中，我将试图给出一份概要，尽可能完整地介绍柏拉图对话录中所包含的数学内容。

《巴门尼德篇》中引用了一个比例命题[31]，亦即，若 $a > b$，则 $(a+c):(b+c) < a:b$。

在《法律篇》中，选择了一个数（5040）作为最方便组成一个国家的公民人数；它的优点在于：它是 12、21 和 20 的乘积，它的十二分之一再次可以被 12 整除，而且，它总共有多达 59 个不同的因子，包括从 1 到 12 之间除了 11 之外的所有自然数，同时它几乎可以被 11 整除（5038 是 11 的倍数）。[32]

（1）正立体和半正立体

"所谓的柏拉图图形"，指的是五个正立体，当然不是柏拉图的发现，因为毕达哥拉斯学派部分地研究过它们，泰阿泰德非常完整地研究过它们；它们之所以被称作柏拉图图形，显然只是因为《蒂迈欧篇》中使用过它们，在那里，四元素的微粒被前四个立体的形状所给出：棱锥体或正四面体代表火，正八面体代表气，正二十面体代表水，立方体代表土，而造物主用第五个立体——正十二面体——来代表宇宙本身。[33]

然而，据海伦说，阿基米德发现了 13 个半正立体可内接于一个球体，他说：

> 柏拉图也知道其中一个，有 14 个面的图形，这样的图形有两种，一种由 8 个三角形和 6 个正方形组成，亦即由土和气组成，而且一些古人也已经知道，另一种由 8 个正方形和 6 个三角形组成，似乎更难。[34]

前一种很容易获得；在一个立方体中，如果我们连接每一个正方形面的每对连续边的中点，作一个小正方形，就得到了 6 个正方形（每个面一个）；取这些正方形 24 条边中围绕立方体任意角点的 3 条边，我们就得到一个等边三角形；共有 8 个这样的等边三角形，如果我

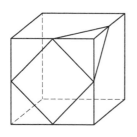

们从立方体的角上截下以这些三角形为底的棱锥体，我们就得到了一个半正多面体，它内接于一个球体，以 8 个等边三角形和 6 个正方形为面。第二种有 14 个面的半正多边形的描述是错误的，还有两种这样的图形：（1）从立方体的角上截下以等边三角形为底的更小棱锥

形，得到正八边形，而不是正方形，也就是说，它被 8 个正三角形和 6 个正八边形所包含，（2）从一个正八面体的角上截下以正方形为底的相等棱锥形，在 8 个面上留下 8 个正六边形，也就是说，这个图形被 6 个正方形和 8 个正六边形所包含。

（2）正立体的作图

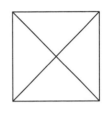

296

当然，柏拉图作正立体是把平面简单地拼在一起。他注意到，这些面都是由三角形组成；而所有三角形都可以分解为两个直角三角形。直角三角形要么（1）等腰，要么（2）不等腰，有两个不相等的锐角。后面这类三角形在数量上是无限的，其中有一种三角形最美，它的两条直角边上的正方形之和是斜边上的正方形的三倍（亦即，它是一个通过从顶点画对边的垂直线而得到的一个等边三角形的一半）。（柏拉图在这里毕达哥拉斯化了[35]。）有一种正立体，即立方体，它的面由第一种直角三角形（等腰三角形）组成，

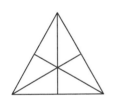

4 个这样的三角形拼在一起组成正方形；另有三种正立体以等边三角形为面：正四面体、正八面体和正二十面体，它们依赖于另外种类的直角三角形，各面由 6 个（而不是两个）这样的直角三角形组成，正如图中所显示的那样；第五种正立体，即正十二面体，以 12 个正五边形为面，在我们所读到的那个段落里仅仅是提到了，而没有画出来，柏拉图知道，它的面不可能用另外四种正立体所依赖的两种基本三角形作出来。有三段文献明显可以看出试图把正五边形分为若干三角形成分的努力，两个段落在普鲁塔克的作品中[36]，一个段落在阿尔喀诺俄斯的作品中[37]。普鲁塔克说，一个正十二面体的每个面由 30 个基本三角形组成，它们不同于其面为三角形的正立体的基本三角形。阿尔喀诺俄斯谈到，如果把每个正五边形分为 5 个等腰三角形，每个等腰三角形分为 6 个不等边三角形，则

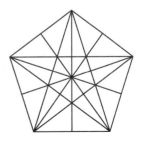

297

一个正十二面体共产生 360 个基本组成部分。如果我们像附图中显示的那样在一个正五边形中画直线，我们就得到这样一组三角形，其方式和显示毕达哥拉斯学派五角星的方式是一样的。

（3）两个正方形数或两个立方体数之间的几何平均数

在《蒂迈欧篇》中，柏拉图谈到"立体或正方形"数之间有一个或两个（几何）平均数，他指出，平方数之间一个平均数就足够了，但两个立体数之间则不够，两个平均数是必不可少的[38]。柏拉图所说的平方数和立体数大概是指正方形数和立方体数，因此，他所引用的定理大概是欧几里得《几何原本》第八卷的命题 11 和 12，大意是，两个正方形数之间有一个比例中项数，两个立方体数之间有两个比例中项数。尼科马库斯也引述了这两个命题，认为它们构成了"某个柏拉图定理"[39]。在这里，也有可能，这个定理被称作"柏拉图定理"的唯一理由是柏拉图在《蒂迈欧篇》中引用过它；它很可能更古老，因为两条直线之间两个比例中项的观念已经出现在希波克拉底简化倍立方体的问题中。柏拉图在这个段落中所暗示的看来并不是立方体的加倍，而只是《理想国》中所说的 κύβων αὔξη（立方体增加）[40]，这个问题看来只不过是给它的三个维度增加一个正方形，构成一个立方体（比较 τρίτη αὔξη，即"第三增加"[41]，亦即是一个立方体数，与 δύναμις［正方形数］相比较，这些术语分别被应用于比方说 729 和 81 这样的数。）

（4）《美诺篇》中的两个几何学段落

我们现在来看看《美诺篇》中的两个几何学段落。在第一个段落中[42]，苏格拉底试图证明，教学只是在学习者头脑里唤醒对某种东西的记忆。为了说明，他向奴隶提出了一系列精心准备的问题，每个问题所要求的回答只不过比"是"和"否"稍复杂一点，但这一系列问题最后到达 $\sqrt{2}$ 的几何作图。从一条 2 尺长的直线 AB 开始，苏格拉底首先在这条直线上画了一个正方形 ABCD，并且很容易证明它的面积是 4 平方尺。延长边 AB、AD 至 G、K，使得 BG、DK 等于

AB、*AD*，完成图形，我们得到一个边长为
4 尺的正方形，这个正方形等于最初正方形
的 4 倍，因此面积为 16 平方尺。现在，苏
格拉底说，一个面积为 8 平方尺的正方形，
其边长必定大于 2 尺，小于 4 尺。奴隶建议
长度为 3 尺。通过取 *DK* 的中点 *N*（这样一
来 *AN* 就是 3 尺）并完成 *AN* 上的正方形，

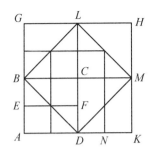

苏格拉底很容易证明，*AN* 上的正方形面积不是 8，而是 9。若 *L*、*M*
分别是 *GH*、*HK* 的中点，连接 *CL*、*CM*，我们得到图中的 4 个正方
形，其中一个是 *ABCD*，而其他每个正方形都和它相等。现在，如果
我们画这 4 个正方形的对角线 *BL*、*LM*、*MD*、*DB*，每条对角线等分
它所在的正方形，4 条对角线组成了正方形 *BLMD*，其面积等于正方
形 *AGHK* 面积的一半，因此是 8 平方尺；*BL* 是这个正方形的边。苏
格拉底最后以下面这段话作结：

> 诡辩家们称这条直线（*BD*）为直径（对角线）；由此可得，
> 那个等于（最初正方形）两倍的正方形必须在直径上画出。

《美诺篇》中的另一个几何学段落更难一些[43]，围绕它搜集了
一部文献，在篇幅上几乎比得上人们为解释《理想国》中的几何数而
撰写的几卷书。C. 布拉斯在 1861 年撰文时就知道 30 种不同的解释；
打那以后，有更多的解释出现。近些年，贝内克的解释[44] 似乎受到
了最普遍的认可；然而，我认为，这个解释并不正确，而 S. H. 布 299
切尔[45] 倒是给出了正确解释的基本要素（然而，欧几里得著作的编
辑 E. F. 奥古斯特似乎在 1829 年就领先于他提出了这样的解释）。
有必要从这段话的字面翻译开始。苏格拉底当时正在"借助假说"解
释一个步骤，他指出，几何学家们在被人问到下面这样的问题时，他
们的习惯做法说明了这个步骤：

> 例如，关于一个给定的面积，这个面积是不是可能以三角形

的形式内接于一个给定的圆。回答可能是："我尚不知道这个面积是不是可能以这样的方式内接于一个给定的圆，但我想，我可以提出一个对这个目的很有用的假说；我指的是下面这个假说。如果这个给定的面积是这样的，当你把它（作为一个长方形）去贴合圆内一条给定的直线时［τὴν δοθεῖσαν αὐτοῦ γραμμήν（其内一条给定的直线），我认为，这里所指的只能是圆的直径*］，所贴亏的一个图形（长方形）刚好相似于被贴合的那个图形，那么在我看来，除结果之外，你只有一个选择，同时，如果我所说的不可能做到的话，则还有另外的结果。因此，通过使用一个假说，我准备告诉你关于图形内接于圆的结果是什么，亦即，这个问题究竟是可能还是不可能。"

设 *AEB* 是一个以 *AB* 为直径的圆，且 *AC* 是点 *A* 上的切线。取圆上的任意点 *E*，画 *ED* 垂直于 *AB*。完成长方形 *ACED*、*EDBF*。

那么很显然，拿长方形 *CEDA* 去"贴合"直径 *AB*，则"贴亏"了一个图形，即长方形 *EDBF*，它相似于"被贴合"的长方形，因为

$$AD : DE = ED : DB$$

而且，如果延长 *ED* 再次与圆相交于点 *G*，则 *AEG* 是一个被直径 *AB* 等分的等腰三角形，因此在面积上等于长方形 *ACED*。

那么，如果后面这个长方形，以上面描述的方式"贴合" *AB*，等于给定的面积，则这个面积以一个三角形的形式内接于给定的圆。**

300

---

* 一个圆的最明显的"直线"是它的直径，正如在第一个关于正方形的几何学段落中那样，一个正方形的 γραμμή（"直线"）是它的边。

** 布切尔在正确给出这段话的解释要点后，发现了一个困难。他说："如果条件［像他所解释的那样］有效，给定的 χωρίον 就可以内接于一个圆。但是，反命题并不为真。即使规定的条件并没有实现，χωρίον 也可以按照要求内接于圆；真正的必要条件是，给定的面积不大于可内接于给定圆的等边三角形—亦即最大三角形—的面积。"困难就这样出现了。假设（十分恰当）给定的面积是以一个长方形的面积给出的（因为任意给定直线形都可以转化为一个面积相等的长方形），布切尔似乎假设它与被贴合于 *AB* 的给定长方形完全相同。但这是不必要的。数学术语在柏拉图时代并没有完全固定，他允许自己有一定的表达自由度，因此，对于他使用"贴合面积（χωρίον）于一条给定直线"这样的短语，（转下页）

　　因此，为了把一个等于给定面积（X）的等腰三角形内接于一个圆，我们就必须找到圆上的这样一个点 E：如果我们画直线 ED 垂直于 AB，那么长方形 $AD \times DE$ 等于给定的面积 X（在 AB 上"贴合"一个面积等于 X 的长方形，且贴亏一个相

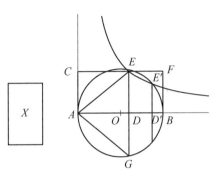

似于"被贴合"图形的图形，这是表述这个问题唯一的另外的方式）。很显然，点 E 在一条等轴双曲线上，如果以 AB 和 AC 为 x 轴和 y 轴，则这条双曲线的方程是 $xy = b^2$，这里 b^2 等于给定面积。

　　对于一个实解，b^2 一定不能大于内接于圆的等边三角形，亦即不大于 $3\sqrt{3} \times a^2/4$，这里 a 是圆的半径。如果 b^2 等于这个面积，只有一个解（在这种情况下，双曲线与圆相切）；如果 b^2 小于这个面积，则有两个解，对应于双曲线与圆的交点 E 和 E'。若 $AD = x$，我们得到 $OD = x - a$，$DE = \sqrt{2ax - x^2}$，问题等价于解方程

$$x\sqrt{2ax - x^2} = b^2$$

或　　　　$$x^2(2ax - x^2) = b^4$$

　　这是一个四次方程，可以借助圆锥曲线来解，而不能借助直线和圆来解。方程的解通过双曲线 $xy = b^2$ 和圆 $y^2 = 2ax - x^2$ 或 $x^2 + y^2 = 2ax$ 的交点给出。因此，就这方面而言，这个问题就像求两个比例中项的问题一样，后者同样是（尽管是直到后来）借助圆锥曲线来解（门奈

（接上页）作为"贴合一个等于（但不相似于）给定面积的长方形于一条给定直线"的缩略语，我们大可不必大惊小怪。如果我们以这种方式来解释这一表述，反命题就为真：如果我们不能以所描述的方式贴合一个等于给定长方形的长方形，那是因为这个给定长方形大于可内接于圆的等边—亦即最大—三角形，问题因此不可能有解。（直到上面这段文字写了很久之后，我才注意到库克·威尔逊教授发表在《哲学杂志》[*Journal of Philology*, xxviii, 1903, pp. 222–40]）上论述相同主题的文章。我很高兴发现我对这段话的解释与他的解释相一致。

赫莫斯）。我忍不住相信，我们由此得到了一个暗示：到柏拉图的时代，另一个实际问题已经让几何学家们大伤脑筋，它的解所需要的也不只是直线和圆，这个问题就是：把一个等于给定面积的三角形内接于一个圆，这个问题当时依然在等待解法，尽管它已经被简化为贴合一个满足柏拉图所描述条件的长方形的问题，正如倍立方体被简化为求两个比例中项的问题一样。像后面这个问题一样，我们的问题也很容易通过"机械性地"使用一根直尺来解。假设给定的长方形被这样放置，使得边 AD 紧挨着圆的直径 AB。设 E 是长方形 ADEC 的与 A 相对的角。这样放置一根直尺，使它通过点 E，并绕点 E 转动，直至它

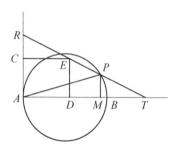

通过圆上的一点 P，使得如果 EP 与 AB 和 AC 的延长线相交于 T、R，则 PT 等于 ER。那么，由于 RE = PT、AD = MT，这里 M 是纵坐标 PM 的底端。

因此，　　　　$DT = AM$，且

$$AM : AD = DT : MT$$
$$= ED : PM$$

由此得：$PM \times MA = ED \times DA$

且 APM 是所求（等腰）三角形的一半。

贝内克详细批评了 E. F. 奥古斯特对这段话的类似解释。然而，就他的反对意见中涉及希腊文本中特定词句翻译的部分而言，在我看来，并没有多少根据[*]。对于其余的部分，贝内科认为，鉴于这里出现的问题很难，柏拉图不可能以这样一种唐突而随意的方式把它引入

---

[*] 贝内克在这方面的批评要点，涉及短语 ἐλλείπειν τοιούτῳ χωρίῳ οἷον ἂν αὐτὸ τὸ παματεταμέ-νον ᾖ 中的 τοιούτῳ χωρίῳ οἷον。他的观点是，τοιούτῳ οἷον 的意思不可能是"相似于"，他坚持认为，如果柏拉图指的是这个意思，他就应该补充一句："贴亏部分"尽管"相似"，但并不处于相似的位置。由于柏拉图时代缺乏数学术语的恒定性，由于他自己为了文学效果而不断变化短语的习惯，我看不出这个论点有什么力量。贝内克认为这个词组的意思是"相同种类的"，例如正方形与正方形，长方形与长方形。但是，除非引发整个问题的图形是正方形，否则，这个说法就毫无意义。

到苏格拉底和美诺之间的谈话中。但是，这个问题只是一个与求两个比例中项性质相同的问题，而后者当时已经是一个著名问题了，至于间接提到的形式，应当指出的是，柏拉图在数学内容上很喜欢使用暗示。

如果说上文的解释太难（就我而言，我并不承认这一点），那么贝内克的解释无疑太容易。他把自己对这段话的解释与前面关于边长 2 尺的正方形的那个段落联系起来；据他说，这个问题是：一个等于上述正方形的等腰直角三角形能不能内接于给定的圆？这当然只有当圆的直径为 2 尺时才有可能。若 AB、DE 是互相垂直的两条直径，内接三角形是 ADE；正方形 ACDO 由半径 AO、OD 所构成，那么，D、A 上的切线就构成了"被贴合"的长方形，而"贴亏"的长方形也是一个正方形，并等于另外那个正方形。如果这是正确的解释，那么，柏拉图关于被贴合的长方形和贴亏的长方形所使用的语言就太过笼统了；十分

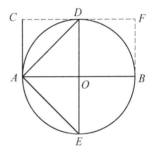

303

奇怪的是，当他只需要说圆的半径必须等于正方形的边、因此等于 2 英尺时，他却用这样一种复杂的方式来表述他的条件。在我看来，这个解释似乎不可信。苏格拉底所寻求的准则，明显是一个真正的 διορισμός（决定），来确定是一个问题可能有解的条件或限制，不管是以它最初的形式，还是以被简化之后的形式；但是，如果你所说的意思相当于说：若圆有一个特定的尺寸则问题可解，若圆大于或小于这个尺寸则问题无解，那这个说法并不是一个真正的 διορισμός。

顺便说一句，这段话表明，用一个形式 διορισμός 来界定解的可能性的限制条件的观念甚至在柏拉图时代之前就已经为人们所熟悉，因此，普罗克洛斯必定是错的，他说，尼奥克利德斯的弟子勒翁"发明了 διορισμοί（决定），来确定他所研究的问题何时可解、何时不可解"[46]，尽管勒翁可能是最早引入了这个术语，或正式承认 διορισμοί 在几何学中所扮演的重要角色。

（5）柏拉图与立方体加倍

柏拉图简化倍立方体问题的故事前面已经讲述过了。尽管被归到他名下的解法并不是他的，但有可能正是考虑到这个问题，他才抱怨，直到他那个时代，立体几何的研究一直被不恰当地忽略了。[47]

304

（6）方程 $x^2 + y^2 = z^2$ 的整数解

我们已经看到，求其和亦为平方数的整个一系列平方数的法则（与那个被归到毕达哥拉斯名下的类似法则互补）被记到了柏拉图的名下；公式如下：

$$(2n)^2 + (n^2 - 1)^2 = (n^2 + 1)^2$$

（7）不可通约量

关于不可通约量或无理数的问题，我们首先有《泰阿泰德篇》中的那个段落，里面记载狄奥多鲁斯证明了 $\sqrt{3}$，$\sqrt{5}\cdots\sqrt{17}$ 的无理性，这之后，泰阿泰德把这样一种"根"的理论一般化了。这个段落我们已经充分讨论过了。不可通约量的问题再次出现在《法律篇》中，在那里，柏拉图再次痛骂他那个时代的希腊人对下面这个事实的普遍无知：长度、宽度和深度互相之间既有可能可以通约，也有可能不可通约，并且，看来是要暗示他自己直到很晚才得知这一事实，因此，他既为自己、也为他的同胞感到羞愧[48]。但柏拉图所知道的无理数并不只是"不尽根"或非正方形的边；在某个地方，他说，正如偶数可能要么是两个奇数之和，要么是两个偶数之和，两个无理数之和要么是有理数，要么是无理数[49]。前面那种情况最明显的实例是一条有理直线按照"黄金分割比"被分割。欧几里得（《几何原本》第十三卷命题6）证明，这样分割的两条线段都属于一个特殊种类的无理直线，他在《几何原本》第十卷称之为 apotome（余线）；我们不妨假设（用普罗克洛斯的话说）"柏拉图首创了那些关于分割的定理"[50]就是后来被称作"黄金分割"的定理，亦即，就像在《几何原本》第二卷命题 11 和第六卷命题 30 中那样按外内比分割一条直线；如果这

个是正确的，那么，假设柏拉图已经知道这两个线段的无理性也就十
分自然了。后面这个问题在《几何原本》第二卷（其内容大概全都是
毕达哥拉斯学派的）的出现暗示了，即便没有早到 $\sqrt{2}$ 的无理性被发
现的时候，至少在柏拉图的时代之前，人们就知道这样分割的线段与
整条直线不可通约。

305

（8）几何数

这里不是合适的地方，来详尽讨论《理想国》中那个关于"几何数"
的段落 *(51)。它的数学内容并不重要；整个内容与其说是数学的，不
如说是神秘主义的，用狂想般的语言来表达，富于幻想的措辞遮掩着
几个简单的数学概念。里面提到的数被认为有两个。胡尔奇和亚当得
出了相同的两个数，尽管是通过不同的途径。其中第一个数是216，
据亚当说，他是三个立方体数之和：$3^3 + 4^3 + 5^3$；胡尔奇得出这个数
的形式是 $2^3 \times 3^3$。**

---

* 对这个段落的解释汗牛充栋。关于对语言的详尽讨论，以及关于人们提出过的最佳解释，
可参看亚当博士编辑的《理想国》，vol. ii, pp. 204-8, 264–312。

** 希腊文是：ἐν ᾧ πρώτῳ αὐξήσεις δυνάμεναί τε καὶ δυναστευόμεναι, τρεῖς ἀποστάσεις, τέτταρας
δὲ ὅρους λαβοῦσαι ὁμοιούντων τε καὶ ἀνομοιούντων καὶ αὐξόντων καὶ φθινόντων, πάντα προσήγορα
καὶ ῥητὰ πρὸς ἄλληλα ἀπέφηναν. 亚当把这段话翻译为："第一个这样的数，在这样的数中，
那些造成相同和不同、盈和亏的成分，其根和平方都增加了，包含三个间距和四个极限，从而
使得它们全都可以互反并有理。"αὐξήσεις 的意思明显是乘。δυνάμεναί τε καὶ δυναστευόμεναι
应该这样来解释。一条直线据说 δύνασθαι（"能够是"）一个面积，例如一个长方形，当这
条直线上的长方形等于这个长方形时；因此，δυναμένη 的意思应该是一个正方形的一条边。
δυναστευομένη 表示 δυναμένη 的某种被动式，意思是 δυναμένη "有能力" 是它；因此，亚当认
为它在这里就是那个正方形，而 δυναμένη 是它的边，整个词组的意思是一个正方形与它的边
的乘积，亦即，只不过是这条边上的立方体而已。立方体 3^3、4^3、5^3 被认为是它所指的立方体，
因为，描述第二个数的措辞"与5相连接时，其最低两项的比是 4：3"明显指的是直角三角形3、
4、5，因为至少有3位作者——普鲁塔克（De Is. et Os. 373F）、普鲁塔克（on Eucl. I, p. 428. 1）
和阿里斯提得斯·昆提利安（De Mus., p. 162 Meibom. = p. 90 Jahn）——说，柏拉图在他的"几
何数"中使用了毕达哥拉斯三角形或"宇宙"三角形。"三个间距"
被认为是三"维"，而"三个间距和四个极限"被认为证实了"立方体"
的解释，因为一个立体（平行六面体）据说有"三个间距和四个极限"
（Theol. Ar., p16 Ast，以及 Iambl. in Nicom., p. 93. 10），极限就是附
图中的界限点 A、B、C、D。"造成相同和不同" （转下页）

306　　第二个数是这样描述的：

307　　其最低两项的比 4:3，连接或嫁接到 5 上，再增加三次，便产生了两个和谐数，其中一个等于相同数增加相同次数，再乘以 100，另一个属于长度相等的长方形数，一方面由 100 个 5 的有理直径的平方各减 1（如果是无理直径则减 2）所组成，另一方面由 100 个 3 的立方所组成。

　　4：3 这个比必须在 "4 和 3 这两个数" 的意义上来对待，亚当认

（接上页）被认为指的是借以陈述第二个数的正方形和长方形。

关于整个段落，第二个观点是最近发表的（A. G. Laird［莱尔德］, *Plato's Geometrical Number and the comment of Proclus*, Madison, Wisconsin, 1918）。像所有其他的解答一样，它在

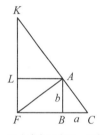

某些细节上也容易招致批评，但它很有吸引力，因为它更大程度上利用了普罗克洛斯的解释（*in Platonis remp.*, vol. ii, p36 seq. Kroll），尤其是他借助几何图形来说明 "和谐数" 构成的那个段落。据莱尔德先生说，并不存在两个不同的数，胡尔奇和亚当得出 216 这个数的那段描述，并不是描述一个数，而是陈述 "和谐数" 构成的一般方法，然后作为一个特例而被应用于三角形 3、4、5，为的是产生一个 "几何数"。整个段落的基础是利用像欧几里得《几何原本》第六卷命题 8 中那样的图形（一个直角三角形，被一条从直角顶点垂直于对边的直线分成两个直角三角形，它们互相相似，并相似于原三角形）。

设 *ABC* 是一个直角三角形，直角边 *CB* 和 *BA* 分别是有理数 a 和 b。画 *AF* 垂直于 *AC* 并与 *CB* 的延长线相交于 *F*。那么，图形 *AFC* 就是《几何原本》第六卷命题 8 的图形，而且当然，$AB^2 = CB \times BF$。完成长方形 *ABFL*，延长 *FL*、*CA* 相交于 *K*。那么，根据相似三角形的属性，*CB*、*BA*、*FB*（= *AL*）和 *KL* 是 4 条成连比的直线，它们的长分别是 a、b^2/a、b^3/a^2。为了去掉分数，把它们全都乘以 a^2，我们可以取它们的长度分别是 a^3、a^2b、ab^2、b^3。现在，根据莱尔德的观点，αὐξήσεις δυνάμεναί 是正方形，如 AB^2，αὐξήσεις δυναστευόμεναι 是长方形，如与这个正方形相等的 *FB*、*BC*。"造成相同与不同" 指的是 a^3、b^3 的相等因子和 a^2b、ab^2 的不相等因子；a^3、a^2b、ab^2、b^3 是连比中的四项（ὅροι），有三个间隔（ἀποστάσεις），当然 "全都可以互反并有理"。（顺便说一句，我们可以从这样的几项中获得 216 这个数，因为，如果我们让 $a = 2$、$b = 3$，就得到 8、12、18、27，两端的乘积 8 × 27 = 中间两项的乘积 12 × 18 = 216）。把这个方法应用于三角形 3、4、5（就像普罗克洛斯所做的那样），我们得到 27、36、48、64 这几项，前三个数分别乘以 100，给出了几何数的成分 $3600^2 = 2700 \times 4800$。据此解释，τρὶς αὐξήσεις 的意思只不过是增加到第三维或 "造成立体"（正如亚里士多德所说，*Politics* Θ(E). 12, 1316a 8），因子当然是 3 × 3 × 3 = 27，3 × 3 × 4 = 36，以及 3 × 4 × 4 = 38；"与 5 相连接时的比例 4：3" 所指的既不是 3、4、5 的积，也不是它们的和，而是三角形 3、4、5。

为"与5相连接"的意思是4、3和5一起相乘，得60；60"增加三次"他解释为"60三次乘以60"，也就是说，$60 \times 60 \times 60 \times 60$，或$3600^2$；那么，"乘以100"的必定是这个正方形数"相等的"边，或者说36乘以100；这个3600^2或12960000就是"和谐数"之一。另一个和谐数是相同的数被表达为两个不等因子的乘积，一个"长方形"数；第一个因子是这样一个数的100倍，我们可以这样描述：它要么是"5的有理直径"的平方减1，要么是"5的无理直径"的平方减2，这里，5的无理直径是一个边长为5的正方形的对角线，亦即$\sqrt{50}$，有理直径是最接近这个数的整数，亦即7，被乘以100的数是49-1，或50-2，亦即48，第一个因子因此是4800；第二个因子是100个3的立方，或2700；当然，$4800 \times 2700 = 3600^2$，或12960000。胡尔奇以另一种方法获得了第一个"和谐数"的边3600；他认为4和3连接到5是4、3与5之和，即12，而τρίς αὐξήσεις（增加三次）的意思是12"乘以3"，得36；那么"乘以100"就是36乘以100，或3600。

但是，从历史的观点看，这段话的主要意义在于"5的有理直径"和"无理直径"这样的术语。$\sqrt{2}$的一个相当接近的近似值就是通过选择这样一个正方形数而获得的：如果2乘以它，积接近于一个平方数；25是这样一个平方数，因为25乘以2（或50）只比7^2差1；因此，$\dfrac{7}{5}$是$\sqrt{2}$的一个近似值。可以用这里指出的试探性方法得到这个值；我们不可能怀疑它在柏拉图的时代就已经很流行；而且，我们知道方程$x^2 - 2y^2 = \pm 1$借助连续"边数"和"径数"的一般解法是毕达哥拉斯学派的，在这里，就像在其他很多地方一样，柏拉图也"毕达哥拉斯化"了。

直径在《政治家篇》中再次提到，在那里，柏拉图谈到了"两尺正方形（δυνάμει）内的直径"，指的是一个边长为1尺的正方形的对角线，并再次谈到这条直径上的正方形的直径，亦即一个面积为2平方尺的正方形的对角线，换句话说，是一个面积为4平方尺的正方形的边，或一条2尺长的直线。[52]

281

上面所说的足以表明，柏拉图并不落后于他那个时代的数学，我们可以理解普罗克洛斯在谈到他对这一领域的学生和研究者所发挥的影响时发表的那番评论：

> 由于他对这些学科的热情，他促使一般意义上的数学，特别是几何学取得了非常大的进步，当然，从下面的事实中明显可以看出这一点：他的著作中充斥着数学实例，每个地方都试图在那些追求哲学的人心里点燃对这些学科的赞赏。[53]

数学的"技艺"

除了纯理论主题之外，柏拉图还认可实用数学或应用数学的"技艺"；除算术之外，他还提到了测量的技艺（为了生意或手艺的目的）和称重的技艺[54]；关于前者，他谈到了手艺人的器具：画圆器（τόρνος），圆规（διαβήτης），尺（στάθμη），以及"一种精密复杂的προσαγώγιον（近似仪）"。他说[55]，称重的技艺"关心的是较重和较轻的重量"，就像"逻辑学"处理的是奇和偶之间的关系，几何学处理的是量的大于、小于或等于；在《普罗泰戈拉篇》（Protagoras）中，他谈到了精通称重的人：

> 他首先把愉快的东西放在一起，然后痛苦的东西放在一起，在天平上调整远近。[56]

因此，柏拉图肯定知道杠杆原理，他无疑熟悉阿契塔的工作，后者据说是力学科学的创立者。[57]

（1）光学

在《蒂迈欧篇》中的物理学部分，柏拉图对感觉器官的工作给出了自己的解释。对视觉过程及视觉与白昼光的关系的解释十分有趣[58]，末尾提到了镜子的属性，大概是光学科学的最早迹象。柏拉图说，当我们观看镜子里的一件东西时，属于人脸的火在镜子光亮一面的周围与视觉流中的火组合了起来；脸的右半部分看上去是我们看到的形象的左脸，反之亦然，因为正是视觉流的和物体的互相面对的部分产生了接触，与通常的作用模式相反。（也就是说，如果你想象你在镜子里的映像是另一个人在看着你，他的左眼是你的右眼的映像，他的左眼的左侧是你的右眼的右侧的映像。）但另一方面，当光在这一组合中从一侧转到另一侧时，右侧就真正成了右侧，左侧成了左侧；当镜子的光滑部分两侧比中间高时（亦即镜子是一个中轴垂直的凹柱面反射镜），便会发生这样的事情，这样就把视觉流的右半部分转到了左边，反之亦然。如果你转动镜子，使它的中轴是水平的，那每一样东西都上下颠倒了。

（2）音乐

在音乐领域，柏拉图拥有阿契塔和毕达哥拉斯学派的音调数字关系研究所带来的优势。在《蒂迈欧篇》中，我们发现了一种精巧复杂的方法，通过插入算术平均数和调和平均数来补足音程[59]。柏拉图还清楚地知道，音的高低要归因于空气运动速度的快慢[60]。以同样的方式，"球体和谐"中不同的音符被诗意地转变成了警铃，安装在杆状警标的八个转盘的每一个上，每个警铃发出一个声音，一个单一的乐音，对应于八个天体圆的不同速度，它们分别是恒星圆及太阳、月球和五大行星的圆。[61]

（3）天文学

这把我们带到了柏拉图的天文学。他的天文学观点以最完整的最终形式在《蒂迈欧篇》中得以陈述，尽管相关的说明还得到其他对话录中去找：《斐多篇》《理想国》和《法律篇》。他所依据的是早期毕达哥拉斯体系（毕达哥拉斯的体系，与其继任者们的体系截然不同，后者抛弃了以地球为中心的体系，让地球和太阳、月球及其他行星一

310

283

起，围绕"中央火"转圈）；与此同时，他当然会考量他那个时代所得出的一些越来越准确的观测结果。据柏拉图说，宇宙有着所有球体中最完美的球体，本身就是一个完美的球体。地球位于在这个球体的中央，固定不动，可以说通过对称平衡保持在那里（"因为一件事物，处在任何均一物质的中央平衡中，都不会导致任何方向上或多或少的倾斜"[62]）。宇宙球体的中轴通过大地的中央，大地也是球形的。太阳、月球和五大行星也被裹挟在外球的运动中转圈，但它们另外还有它们自己独立的圆周运动。后面这些运动发生在一个平面上，这个平面与天体球的赤道成一个交角：几条轨道都是柏拉图所说的"另类之圆（circle of the Other）"的组成部分，区别于"同类之圆（circle of the Same）"，后者是天体球每天的旋转，携带"另类之圆"及其内的七个运动一起旋转，并主宰它们。就任何一个行星而言，这两种运动的组合，其结果都是把它在空间里的实际路径扭曲成一条螺旋线[63]；这条螺旋线当然被包括在两个平面之间，这两个平面与赤道平行，其距离等于行星在其路线上从赤道的任意一侧偏离赤道的最大值。太阳、月球和五大行星描画其自身轨道（独立于每天的旋转）的速度是按照下面的顺序：月球最快，太阳次之，金星和水星结伴而行，这三颗行星画完其轨道各需约一年的时间；在速度上接下来的是火星，木星次之，最慢的是土星；这里说的速度当然是角速度，而不是线速度。由近至远，到地球距离的顺序如下：月球，太阳，金星，水星，火星，木星，土星。在《理想国》中，所有这些天体描画自己的轨道时，都在某种意义上与每天旋转的轨道方向相反，亦即沿着自西向东的方向；这是我们应该预料到的；但在《蒂迈欧篇》中，作者在某个地方明白无误地告诉我们，七个圆"在彼此相对的方向上"移动[64]，而在另一个地方，金星和水星与太阳"趋向相反"[65]。这个奇怪的术语似乎没有得到令人满意的解释。把这两段话按照其字面意思放在一起，似乎暗示了柏拉图实际上认为金星和水星沿着与太阳相反的方向画出它们的轨道，尽管这个解释看上去似乎可信（因为根据这个假说，这两颗行星与太阳之间的发散角可以是180°以内的任意角，而观察表明，他们从未远离太阳）。普罗克洛斯及其他人都提到了人们试图借助本轮理论来解释这些段落的努力；特别是卡西底乌斯，他指出，太阳在其本轮上的运动在方向上与金星和水星各自在其本轮上的运动相反（后者是自西向东）[66]；如果可以假设柏拉图熟悉本轮理论的话，这将是一个令人满意的解释。但这个假设完全没有可能。因此，我们所能说的似乎仅此而已。有明显的证据表明，柏拉图著名的弟子、本都的赫拉克利德斯被认为发现了金星和水星像卫星一样绕着太阳旋转。关于地外行星，他可能得出了同样的结论，但这一点并不肯定；无论如何，他想必首先对于金星和水星得出了这一发现。赫拉克利德斯意味着，金星和水星在伴随着太阳作年度运动的同时，还围绕着太阳画出了实际上就是本轮的轨迹。如果没有初步的探索，得出这种发现是不可能的，可能正是真理的某种模糊迹象，促使柏拉图发表了那番评论，不管词句的准确意思是什么。

312

　　行星角速度之间的差别，解释了一颗行星被另一颗行星超过的原因，而它们独立的运动与每日旋转运动的结合，导致一颗行星看上去似乎正在超过另一颗行星，而实际上却是被它所超过，反之亦然[67]。太阳、月球和行星都是度量时间的手段[68]。就连地球也是造成日和夜的一种手段，凭借它不绕轴旋转，同时恒星的旋转携带太阳一起每 24 个小时完成一周；当月球完成它自己的轨迹之后超过太阳时，一个月的时间就过去了（这个"月"因此是会合月），而当太阳完成它自己的圆周时，一年便过去了。据柏拉图说，其他行星（除金星和水星之外，它们的速度和太阳一样）的公转时间并没有被准确计算出来；然而，"完全年"（Perfect Year）是"当所有八个旋转（七个独立旋转和每天的旋转）的相对速度一起完成它们的路程并到达它们的起始点时"完成的[69]。明显有一个传说，说柏拉图的"大年"（Great Year）是 36000 年：这相当于托勒密从喜帕恰斯论述年长度的著作中引述的两分点岁差的最低估值，亦即，一年的两分点岁差为一度的百分之一，或者说 100 年为 1°[70]，也就是说，36000 年是 360°。亚当把这个周期与几何数 12960000 联系起来，因为，按照一年 360 天计，这个天数刚好是 36000 年。有一点倒是真的，这个巧合可能给托勒密留下了深刻的印象，使得他把以 100 年 1° 为基础的大年称为"柏拉

313

图年"；但是，没有证据表明柏拉图本人是参照岁差来计算大年；恰恰相反，岁差是喜帕恰斯最早发现的。

关于太阳、月亮和行星的距离，柏拉图最明确的说法莫过于：七个圆"按照双倍间距的比例，各侧三个圆"[71]，这里提到的是附图中所显示的毕达哥拉斯学派的 τετρακτύς（圣十），1 之后的数字一侧是 2 的连续次幂，另一侧是 3 的连续次幂。这以升序给出了 1，2，3，4，8，9，27。柏拉图在这些数字的基础上所得出的相对距离的准确估算是什么，我们并无把握。人们一般认为：（1）连续轨道的半径按这些数字的比；但是，（2）卡西底乌斯认为，2、3、4……是这些半径的连续差[72]，因此，这些半径本身的比是：1，1 + 2 = 3，1 + 2 + 3 = 6，等等；而且，（3）据马克罗比乌斯说[73]，柏拉图学派的人认为，连续半径为：1，1 × 2 = 2，1 × 2 × 3 = 6，6 × 4 = 24，24 × 9 = 216，216 × 8 = 1728，以及 1728 × 27 = 46656。无论如何，这些数字在观测数据上都毫无根据。

我们说过，柏拉图让地球占据着宇宙的中心，没有给它任何种类的运动。然而，另外一些观点被后来的一些作者归到柏拉图的名下。在《蒂迈欧篇》中，柏拉图对地球使用了这样一段措辞，通常被翻译为"我们的保姆，绕轴成球状（ίλλομένην），这条轴从极点到极点延伸，贯穿宇宙"[74]。众所周知，亚里士多德在提到这一段时是这样说的：

314

> 有人说，地球实际上位于中心（καὶ κειμένην ἐπὶ τοῦ κέντρου），却被环绕，并绕轴转动，这条轴从极点到极点贯穿宇宙。[75]

这自然暗示了亚里士多德把地球绕轴自转的观点归到了柏拉图的名下。然而，这样一种观点完全与《蒂迈欧篇》中所描述的整个体系相矛盾（《法律篇》中也是如此，柏拉图没有在有生之年完成这部对话录），在那里，正是恒星球体，通过它在 24 小时里的绕地旋转，造成了昼与夜；此外，没有理由怀疑这样的证据：正是本都的赫拉克利德斯，证实了地球在 24 小时里绕自己的轴旋转一圈。自然而然的推论似乎应该是：亚里士多德要么是误解、要么是故意曲解了柏拉图，ἰλλομένην 这个单词的歧义要么是起因，要么是借口，视不同情况而定。然而，有一些人坚持认为，亚里士多德必定知道柏拉图是什么意思，在这样的主题上不可能曲解他。其中就有伯内特教授 [76]，他确信，亚里士多德懂得 ἰλλομένην 指的是某种运动，依据他从两份一流的手抄本得来的新的解读，他尝试了对柏拉图的说法给出一个新的解释。新的解读不同于以前的文本，ἰλλομένην 的后面有冠词 τὴν，这使得那句短语因此成了：γῆν δὲ τροφὸν μὲν ἡμετέραν, ἰλλομένην δὲ τὴν πεμὶ τὸν διὰ παντὸς πόλον τεταμένον。伯内特认为，我们只能用某个像 ὁδόν 这样的单词来取代 τὴν，理解 περίοδον 或 περιφοράν，并把这段话翻译为“地球，我们的保姆，在它的路径上绕轴来回，这条轴贯穿整个宇宙”。为了证实这个译法，伯内特引用了泰奥弗拉斯托斯的“可靠证词”，他说：

> 柏拉图晚年很后悔把宇宙中心的位置给了地球，它没有权利占据这个位置。[77]

伯内特得出结论，根据柏拉图在《蒂迈欧篇》中的说法，地球不是宇宙的中心。但是，亚里士多德用 ἴλλεσθαι καὶ κινεῖσθαι 这几个单词来意译《蒂迈欧篇》中的 ἰλλομένην，他的那段话清楚地表明，那些持有上述观点的人也宣称，地球位于或被置于中心（κειμένην ἐπὶ τοῦ κέντρου），或者“把地球置于中心”（ἐπὶ τοῦ μέσου θέντες）。伯内特的解释因此与亚里士多德陈述的部分内容相矛盾，就算与其余的内容不矛盾；因此，看来他并没有让这个问题离解决更近一步。或许，有人会提出，绕宇宙之轴旋转或摆动的幅度很小，小到了完全符合地球一直处在中心的说法。我想，最好是承认，根据我们现有的信息，这个问题是无解的。

正如我们已经说过的，泰奥弗拉斯托斯宣称柏拉图晚年很后悔把地球置于中心的说法与《蒂迈欧篇》中的理论相矛盾。柏克把它解释

287

为一个误解。看来，在柏拉图的直接继任者当中，有人按照毕达哥拉斯学派的意思修改了柏拉图的体系，亚里士多德《论天》中的一个段落可能暗示了这个人 [78]；因此，柏克提出，这些毕达哥拉斯化的柏拉图主义者的观点可能被归到了柏拉图本人的名下。但趋势似乎是要按照字面上接受泰奥弗拉斯托斯的证词。海贝格这么做了，伯内特也是如此，他认为，泰奥弗拉斯托斯可能从柏拉图本人那里听到过那段被他归到柏拉图名下的话。但我要指出的是，如果确实像伯内特主张的那样，《蒂迈欧篇》中包含了柏拉图明确收回自己从前关于地球位于中心的观点，那就没有必要拿一次与泰奥弗拉斯托斯的口头交流来补充它。无论如何，跟我们接下来将要描述的发展比较起来，这个问题并没有什么特别的重要性。

10. 柏拉图到欧几里得之间

不管柏拉图本人在数学方面做了什么样的原创性工作（可能并不多），有一点毫无疑问，他对这一学科各个分支的热情，以及他在自己的体系中赋予给它的卓越地位，对于数学在他生前及随后时期的发展有着巨大的影响。在天文学领域，据说柏拉图向所有严肃认真的学者提出了这样一个问题："假设存在匀速而有序的运动，根据这一假设，可以解释表面上看得见的行星运动，这种匀速而有序的运动是什么？"关于这个问题，我们的权威材料来源是索西琴尼，而他的材料则来自欧德谟斯[1]。柏拉图的一位弟子、本都的赫拉克利德斯（约公元前388—前310）对这个问题给出了一个回答，代表了天文学历史上首屈一指的一次进步；另一个回答是欧多克索斯按照纯数学的路子给出的，构成整个数学史上能够展示的纯几何领域最引人注目的成就之一。这两个人都是卓越非凡的哲学家。赫拉克利德斯撰写过一些著作，在主题和风格上都是第一流的：著作目录涵盖了伦理、文法、音乐、诗歌、修辞、历史等学科；还有几何学和辩证法的专著。类似地，欧多克索斯作为哲学家、几何学家、天文学家、地理学家、医生和立法者而闻名于世，精通并丰富了几乎整个知识领域。

赫拉克利德斯：天文学发现

赫拉克利德斯认为，天体表面上每天绕地球旋转，这一运动不应该通过众星绕地的圆周运动来解释，而要通过地球绕自身的轴旋转来解释；有几个段落证实了这个说法，例如：

> 本都的赫拉克利德斯假设，地在中心并旋转（字面意思是"在一个圆上移动"），而天则静止不动，他想通过这个假设来解释一些现象。[2]

诚然，抱持这个观点的不可能只有赫拉克利德斯，因为我们被告知，毕达哥拉斯学派的一位成员、叙拉古的埃克潘达斯也宣称："地球在宇宙的中心，绕自己的中心向东转动。"[3] 西塞罗[4] 在谈到希塞塔斯（也是叙拉古人）时说过同样的话，这大概是搞混了。但是，赫拉克利德斯得出的另外一项重要发现的原创性则毋庸置疑，亦即：金星和水星像卫星一样绕太阳为中心旋转。倘若像夏帕雷利所主张的那样，赫拉克利德斯对火星、木星和土星也得出了同样的结论，那他就领先于第谷·布拉赫的假说（或者毋宁说是在它的基础上有所改进），但证实这个说法的证据尚嫌不足，我认为不存在这样的可能性。有理由认为，正是阿波罗尼奥斯，完成了赫拉克利德斯开创的观点，并提出了完整的第谷假说[5]。但赫拉克利德斯指出了通向它的道路，没有什么东西能抹杀他在这方面的功劳。

作为一项数学成就，欧多克索斯的同心球理论甚至更加引人注目；正是这个值得尊敬的人，发明了欧几里得《几何原本》第五卷中提出的伟大的比例理论，以及强有力的穷竭法，这个方法不仅使我们能够求得圆的面积和棱锥体、圆锥体、球体等的体积，而且还为阿基米德在平面图形和立体图形测量上所有进一步的发展奠定了根基。但是，在我们介绍欧多克索斯之前，还有另外一些名字必须提及。

数论（斯珀西波斯，色诺克拉底）

318

先从算术或数论开始。**斯珀西波斯**是柏拉图的外甥，并继任他成为学园的首领，据说，他对毕达哥拉斯学派的学说做过非常详尽的研究，特别是菲洛劳斯的作品，并写了一部篇幅很小的专著：《论毕达哥拉斯学派的数》（*On the Pythagorean Numbers*），上文提到过这部作品的一个片段，它保存在《算术的神学思考》中[6]。根据这个片段来判断，这部作品不是什么重要作品。里面的算术明显属于几何类型（例如，多边形数通过组成特定图形的小圆点来表示）。这本书的部分内容处理的是"被分派给宇宙元素的五种图形（正立体），它们的特性，以及它们彼此之间的共性"，几乎不可能超越把由面组成的图形拼在一起，正如我们在《蒂迈欧篇》中所发现的那样。柏拉图区分了几种基本三角形：等边三角形、等腰直角三角形，以及一个等腰三角形被一条从顶点到对边的垂线所截得的一半，在这个基础上，斯珀西波斯增加了一种区分（"说得通的废话"，在坦纳里看来，整个片段都是这种东西），把棱锥体分为（1）正棱锥体，底为等边三角形，所有棱边都相等；（2）以正方形为底的棱锥体，（很明显）其终止于底角的4条棱相等；（3）这样一个棱锥体，它是在前面那个棱锥体上画一个平面通过顶点，使它在底的一条对角线上垂直切割底，而截得的该棱锥体的一半；（4）以一个等腰三角形的一半为底而构成的棱锥体；这些棱锥体分别被称作单元棱锥体、二元棱锥体、三元棱锥体和四元棱锥体，目的是要组成数字10，其特殊的属性和优点，就像毕达哥拉斯学派所提出的那样，是这部作品后半部分的主题。普罗克洛斯引用了斯珀西波斯的几个观点，例如，在定理和问题方面，他不同于门奈赫莫斯，因为他把这二者同样都看作是定理，认为这样更恰当，而门奈赫莫斯则把它们同样称作问题。[7]

卡尔西登的**色诺克拉底**（公元前396—前314）继任斯珀西波斯成为柏拉图学园的首领，他以几票之差赢了赫拉克利德斯，当选学园首领，据说他也写了一本书《论数与数论》（*On Numbers and a Theory of Numbers*），此外还有一些论述几何学的著作[8]。这些书全都没有幸存下来，但我们得知，色诺克拉底维护了柏拉图学派的传统，要求那些进入学园的人熟悉音乐、几何学和天文学；他曾对一个不精通这些事情的人说："你走吧，因为你没有掌握哲学的手段。"普鲁塔克说，他估算，用字母表中的字母可以组成的音节数是

319

1002000000000 个 [9]。如果这个故事是真的，那它就代表了记录在案的第一次努力，试图解决一个排列组合的难题。色诺克拉底是"不可分线"（还有量）的支持者，他认为，借助它可以克服芝诺悖论所带来的困难。[10]

几何原理。普罗克洛斯的概要（续）

在几何学领域，我们有了更多的名字，都是在普罗克洛斯的概要中提到的。[11]

> 比勒俄达马斯更年轻的是尼奥克利德斯和他的弟子勒翁，后者给之前时代已经知道的内容增加了很多东西，实际上能够组成一批几何学原理，设计得更加仔细，无论是就所证明命题的数量而言，还是在它们的实用性方面，除此之外，他还发明了决定（diorismi，其目标是要决定）正在研究的问题何时可解，何时不可解。

关于尼奥克利德斯和勒翁，我们知道的仅此而已；但是，明确认识到 διορισμός（决定）——也就是说，作为解决问题的一个预备步骤，有必要首先确定问题可解的条件——代表了哲学和数学技术中的一次进步。并不是事情本身之前没有遇到过：正如我们已经看到的，在《美诺篇》的那个著名段落中，已经显示了 διορισμός 的迹象 [12]；毫无疑问，毕达哥拉斯学派的二次方程的几何解法偶然让他们清楚地看到，欧几里得《几何原本》第六卷命题 27–29 中最一般形式的二次方程可能有解的限制条件，相当于 διορισμός，在那个"贴亏"平行四边形的实例中（命题 28），命题声称："给定的直线形一定不能大于给定直线的一半上画出的并且相似于贴亏图形的平行四边形。"再一次，用三条给定的直线作一个三角形（《几何原本》第一卷命题 22），其可能作出的条件，亦即其中两条直线加在一起必须大于第三条，必定

320

在勒翁或柏拉图的时代很久之前就被人们所熟悉。

普罗克洛斯继续说：[13]

> 欧多克索斯比勒翁稍微年轻一些，人们把他和柏拉图的学园联系在一起，他最早增加了所谓一般定理的数量；他还给三个已经知道的命题增加了另外三个命题，并增加了柏拉图原创的关于截段的定理，把分析的方法应用于它们。柏拉图的一位朋友、赫拉克里亚的阿密克拉（更正确的是拼法是阿敏塔斯），欧多克索斯的弟子门奈赫莫斯（他也在柏拉图的门下学习过），以及他的兄弟地诺斯特拉图，使得整个几何学变得更加完美。麦格尼西亚的修迪奥斯因为擅长数学以及哲学的其他分支而享有盛名；因为他令人钦佩地把一些基本原理整合到了一起，并让很多不完全的（或者说有限制的）定理更一般化了。还有，基齐库斯的阿忒纳乌斯大约生活在同一时期，他在数学的其他分支，尤其是几何学领域很有名。这些人在柏拉图学园里结为伙伴，共同从事他们的研究。科洛封的赫尔摩底谟把欧多克索斯和泰阿泰德开创的研究带到了更远，发现了几何原理中的很多命题，编纂了轨迹理论的某些部分。麦德玛的菲利普斯是柏拉图的弟子，在老师的鼓励下从事数学研究，不仅按照柏拉图的指导进行了自己的研究，而且还提出了自己的观点，对柏拉图的哲学作出了贡献。

最好是先处理一下这份名单上那些更不起眼的名字，然后再转到欧多克索斯——本章最重要的主题。阿密克拉的名字明显是阿敏塔斯[14]，尽管第欧根尼·拉尔修曾提到赫拉克里亚的阿密克拉在本都，是柏拉图的弟子[15]，而且别的地方还有一个不大可能的故事讲到一个叫阿密克拉的人，是毕达哥拉斯学派的成员，他和克莱尼阿斯一起，劝阻柏拉图不要烧掉德谟克利特的作品，理由是有很多副本在流传[16]。关于阿敏塔斯、修迪奥斯、阿忒纳乌斯和赫尔摩底谟，我们所知道的只有普罗克洛斯上面这段话所陈述的内容，仅此而已。然而，很有可能，亚里士多德引述的初等几何中的命题等都取自修迪奥斯的"几何

321

原理"，它无疑是欧几里得之前的那个时期的几何教科书。关于门奈赫莫斯和地诺斯特拉图，我们已经知道，前者发现了圆锥截面，并使用它们求两个比例中项，而后者则把割圆曲线应用于化圆为方。麦德玛的菲利普斯无疑和奥普斯的菲利普斯是同一个人，据说他修订并出版了柏拉图尚未完成的《法律篇》，而且是《伊庇诺米篇》的作者。他的著述主要关于天文；《伊庇诺米篇》中的天文学追随的是《法律篇》和《蒂迈欧篇》中的天文学；但根据苏达斯的记载，他的其他作品的标题如下：《论太阳与月球的距离》（*On the distance of the sun and moon*）、《论月食》（*On the eclipse of the moon*）、《论太阳、月球和地球的大小》（*On the size of the sun, the moon and the earth*）、《论行星》（*On the planets*）。埃提乌斯的一段话 [17] 和普鲁塔克的另一段话 [18] 暗示，他关于月亮形状的证明可能表明菲利普斯是最早确立完整的月相理论的人。在数学领域，据苏达斯的同一篇评注说，他写过《算术》（*Arithmetica*）、《平均数》（*Means*）、《论多边形数》（*On polygonal numbers*）、《圆》（*Cyclica*）、《光学》（*Optics*）和《论镜子》（*Enoptrica*）；但这些作品的内容我们一无所知。

322　　　　据阿波罗多洛斯说，**欧多克索斯**活跃于奥林匹亚纪元 103 年（公元前 368—前 365），由此推断，他大约出生于公元前 480 年（因为他活到了 53 岁），大约死于公元前 355 年。23 岁那年，他跟着医生赛奥梅顿去了雅典，在那里听了两个月哲学和演讲术的课，特别是柏拉图的讲课；他太穷了，负担不起在比雷埃夫斯的住宿费，每天徒步跋涉，在学园与雅典之间来回。他曾去意大利和西西里旅行，跟阿契塔学习几何学，跟腓利斯提翁学习医学，看来，他的这次旅行必定早于他第一次探访雅典，因为，他从雅典回到了克尼多斯，这之后，他带着一封给内克塔内布国王的介绍信去了埃及，那封信是阿格西劳斯给他的。这次旅行的年代大概在公元前 381 年—前 380 年，或者稍晚一些，他在埃及逗留了 16 个月。之后他去了基齐库斯，在那里，他在自己的身边聚集了一个庞大的学派，他在公元前 368 年或稍后把它带到了雅典。第欧根尼·拉尔修提到的那个故事——说他对柏拉图采取了敌对的态度 [19] ——明显没有任何根据，另一方面，下面这些说法也没有任何根据：他跟着柏拉图去了埃及，并陪着埃及的祭司们度过了 13 年，或者说，当柏拉图在公元前 361 年带着年轻的狄奥尼修斯第三次探访西西里时，他拜访了柏拉图。后来回到老家，欧多克索斯通过一次公民投票被委以立法官的重任。

在埃及的时候，欧多克索斯从赫利奥波利斯的祭司们那里吸收了几何学的知识，并自己积累了一些观察材料。在奥古斯都的时代，依然有人指出位于赫利奥波利斯和塞斯苏拉之间的欧多克索斯使用过的观测台；他还在克尼多斯建造了一个观测台，从那里观测当时在高纬度地区看不到的老人星。毫无疑问，正是记录了因此得出的观测数据，让他写出了后来被喜帕恰斯归到他名下的两本书：《镜像》（*Mirror*）和《天象学》（*Phaenomena*）[20]；然而，似乎不大可能有两本独立的作品处理相同的主题，阿拉托斯的诗正是源自后面这本书，就这首诗的第 19 ～ 732 节而言，此书可能是前面那部作品的修订版，而且，甚至有可能是死后出版的。

不过，对我们来说，重要的是欧多克索斯天文学的理论方面，而不是观测方面；而且，实际上，人们为了解释太阳、月球和行星的外观运动而提出的假说当中，最有独创性、最有吸引力的，莫过于欧多克索斯的同心球体系。这是纯数学天文学理论最早的尝试，连同他对几何学所做出的伟大而不朽的贡献，使他跻身于古往今来顶尖数学家的行列。他是一个科学人，如果有过这样一个人的话。任何超自然的或迷信的学问都对他毫无吸引力；西塞罗说，欧多克索斯，"这个在占星术领域最聪明、最博学的人"，却表达了这样一个观点并让人记录在案：对于占星术士不要给予任何信任，不要相信他们的预言，不要相信他们根据个人的生辰给人算命[21]。他也不会沉迷于徒劳无益地思考他那个时代的观察和经验所不及的事物；因此，他没有瞎琢磨太阳的特性，而是说，他愿意像法厄同那样被烧毁，如果以这样的代价，让他能够接近太阳，并查明他的形态、大小和特性的话[22]。另有一个故事（这一回大概是杜撰的），大意是，他在一座非常高的山顶上老去，试图发现众星和天空的运动。[23]

在我们对他的工作的介绍中，我会从普罗克洛斯概要中那句关于

323

他的话开始。首先，据说他"增加了所谓一般定理的数量"。"所谓一般定理"是个古怪的说法；我突然想到，这话的意思是不是说那些定理适用于一切归于量的概念之下的东西，就像那些构成了欧多克索斯自己的比例理论的组成部分的定义和定理，它们适用于数、各种几何量、时间等。欧几里得《几何原本》第十卷开头提到的很多比例同样涉及一般意义上的量，而且，第十卷命题 1 或它的等价物实际上就被欧多克索斯用在它的穷竭法中，正如欧几里得把同样的方法应用于（除了其他地方之外）第十二卷命题 2 的定理：圆的比等于其直径上的正方形之比。

其次，有三种"比"或平均数，被添加到了我们已经提到过的、先前已经知道的三种平均数（算术平均数、几何平均数与调和平均数）之上，由于它们分别被归到其他人的名下，我们大可不必在这里为它们耽误工夫。

第三，我们被告知，欧多克索斯"扩大"或"增加了柏拉图原创的关于截段（τὰ περὶ τὴν τομὴν）的（命题）数量，把分析的方法应用于它们"。截段是什么？最受欢迎的意见是布雷特施奈德的说法 [24]，他指出，在柏拉图时代之前，只有一种"截段"在几何学中真正有意义，即一条直线按黄金分割比截得的线段，它在《几何原本》第二卷命题 11 中截得过，并为了作一个正五边形而再次用在《几何原本》第四卷命题 10—14 中。正如我们已经看到的那样，这些定理肯定是毕达哥拉斯学派的，就像《几何原本》第二卷的整个实质内容一样。因此，布雷特施奈德说，柏拉图可能重新关注这个主题，并研究了这样截得的线段之间的度量关系，而欧多克索斯可能在柏拉图停止的地方继续这项研究。普罗克洛斯的那段话说，在扩大关于"截段"的定理的过程中，欧多克索斯应用了分析的方法，而且，实际上我们在欧几里得《几何原本》第八卷命题 1—5 中发现 5 个关于按黄金分割比所截得线段的命题，在手抄本中，紧接着是分析和综合的定义，以及相同命题的可选证明，其形式是先分析后综合。于是，在这里，布雷特施奈德认为，他发现了欧多克索斯某部实际作品的一个片段，符合普罗克洛斯的描述。但可以肯定的是，定义和可选证明都是某个评注者插进来的，根据图形（仅仅只是直线）判断，并比较安纳里兹在他评注《几何原本》第二卷的开头从海伦著作中引述的对分析和综合的评论，最有可能的情况似乎是，这些插入的定义和证明都取自海伦。 325
布雷特施奈德建立在《几何原本》第八卷命题 1—5 基础上的论证就这样崩溃了，再进一步，我们充其量只能说，如果欧多克索斯确实研究过这些线段之间的关系，他就会在其中发现不可公度的情况，这将进一步强化更完整比例理论的必要性，它应该既适用于可公度量，也适用于不可公度量。普罗克洛斯实际上指出："像欧几里得《几何原本》第二卷中的那些关于截段的定理是二者［算术与几何］共有的，除了按黄金分割比截得的线段之外。"[25]（关于这种情况下的无理性，其实际证明可参看《几何原本》第八卷命题 6。）然而，即使在最近这些年里，人们的意见在支持布雷特施奈德的解释上也并不一致；特别是坦纳里[26]，他偏爱布雷特施奈德之前盛行的老观点："截段"指的是立体的截面，例如被平面所截，这一研究路线自然先于圆锥曲线的发现；他指出，使用单数形式 τὴν τομήν——无疑可以抽象地把它看作"截段"——并不是真正的反对理由，并没有其他的段落谈到某个超群出众的截段，而且，普罗克洛斯在刚刚引述的那段话中以完全不同的方式表达了自己的观点，谈到了复数形式的"截段"，按黄金分割比截得的线段是它的一个特例。大概，这个问题决不会更明确地尘埃落定了，除非有新的文献被发现。

（1）比例理论

欧几里得《几何原本》第五卷一条评注的匿名作者（或许是普罗克洛斯）告诉我们，"有人说"，这一卷包含一般性的比例理论，同等地适用于几何学、算术、音乐及一切数学科学，"是柏拉图的老师欧多克索斯的发现"[27]。没有理由怀疑这句话的真实性。这一新的理 326
论看来已经为亚里士多德所熟悉。此外，其基本原理显示了十分清楚的与穷竭法（也要归功于欧多克索斯）中使用的那些原理之间的联系点。我指的是互相之间有一个比的量的定义（《几何原本》第五卷定义 4），它们据说是这样一种关系："当一个量乘以足够的倍数时，能够大于另一个量。"不妨比较这个命题与阿基米德的"引理"，他说，借助这个公理，可以证明关于棱锥体体积的定理，以及关于圆的面积之比等于其直径上的正方形之比的定理，这条引理是："不等直线、不等面或不等立体当中，较大者超出较小者这样一个量，它如果（连续）与自己相加，就能够超出任何一个可互相比较的量，"亦即与最初的量性质相同的量。

新理论的精髓在于，它既适用于可公度量，也适用于不可公度量。它的重要性怎么评价都不为过，因为它使得几何学在一度受到了让它瘫痪的打击之后，能够再一次前进。这一打击就是无理量的发现，当时，几何学依然依赖于毕达哥拉斯学派的比例理论，亦即数的比例理论，它当然只适用于可公度量。不可公度量的发现，必定在几何学领域导致了坦纳里所描述的"un véritable scandale logique（法语：一次名副其实的逻辑丑闻）"，因为它使所有依赖于旧比例理论的证明都变得很不靠谱。一个后果自然是让几何学家们尽可能避免使用比例；他们不得不使用其他方法，只要有这样的可能。欧几里得《几何原本》第一至四卷无疑在很大程度上代表了随后重塑基本命题的结果。说到构想出来的替代办法的独创性，最好的说明莫过于第一卷命题 44 和 45，在这两个命题中，为了在一条给定直线上贴合一个成给定角的平行四边形，使之等于一个给定的三角形或直线形的面积，而使用了平行四边形对角线周边余角相等（而不是像第六卷中那样，使用第四比例项的作图）。

327　　如果我们还记得，《几何原本》第五卷定义 5 中的等比定义完全符合被归到戴德金名下的现代无理数理论，而且一字不差符合魏尔斯特拉斯对相等数的定义，那么，新理论的伟大性就用不着进一步论证了。

（2）穷竭法

在《论球体与圆柱体》第一卷的序言中，阿基米德把下面这两个定理的证明归到了欧多克索斯的名下：（1）棱锥体的体积等于同底等高的棱柱体的三分之一；（2）圆锥体的体积等于同底等高的圆柱体的三分之一。在《方法论》中，他说，德谟克利特发现了这些事实，尽管没有证明（亦即在阿基米德使用这个词的意义上），因此，这两个定理的很大一部分功劳应当记到他的名下，但欧多克索斯是第一个提供科学证明的人。在《抛物线求积》（*Quadrature of the Parabola*）的序言中，阿基米德给出了进一步的细节。他说，为了证明下面这个定理：抛物线上被一条弦所截得的弓形的面积等于和这个弓形同底等高的三角形面积的四分之三，他自己使用了上文引述的"引理"（如今被称作阿基米德公理），他继续说：

> 早先的几何学家也使用这个引理，因为正是借助这个引理，他们才证明了下列命题：（1）圆面积之比等于其直径的复比，（2）球的体积之比等于其直径的三次比，（3）棱锥体的体积等于同底等高的棱柱体的三分之一，（4）圆锥体的体积等于其同底等高的圆柱体的三分之一；他们是通过假设一个类似于上述引理的命题来证明的。

据另外一个段落说，正是欧多克索斯，第一次证明了上述最后两个定理，因此，一个有把握的推论是，他为了这个目的而使用了上述"引理"或它的等价物。但是，他是不是第一个使用这个引理的人呢？提这个问题的理由是：上面提到的这些被"早先的几何学家"所证明的定理当中，有一个定理是：圆的面积之比等于其直径上的正方形之比。而欧德谟斯引用的权威材料告诉我们，希俄斯的希波克拉底证明了（δεῖξαι）这个命题。这让汉克尔联想到，希波克拉底必定阐述过这个引理，并用在了他的证明中 [28]。但是，考虑到——据阿基米德说——"早先的几何学家"借助同样的引理证明了希波克拉底的两个命题：上述定理（1），以及关于棱锥体体积的定理（3），而后面这个定理的证明肯定是欧多克索斯给出的，因此，一个最简单的假设是：正是欧多克索斯，最早阐述了这个"引理"，并用它来"证明"这两个命题，而希波克拉底的"证明"算不上一个能够达到欧多克索斯或阿基米德的要求的严格证明。例如，希波克拉底可能是按照安提丰"求

328

积"的路子进行，逐步穷尽圆，再取其极限值，而没有借助后来在穷竭法中使用的正式的归谬法，最终解决证明。我们并没有因此贬低希波克拉底的功劳，他的论证可能包含了穷竭法的萌芽。我们似乎没有任何充足的理由怀疑，正是欧多克索斯，确立了这个方法作为几何学常规装备的组成部分。

我们可能注意到，在欧几里得《几何原本》中所找到的"引理"本身，和阿基米德给出的形式并不完全一样，尽管它等价于《几何原本》第五卷定义 4（当一个量乘以足够的倍数时，能够大于另一个量，则说这两个量互相之间有一个比）。当欧几里得开始证明关于圆、棱锥体和圆锥体的容量的命题时（第七卷命题 2、4—7 和 10），他并没有使用实际上的阿基米德引理，而是使用另外一个命题，它构成了《几何原本》第十卷命题 1，大意是，如果有两个不相等的量，从较大的量中减去超过其一半的量（或一半本身），再从剩余的量中减去超过其一半的量（或一半本身），如果继续这个过程，总会有某个剩下的量小于最初两个给定量中较小的量。阿基米德本人经常使用这最后一个引理（尤其是在关于抛物线弓形面积的命题的证明中），它可能是"类似于上述引理的引理"，他说的是他在圆锥体的实例中使用的引理。但是，两个引理的存在并没有构成真正的困难，因为，阿基米德引理（以《几何原本》第五卷定义 4 的形式）事实上被欧几里得用来证明第十卷命题 1。

没有人告诉我们，欧多克索斯是不是证明了球的体积之比等于其直径的三次比。正如这个定理在《几何原本》第七卷命题 16—18 中的证明同样是基于第十卷的命题 1（它被用在第七卷命题 16 中），很有可能，这个命题（阿基米德把它和其他命题相提并论）最早也是欧多克索斯证明的。

正如我们已经看到的那样，欧多克索斯据说借助"曲线"解决了两个比例中项的问题。这个解法上文已经介绍过了。

（3）同心球理论

这是第一次试图借助纯数学假说来解释行星运动表面上毫无规律

的努力；它包括对太阳和月亮表面上更简单的运动的类似解释。关于同心球体系（它是欧多克索斯在一本题为《论速度》［Περὶ ταχῶν］的书中提出来的，现已失传）的细节，古代的证据包含在两个段落中。第一个段落在亚里士多德的《形而上学》里，这个段落给出了一条简短的评注，谈到了欧多克索斯分别为太阳、月亮和行星而假设的球体的数量和相对位置，谈到了卡利普斯认为有必要增加这些球体的数量，以及亚里士多德本人认为有必要对这一体系进行的修改，"如果天文现象是所有球体联合发挥作用所产生的话"[29]。关于这一体系，有一篇更详尽、更细致的介绍，包含在辛普利丘斯对亚里士多德的《论天》的注释中[30]；辛普利丘斯主要是引述逍遥学派的索西琴尼（公元2世纪），他指出，索西琴尼的材料来源是欧德谟斯，后者在自己的第二本书《天文学的历史》（*History of Astronomy*）中论述了这一主题。伊德勒是最早欣赏这一理论的优雅并试图解释其运行机制（1828和1830年）的人；E. F. 阿佩尔特也在1849年的一篇论文中对它进行了相当充分的阐述。但是，有一项工作还得等到夏帕雷利来做，这就是完整恢复这一理论的原貌，并详细地对它进行研究，达到能够用来解释天文现象的程度；他的论文已经成了经典[31]，所有介绍都不能不遵循他的成果。

330

我将仅在能够展示其数学意义的范围内来描述这一理论。我已经在别的地方给出了更充分的细节[32]。欧多克索斯采用了从最早的时期到开普勒时代盛行的观点：圆周运动足以解释一切天体的运动。在欧多克索斯那里，这一圆周运动采取了不同球体旋转的形式，它们各自绕一条直径为轴运行。所有球体都是同心的，共同的球心就是地球的中心；因此，在后来的时代，人们使用"同心"球这个名字来描述这一体系。球体的大小各异，一个套一个。每个行星固定于携其运行的球体赤道上的一点，这个球体以匀速绕连接相应极点的直径旋转；也就是说，行星在垂直于旋转轴的球的大圆上匀速旋转。但是，一个这样的运动还不够；为了解释行星运动外观速度的改变，以及它们的位置和逆行，欧多克索斯不得不假设有很多这样的圆周运动作用于每个行星，并通过它们的组合，产生我们所观测到的、表面上不规则的单一运动。他因此认为，携带行星运行的球体的极点并不固定，相反，它们自己也在一个更大的、与携带球同心的球体上运行，并匀速绕着两个不同的极点运行。第二个球体的极点同样被置于第三个球体上，这第三个球体与第一和第二个球体同心，比它们更大，并以自己特有的速度，绕单独的轴运行。对于五大行星来说，还需要第四个球体，同样与另外的球体有关联；对于太阳和月球，欧多克索斯发现，通过恰当选择极点的位置和旋转的速度，他可以让三个球体就足够了。亚里士多德和辛普利丘斯按照相反的顺序描述这些球体，携带行星运行的球体是最后一个。这使得描述更容易，因为我们首先从代表天空昼夜轮转的球体开始。那些携带每个行星运行的球体，欧多克索斯让它们完全与携带其他行星运行的球体分离开来，但一个球体足以产生天空的昼夜轮转。这个假说是纯数学的，欧多克索斯没有操心这些球体的材质或它们的机械联系。

月球的运行由三个球体产生。第一个或最外面的一个球体沿着与恒星相同的方向每 24 个小时自东向西运行；第二个球体绕一条垂直于黄道平面的轴运行，沿着昼夜轮转的方向，亦即自东向西；第三个球体绕一条轴自西向东运行，这条轴倾斜于第二个球体的轴，所成的交角等于月球达到的最高纬度；月球被固定在第三个球体的赤道上。第二个球体的旋转速度非常慢（完成旋转一周的周期是 223 个太阴月）；第三个球体产生月球自西向东的旋转，在一个交点月的周期内画一个圆，这个圆与黄道的交角等于月球的最大纬度[*]。月球画出后面的那个圆，而第二个球体携带这个圆本身沿着黄道向后运行，周期是 223 个太阴月；里面的两个球体都在整体上被第一个球体携带着运行，周期是 24 个小时，方向是昼夜轮转的方向。三个球体就这样产生了月球在一条倾斜于黄道的轨道上运行，以及交点的后退，在一段大约 $18\frac{1}{2}$ 年的周期里完成一圈。

太阳的三个球体的体系是类似的，不同的地方只是：其轨道与黄

---

* 辛普利丘斯（亚里士多德大概也是如此）把第二个球体和第三个球体的运行搞混了。上述解释代表了欧多克索斯明显打算表达的意思。

道的交角小于月球的交角，第二个球体自西向东、而不是自东向西运行，因此交点直接按照黄道各宫的次序缓慢向前、而不是向后移动。

但是，数学意义最大的是五大行星的情况，它们的运行是由每个行星一组 4 个球体产生的。每组当中，第一个或最外面的一个球体产生 24 个小时一圈的昼夜轮转；第二个球体绕黄道运行，就地外行星的情况而言，其周期等于恒星的轮转周期，就水星和金星来说，周期是（依据地心体系）一年。第三个球体的极点固定于黄道上相对的两个点，极点在第二个球体的运行中被携带着绕圈；第三个球体的绕极点旋转再一次是匀速的，完成一圈的时间等于该行星的会合周期，或者说是两次连续的与太阳相对或会合之间所流逝的那段时间。第三个球体的极点对于水星和金星来说是一样的，但对其他所有行星来说则是不同的。第四个球体的极点固定于第三个球体的表面，其轴与第三个球体的轴所成的交角对每个行星来说是常量，但不同的行星各不相同。第四个球体绕轴旋转的周期与第三个球体是一样的，但方向相反。行星被固定在第四个球体的赤道上。现在，只考虑行星的实际路径受制于第三和第四个球体的旋转，暂时不考虑前两个球体，它们的运行分别产生昼夜轮转和沿黄道的运行。问题如下。一个球体绕固定直径 AB 匀速旋转。P 和 P' 是这个球体上相对的两个极点，第二个球体与第一个球体同心，绕直径 PP' 匀速旋转，时间周期与第一个球体绕 AB 旋转的周期相同，但方向相反。M 是第二个球体上到 P 和 P' 距离相等的一点，亦即第二个球体赤道上的一点。现在要求我们求出点 M 的轨迹。现如今，对于任何一个熟悉球面几何与解析几何的人来说，这个问题并不难。但夏帕雷利证明，借助一系列只涉及初等几何的 7 个命题或问题，对一个像欧多克索斯这样的几何学家来说，这个问题也完全在他的能力范围之内。事实上，M 在空间里的轨迹结果被证明是一条曲线，它就像在一个球（亦即绕 AB 为直径的固定球体）上画出的双纽线或 8 字图案。这条"球面双纽线"大致是下面第二幅图中所显示的样子。这条曲线实际上是这个球体与一个圆柱体的交叉线，这个圆柱体在里面与球体相切于二重点 O，亦即，这个圆柱体的直径等于点 P 旋转的那个小圆的直径上的弧高 AS（第一幅图中所显示的）。

333

303

不过，这条曲线也是这个球或这个圆柱体与某个圆锥体的交叉线，这个圆锥体以 O 为顶点，轴平行于圆柱体的轴（亦即与圆 AOB 相切于 O），并且仰角等于"倾角"（第一幅中的角 AO'P）。这相当于欧多克索斯本人得到的结果，下面的事实令人信服地证实了这个说法：欧多克索斯把行星绕黄道画出的那条曲线称作 hippopede（马蹄线），而且，普罗克索斯使用同样的名称来描述相似形状的平面曲线，它是由一个环面在内部与另一个环面相切并与它的轴平行所截得的平截面形成的。(33)

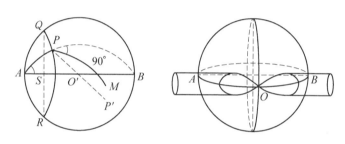

至此，我们只考虑了由第三个和第四个球体旋转的组合所产生的运动。但是，第三个球体的极点 A 和 B 也被第二个球体的运行携带着绕黄道旋转，运行周期等于该行星的"黄道"周期。"球面双纽线"的对称轴（大圆上纵向等分它的圆弧）始终在黄道上。我们因此可以让"双纽线"取代第三个和第四个球体，整体绕黄道移动。两个运动（"双纽线"的运动和行星在其上的运动）的组合给出了这颗行星穿过星群的运行轨迹。行星绕曲线的运行是一种摆动，一会儿由于第二个球体的运动而在绕黄道运行中以加速度向前，一会儿在同样的运动中以减速度后退，加速度和减速度各占一半周期。当黄经方向后摆的减速度大于双纽线本身向前运行的速度时，行星会在一段时间里向后逆行，在逆行开始和结束时，它看上去会有很短一段时间的静止，这个时候两个相对的运动互相抵消。

必须承认，以理论的方式，通过球体不同层级的绕轴旋转产生逆行，是一项引人注目的天才之举。对于那个时代来，论证这个假说的效果同样是一项不小的几何学成就；但是，跟如此强大的思考力比起来，它就算不了什么了，正是这样的思考力，使得一个人能构想出将会产生这种效果的假说。当然，比起欧多克索斯的老师阿契塔借助空间里的三个曲面（一个内径为零的环面、一个圆柱体和一个圆锥体）相交来求两个比例中项，这项成就要大得多，欧多克索斯解决的问题也要难得多。然而，这两个解法之间有着古怪的相似性：欧多克索斯的马镫线实际上是一个球体与一个在里面与之相切的圆柱体和一个圆锥体相交而得的截面。这两个实例放在一起，显示了师徒二人都习惯于自由地利用三维图形，特别是旋转体的曲面，它们的交叉线，等等。

卡利普斯（约公元前370—前300）试图通过增加另外的球体，让同心球体系更准确地契合于天文现象；他让球体的数量在木星和土星的情况下依然是4个，但给其他行星各增加一个，给太阳和月球各增加两个（总共是5个）。这将会用一个更加复杂的细长图形取代马镫线，这个问题不是一个应该在这里详细讨论的问题。亚里士多德在机械的意义上修改了这一体系，他在每个行星与其下面的行星之间引入了一些反作用球体，其数量比作用于前一个行星的球体少一个，其运行分别等于并对立于它们中的每一个（最外面的一个除外）。通过抵消作用于任何行星的所有球体（除最外面的球体之外）的运动，他希望使得最外面的那个球体能够是作用于其下面的那个行星的最外面的球体，这样一来，这些球体就成了一个有关联的体西，每个球体与其下面的那个球体有着实际的关联，并作用于它，而在欧多克索斯和卡利普斯那里，作用于每个行星的球体组成了单独的一组，独立于其他组。亚里士多德的修改不是一次改进，没有任何数学意义。

对数学史，尤其是对"几何原本"的历史来说，**亚里士多德**的作品最为重要。他生活的年代（公元前384—前322/1）刚好就在欧几里得之前，对于我们在欧几里得《几何原本》中所发现的东西，他的陈述与欧几里得自己的陈述之间存在差异，所以，我们可以从这些差异中得出一个公正的推论：有哪些创新应当归功于欧几里得本人。亚里士多德无疑是一位很有能力的数学家，对我们来说，幸运的是，他很喜欢数学例证。他用这样一种形式提到几何学中的定义、命题等，

335

以至于让人不由得联想到，他的弟子们手里必定有一本教科书，他们可以从中查到他所提到的那些东西。推测起来，当时使用的特定教科书应该就是欧几里得《几何原本》的直接前辈，亦即修迪奥斯的"几何原本"；在普罗克洛斯概要中作为欧几里得之前的"原本"编纂者而被提及的几何学家当中，修迪奥斯是最后一个。[34]

亚里士多德的数学

（1）第一原理

对于这一学科，亚里士多德阐述得最清楚的部分，莫过于当时人们普遍接受的第一原理。处理这个主题最重要的段落在《后分析篇》（*Posterior Analytics*）中 [35]。尽管他笼统地谈到了"论证科学"，但他的实例主要是数学的，这无疑是因为它们最顺手。他最清楚地区分了公理（一切科学所共有的）、定义、假说和公设（它们对于不同的科学是不同的，因为它们关系到特定科学的主题）。假如我们从欧几里得的公理中排除下面这两条：（1）假设两条直线不可能围成一段空间（这个假说是别人插入的），（2）所谓的"平行公理"（它是第5条公设），亚里士多德对这些术语的解释就完全契合欧几里得的分类了。亚里士多德用不同的术语来称呼公理："公（物）""公理""公意"，这似乎是"共同概念"（κοιναὶ ἔννοιαι）的起源，欧几里得的文本中就是用这个术语来描述它们。亚里士多德最喜欢引述的特定公理是公理3：从相等的量中减去相等的量，则剩余的量相等。这些公设，还有亚里士多德在《论平面的平衡》（*On Plane Equilibriums*）的开头提出的那些公设（例如，"相等的重量在相等的长度上平衡，但相等的重量在不相等的长度上不平衡，而是朝着较长长度上的重量的方向倾斜"），足够准确地符合亚里士多德的公设观念。这种东西是（比方说）几何学家假设出来的（为了他自己知道的理由），没有证明（尽管恰好是一个为了证明而存在的学科），也没有征得学习者方面的同意，甚或恰好和他的意见相左。至于定义，亚里士多德清楚地表明，它们并不断言存在或不存在；它们只是要求被理解。他允许的唯一例外是在单位（或单子）和量的情况下，它们的存在是假设的，其他一切事物的存在都必须证明。几何学中确实需要假设的东西只有点和直线；其他每一样东西都是用它们作出来的，例如三角形、正方形、切线，而它们的属性，例如不可公度性，则必须证明其存在。这再一次在本质上与欧几里得的步骤相一致。在他那里，实际作图就是存在的证明。如果说，第一卷命题 4—21 中假设了一些三角形，它们不同于第一卷命题 1 中所作的等边三角形，那也只是暂时性的，要等到第一卷命题 22 才用三条直线作出了一个三角形。直线的画出和延长，以及圆的描画，都是假设出来的（公设 1—3）。关于几何学的哲学方面，另一个有趣的陈述提到了几何学家的假说。亚里士多德说，如果因为一个几何学家假设他画出的一条直线是一尺长，而它并不是一尺长，或者它并不是直的却假设它是一条直线，于是便断言他的假说是假的，这是不正确的。几何学家的结论并非基于这条特定的直线是不是他假设它是的那一条，他所论证的是它代表的那个东西，图形本身纯粹是个图示。[36]

现在我们转到欧几里得《几何原本》第一卷前几个定义，我们发现，亚里士多德有定义 1—3 及 5 和 6 的等价物。但对于一条直线，他只给出了柏拉图的定义；由此我们可以公正地得出结论：欧几里得的定义是他自己的，他从直线定义改编而来的一个平面的定义也是如此。有些术语似乎在亚里士多德时代之前已经定义过了，欧几里得便没有再定义它们，例如 κεκλάσθαι（"被屈折"），νεύειν（"逼近"）[37]。亚里士多德似乎知道欧几里得新的比例理论，他在相当可观的程度上使用了通常的比例术语；他像欧几里得那样定义相似形。

（2）一些不同于欧几里得的证明的迹象

说到定理，我们在亚里士多德的作品中发现了迹象，显示他的一些证明完全不同于欧几里得的证明。最引人注目的实例是《几何原本》第一卷命题 5 的定理。为了说明在任何演绎推理中一个命题都必须是

肯定的和普遍的，他给出了这个命题的一个证明，如下：[38]

> 设 A、B 被画到［即连接到］圆心。
>
> 那么，如果我们假设（1）角 AC［即 A + C］等于角 BD［即 B + D］，同时并没有一般性地断言半圆的角相等，而且，（2）角 C 等于角 D，而没有进一步假设：所有弓形的角相等，那么，如果我们最后推断：由于全部的角都相等，并且从这些角上减去相等的角，所以，剩下的角，亦即角 E、F 是相等的，而没有一般性地假设：若从相等的量中减去相等的量，则剩下的量相等，那么，我们就犯下了 petitio principii（拉丁语：以待决之问题为论据）的错误。

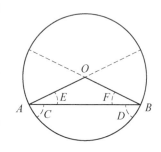

这段引文中的符号表示法明显有些古怪：用单个的字母表示角，两个角之和用两个并列的字母表示（试比较前文引用过的阿契塔的证明中用 DE 代表 D + E）。角 A、B 是等腰三角形 OAB 的顶点 A、B 上的角，与后面说的角 E、F 是相同的角。但是，这个证明与欧几里得证明之间的实质的不同更加令人吃惊。首先，它清楚地表明，"混合"角（直线与圆弧形成的"角"）在更早的教科书中所扮演的角色比它们在欧几里得的教科书中扮演的角色重要得多，在《几何原本》中，它们实际上只是作为残存的遗物而出现了一两次。其次，引人注目的是，半圆的两个"角"和任意弓形的两个"角"的相等竟然作为一个证明手段，来证明一个像第一卷命题 5 那样初级的命题，尽管你可能或说，这些假说并不比这个要证明的命题更明显；实际上，某种形式的证明，比如通过重合，无疑会被认为对于证明假说有理是必要的。一个自然而然的推论是，《几何原本》第一卷命题 5 的证明是欧几里得自己的，看来，他对命题顺序和证明方法的革新在这个课题刚着手时就开始了。

亚里士多德著作中有两个与平行线理论有关的段落[39]，似乎是为了显示《几何原本》第一卷命题 27 和 28 的定理是欧几里得之前的。但另一个段落 [40] 似乎表明，平行线理论中有一个恶性循环，当时被人们普遍接受，因为亚里士多德间接提到了"那些认为他们画的是平行线的人"（或"建立平行线理论"）所犯下的一个 petitio principii（以待决之问题为论据）的错误，而且，正如我在别处所显示的 [41]，斐劳波诺斯使得下面这个观点很有可能：亚里士多德批评的是平行线的方向理论，比如现代教科书中经常采用的那种理论。因此，看来正是欧几里得，第一个在早期教科书中，通过阐述著名的公设 5，并把第一卷命题 29 建立在这个公设的基础上，从而摆脱了 petitio principii。

关于《几何原本》第三卷命题 31：半圆的内接角是直角，再次显示了方法的不同。亚里士多德的两段话放在一起 [42] 显示，在欧几里得之前，这个命题的证明是通过画一条到半圆弧中点的半径。分别连接这条半径的端点和直径的两个端点，我们便得到两个等腰直角三角形，每个三角形有一个角的顶点是弧度中点，它们都是直角的一半，这使得那个点上半圆的内接角是直角。这个定理的证明必定是借助第三卷命题 21 来完成的：相同弓形的内接角相等，对于这个命题，无需使用欧几里得的更一般的证明。

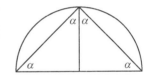

340

这些例证足以表明，欧几里得远远不是从一本早期教科书中拿来完整的四卷，而没有任何改动。他的改动从一开始便着手进行了，里面可能有很少几组（如果真有的话）命题，他没有引入编排或方法上的改进。

我们大可不必进一步考量亚里士多德著作中所发现的关于欧几里得的一些定理的细节，只要注意这样一个有趣的事实就行了：亚里士多德已经掌握了欧多克索斯所使用的穷竭法的基本原理："如果我连续不断地加一个有限的量，我将超过任意给定（ώρισμένου）的量，类似地，如果我连续不断地减，我将少于（任意给定的量）。" [43]

（3）《几何原本》中没有的命题

有些命题，我们在亚里士多德的著作中找到了，但在欧几里得的

《几何原本》中没有提及。（1）任意多边形的外角之和等于四个直角[44]；这个命题尽管在《几何原本》中被忽视了，并被普罗克洛斯所提出，但它明显是毕达哥拉斯学派的命题。（2）一个点到两个定点的距离成一个给定的比（不是相等的比），则这个点的轨迹是一个圆[45]；这是埃图库斯从阿波罗尼奥斯的《平面轨迹》中引述的一个命题，但亚里士多德给出的证明稍稍不同于埃图库斯复述的阿波罗尼奥斯的证明，这表明，在欧几里得时代之前，这个命题就已经被人们充分认识，它的标准证明也已经存在。（3）所有从一点开始并再次回到该点而且包含一个给定面积的闭合线当中，圆的周长最短[46]；这个命题表明，等周图形学的研究（比较面积相等的不同图形的周长）在帕普斯和赛翁所引述的芝诺多罗斯的那本专著的年代很久之前就已经开始了。

（4）只有两种立体可以填满空间，亦即棱锥体和立方体[47]；这个命题是对毕达哥拉斯的陈述的补充，后者说：只有三种图形拼在一起能填满一个给定的平面区域，它们是等边三角形、正方形和正六边形。

（4）亚里士多德所知道的曲线和立体

亚里士多德的著作中很少有超出初等平面几何的内容。他区分了直线和"曲"线，但是，除了圆之外，他具体提到的唯一曲线似乎是螺线[48]；这个名称或许充其量只有一个含糊不清的意义，表现在"天空的螺线"这个词组中[49]；就算它指的确实是柱面螺旋线，亚里士多德也似乎没有认识到它的属性，因为他并没有把"任意部分与另外的任意部分重合"这样的属性包含其中，而阿波罗尼奥斯后来证明，柱面螺旋线恰好具有这一属性。

在立体几何中，他清楚地区分了属于"物体"的三维，而且，除了诸如立方体这样的平行六面体之外，他还熟悉球体、圆锥体和圆柱体。他把球体定义为其所有半径（从中心作出的直线）相等的图形[50]，由此推断，欧几里得的定义（一个半圆绕其直径旋转所产生的立体）应该是他自己的（《几何原本》第十一卷定义14）。谈到一个圆锥体，他说[51]："从点K延伸出一系列直线，按照圆锥体的形式，以GK为轴。"这表明，"轴"（axis）这个词的使用上不完全是技术性的；对于圆锥截面，他似乎没有任何知识，尽管他和门奈赫莫斯想必是同时代人。但他提到"两个立方体等于一个立方体"时，他所说的并不像你可能以为的那样是倍立方体，因为他说的是：任何一门学科都不用去证明本学科主题之外的任何东西；所以，几何学无需去证明"两个立方体等于一个立方体"(52)；因此，这个表述的意思必定不是几何学的，而是算术的，意思是：两个立方数的乘积也是一个立方数。亚里士多德的《问题集》中有一个问题，尽管本意不是数学的，但它大概是某类研究的最早暗示。如果一本卷成圆筒形状的书被一个平面切割，然后展开，为什么平行于底的截面（亦即正截面）的边缘看上去是一条直线，而斜向截面的边缘是一条弯曲的线(53)。《问题集》并不是亚里士多德写的；但是，不管这本书是不是可以追溯到亚里士多德，他都不大可能想到从数学上去研究曲线的形状。

（5）连续与无穷

亚里士多德在很大程度上厘清了某些进入数学领域的一般概念，例如"连续"和"无穷"。他认为，连续体不可能由不可分的部分所组成；在连续体中，两个连续部分之间的边界或界限（它们在这里接触）是同一的，正如这个名称所暗示的，它们密不可分地连在一起，如果末端是两个，而不是一个，则这样的情况就是不可能(54)。"无穷"或"无限"只是潜在地存在，现实中并不存在。无穷之所以这样，是由于无休无止地变成别的什么东西，像白昼或奥林匹克运动，而且以不同的形式彰显出来，例如在时间中，在人的身上，以及在量的分割中。因为，一般而言，无穷由不断呈现新形式的东西所构成，这些东西其本身始终有穷、但始终不同。上面提到的那些形式之间存在这样一种区别，就量而言，一旦拿掉一部分，还剩下一部分，而就时间和人而言，它过去了，或者被杀死了，但连续并没有中断。在某种意义上，增加的情况和分割的情况是一样的；在有限的量中，前者发生的方式与后者相反；因为，正如我们所看到的那样，有限的量可以无限分割，所以，我们将会发现，增加所得到的和趋向于一个确定的极限。因此，就一个有限的量而言，你可以取其确定的一部分，并按照相同的比连

342

311

续不断地加到它上面去；如果连续被加的量不包含同一个量，不管这个量是多少（亦即，这个连续项按几何级数递减），你就不会到达这个有限量的尽头，但是，如果这个比以这样一种方式递增，使得每一项都包含同一个量，不管这个量是多少，那么，你就会到达这个有限量的尽头，因为每一个有限的量，如果连续不断地从中取走其任意确定的部分，不管这一部分是多少，它都会被穷尽。无穷仅仅只在上文刚刚提到的这种意义上存在，也就是说，它是潜在地并以递减的方式而存在 (55)。在这个意义上，你可能潜在地有无穷增加，正如我们看到的那样，这个过程与无穷分割的方式是一样的；因为在增加的情况下，你总是能够找到暂时在总量之外的某个量，但总量决不会以这种方式超过任一确定的（或给定的）量，在分割的方向上，结果会超过每一个确定的量，也就是说，通过变得比它更小。因此，在由于连续增加而超过任一有限量的意义上，无穷不可能存在，哪怕是潜在地存在。由此得出结论：看待无穷的正确观点与人们通常抱持的观点刚好相反；并不是无穷之外什么都没有，而是始终有什么东西在无穷之外 (56)。亚里士多德知道，他所说的本质上是物理量；他说，或许有必要进行一项更一般的研究，以确定在数学的领域，以及在思想的、所有东西都没有量的领域，无穷究竟是不是可能 (57)。他接着说：

> 但是，我的论证无论如何没有剥夺数学家们的研究，尽管它拒绝承认存在实际意义上的无穷，亦即，某个量增加到了这种程度，以至于不可能被穷尽（ἀδιεξίτητον）；因为，实际上，他们甚至不需要无穷，也无需使用无穷，而只是要求有穷的（直线）足够长，他们想要多长就多长……因此，为了证明的目的，这对于他们来说并没有什么不同。(58)

我想，上面关于无穷的讨论对数学家来说应该很有趣，因为亚里士多德以截然不同的方式表达了这样一个观点：不可能存在其各项为量的无穷级数，除非它是收敛的，而且（参考黎曼的发展），就算直线在长度上不是无穷的，只要我们想要多长它就有多长，无穷不无穷

对几何学来说也就无关紧要了。亚里士多德否认存在——哪怕是潜在 344
地存在——一个超过任意给定量的诸量之和，正如他自己所暗示的那
样，这一否认与欧多克索斯在穷竭法中所使用的那个引理或假说相矛
盾。因此，我们完全可以理解，一个世纪之后，阿基米德觉得有必要
证明自己使用这个引理是有道理的：

> 早年的几何学家也使用过这个引理，因为正是借助它，他们
> 才证明了：圆的面积之比等于其直径的二次比，球的体积之比等
> 于其直径的三次比，依次类推。结果，上述定理都被人们所接受，
> 就像那些没有借助这个引理来证明的定理一样。[59]

（6）力学

介绍亚里士多德著作中的数学，而不提及他在力学领域的观念，
那将是不完整的。他奠定了力学领域的一些基本原理，这些原理即便
有部分错误，却坚持到了贝内代蒂（1530—1590）和伽利略（1564—
1642）的时代。被归到亚里士多德名下的《论力学》实际上不是亚里
士多德自己的作品，但年代上非常接近，从它使用的术语，我们可以
推导出这个结论；整体上，它们更加符合欧几里得的那套术语，而不
是我们在亚里士多德自己的作品中找到的术语，但是，与欧几里得的
术语之间的某些差异是后者和《论力学》所共有的。由此得出的结论
是：《论力学》是在欧几里得让数学术语变得更统一、更方便之前写
成的；或者，另外一种可能是，它是欧几里得时代之后撰写的，作者
距离亚里士多德的年代近到足以使他们依然受他的用法影响，尽管他
们部分吸收了欧几里得的术语。但《论力学》中的很多观念起源于亚
里士多德，它们在亚里士多德真作中的出现证明了这一点。例如，就
拿杠杆原理来说。在《论力学》中我们读到：

> 被移动的重量与移动重力之比，等于长度（或距离）与长度
> 的反比。事实上，距离支点越远，移动重力就更容易移动（系统）。

理由如上所述，亦即，那条线距离中心越远，画出的圆就越大，所以，如果作用力不变，它距离支点越远，它移动（系统）改变位置的范围就越大。[60]

这个观念是：重量隔着的距离越大，其作用力就越大，对应的速度就越快。不妨把这个观念和亚里士多德在《论天》中的那段话进行一番比较，那段话谈到了行星圆的速度：

丝毫也不奇怪，而且不可避免，圆的速度与它们的大小成正比[61]……因为，在两个同心圆中，两圆的两条公共半径在外圆上切下的片段（弓形）大于它们在内圆上切下的片段，因此合理的结论是，大圆将在相同的时间里被携带绕行一周。[62]

再比较《论力学》中的这个段落：

如果把天平简化为圆（的实例），把杠杆的实例简化为天平的实例，尤其是把和力学运动有关的一切简化为杠杆的实例，将会发生什么。进一步的事实是，给定一个圆的一条半径，其上没有两个点以相同的速度移动，相反，距离圆心更远的点总是移动得更快，这就是下篇中出现的很多关于圆的运动的显著事实的理由。[63]

这个公理被认为包含了虚速度原理的萌芽，《论天》和《物理学》中都清楚地阐述了这个原理，只不过形式稍有不同：

如果作用力相同，将会让更小、更轻的重物产生更快的运动……更小物体的速度与更大物体的速度之比等于更大物体与更小物体之比。[64]

若 A 是作用力，B 是被移动之物，C 是被移动的距离，D 是所花的时间，那么，

A 会在时间 D 内移动 $\frac{1}{2} B$ 一段距离 $2C$,

A 会在时间 $\frac{1}{2} D$ 内移动 $\frac{1}{2} B$ 一段距离 C;

因此，这个命题是站得住脚的。[65]

而且，亚里士多德说：

A 会在时间 $\frac{1}{2} D$ 内移动 B 一段距离 $\frac{1}{2} C$,

$\frac{1}{2} A$ 会在时间 D 内移动 $\frac{1}{2} B$ 一段距离 C;[66]

最后，我们在《论力学》中发现了速度的平行四边形：

当一个物体按一定的比移动（亦即有两个线性运动，互相成恒比），则该物体必定在直线上移动，这条直线就是那两条成给定比的直线所形成的图形（平行四边形）的对角线。[67]

另一个地方继续说[68]，如果两个运动之比在不同的瞬间并不保持相同，运动就不会在一条直线上，而是在一条曲线上。他以垂直平面上的一个圆为例，一个点沿着这个圆从最高点向下移动；该点有两个同时存在的动向；一个在一条垂线上，另一个从这条垂线通过圆心的位置开始移动它的位置，始终保持与垂线本身平行，直至它达到与圆相切的位置；如果在这段时间里，两个运动之比是恒定的，比方说一个相等的比，那么，该点就根本不会沿着圆周移动，而是沿着一个长方形的对角线。

力的平行四边形很容易从速度的平行四边形结合亚里士多德的一个公理推导出来，这个公理是：移动一个给定重物的力实验者重物运动直线的方向，并且与重物在给定时间里移动的距离成正比。

　　我们不应该遗漏亚里士多德的小册子《论不可分的直线》。我们已经看到，据亚里士多德说，柏拉图不赞成"点"这个种类，认为它是几何学的虚构，把一个点称作一条线的开端，并且经常在同样的意义上假设"不可分的直线"[69]。柏拉图似乎只是含糊地设想了不可分的直线这个观念，但这个观念是在他的学园里形成的，在色诺克拉底那里成了一个明确的学说。有大量的证据表明这一点[70]。例如，普罗克洛斯告诉我们："色诺克拉底的一篇论述或论证引入了不可分的直线。"[71] 小册子《论不可分的直线》无疑是打算有力反驳色诺克拉底。它几乎不可能是亚里士多德本人写的。例如，某些表达方式在亚里士多德的著作中找不到平行物。但它肯定是亚里士多德学派某个人的作品；我们可以想象，在某个场合提到"不可分的直线"之后，亚里士多德很可能把反驳色诺克拉底的任务交给了他的某个弟子，作为一项练习。据辛普利丘斯和斐劳波诺斯说，有人把这本小册子归到了泰奥弗拉斯托斯的名下[72]；而且，这似乎是一种可能性更大的猜想，尤其是，正如第欧根尼·拉尔修所提到的，在泰奥弗拉斯托斯的作品清单中，有一条"《论不可分的直线》，一本书"。很多地方的文字都腐蚀掉了，因此常常很难、甚至是不可能恢复它的论证。阅读这本书时我感觉到，作者大部分内容都是在处理逻辑问题，而不是严肃地对数学哲学发表意见。这部作品对数学史家的意义微不足道。它确实引用了欧几里得《几何原本》中的一些定义和命题，尤其是第十卷（关于无理数），而且，特别是它提到了所谓的"二项线"和"余线"，尽管就无理数而言，作者所依靠的可能是泰阿泰德，而不是欧几里得。在很多地方，数学术语类似于欧几里得的术语，但作者显示出了这样一种趋势：回归更老的、不那么固定的术语，比如亚里士多德的著作中通常使用的那些。小册子的开头部分陈述了关于不可分直线的论证，我们前面已经把它拿来代表色诺克拉底的论证。接下来的部分声称要逐条驳斥这些论证，这之后，是反对不可分直线的另外一些考量。它试图证明，不可分直线的假说不符合数学中已经假设的原理或已经证明的结论；接下来，它论证道，如果一条直线由不可分的线段所组成（不管这些线段的条数是奇数还是偶数），或者，如果不可分的线段

上有任何点或它终结于点，那么，不可分的线段必定是可分的；最后
提出了各种不同的论证，证明一条直线既可以由不可分的线段组成，
同样可以由点组成，还有更多的内容涉及到点和线的关系等等。*

348

球体几何学

皮塔内的**奥托里库斯**是阿尔克西拉乌斯（约公元前315—前
241/240年）的老师，后者也是皮塔内人，是所谓"中期学园"（Middle
Academy）的创立者。奥托里库斯可能活跃于大约公元前310年或稍
后，所以，他是欧几里得年长的同时代人。我们听说他与欧多克索斯
的同心圆理论有关联，是这一理论的支持者。这一理论某些方面的巨
大困难很早就被认识到了，亦即，不可能把各行星之间距离不变的假
设与人们在不同时间观察到的亮度差别协调起来，尤其是火星和金星，
还有太阳和月亮相对大小的明显差别。据说，奥托里库斯之前，甚至
没有一个人尝试"借助假说"来处理这个困难，亦即（推测起来大概是）
以理论的方式，而且，就连他也没有成功，从他与亚里斯多特罗斯[73]
（他是阿拉托斯的老师）之间的论战可以清楚地看出这一点；这暗示
了奥托里库斯的论证收入在一部成文的论著中。

奥托里库斯有两部作品传到了我们手里。它们都是论述球体几
何学对天文学的应用。下面这个事实证明它们在希腊天文学教科书
当中占有一席之地：正如我们从帕普斯的作品中所推断出的那样，
其中一本《论移动的球体》（*On the moving Sphere*）被包括在一套
天文学论集的名单里，后来这套论集被称作"小天文学"（Little
Astronomy），以区别于托勒密的"大汇编"（μεγάλη σύνταξις）；
我们无疑可以假设，另一部作品《论升和落》（*On Risings and*

---

* 这部作品的修订文本被收入在 O. 阿佩尔特编辑的亚里士多德的《论植物》（*De plantis*）中，
他还在《希腊哲学史文献》（*Beiträge zur Geschichte der griechischen Philosophie*）中发表了它
的一个德语译本（1891，pp. 271-86）。H. H. 乔基姆的一个译本收入在亚里士多德作品牛津
译文集中。

Settings）同样被包含其中。

349 　　两部作品都由胡尔奇编辑了很好的拉丁文版本[74]。它们都很重要，理由有几个。首先，奥托里库斯是其论著原文完整传到我们手里的最早的希腊数学家，接下来是欧几里得、阿里斯塔克斯和阿基米德。从下面这个事实可以清楚地看出他的写作年代早于欧几里得：在欧几里得篇幅较小的一部作品《天象学》中，使用了奥托里库斯作品中出现的一些命题，尽管像这种情况下通常的做法一样，没有指出它们的来源。奥托里库斯作品中这些命题的形式和我们在欧几里得作品中所熟悉的形式完全一样；先是笼统地阐述命题，再参照图形进行具体的阐述，图中有字母标出不同的点，然后是证明，最后，在某些实例中，而不是在所有情况下，以类似于阐述的方式得出结论。这表明，希腊几何命题已经采用我们所公认的古典形式，而且，欧几里得并没有发明这种形式，甚或也没有引入任何实质性的改变。

一本失传的球面几何学教科书

　　更加重要的是这样一个事实：奥托里库斯——欧几里得也一样——使用了很多关于球体的命题，而没有给出任何证明，也没有引用任何权威说法。这表明，他那个时代已经存在一本初等球面几何学教科书，数学家们普遍知道其中的命题。由于很多这样的命题在西奥多修斯的《球面几何》（Sphaerica，三个世纪之后编纂的一部作品）中得到了证明，我们可以假设，这本失传的教科书在很大程度上和西奥多修斯的教科书遵循的是同样的路线，命题的顺序在很大程度上也是一样的。像西奥多修斯的《球面几何》一样，它处理的也是静止的球体、它的截面（大大小小的圆），以及它们的属性。静态球体几何学当然先于对运动球体的考量，也就是绕轴旋转的球体，这是奥托里库斯两部作品的主题。谁是前欧几里得时代这本失传教科书的作者，

350 没有人说得上来。坦纳里认为，我们恐怕不得不把它归到欧多克索斯的名下。鉴于欧多克索斯在他的同心球理论中表现出对球面几何学的

非凡精通，这个建议十分自然。另一方面，正如洛里亚所指出的那样，大抵说来，对于某个时期出现在某个国家的某个无名作者的一部作品，如果仅仅因为当时只有某个具体的人，我们可以肯定他有能力写出这样的作品，于是便假设这部作品必定是这个人写的，这样的假设是很不靠谱的 [75]。奥托里库斯也有助于证明《几何原本》中的很多命题起源于欧几里得之前的时代。胡尔奇 [76] 在 1886 年的一篇论文中详细研究了这个问题。（1）有一些命题，奥托里库斯的这个或那个定理中假设过。（2）我们还要考虑另外一些命题，要证明那些奥托里库斯所假设的命题，则需要这些命题。关于第（2）条中的命题，最好的线索是证明西奥多修斯《球面几何》中相应命题的实际过程；因为奥托里库斯只是一个编纂者，我们可以很有把握地假设，凡是奥托里库斯使用来自欧几里得《几何原本》的命题的地方，与它们相对应的命题都是被用来证明那本公元前 4 世纪的《球面几何》中的类似命题。依据这一准则，那些我们可以假设被直接用于这一目的的命题，大抵说来，被欧几里得《几何原本》中的下列命题所代表：第一卷命题 4、8、17、19、26、29、47；第三卷命题 1—3、7、10、16，相关命题 26、28、29；第四卷命题 3、4、10、11、12、14、16、19 和插入的命题 38。很自然，它所利用的正是第一、三和四卷的主题，当然，我们提到的这些命题决没有穷尽前欧几里得时代哪怕是出现在这几卷中的命题数量。然而，当胡尔奇把欧几里得的排列中整个一连串命题（包括公设 5）添加进来，从而增加了这份命题清单时，他所采取的路线并无把握，因为有一点很清楚，欧几里得的很多证明在路子上不同于他的前辈们所使用的证明。

《论移动的球体》这部作品抽象地假设了一个球体，绕一条从极点延伸至极点的轴旋转，还有不同的几个系列的圆截面，第一个系列是通过极点的大圆，第二个系列是小圆（还有赤道），它们是垂直于轴的平面所截得的截面，并被称作"平行的圆"，而第三种圆是与球体的轴倾斜相交的大圆；接下来，参照一个通过球心的固定平面所截得的截面，来考量这些圆上的点的运动。在球体的斜向大圆中，很容易认出黄道圈和赤道圈，在固定平面所截得的截面中，很容易认出视

351

平圈，它被描述为球体中的这样一个圆："它界定（ὁρίζων）球体的可见部分和不可见部分。"为了让读者对这部作品有一个概念，我将从奥托里库斯的作品中引用几个阐述，两部作品中各选两个排在一起，为的是和欧几里得《天象学》中对应的阐述进行比较。

奥托里库斯	欧几里得
1．如果一个球体绕自己的轴匀速旋转，球面上所有不在轴上的点将描画出平行的圆，它们与球体有相同的极点，并且与轴成直角。	
7．如果球体上界定球体可见部分和不可见部分的那个圆与轴倾斜相交，则与轴成直角并切割界定圆［视平圈］的圆始终使它们的升和落都在界定圆［视平圈］的相同点上，而且还会相似地倾斜于那个圆。	3．与轴成直角并切割视平圈的圆使它们的升和落在视平圈的相同点上。
9．如果在一个球体上，一个倾斜于轴的大圆界定了球体的可见部分和不可见部分，那么，那些同时升起的点中，朝向可见极点的后落，而那些同时落下的点中，朝向可见极点的早升。	7．很明显，黄道圈在回归线之间的整个视平圈范围升和落，这是由于它所切触的圆大于视平圈所切触的那些圆。
11．如果在一个球体中，倾斜于轴的大圆界定了球体的可见部分和不可见部分，并且，另外的任一	

352

倾斜大圆所切触的（平行）圆大于
界定圆（视平圈）所切触的圆，则
这个另外的倾斜圆使得它在界定圆
的整个圆周（弧）范围上的升和
落都被包含在它所切触的平行圆
之间。

　　我们会注意到，就"另外的倾斜圆"而言，奥托里库斯的命题更
抽象，在奥托里库斯那里是另外的任一倾斜大圆，而在欧几里得那里
则明确地成了黄道圈。在欧几里得那里，"界定球体可见部分和不可
见部分的大圆"已经缩短为技术术语"视平圈"（ὀρίζων），这个概
念仿佛是第一次定义："把视平圈这个名字赋予给这样一个平面，它
通过我们(作为观察者)，穿过整个宇宙，分割出地球上面可见的半球。"

　　《论升和落》这本书只有天文学的意义，属于欧多克索斯和阿拉 353
托斯所理解的观测天文学（Phaenomena）的领域。它首先区分了恒
星"真正的"和"外观上的"的晨升昏落和昏升晨落。"真正的"晨
升（落）是星体在太阳升起的瞬间升（落）；因此，"真正的"晨升
（落）我们是看不见的，"真正的"昏升（落）也是如此，它们发生
在日落的时候。"表面上的"晨升（落）发生在太阳升起之前恒星最
早被看见升（落）的时候，而"外观上的"昏升（落）发生在日落之
后恒星最后被看见升（落）的时候。下面是对这部论著中几个命题的
阐述。

　　第一卷命题1：就各恒星而言，表面上的晨升和晨落晚于真正的
升落，表面上的昏升和昏落早于真正的升落。

　　第一卷命题2：每个恒星从它表面上晨升（的时间）到它表面上
昏升的时间每夜可以看到它升起，但其他时间看不到，恒星被看到升
起的时间少于半年。

　　第一卷命题5：就每个在黄道圈上的恒星而言，从外观上晨升到
外观上昏落之间的时间间隔是半年，就那些在黄道圈以北的恒星而言，
这个间隔超过半年，而就那些在黄道圈以南的恒星而言，这个间隔则

不到半年。

第二卷命题 1：黄道圈的十二分之一（太阳就在这里）既看不见升，也看不见落，而是隐藏的；同样，与之相对的那十二分之一部分也既看不见升，也看不见落，整个夜里地球上方的部分都可见。

第二卷命题 4：恒星当中，那些在北边或南边被黄道圈切割的恒星将会每隔 5 个月的时间从晨升达到昏升。

第二卷命题 9：被携带在同一个（平行）圆上的恒星当中，那些被黄道带在北边切割的恒星，其隐藏的时间短于那些在黄道圈南边的恒星。

11. 欧几里得

年代和传说

关于希腊伟大数学家的生平，我们掌握的具体细节甚少，就连欧几里得也不例外。实际上，关于他，我们所知道的一切都包含在普罗克洛斯概述的几句话里：

> 欧几里得并不比这些人（科洛丰的赫尔摩底谟和麦德玛的菲利普斯）年轻很多，他把"几何原理"整合在了一起，选了欧多克索斯的很多定理，完善了泰阿泰德的很多定理，并对他的前辈们只是不大严密地证明了的命题给出了无可辩驳的证明。此人生活在托勒密一世时期。因为阿基米德——他生于（托勒密）一世之后不久——提到过欧几里得；他们进一步说，托勒密曾经问他，几何学中有没有比"几何原本"更短的捷径，他答道，不存在通往几何学的皇家大道。那么，他应该比柏拉图的弟子们更年轻，比埃拉托斯特尼和阿基米德更老，后面两个人是同时代人，正如埃拉托斯特尼在某个地方所说的那样。[1]

这段话表明，就连普罗克洛斯也不知道欧几里得的出生地和他的生卒年代，只能笼统地推断他活跃的时期。能够肯定的不过是，欧几里得晚于柏拉图最早的一批弟子，并早于阿基米德。由于柏拉图死于公元前 347 年，阿基米德生活于公元前 287 至前 212 年之间，欧几里得想必活跃于公元前 300 年前后，这个年代很符合他生活在托勒密一世治下的说法，后者的统治时期是从公元前 306 至前 283 年。

355

有一点倒是真的，阿拉伯的作者们提供了更多的细节。他们这样说：

> 欧几里得是诺克拉底斯的儿子和芝纳库斯的孙子，被称作几何学的作者，一个年代有点古老的哲学家，依照国籍是个希腊人，定居在大马士革，出生于提尔，在几何学领域最有学问，出版了一本最卓越、最有用的作品，题为几何学基础或原理，在之前的希腊人当中，还没有一部比它更全面的论著：不，即使在之后的年代里，也没有一个人追随他的足迹，坦率地传授他的学说。因此，有很多希腊、罗马和阿拉伯的几何学家承担起了阐明这部作品的任务，出版了关于它的评论、注释和笔记，并编纂了作品本身的删节本。由于这个原因，希腊的哲学家们通常在他们学校的大门口张贴这样一句众所周知的告示："那些没有学习过欧几里得的几何原理的人不得进入我们学校。"[2]

这段话显示了阿拉伯人通常喜欢浪漫传奇的倾向。他们习惯于记录祖父的名字，而希腊人则没有这样的习惯。提到大马士革和提尔，无疑是为了满足阿拉伯人总是表现出的这样一种愿望：以这样那样的方式把希腊名人和东方联系起来（因此，他们把毕达哥拉斯描述为萨洛莫的弟子，把喜帕恰斯描述为"迦勒底人"）。我们看出了，希腊哲学家们学校大门上的题词是柏拉图的 μηδεὶς ἀγεωμέτρητος εἰσίτω；哲学家成了笼而统之的希腊哲学家，柏拉图学园成了他们的学校，而几何学则成了欧几里得的《几何原本》。阿拉伯人甚至解释，欧几里得这个名字（他们的读法有所不同，要么是 Uclides，要么是 Icludes）由 Ucli（钥匙）和 Dis（测量，或者按某些人的说法，是几何学），所以，Uclides 等于是几何之钥。

在中世纪，大多数译者和编辑在谈到欧几里得时都是说墨伽拉的欧几里得，把我们这里说的欧几里得与哲学家欧几里得给搞混了，后者是柏拉图的同时代人，大约生活于公元前 400 年前后。这种混淆最

356

早的迹象出现在瓦勒里乌斯·马克西穆斯（台比留时代）的作品中，他说 [3]，有人请求柏拉图解倍立方体的问题，他打发请求者去找"几何学家欧几里得"。这个错误被一个名叫康斯坦丁·拉斯卡里斯的人（约卒于 1493 年）看出来了，最早清楚地指出这一点的翻译者是康曼丁努斯（在他 1572 年出版的欧几里得《几何原本》的译本中）。

欧几里得可能是个柏拉图主义者，正如普罗克洛斯所说的那样，不过这一点并不肯定。无论如何，他很可能是在雅典柏拉图的弟子门下接受了数学训练；能够教他的几何学家，大多是柏拉图学园的人。但他本人也教徒弟，并在亚历山大城创办了一所学校，正如我们从帕普斯的说法中所知道的那样，帕普斯说，阿波罗尼奥斯"在亚历山大城和欧几里得的弟子们一起待了很长时间"。这里又要说到性格独特的阿拉伯人 [4]，他们断言，《几何原本》最初是一个名叫阿波罗尼奥斯的人撰写的，此人是个木匠，他写的这本书共十五卷（这个观念似乎基于对海普西克利斯的所谓《几何原本》第十四卷序言的误解），而且，随着时间的推移，这部著作的某些部分失传了，而其余的部分又被弄乱了，亚历山大城有一位国王，渴望研究几何学，特别是想精通这部论著，他先是询问那些到访的饱学之士，随后又让人去请来了当时已是著名几何学家的欧几里得，要求他修订并完成这部作品，把它弄得井然有序，根据这个要求，欧几里得重写了这部作品，分为十三卷，从之后以他的名字便广为人知。

关于欧几里得的性格，帕普斯有一段评论，大概受到了他对阿波罗尼奥斯的明显敌意的影响，在他看来，阿波罗尼奥斯《圆锥曲线论》的序言对欧几里得在相同学科的更早作品给予的认可太少。帕普斯对比了欧几里得对前辈的态度，他说，欧几里得不是这样一个自夸者和争强好胜者，因此，他尊敬阿里斯泰俄斯，认为他在圆锥曲线领域的发现功不可没，而没有试图抢先于他或重新构建相同的体系，他对所有能够促进数学科学发展的人都这样公正而友好，不管贡献多么小 [5]。尽管正如我所指出的，帕普斯的动机更多的是要用相对不利的说法来表现阿波罗尼奥斯，而不是陈述一个关于欧几里得的历史事实，但这个说法还是十分符合我们从欧几里得的作品中推导出的结论。这些作

357

325

品丝毫没有表现出主张原创权利的任何迹象，例如，在《几何原本》中，尽管有一点很清楚：他有一些重大改动，完全改变了各卷的编排，在它们之间重新分配了命题，在那些新的次序使得早先的证明不再适用的地方设计了新的证明，可以有把握地说，他改动得最多的，莫过于他自己表现出来的敏锐和最新的专门研究（比如欧多克索斯的比例理论），为了让整个学科的阐述比几何原理的作者们的早期努力更加科学，这些是必不可少的。他对传统的尊重，从他保留某些过时和无用的东西上可以看出，例如，一些后来不再使用的定义，单独提到一个半圆的角或一个弓形的角，以及诸如此类。他没有给自己的作品写任何类型的序言（要是有该多好），比如阿基米德和阿波罗尼奥斯的序言，他们在序言中介绍自己的论著，并把他们声称是新的东西与人们已经知道的东西区分开来；而欧几里得则开门见山，直奔主题："点是不可分的。"

他是怎样的一个教师啊！有一个故事使我们能够想象他在这方面的能力。据斯托布斯说：

> 有一个人开始跟欧几里得修习几何学，学完第一个定理时，他问欧几里得："学这些东西我能得到什么？"欧几里得叫来仆人，说："给他三个钱币，因为他想从学习中获取实利。"[6]

古代的注释、批评和引用

当然，欧几里得始终被认为是《几何原本》的唯一作者。自阿基米德以后，希腊人谈到他时普遍称之为 ὁ στοιχειώτης，亦即《原本》的作者，而不使用他的名字。这本神奇的书，连同它的所有瑕疵，如果考虑到其成书年代的话，它确实足够单薄，然而毫无疑问，它过去是、现在依然是古往今来最伟大的数学教科书。除了《圣经》之外，很少有任何书在世界范围内比它流通得更广、得到的编辑和研究更多。即使在希腊时代，最有成就的数学家也都致力于研究它；海伦、帕普

358

斯、波菲利、普罗克洛斯和辛普利丘斯都写过评注；亚历山大的赛翁重新编写了它，修改了不同地方的语言，大多是着眼于更清晰、更连贯，插入了一些中间步骤、可选的证明、单独的"实例"、系论（系定理）和引论（最重要的增加是第六卷命题 33 关于扇形的第二部分）。就连伟大的阿波罗尼奥斯也被欧几里得的作品推动，去讨论几何学的基本原理；他论述这一主题的专著事实上是对欧几里得的批评，而且在这一点上不是很成功；他给出的第一卷中一些容易问题的可选解法并不构成任何改进，他试图证明公理的努力（如果可以根据普罗克洛斯引述的实例来判断的话，应该是公理 1）完全是误解。

除了针对整个作品或其主体部分的系统性评注之外，古代时期就已经有一些关于欧几里得所论述的特定主题的讨论和争论，特别是他的平行线理论。第五公设是一个很大的绊脚石。我们从亚里士多德那里知道，直到他那个时代，平行线理论尚没有建立在科学根据的基础之上[7]，里面潜藏着某个明显的 petitio principii（以待决之问题为论据）的逻辑错误。因此，看来很清楚，欧几里得最早以一个不可证明的公设的形式，应用大胆的补救办法，给这一理论奠定了必不可少的原理。但几何学家们并不满足于这个解决办法。波希多尼和盖米诺斯试图代之以等距离平行线理论，从而克服这个困难。托勒密实际上试着证明欧几里得的公设，同样做的还有普罗克洛斯，以及（据辛普利丘斯说）一个名叫狄奥尼修斯的人，还有"阿伽尼斯"；托勒密的尝试是普罗克洛斯给出的，连同他自己的尝试一起，而"阿伽尼斯"的尝试则是阿拉伯注释者安纳里兹根据辛普利丘斯的介绍复述的。

另外有一些非常早的批评，针对的是欧几里得作品中最早的几步。伊壁鸠鲁学派成员、西顿的芝诺攻击第一卷命题 1，理由是：除非首先假设两条直线或两个圆周都没有一个共同的片段，否则它是不能令人信服的；这被认为是一个非常严肃的批评，以至于波希多尼写了整整一本书来反驳芝诺[8]。此外，伊壁鸠鲁学派还批评：第一卷命题 20 证明三角形任意两边之和大于第三边，认为它即使对于一个傻瓜来说也显而易见，不需要证明。我提到这些孤立的批评是为了表明，《几何原本》尽管取代了其他所有"原本"，而且在古代时期从未有过任何竞争对手，起初也不是毫无疑问地被人们接受的。

最早提到欧几里得的拉丁文作者是西塞罗；但是，《几何原本》当时已被翻译成拉丁文的可能性不大。理论几何学对罗马人没什么吸引力，他们很大程度上只关心几何对测量和计算是不是有用。哲学家们研究欧几里得，不过多半是通过希腊原文；乌尔提亚努斯·卡佩拉曾谈到，提及"如何在一条给定直线上作一个等边三角形"这个命题在一群哲学家当中的影响，他们认出了《几何原本》的第一个命题，立即爆发出了对欧几里得的热情赞颂[9]。维罗纳有一个重写本，是对《几何原本》第十二和十三卷中的一些命题的意译和重新编排，其年代明显可以追溯到公元4世纪。在博蒂乌斯（出生于公元480年）之前，我们没有任何拉丁文版本的蛛丝马迹，马格努斯·奥勒留·卡西奥多鲁斯和狄奥多里克把《几何原本》的一个译本归到了博蒂乌斯的名下。传到我们手里的所谓博蒂乌斯的几何学决不是《几何原本》的一个译本；但是，即便是这个两卷本的改编本（弗里德莱因对它进行了编辑）也不是真的，明显是11世纪根据不同的材料拼凑起来的；它包含了第一卷的定义、公设（总共5个）、公理（只有3个），然后是一些来自第二、三、四卷的定义，紧接着是第一卷的阐述（没有证明）、第二卷的10个命题，以及第三和第四卷的几个命题,最后一段话显示，编者现在会拿出一点自己的东西，结果却是逐字翻译《几何原本》第一卷命题1–3的证明。这证明，这个假托的博蒂乌斯手里有《几何原本》的一个拉丁文译本，他从中摘录了这些证明；此外，来自第一卷的那些定义的文字显示了解读完全正确的痕迹，这些痕迹即使在10世纪的希腊文抄本中也没有找到，但它们出现在普罗克洛斯的作品及其他古代材料中。这一拉丁文译本的片段还在《古代几何学》（*Gromatici veteres*）中被发现过。[10]

《几何原本》的文本

我们手里《几何原本》的所有希腊文文本，直至一个世纪之前，都一直依赖于那些包含赛翁对这部作品的修订的手抄本；从它们的标题来看，这些抄本声称要么"来自赛翁编写的版本"，要么"来自赛翁的讲义"。亨利·萨维尔在他的《讲义集》（*Praelectiones*）中让我们注意到赛翁评注托勒密的一个段落[11]，这个段落引用了《几何原本》第四卷命题 33 关于扇形的第二部分，他在自己编辑的《几何原本》中给出了他自己的证明。但是，直到佩拉尔在梵蒂冈发现了大抄本（gr. 190），它既没有包含上文引述的其他抄本标题中的文字，也没有包含第四卷命题 33 的增加部分，学者们才可以从赛翁的文本追溯到它所表现的内容，表面上看，它是一个比赛翁版更古老的版本。还有一点也很清楚，这个 P 版（佩拉尔之后人们这样称呼这个抄本）的抄写者，或者毋宁说是它的原型，面前有两个修订本，并系统地给予更早的版本以优先权；因为在 P 版原稿的第十三卷命题 6 的旁边，有一条边注："这个定理在新版本的大多数副本中没有给出，但在老版本中找到了。"西蒙·格里诺伊斯编辑的初版（*editio princeps*，巴塞尔，1533）基于 16 世纪的两个抄本（Venetus Marcianus 301 和巴黎 gr. 2343），属于最差的版本。巴塞尔版反过来成了格雷戈里版（牛津，1703）的基础，格雷戈里只是在巴塞尔版的文字不同于他主要遵循的康曼丁努斯的拉丁文版的地方参考了萨维尔遗赠给牛津大学的抄本。遗憾的是，就连佩拉尔在他编辑的版本（1814—1818）中，也只是借助 P 版修正了巴塞尔版的文字，而不是彻底抛弃它，重新开始；但他采用了 P 版的很多异文，并在附录中给出了异文一览表。E.F. 奥古斯特编辑的版本（1826—1829）更紧密地遵循 P 版，他还参考了维也纳抄本（gr. 103）；但是，要等到海贝格，才拿出了一个新的、决定性的希腊文文本（1883—1888），依据的是 P 版和赛翁抄本的最好版本，并参考了像海伦和普罗克洛斯这样的外围材料来源。除了几个段落之外，普罗克洛斯的抄本似乎算不上最好的，但是，一些比赛翁更早的作者，例如海伦，通常与我们手里最好的抄本是一致的。海贝格得出的结论是：《几何原本》在公元 3 世纪前后受到了最大的损坏，因为塞克斯都·恩披里柯有一个正确的文本，而杨布里科斯有一个篡改过的文本。

361

329

说到劣等的赛翁抄本与最好的材料来源之间的差别，第一卷公设和公理的排列是最好的说明。我们手里平常的版本基于西蒙的文本，共有 3 个公设和 12 个公理。其中公理 11（所有直角相等）在真正的文本中是公理 4，而公理 12（平行公设）是公设 5；因此，公设起初总共有 5 个。余下的 10 个公理当中，海伦只认可前三个，普罗克洛斯只认可这三个加上另外两个（重合之物相等，整体大于部分）；因此几乎可以肯定，其余的都是后来插入的，包括两条直线不能围起一个空间的假设（欧几里得本人认为这个事实已经被包含在公设 1 中，亦即：从一点连到另一点的直线是唯一的）。

拉丁文译本和阿拉伯文译本

我们手里最早的完整拉丁文译本，不是译自希腊文，而是译自阿拉伯文。早在 8 世纪，《几何原本》就传入了阿拉伯。作为拜占庭皇帝派遣使团的结果，哈里发曼苏尔（754—775）得到了一些希腊文图书，其中就有一本《几何原本》，类似的，哈里发马蒙（813—833）从拜占庭得到了一些图书，其中就有《几何原本》的抄本。麦塔尔翻译了两个版本的《几何原本》，第一个版本在拉希德统治时期（786—809），第二个版本在马蒙统治时期；其中第二个版本有六卷幸存在莱顿的一个抄本中（Cod. Leidensis 399. 1），贝斯特霍恩和海贝格把它连同安纳里兹的评注编辑在了一起[12]；这个版本是个删节本，比起更早的版本（明显已经失传），有一些修正和说明，但没有实质性的改变。接下来，阿巴迪（卒于 910 年）翻译了这本书，明显直接译自希腊文；这个译本本身似乎散佚了，但我们有塔比·伊本·库拉（卒于 901 年）修订的版本，保存在牛津大学图书馆的两个抄本中（1238 年的 279 号和 1260—1261 的 280 号）；这两个抄本的第一至十三卷在阿巴迪和库拉的版本中，而并非出自欧几里得之手的第十四和十五卷则保存在巴拉巴克（约卒于 912 年）的译本中。阿巴迪的译本似乎是优秀翻译的典范，技术术语被翻译得简单而前后一致，定义和阐述只在个别实例中不同于希腊文，翻译者的目标似乎只是要消除希腊文文本中的难懂之处和参差不齐，同时忠实地再现它。第三个阿拉伯文版本我们现在依然可以看到，它就是纳西尔丁·图西（1201年出生于呼罗珊的图斯）的译本；然而，这个译本不是直接译自欧几里得的《几何原本》，而是在其他拉丁文译本的基础上重写的一个版本。总的来看，似乎很有可能，阿拉伯文译本（尽管省略了引理和系论，除了极少数情况之外，还省略了插入的可选证明）不应当被认为优于希腊文抄本而成为我们的首选，而是要把它们看作在权威性上稍逊一等。

众所周知的拉丁文译本首先从阿瑟尔哈德的译本开始，他是个英国人，出生于巴思，年代大约是 1120 年前后。从其中出现的阿拉伯文单词来看，明显是从拉丁文翻译过来的；但阿瑟尔哈德的面前想必也有一个（至少是）欧几里得的阐述的译本，这个译本最终基于希腊文文本，可以追溯到老的拉丁文版，后者是《古代几何学》和"博蒂乌斯版"中的那个段落的共同来源。不过看来，即使在阿瑟尔哈德那个时代之前，就已经有某种形式的译本，或者至少是翻译片段，在英格兰可以得到，如果可以从下面这节古英语诗歌中判断的话：

363

> 执事欧几里得就这样发现了
> 埃及国的几何学技艺。
> 在埃及他完整地学习了这门技艺，
> 跑遍了那里的各个地方。
> 许多年后，我懂得，
> 那之前，这门技艺就传入了这个国家。
> 如我所言，这门技艺传入英格兰，
> 是在好国王阿瑟尔斯坦的时代。

这节诗歌把《几何原本》引入英格兰的时间向后推到了公元 924—940 年间。

接下来，克雷莫纳的格赫雷德（1114—1187）据说从阿拉伯语翻译了"欧几里得的 15 卷书"，他翻译的无疑是安纳里兹对第一至十卷的评注；《几何原本》的这个译本直到最近一直被认为失传了，但在 1904 年，A.A. 比约恩博在巴黎、滨海布洛涅和布吕赫的手抄本中发现了一个完整的译本，在罗马发现了其中的第十至十五卷，他有充分的理由认为，这个译本就是格赫雷德的。这个译本有一些希腊文单词，比如 rombus、romboides，而在这些地方，阿瑟尔哈德保留了阿拉伯术语；因此它明显与阿瑟尔哈德的译本无关，尽管格赫雷德手里似乎有这个译本，此外，他还有从希腊文翻译过来的一个老译本，阿瑟尔哈德也是用了这个老译本。格赫雷德的译本要比阿瑟尔哈德的译本清晰很多；它既没有缩减，也没有以阿瑟尔哈德那样的方式进行"编辑"，它是逐字翻译一个阿拉伯文抄本，这个抄本包含了塔比·伊本·库拉修订和评论的那个版本。

第三个译自拉丁文的译本是约翰尼斯·坎帕尼斯的译本，他比阿瑟尔哈德大约晚 150 年。坎帕尼斯的译本并不独立于阿瑟尔哈德的译本，这一点被下面这个事实证明：在所有手抄本和编辑本中，定义、公设和公理，以及 364 段阐述，阿瑟尔哈德和坎帕尼斯的文本中都完全一样，一字不差。二者之间的确切关系似乎尚未得到充分的阐明。坎帕尼斯可能使用了阿瑟尔哈德的译本，只是借助阿拉伯文版《几何原本》的另一个改编本，发展了证明。坎帕尼斯的译本更清晰、更完整，更紧密地遵循希腊文文本，但依然有一定的距离。两个版本的编排有所不同；在阿瑟尔哈德的译本中，证明通常在阐述的前面，而坎帕尼斯则遵照通常的顺序。各译本中，应当归功于翻译者本人或者可以追溯到阿拉伯文原稿的证明和增加内容之间的差别究竟有多大，这是一个悬而未决的问题。但是，似乎很有可能，坎帕尼斯坚持忠实于阿瑟尔哈德，有点像一个注释者的关系，并借助其他的阿拉伯文原稿修改和改进了他的翻译。

最早的印刷版本

坎帕尼斯的译本有幸成为第一个付梓的版本。它 1482 年由艾哈德·罗道特在威尼斯出版。这本漂亮而珍稀的书不仅是《几何原本》的第一个印刷版本，而且还是第一本印刷的重要数学书。它有 $2\frac{1}{2}$ 英寸的空白页边，命题的图示就印在那里。罗道特在献词中说，那个时期，尽管威尼斯每天都在印行古代和现代作者的书，但几乎没有数学书面世；他把这一事实归咎于图形所涉及的困难，到那时为止，没有一个人成功地印刷图形。他接下来补充道，付出了大量的劳动之后，他发现了一种方法，印刷图形就像印刷文字一样容易。关于他印刷图形的实际方法，专家们似乎至今都众说纷纭，莫衷一是：它们究竟是雕版木刻，还是像把字母拼在一起那样，把直线和圆弧拼在一起。接下来的几年里，有很多版本步其后尘，这证明了人们多么热切地渴望抓住机会，传播几何学知识。即使是 1482 年，就有此书的两个版本面世，即便它们只是第一页有所不同。另一个版本 1486 年在乌尔姆出版，还有一个版本 1491 年在维琴察面世。

1501 年，G. 瓦拉在他百科全书式的著作《论应当寻求和应当避免之事》（*De expetendis et fugiendis rebus*）中给出了很多命题，连同证明和注释，它们全都来自一个希腊文抄本，这个抄本曾经在他的手里；但正是巴尔托罗梅奥·赞贝蒂，最早出版了从全本《几何原本》希腊文文本翻译过来的一个译本，此书 1505 年出版于威尼斯。然而，最重要的拉丁文译本是康曼丁努斯（1509—1575）的译本，他不仅比前辈们更严格地遵循了希腊文文本，而且还给他的译本增加了一些古代注释，以及他自己的很好的注解；这个译本出版于 1572 年，是佩拉尔时代之前的大多数译本的基础，包括西姆森的译本，因此也包括那些"主要依据西姆森博士的文本"的所有版本，其中很多是英国出版的。

中世纪对《几何原本》的研究

鉴于直至最近，《几何原本》作为一本教科书在英国所占据的独一无二的位置，那么，在一本针对英语读者的书中，谈谈几何学在中世纪教育中的一般地位大概算不上文不对题。从 7 世纪至 10 世纪，几何学的研究停滞不前："在那一时期的所有文献中，我们几乎找不到任何迹象以表明，有任何人在四门学科的这一分支走得更远，充其量不过是三角形、正方形、圆、棱锥体或圆锥体的定义，乌尔提亚努斯·卡佩拉和伊西多尔（636 年去世时是塞维利亚的主教）留下来的那些东西。"[13]（伊西多尔在他百科全书式的作品《词源》[*Origines* 或 *Etymologiae*] 的"四页"[four pages] 中处理了算术、几何学、音乐和天文学这四门学科。）在 10 世纪，出现了一个"reparator studiorum（拉丁文：学问修补者）"，此人便是伟大的热尔贝。他出生于奥弗涅的奥里亚克，在经历了动荡多变的生活之后，最终（999 年）成了教宗西尔维斯特二世，卒于 1003 年。大约 967 年前后，他去了一趟西班牙，在那里研究数学。970 年，他跟着维什（在巴塞罗那省）的哈托主教去了罗马，在那里被教宗约翰十三世介绍给日耳曼国王奥托一世。他希望找到一个教书的职位，因此对奥托国王说他熟悉数学，足以胜任这个职位，但他希望提高自己的逻辑知识。在奥托国王的同意下，他去了兰斯，成了主教学校的经院学家或教师，在那里待了大约 10 年，从 972 年至 982 年。作为 980 年拉文纳的一次数学—哲学公开争论的结果，他被奥托二世任命为伦巴第著名的博比奥修道院院长，对他来说幸运的是，这座修道院藏书丰富，藏有各种珍贵的手抄本。他在那里发现了著名的"阿克里亚努斯抄本"（Codex Arcerianus），里面包含一些作品的片段，有《古代几何学》，有弗朗提努斯、希吉努斯、巴布斯、尼普萨斯、以巴弗提，以及维特鲁威·鲁弗斯。尽管这些片段本身并没有什么大的价值，但里面还是有些东西表明，这些作者利用了亚历山大城的海伦的作品，热尔贝充分利用了它们。它们构成了他自己的"几何学"的基础，这本书可能写于 981 至 983 年之间。在写这本书的时候，热尔贝的手里明显有一本博蒂乌

366

斯的《算术》（*Arithmetic*），在书中，他提到了毕达哥拉斯，柏拉图的《蒂迈欧篇》连同卡西底乌斯的评注，以及埃拉托斯特尼。这本书中的几何学大多是实用性的，理论部分局限于必不可少的初级内容、定义，以及少数几个证明，如三角形的内角之和等于两个直角是用欧几里得的方式来证明的。很大一部分内容涉及三角形的解，以及高度和距离。阿基米德的 π 值（$\frac{22}{7}$）被用在说明圆的面积中，其给出的

一个球体的表面积是 $\frac{11}{21}D^3$。这本书的意图完全不同于欧几里得的《几何原本》，这表明，热尔贝的手里可能既没有欧几里得的《几何原本》，多半也没有博蒂乌斯的《几何学》，如果后者的真作是欧几里得的一个版本的话。在大概是 983 年从博比奥写给兰斯大主教亚德贝罗的一封信中，他谈到了自己期望找到"博蒂乌斯论述天文学的八卷书，还有几何学中一些最著名的图形（推测起来应该是命题），以及另外一些不那么令人赞叹的东西"；我们并不清楚他实际上是不是找到了这些东西，更加不确定的是，他所提到的几何学内容是不是博蒂乌斯的《几何学》。

自热尔贝的时代往后，又没有取得什么进步，直至阿瑟尔哈德及其他人开始从阿拉伯文翻译欧几里得。克雷莫纳的格赫雷德（卒于 1187 年）翻译了《几何原本》和安纳里兹的评注，有整个一系列希腊作者的阿拉伯文译本要归功于他，其中包括欧几里得的《给定量》（*Data*）、西奥多修斯的《球面几何》、梅涅劳斯的《球面几何》（*Sphaerica*）、托勒密的《至大论》（*Syntaxis*）。除此之外，他还翻译了一些阿拉伯语的几何学作品，比如《三兄弟书》（*Liber trium fratrum*），以及花拉子密的代数学。由此唤起了人们对希腊和阿拉伯数学的兴趣，其最早的结果之一，可以在比萨的莱昂纳多（斐波那契）那些非常引人注目的作品中看到。斐波那契最早在 1202 年出版了他的《计算之书》（*Liber Abaci*），后来（1228 年）又出版了一个修订本，在这本书里，他把阿拉伯人所知道的算术和代数学全都和盘托出，不过是以他自己的自由而独立的风格。以同样的方式，他在

367

1220 年出版的《实用几何》（*Practica geometriae*）中搜集了下列内容：（1）欧几里得的《几何原本》以及阿基米德的《论圆的测量》和《论球体与圆柱体》教给他的所有东西，分别是关于被直线围成的平面图形、被平面围城的立体图形、圆和球体的测量；（2）按不同的比例分割图形，这方面的内容他是基于欧几里得的作品《论图形的分割》（*On the divisions offigures*），不过把这个课题带到了更远；（3）某些三角法，是他从托勒密的著作和阿拉伯文的材料来源中得到的（他使用 sinus rectus［垂直正弦］和 sinus versus［正矢］这两个术语）。在处理这些五花八门的主题上，他表现出了同样的精通，有些地方甚至有明显的原创性。有了这样的开端之后，我们大概会预期接下来的几个世纪里应该取得巨大的全面进步，但是，正如汉克尔所说的，当我们审视将近三个世纪之后卢卡·帕西奥利的作品时，我们发现，斐波那契留给拉丁世界的本钱都被束之高阁，没有挣到任何利息。至于这一时期几何学在教育中的地位，我们有罗吉尔·培根（1214—1294）的证词，尽管有一点倒是真的，对于他那个时代的数学家和教师的重要性，他抱持一种言过其实的观点。他说，他那个时代的哲学家们看不起几何学、语言等，宣称它们毫无用处。普通人看不出像几何学这样的科学有什么效用，于是对学习它的想法都立即避之唯恐不及，除非他们是被棍棒所迫的小孩子，于是乎，他们充其量只能学到三四个命题；《几何原本》的第五个命题因此被称作 Elefuga（倒霉蛋的逃课）。[14]

　　至于欧几里得在大学里的遭遇，可以指出的是，几何学研究在巴黎大学似乎曾经被忽视了。在 1336 年巴黎大学改革时，它只是规定，没有上过某些数学课的学生不得获得硕士学位，同样的要求再次出现在 1452 和 1600 年。从《几何原本》的一部评注的序言中，我们得知，文学硕士学位的申请人必须庄严宣誓，他已经上过《几何原本》前六卷的课。考虑到第一卷命题 47 被称作 Magister matheseos（拉丁文：数学大师），考试是不是超出第一卷的内容恐怕值得怀疑。在布拉格大学（1348 年创办），数学更受尊重。学士学位申请人必须上过《天球论》（*Tractatus de Sphaera materiali*）的课，那是一本专著，内容

368

涉及球体天文学、数学地理学和一般天文现象的基本观念，但没有借助于数学命题，是约翰尼斯·德·赛科诺伯斯克（出生于约克郡的霍利伍德）1250年写的，这本书在所有大学被读了4个世纪，多次有人评注。对于硕士学位课程，欧几里得《几何原本》的前六卷是必修的。维也纳大学（1365年创办）、海德堡大学（1386年创办）和科隆大学（1388年创办）都讲授欧几里得。在海德堡大学，要求相关硕士学位的申请人宣誓，他研修过某些卷的全部内容，而不仅仅是几卷书的部分内容（看来，不必是欧几里得的）。在维也纳大学，欧几里得的前5卷是必修的。在科隆大学，学士学位不要求修数学，但硕士学位必须修过《天球论》、行星理论、欧几里得的3卷、光学和算术。在莱比锡大学（1409年创办），就像在维也纳大学和布拉格大学一样，至少有一段时间开设过欧几里得的课程，尽管汉克尔说，他发现，在1437—1438年的课程清单里没有提到欧几里得，而雷吉奥蒙塔努斯上莱比锡大学时发现几何课上没有同学。15世纪中叶，牛津大学修读欧几里得的前两卷，毫无疑问，剑桥大学的课程与此类似。

369

最早的英文版

《几何原本》最早的印刷版始于罗道特出版的坎帕尼斯译本和希腊文初版（editio princeps，1533年），这些书印行之后，极大地推动了对欧几里得的研究，正如16世纪出现的不同版本和评注的数量所显示出来的那样。亨利·比林斯利爵士翻译的第一个英文全译本（1570年）是一部巨著，共928个对开页，约翰·迪伊撰写序言，并有大量的注释，摘录自所有最重要的评注，从普罗克洛斯到迪伊本人，这是向不朽的欧几里得隆重致敬。大约同一时期，亨利·萨维尔爵士开始举办不拿报酬的系列讲座，关于希腊的几何学家。关于欧几里得的讲座实际上没有超过第一卷命题8，但很有价值，因为它们处理了初等几何所涉及的困难、定义等，以及前面几个命题中所包含的一些不言而喻的假设。但正是从1660至1730年间的那段时期，也就是沃利斯和哈雷执教牛津、巴罗和牛顿执教剑桥期间，对希腊数学的研究在英国达到了高峰。至于欧几里得，巴罗的影响无疑很大。他的拉丁文版《欧几里得〈几何原本〉15 卷集释》（*Euclidis Elementorum libri XV breviter demonstrati*）出版于 1655 年，同一本书另外还有几个版本先后出版，直至 1732 年；他的第一个英文版出版于 1660 年，接下来其他几个版本先后出版于 1705、1722、1732、1751 年。这把我们带到了西姆森版，1756 年出版的第一个拉丁文和英文双语版。推测起来，大概是从这个时期起，欧几里得《几何原本》获得了作为一本教科书的独一无二的地位，这个地位它一直保持到了最近。我不能不认为，正是巴罗的影响，对此作了最为有力的贡献。据说，当牛顿在 1662 或 1663 年最早买到一本《几何原本》时，认为它是"一本微不足道的书"，因为，那些命题在他看来都是显而易见的；然而，后来，在巴罗的建议下，他仔细研究了《原本》，并且，正如他自己所言，从中获益匪浅。

与命题的古典形式相关的技术术语

一个几何命题的古典形式就是我们在《原本》中看到的那种形式，尽管它并非欧几里得所原创，在我们着手分析《原本》之前，对希腊人在涉及这样的命题及其证明时所使用的技术术语给出一些说明是可取的。我们先来看看用来描述一个命题的形式部分的术语。

（1）一个命题的形式部分的术语

就其最完整的形式而言，一个命题包含 6 个部分：（1）πρότα-σις，即概括性的阐述；（2）ἔκθεσις，即展示，它陈述特定的已知量，例如，一条给定的直线 *AB*，两个给定的三角形 *ABC*、*DEF*，诸如此类，通常展示在图形中，并作出命题赖以展现的图形；（3）διορισμός，即定义或详述，指的是重述对于特定已知量需要做的事或需要证明的东西，目标是要固定我们的观念；（4）κατασκευή，即作图或使用的工具，它包括最初图形上的任何添加，借助使得证明能够进行所需要的作图；（5）ἀπόδειξις，即证明；（6）συμπέρασμα，即结论，它回到阐述，陈述已经证明或完成的东西；当然，结论也可以像阐述一样，概括地予以陈述，因为它并不依赖于画出的特定图形；图形只是一个实例，是一种图例，因此，在陈述结论的时候，从特例过渡到一般是合理的。在特例中，某些形式部分可能付诸阙如，但始终可以找到三个部分：阐述、证明和结论。因此，在很多命题中并不需要作图，给定图形本身对证明来说就足够了；再者，在第四卷命题10（作一个等腰三角形，各底角是对顶角的两倍）中，我们在某种意义上可以说和普罗克洛斯[15]一样的话：它既没有展示，也没有定义，因为在阐述中没有什么东西是给定的；我们着手的不是一条给定直线，而是任意直线 AB，与此同时，这个命题并没有声称（可以作为定义来说的东西）：要求作出的那个三角形应以 AB 为其两条相等的边之一。

371

（2）διορισμός，或可能性条件的陈述

有时候，对于一个问题的陈述，有必要添加一段 διορισμός（决定），在我们最熟悉的、也是最重要的意义上，就是可能性条件的判别，或者，就其最完整的形式而言，就是判别"要求的结果是不是可能，在多大程度上、以多少种方式是可行的"[16]。这两种性质的 διορισμός 都是从 δεῖ δή 这个词组开始，在定义的情况下，它应当翻译为"因此需要（证明某某或做某某事）"，而在可能性判别的情况下，则应翻译为"因此必须……"（而非"但是必须……"）。参见第一卷命题22："用和三条给定直线相等的三条直线作一个三角形：因此必须让其中两条直线加在一起大于剩下的一条直线。"

（3）分析，综合，化简，归谬法

《几何原本》是一部综合性的论著，因为它一路径直向前，始终从已知到未知，从简单的特例到更复杂的一般，因此，分析的方法（它把未知的或更复杂的东西化简为已知）在阐述中没有容身之地，尽管它在证明的发现中可能会扮演一个重要的角色。关于希腊人的分析法

372　和综合法，在别的地方给出充分的说明或许更合适一些。在此期间，我们可以指出，凡是通过先分析、后综合的方法得出一个命题的地方，分析总是出现在命题的定义与作图之间。我们不要忘了，归谬法（在希腊语中称为 ἡ εἰς τὸ ἀδύνατον ἀπαγωγή，即"化简至不可能再化简"，或者 ἡ διὰ τοῦ ἀδυνάτου δεῖξις 或 ἀπόδειξις，即"以实际上不可能有的方法证明"）是一种在《几何原本》中就像在别的地方一样常见的证明方法，它是分析法的一个变种。因为分析法首先从最初命题（假设为真）的化简（ἀπαγωγή）开始，化简至我们可以辨别其真假的更简单命题；凡是导致一个已知为假的结论的实例都是归谬法。

（4）实例，反对，系论，引理

另外一些和命题有关的术语如下。一个定理，根据图形中的点、直线等由于给定元素位置上的变化而导致的不同排列，可能有几个实例；代表实例的希腊文单词是 πτῶσις。通常，大几何学家们的习惯做法是只给出一个实例，把其余的实例留给注释者或弟子们自行补充。但他们完全知道其他实例的存在，如果我们可以相信普罗克洛斯的话，他们甚至会给出一个命题，仅仅是为了用它来证明后面一个命题的一个实例，而后面这个命题实际上被忽略了。因此，据普罗克洛斯说[17]，第一卷命题 5 的第二部分（关于超出底的角）原本打算使读者能够回应人们针对欧几里得所给出的第一卷命题 7 可能提出的反对（ἔνστασις），理由是：它不完整，因为它没有考虑普罗克洛斯本人所给出的实例，如今在我们的教科书中通常作为第二个实例给出。

我们所说的系论（corollary），希腊文单词是 porism（πόρισμα），即已经被证明的东西或现成的东西，它指的是在证明主命题的过程中顺带揭示出来的某个结果，正如普罗克洛斯所言，是一种由证明所产
373　生的附带收获[18]。系论这个名称也被应用于一种特殊的独立命题，就像在欧几里得另外一部题为《系论集》的三卷本作品中那样。

引理（λῆμμα）这个单词的意思仅仅是某个假设的东西。阿基米德把它用于我们如今所说的"阿基米德公理"，即欧多克索斯在穷竭法中所采用的原理。但它更普遍地被用于一个要求证明的附属命题，

然而，在某些地方，论证不可能中断或过分延长，采用引理还是很方便的。这样一个引理可以提前证明，但证明经常被推迟到最后，用一句话把这个假说标记为后来要证明的东西，比如"正如稍后将会证明的那样"。

《几何原本》分析

《几何原本》第一卷必定首先从基本的初级内容开始，被归到定义（ὅροι）、公设（αἰτήματα）和公理（κοιναὶ ἔννοιαι）这几个门类之下。在把公理称作 Common Notions 上，欧几里得是在效法亚里士多德，后者使用"公（物）"和"公意"作为"公理"的替代选项。

很多定义由于这样那样的理由而容易招致批评，其中至少有两个定义是原创的，即直线的定义（定义 4）和平面的定义（定义 7）。尽管有不尽如人意的地方，但它们似乎能够成为一种简单的解释。直线的定义明显是一次这样的努力，它试图在不诉诸任何视觉的情况下，表达柏拉图的定义的意思："它的中间部分涵盖两端。"平面的定义是对同一定义的改编。但大多数定义很可能都取自早期的教科书，有些定义似乎纯粹是出于尊重传统而被插入进来的，例如矩形、菱形和偏菱形的定义，在《原本》中从未使用过。不同图形的定义都假设存在某个已经被定义的东西，例如正方形，以及被归为两类的不同性质的三角形：（a）参照它们的边（等边、等腰和不等边），（b）参照它们的角（直角、钝角和锐角）；这样的定义是临时性的，等待借助实际作图来证明它们的存在。平行四边形没有定义，它的存在最早是在第一卷命题 33 中证明的，在接下来的那个命题中，它被称作"平行四边形的区域"，指的是平行线围成的一个区域，准备自第一卷命题 35 之后使用"平行四边形"这个简单的词。圆的直径的定义（定义 17）包含了一个定理，因为欧几里得添了一句"这样一条直线还等分圆"，这是被归到泰勒斯名下的定理之一；但是，考虑到接下来的定义（定义 18），这个添加实际上是必要的，因为，如果没有这

374

一解释，欧几里得在把半圆描述为被直径所截得的一部分时，他就没法证明这样的描述是合理的。

更加重要的是 5 个公设，因为正是在这些公设中，欧几里得奠定了欧氏几何的真正原理。没有什么东西比这些公设更清楚地表明，他决心把他最初的假设减少到最低限度。前 3 个公设普遍被认为是作图公设，因为它们断言了下列作图的可能性：（1）画一条直线连接两点，（2）在任意方向上延长一条直线，（3）以给定的圆心和"距离"画一个圆。但它们暗示的东西比这更多。在公设 1 和 3 中，欧几里得假设了直线和圆的存在，并含蓄地回答了某些人的反对，他们可能会说：事实上，我们可以画出的直线和圆，并不是数学意义上的直线和圆；欧几里得应该声称，尽管如此，为了证明的目的，我们还是可以假设我们的直线和圆就是这样的直线和圆，因为，它们只是图示，使得我们能够想象它们并不完美地代表的真东西。但是，再一次，公设 1 和 2 进一步暗示，第一个实例中画出的直线和第二个实例中直线的延长部分都是独一无二的；换句话说，公设 1 暗示，两条直线不可能围起一个空间，因此使得命题 4 中插入的那个"公理"变得多余，而公设 2 类似地暗示这样一个定理：两条直线不可能有一条公共的线段，这个定理西姆森是作为第一卷命题 11 的一条系论给出的。

乍一看，公设 4（所有直角相等）和公设 5（平行公设）似乎属于完全不同的性质，因为它们都带有一点未被证明的定理的特性。但是，很容易看出，公设 5 与作图有关，因为有那么多的作图依赖于直线交点的存在，并使用它们。因此绝对有必要制定某个标准，我们可以根据这个标准来判断图形中的两条直线如果延长的话会不会相交。公设 5 便服务于这个目的，同时也为平行线理论提供了一个基础。严格说来，欧几里得应该走得更远一些，给出某种标准，来判断特定图形中其他类型的两条线——比方说一条直线和一个圆——会不会相交。但这会使得数量可观的一系列命题成为必要，在那样早的一个阶段，这是很难构造出来的，欧几里得宁愿在某些实例中暂时假设这样的相交，例如在第一卷命题 1 中。

公设 4 常常被归类为定理。但在任何情况下，它都被置于公设 5

之前，理由很简单：除非直角是有定值的量，否则公设 5 就会根本没有标准，公设 4 于是宣称它们就是这样的量。不过这还不是全部。如果公设 4 作为一个定理没有被证明，那就只能通过把一对"相邻的"直角去贴合另一对直角来证明。除非基于图形恒定不变的假设，因此不得不把它作为一个先在公设予以声明，否则这个方法就是无效的。欧几里得宁愿把"所有直角相等"这个事实直接声明为一个公设，因此他的公设可以被视为等价于图形的不变性，或者说是空间的同质性，这是一回事。

由于上文我们已经给出的理由，我认为，伟大的公设 5 应当归功于欧几里得本人；似乎很有可能，公设 4 也是他的，即使公设 1—3 不是他的。

公理当中，有充足的理由相信，（充其量）只有 5 个是名副其实的公理：前 3 个和另外两个，亦即："互相贴合时能够重合的东西相等"（公理 4），"整体大于部分"（公理 5）。反对公理 4 的理由是：它无疑是几何学的公理，因此，根据亚里士多德原则，不应该归类为"公理"；它或多或少是一个足够胜任的几何相等的定义，但不是一个名副其实的公理。欧几里得明显不喜欢用重合的方法来证明相等，这无疑是因为它假设了不变形运动的可能性。但他不可能完全摒弃它，因此，在第一卷命题 4 中，他实际上不得不作出选择：要么使用这个方法，要么把整个命题假设为一个公设。但他在那里没有引用公理 4，他说："底 BC 与底 EF 重合，且等于它。"类似的，在第一卷命题 6 中，他没有引用公理 5，而是说："三角形 DBC 等于三角形 ACB，小等于大，这是荒谬的。"因此，似乎很有可能，就连这两个公理，尽管明显被普罗克洛斯认可，也是从《几何原本》中所找到的特定推论中归纳出来的，并在他的时代之后被插入其中。

第一卷的命题可分为截然不同的三个组。第一组由命题 1—26 组成，主要处理三角形（没有使用平行线），不过也处理垂直（命题 11、12），两条相交的直线（命题 15），以及一条直线立于另一条直线之上，但并不与它相交，并作了邻角或余角（命题 13、14）。命题 1 给出了以一条给定直线为底的等腰三角形的作图，这个命题被

376

放在这里，更多的不是由于它自己的缘故，而是因为后面的作图（命题 2、9、10、11）马上需要它。命题 2 的作图是公设 1—3 中所假设的最小化作图的直接延续，并使我们能够（公设则不能）把直线上的一个给定的角从一个地方转到另一个地方；它在命题 3 中导致了另一项操作，从一条给定直线上截取一段长度等于另一段长度经常需要这个操作。命题 9 和 10 分别是等分一个给定角和一条给定直线的问题，命题 11 显示了如何从一条给定直线上的一个给定的点作这条直线的垂直线。作图作为一种证明存在的手段在这一卷中是显而易见的，不仅在命题 1 中，而且在命题 11 和 12 中（向一条给定直线作垂线），在命题 22 中（在各边长度给定的一般实例中作一个三角形）。命题 23 是借助命题 22 作一个角等于给定的直线角。关于三角形的命题包括全等定理（命题 4、8、26）——忽略了只在第六卷的相似命题（命题 7）中才考虑的"歧例（ambiguous case）"——以及关于两个三角形的定理（与命题 4 相关联），其中一个三角形的两条边分别等于另一个三角形的两条边，但夹角（命题 24）或底（命题 25）大于另一个三角形的夹角或底，反之亦然。接下来有命题 5、6 中关于一个三角形的定理（等腰三角形中等边的对角相等——泰勒斯定理——和等角的对边相等），很重要的命题 16（三角形的外角大于不相邻的任意内角），及其派生命题 17（三角形的任意两个内角之和小于两直角即 180°）、命题 18、19（大边对大角，反之亦然）、命题 20（任意两边之和大于第三边）。最后这个命题提供了命题 22 中的问题必不可少的 διορισμός（决定），或曰可能性判别，这个问题是用三条给定长度的直线作一个三角形，它因此不得不在命题 20 之后，而不是之前。命题 21（一个三角形除底之外的两边之和大于任意一个同底、但顶点在该三角形之内的三角形的两边之和，而前者的夹角却小于后者的夹角）对于证明下面这个命题（《原本》中没有陈述这个命题）很有用：从一条给定直线外的一点向这条直线画的所有直线当中，垂线最短，离垂线更近的直线短于离垂线更远的直线。

第二组（命题 27—32）包括平行线理论（命题 27—31，结束于这样一个作图：通过一个给定的点作一条直线平行于一条给定的直线）；接下来，在命题 32 中，欧几里得证明了三角形的内角之和等于两个直角和，所借助的方法是从一条边的对顶点画一条直线平行于这条边（比较毕达哥拉斯学派略微不同的证明方法）。

378

第三组命题（命题 33—48）处理的大抵是平行四边形、三角形和正方形，涉及的是它们的面积。命题 33、34 相当于证明平行四边形的存在和属性，接下来引入了一个新的概念：等积形的概念，亦即在面积上相等，而不是在重合的意义上相等的图形：同底的平行四边形，或者底相等并且在相同的平行线之间的平行四边形，它们在面积上相等（命题 35、36）。同样的命题对三角形来说也是真的（命题 37、38），而且，与一个三角形同底（或等底）且在相同平行线之间的平行四边形等于该三角形的两倍（命题 41）。命题 39 和后来插入的命题 40 是命题 37 和 38 的部分逆命题。定理 41 使我们能够"在一个给定的直线角上作一个平行四边形等于一个给定的三角形"（命题 42）。命题 44、45 属于最重要的，是毕达哥拉斯学派"面积贴合"法的最早实例，"按照一个给定的直线角，对一条给定的直线贴合一个平行四边形，使之等于给定的三角形（或直线形）"。命题 44 的作图格外巧妙，在命题 42 的基础上，结合命题 43，证明了任意平行四边形中"对角线旁边的补形"相等。我们因此能够把一个任意形状的平行四边形转变成另一个同角等积、但一边等于给定长度（比方说一个长度单位）的平行四边形；这是两个量之积除以第三个量的代数运算的几何等价物。命题 46 是以任意给定直线为边作一个正方形，接下来是伟大的毕达哥拉斯定理：关于直角三角形斜边上的正方形（命题 47）及其逆定理（命题 48）。命题 47 格外精巧的证明，借助著名的"风车"形，并把它应用于第一卷命题 41，结合第一卷命题 4，似乎都是欧几里得自己的。它实际上等价于借助第四卷（命题 8、17）的方法来证明，而且，欧几里得的功绩在于避免使用命题，让证明仅依赖于第一卷。

考虑到《几何原本》作为一部阐述希腊几何学基本原理的著作独一无二的地位和权威性，以及数学史家清晰地理解其性质和完整意义的必要性，我并不后悔如此详尽地介绍《原本》的第一卷，特别是初

379

等几何的内容。现在可以更简略地处理其他各卷了。

第二卷是第一卷第三部分的延续，涉及面积的转化，但在这方面，它所专攻的不是一般意义上的平行四边形，而是矩形和正方形，很大程度上利用了被称为磬折形的图形。矩形是作为"直角平行四边形"被引入的（定义1），据说它应当"被两条包含直角的直线所包含"。磬折形是参照任意平行四边形来定义的（定义2），但实际上使用的唯一磬折形自然是属于正方形的磬折形。整个这一卷构成了几何代数的实质部分，在希腊几何学中，它实际上占据着我们的代数学的位置。前10个命题给出了下列代数恒等式的等价物：

1. $a(b + c + d + \cdots) = ab + ac + ad + \cdots$,

2. $(a + b)a + (a + b)b = (a + b)^2$,

3. $(a + b)a = ab + a^2$,

4. $(a + b)^2 = a^2 + b^2 + 2ab$,

5. $ab + \left\{\dfrac{1}{2}(a + b) - b\right\}^2 = \left\{\dfrac{1}{2}(a + b)\right\}^2$,

   或 $(\alpha + \beta)(\alpha - \beta) + \beta^2 = \alpha^2$,

6. $(2a + b) + a^2 = (a + b)^2$,

   或 $(\alpha + \beta)(\beta - \alpha) + \alpha^2 = \beta^2$,

7. $(a + b)^2 + a^2 = 2(a + b)a + b^2$,

   或 $\alpha^2 + \beta^2 = 2\alpha\beta + (\alpha - \beta)^2$,

8. $4(a + b)a + b^2 = \{(a + b) + a\}^2$,

   或 $4\alpha\beta + (\alpha - \beta)^2 = (\alpha + \beta)^2$,

380

9. $a^2 + b^2 = 2\left[\left\{\dfrac{1}{2}(a + b)\right\}^2 + \left\{\dfrac{1}{2}(a + b) - b\right\}^2\right]$,

   或 $(\alpha + \beta)^2 + (\alpha - \beta)^2 = 2(\alpha^2 + \beta^2)$,

10. $(2a + b)^2 + b^2 = 2\{a^2 + (a + b)^2\}$,

   或 $(\alpha + \beta)^2 + (\beta - \alpha)^2 = 2(\alpha^2 + \beta^2)$。

正如我们已经看到的那样，命题 5 和 6 使得我们能够解下面的二次方程：

（1） $ax - x^2 = b^2$ 或 $\begin{cases} x + y = a \\ xy = b^2 \end{cases}$

（2） $ax + x^2 = b^2$ 或 $\begin{cases} y - x = a \\ xy = b^2 \end{cases}$

步骤始终是几何的；命题 1 ~ 8 中的面积实际上全都是在图形中显示的。命题 9 和 10 确实打算用数字来解一个问题：求满足下列方程的任意连续整数对（"边数"和"径数"）：

$$2x^2 - y^2 = \pm 1$$

余下的命题中，第二卷命题 11 和 14 给出了解下列二次方程的几何等价物：

$$x^2 + ax = a^2$$
$$x^2 = ab$$

而介于其间的命题 12 和 13 则证明了下面这个公式的几何等价物（对于边为 a、b、c 的任意三角形）：

$$a^2 = b^2 + c^2 - 2bc \cos A$$

值得注意的是，尽管第一卷命题 47 及其逆命题结束了第一卷，仿佛这一卷原本打算导致毕达哥拉斯的伟大命题，但第二卷最后几个命题（除了一个之外）给出了相同命题的一般化，用任意三角形取代了直角三角形。

第三卷的主题是圆的几何学，包括相割和相切的圆之间的关系。它首先从一些定义开始，它们通常和第一卷中的那些定义是一样的性质。定义 1 声称，相等的圆是那些直径或半径相等的圆，可以看作一个公设或定理；如果被声明为一个定理，它就只能借助重合和全等公理来证明。古怪的是，希腊人没有一个单词表示半径，对他们来说，半径是"从圆心引出的（直线）"（ἡ ἐκ τοῦ κέντρου）。圆的切线被

381

定义为（定义2）一条与圆相交的直线，但如果延长的话，它并不切割这个圆；这是一个临时性的定义，要等到第三卷命题16来证明这样一条直线确实存在。（圆内）到圆心相等或不等的直线（亦即弦，测的是从圆心到弦的垂线的长度）的定义（定义4、5）可能参考了（更普遍）从任意点到任意直线的距离。"弓形的角"（圆周与底在任意端点构成的"混合"角）的定义（定义7）是早期教科书的遗存（比较命题16、31）。"弓形内的角"的定义（定义8）和"相似弓形"的定义（定义11）假设（在第三卷命题21之前暂时性地假设）弓形内的角和组成弓形的圆周上任意点上的角是一回事。扇形（τομεύς，有注释者把它解释为 σκυτοτομικὸς τομεύς，即鞋匠的刀子）被定义了（定义10），但没有任何关于"相似扇形"的内容，也没有说相似弓形属于相似扇形。

　　第三卷的命题我们可以分为几组。圆心的特性解释了4个命题，亦即：命题1（求一个圆的圆心）、命题3（通过圆心并等分不通过圆心的任意弦的任意直线与弦相交成直角，反之亦然）、命题4（两条不通过圆心的弦不可能互相等分），以及命题9（圆心是唯一这样的点：从它到圆周可以画出两条以上相等的直线）。除了命题3（任意直径等分整个一系列与之成直角的弦）之外，另有3个命题更清楚地揭示了圆周的形状：命题2（圆周上各处都凹对圆心），以及命题7和8（它们处理的是从圆内或圆外任意点向凹圆周或凸圆周所画直线的长度，并证明当它们通过圆心时它们的长度最大或最小，而且，当它们在最长或最短直线的任意一侧偏离它越来越远时，其长度则递减或递增，同时，任意两条这样的直线如果在各侧与最长或最短的直线成相等斜角，则这两条直线相等）。

　　相割或相切的两个圆在下列命题中得到处理：命题5、6（这两个圆不可能有相同的圆心），命题10、13（它们相割的点不超过两个，或它们的切点不超过一个），命题11和后来插入的命题12（当它们相切时，圆心的连线通过切点）。

　　命题14、15处理弦（如果从圆心到弦的距离相等，则弦相等，反之亦然，而距离圆心更远的弦更短，距离圆心更近的弦更长，反之

382

亦然）。

命题 16-19 关注切线的属性，包括一条切线的画法（命题 17）；正是在命题 16 中，我们有了"半圆的角"这个古老的遗存，它被证明大于任何直线锐角，而"剩余"角（这个"角"后来本称作 κερατοειδής，即"似角"，是曲线与切线在切点所夹的角）小于任意直线角。这些出现在命题 16 和 31 中的"混合"角不再出现在严肃的希腊几何学中，尽管围绕它们的争论在评注者的作品中一直持续到克拉维斯、佩勒塔里乌斯（普勒蒂埃）、韦达、伽利略和沃利斯。

现在，我们来看看关于弓形的命题。命题 20 证明圆心角是圆周角的两倍，命题 21 证明同一弓形的内接圆周角全都相等，这决定了圆内接四边形的属性（命题 22）。在关于"相似弓形"的命题（命题 23、24）之后，证明了在相等的圆中，相等的弧对相等的圆心角或圆周角，反之亦然；相等的弧对相等的弦，反之亦然（命题 26-29）。命题 30 是等分一段给定弧的问题，命题 31 证明一个弓形的内接圆周角依据这个弓形等于半圆、大于半圆还是小于半圆的不同而分别是直角、锐角和钝角。命题 32 证明切线与通过切点的弦所构成的角等于交错弓形的圆周角；命题 33、34 是作或切割一个弓形使之包含给定圆周角的问题，而命题 25 是在一个弓形给定的情况下作一个完整的圆。

383

这一卷结束于三个重要命题。给定一个圆，以及圆内（命题 35）或圆外（命题 36）任意一点 O，那么，如果通过点 O 的任意直线与圆相交于 P、Q，则矩形 $PO \times OQ$ 是恒定的，若 O 是圆外点，则等于从点 O 向圆所画切线上的正方形面积。命题 37 是命题 36 的逆命题。

第四卷完全由问题组成，处理的还是圆，不过涉及的是圆的内接或外切直线形。在定义了这些术语之后，欧几里得在预备命题 1 中显示了如何把一条小于直径的给定长度的弦纳入一个圆中。余下的问题都是内接或外切直线形的问题。首先是三角形，我们学会了如何让一个与给定三角形等角的三角形内接或外切一个圆（命题 2、3），以及如何让一个给定的三角形内接或外切于一个圆（命题 4、5）。命题 6-9 是同样的问题，不过是针对正方形，命题 11-14 针对正五边形，命题 15（连同系论）针对正六边形。命题 15 的系论还声称，内接正六边形的边长明显等于圆的半径。命题 16 显示了如何让一个有 15 个角的正多边形内接于一个圆，这个问题是天文学所暗示的，因为，黄赤交角被认为是约 24°，或 360° 的十五分之一。第四卷命题 10 是一个重要命题，要求的是一个正五边形的作法，"作一个等腰三角形，使各底角是顶角的两倍"，这个作法是这样实现的：按黄金分割比分割其中一条相等的边（第二卷命题 11），在把截得的较大线段作为弦纳入一个以这条边为半径的圆中，这个作图的证明依赖于第三卷的命题 32 和 37。

一点也不奇怪，有一位评注者告诉我们，整个这一卷都是"毕达哥拉斯学派的发现"[19]。同一条批注说："这一卷中证明，一个圆的周长并不像很多人认为的那样是其直径的三倍，而是要大于这个数（这里指的明显是第四卷命题 15），同样，圆的面积也并不等于其外切三角形的四分之三。"或许，这些谬误是不是欧几里得已经失传的《纠错集》（*Pseudaria*）中揭露出来的呢？

第五卷致力于新的比例理论，它既适用于可通约量，也适用于不可通约量，而且适用于各种不同的量（直线、面积、体积、数、时间，等等），这一理论应当归功于欧多克索斯。希腊数学可以自夸，他们最精彩的发现莫过于这一理论，它首先把如此依赖于使用比例的几何学放在了一个坚实的立足点上。在细节上，我们并不知道，欧多克索斯本人究竟在多大程度上得出了他的这一理论；那位把这一理论的发现归到他名下的评注者说，"所有人都看出来了"，就其在《几何原本》中的排列和顺序而言，第五卷的内容应当归功于欧多克索斯本人[20]。命题的排序和证明的发展确实要归功于欧几里得，正如巴罗所言，"几何原本的整体内容中，最精妙的发明，确立最牢固、处理最准确的东西，莫过于比例学说"。遗憾的是，尽管欧几里得在英国的数学教学中占据着显赫的位置，却很少有人详细了解第五卷本身。我想，如果人们详细了解的话，也就不会那么倾向于寻找替代物了。实际上，在读了一些替代品之后，我倒是松了一口气，你还是会回到原作。由于这个原因，我对第五卷的介绍将更完整一些，目的不仅是要展示整个

384

内容，而且还有证明的过程。

定义当中，下面是需要单独提及的定义。把比定义为"一种关系（ποιὰ σχέσις），涉及两个同类量之间的大小（πηλικότης）"（定义 3），就像直线的定义一样，既含糊不清，又不怎么实用；它大概是为了完整性的目的而被插进来的，纯粹是为了帮助理解比的概念。定义 4（"当一个量加倍时能够超过另一个量，则我们说它们之间有一个比"）很重要，这不仅仅是因为它显示了这些量必须是同类的，而且还因为，尽管它既包括可通约量，也包括不可通约量，但它排除了一个有限的量与一个同类的无穷大量或无穷小量之间的关系；它实际上还等价于一项原理，正是这项原理，奠定了如今被称作阿基米德公理的穷竭法的基础。最重要的定义是成等比的量的基本定义（定义 5）："有四个量，第一个量与第二个量比，第三个量与第四个量比，如果对第一个量和第三个量取任意相等的倍数，再对第二个量和第四个量取任意相等的倍数，当前面两个倍数按对应的顺序同样大于、等于或小于后面两个倍数时，则我们说这四个量有相同的比。"对这个神奇定义最大的赞扬，大概是魏尔斯特拉斯对它的采用，用作相等数的定义。关于它准确的意义和它绝对的充足性，有一个最为引人入胜的解释，读者可参看《便士百科全书》（*Penny Cyclopaedia*）中德摩根关于比和比例的文章 [21]。较大比的定义（定义 7）是对定义 5 的补充："有四个量，如果第一个量的等倍量大于第二个量的等倍量，但第三个量的等倍量不大于第四个量的等倍量，那么，我们说第一个量与第二个量之比大于第三个量与第四个量之比。"这个定义（大概是为了简洁）只陈述了一个标准，另外一个可能的标准是：第一个量的倍数等于第二个量的倍数，但第三个量的倍数小于第四个量的倍数。一个命题可能包含三项或四项（定义 8、9、10），"对应的"或"同源的"项在与前项的关系中是前项，在与后项的关系中是后项（定义 11）。欧几里得接下来定义了比的不同变换。更比（ἐναλλάξ）指的是在比例 $a : b = c : d$ 中取交替的项，把它变换为 $a : c = b : d$（定义 12）。反比（ἀνάπαλιν）指的是把 $a : b$ 变换为 $b : a$（定义 13）。合比（σύνθεσις λόγου）就是把 $a : b$ 变换为 $(a + b) : b$（定义 14）。分比（διαίρεσις）

385

386

是把 $a:b$ 变换为 $(a-b):b$（定义 15）。转换比（ἀναστροφή）是把 $a:b$ 变换为 $a:(a-b)$（定义 16）。最后，定义了首末比（δι' ἴσου）和调动比（ἐν τεταραγμένῃ ἀναλογίᾳ）（定义 17、18）。若 $a:b=A:B$，$b:c=B:C\cdots k:l=K:L$，那么，首末比是 $a:l=A:L$（在第五卷命题 22 中证明）。若 $a:b=B:C$，且 $b:c=A:B$，那么，调动比是 $a:c=A:C$（在第五卷命题 23 中证明）。

在复述本章的内容时，我将用字母 a、b、$c\cdots$ 来代表一般意义上的量（欧几里得是用直线来代表），用 m、n、$p\cdots$ 代表整数，因此，ma、mb 是 a、b 的等倍量。

前 6 个命题是具体算术中的简单定理，它们几乎全都是通过把倍量分成它们使用的单位来证明。

命题 1. $ma+mb+mc+\cdots=m(a+b+c+\cdots)$

命题 5. $ma-mb=m(a-b)$

命题 5 借助命题 1 来证明。事实上，欧几里得假设了一条长度等于 $ma-mb$ 的 $1/m$ 的直线的作法。这是第六卷命题 9 的先声，但是可以避免的，因为，我们可以画一条直线等于 $m(a-b)$，然后根据命题 1，$m(a-b)+mb=ma$，或 $ma-mb=m(a-b)$。

命题 2. $ma+na+pa+\cdots=(m+n+p\cdots)a$

命题 6. $ma-na=(m-n)a$

欧几里得实际上是这样来表述这两个命题的，他说：$ma\pm na$ 是 a 的倍量，$mb\pm nb$ 是 b 的倍量，其倍数是一样的。通过把 m、n 分成单位，他事实上证明了（在命题 2 中）：

$$ma+na=(m+n)a，且 mb+nb=(m+n)b。$$

命题 6 借助命题 2 来证明，就像命题 5 借助命题 1 来证明一样。

命题 3：若 $m\times na$、$m\times nb$ 是 na、nb 的同倍量，而后者本身是 a、b 的同倍量，则 $m\times na$、$m\times nb$ 也是 a、b 的同倍量。

通过把 m、n 分成单位，欧几里得实际上证明：$m\times na=mn\times a$，且 $m\times nb=mn\times b$。

命题 4：若 $a:b=c:d$，则 $ma:nb=mc:nd$。

取 ma、mc 的任意同倍量 $p \times ma$、$p \times mc$ 和 nb、nd 的任意同倍量 $q \times nb$、$q \times nd$。那么，根据命题3，这些同倍量也分别是 a、c 和 b、d 的同倍量，所以，根据定义5，由于 $a{:}b = c{:}d$，那么，

依据 $p \times mc > = < q \times nd$，则 $p \times ma > = < q \times nb$，

由此，再次根据定义5，由于 p、q 是任意整数，所以，

$$ma : nb = mc : nd$$

命题7、9：若 $a = b$，则 $a{:}c = b{:}c$，反之亦然；

且 $c{:}a = c{:}b$，反之亦然。

命题8、10：若 $a > b$，则 $a{:}c > b{:}c$，反之亦然；

且 $c{:}b > c{:}a$，反之亦然。

命题7借助定义5来证明。取 a、b 的同倍量 ma、mb，且 nc 是 c 的倍数。那么，由于 $a = b$，则

依据 $mb > = < nc$，则 $ma > = < nc$

且，依据 $nc > = < mb$，则 $nc > = < ma$

由此得到结果。

命题8依据 $a - b$ 和 b 这两个量哪个更小而分成两种情况。取整数 m，使得分别在这两种情况下

$$m(a-b) > c, \text{ 或 } mb > c$$

接下来，让 nc 是第一个在这两种情况下分别大于 mb 或 $m(a-b)$ 的 c 的倍量，这样一来，

$$nc > \quad mb \quad \geqslant (n-1)c$$

或 $\qquad nc > m(a-b) \quad \geqslant (n-1)c$

那么，（1）由于 $m(a-b) > c$，我们通过加法得到：$ma > nc$。

（2）由于 $mb > c$，我们类似地得到：$ma > nc$。

不管在哪种情况下，$mb < nc$，因为在（2）的情况下，$m(a-b) > mb$。因此，在任一情况下，根据较大比的定义（定义7），

$$a : c > b : c$$

且 $\qquad c : b > c : a$

反命题 9、10 用归谬法从命题 7、8 证得。

388

命题 11：若　　　　$a:b=c:d$

且　　　　　　　　$c:d=e:f$

则　　　　　　　　$a:b=e:f$

通过取 a、c、e 的任意同倍量和 b、d、f 的其他任意同倍量并使用定义 5 来证明。

命题 12：若　　　　$a:b=c:d=e:f=\cdots$

则　　　　　　　　$a:b=(a+c+e+\cdots):(b+d+f+\cdots)$

取 a、c、e … 的同倍量和 b、d、f … 的其他同倍量之后，再借助第五卷的命题 1 和定义 5 来证明

命题 13：若　　　　$a:b=c:d$

且　　　　　　　　$c:d>e:f$

则　　　　　　　　$a:b>e:f$

证明方法是：取 c、e 的同倍量 mc、me 和 d、f 的同倍量 nd、nf，使得 $mc>nd$ 的同时 me 并不大于 nf（定义 7）。然后，取 a、c 的相同的同倍量 ma、mc 和 b、d 相同的同倍量 nb、nd，然后连续使用定义 5 和 7。

命题 14：若 $a:b=c:d$，依据 $a>=<c$，则 $b>=<d$。

只有第一种情况证明了，另外两种情况用一句"类似地"打发了。

若　　　　　　$a>c$，则 $a:b>c:b$（命题 8）

但 $a:b=c:d$，因此 $c:d>c:b$（命题 13），所以 $b>d$

命题 15：$a:b=ma:mb$

把倍量分成它们的单位，我们便有了 m 的等比 $a:b$；根据命题 12 得到结果。

命题 16—19 在定义 12—16 的意义上证明了比例变换的一些实例。换比的实例被忽略了，大概是因为太明显。因为，若 $a:b=c:d$，应用定义 5 便可以同时证明 $b:a=d:c$。

命题 16：若　　　　$a:b=c:d$

则（更比定理）　　$a:c=b:d$

因为，　　　　　　$a:b=ma:mb$，且 $c:d=nc:nd$（命题 15）

我们得到　　　　　$ma:mb=nc:nd$（命题 11）

因此（命题 14），依据 $ma>=<nc$，则 $mb>=<nd$

所以（定义 5），$a:c=b:d$

命题 17：若　　　　　$a:b=c:d$

则（分比定理）　$(a-b):b=(c-d):d$

取所有这 4 个量的同倍量 ma、mb、mc、md 和 b、d 的其他同倍量 nb、nd。由此可知（命题 2）$(m+n)b$、$(m+n)d$ 也是 b、d 的同倍量。

由于 $a:b=c:d$，所以，

依据 $mc>=<(m+n)d$，则 $ma>=<(m+n)b$。（定义 5）

从前一个关系式两边减去 mb，并从后一个关系式的两边减去 md，我们得到（命题 5）：

依据 $m(c-d)>=<nd$，则 $m(a-b)>=<nb$

所以（定义 5），$(a-b):b=(c-d):d$

（我在这里稍稍缩略了欧几里得的表述，但没有实质性的改变。）

命题 18：若　　　　　$a:b=c:d$

则（合比定理）　$(a+b):b=(c+d):d$

用归谬法来证明。欧几里得假设 $(a+b):b=(c+d):(d\pm x)$，如果这是可能的话。（这意味着，任意 3 个给定的量，其中至少两个量是同类的，那么存在一个第四比例量，这个假设并不完全合理，除非这个事实被作图所证明。）

因此，根据分比定理（命题 17），$a:b=(c\mp x):(d\pm x)$

由此可得（命题 11），$(c\mp x):(d\pm x)=c:d$，根据命题 14，这个关系式是不可能的。

命题 19：若　　　　　$a:b=c:d$

则　　　　　　　　$(a-c):(b-d)=a:b$

根据更比定理（命题 16），$a:c=b:d$，由此得：$(a-c):c=(b-d):d$（命题 17）

再根据更比定理，　　$(a-c):(b-d)=c:d$（命题 16）

由此得（命题 11）：　$(a-c):(b-d)=a:b$

换比定理只在命题 19 的一个插入的系论中给出了。但它很容易用命题 17（分比定理）结合更比定理（命题 16）得到。欧几里得本人在第十卷命题 14 中通过连续使用分比定理（命题 17）、反比定理和首末比定理，从而证明了它。

390　　　首末比和调动比的合比是在命题 22、23 中处理的，其中每个命题都依赖于一个初级比例。

命题 20：若 　　　　　　　$a:b=d:e$

且 　　　　　　　　　　　$b:c=e:f$

那么（首末比定理），依据 $a > = < c$，则 $d > = < f$

因为，依据 $a > = < c$，则 $a:b > = < c:b$（命题 7、8），所以，借助上述关系和命题 13、11，我们得到

$$d:e > = < f:e$$

因此再得到（命题 9、10）

$$d > = < f$$

命题 21：若 　　　　　　　$a:b=e:f$

且 　　　　　　　　　　　$b:c=d:e$

那么（调动比定理），依据 $a > = < c$，则 $d > = < f$

因为，依据 $a > = < c$，则 $a:b > = < c:b$（命题 7、8）

或 　　　　　　　　　　　$e:f > = < e:d$（命题 13、11）

所以，　　　　　　　　　$d > = < f$（命题 9、10）

命题 22：若 　　　　　　　$a:b=d:e$

且 　　　　　　　　　　　$b:c=e:f$

那么（首末比定理），　$a:c=d:f$

取同倍量 ma、md, nb、ne, pc、pf，由此得到（命题 4）：

$$ma:nb=md:ne$$

且 　　　　　　　　　　　$nb:pc=ne:pf$

所以（命题 20），依据 $ma > = < pc$，则 $md > = < pf$

由此得（定义 5）　　　　$a:c=d:f$

391　　命题 23：若 　　　　　$a:b=e:f$

且 　　　　　　　　　　　$b:c=d:e$

那么（调动比定理），　$a:c=d:f$

取同倍量 ma、mb、md 和 nc、ne、nf，借助命题 11、15、16，可以证明：

$$ma : mb = ne : nf$$

且

$$mb : nc = md : ne$$

由此得（命题 21）：依据 $md > = < nf$，则 $ma > = < nc$，

且（定义 5） $\qquad a : c = d : f$

命题 24：若 $\qquad a : c = d : f$

且 $\qquad b : c = e : f$

那么 $\qquad (a+b) : c = (d+e) : f$

把第二个比例反转为 $c : b = f : e$，并把第一个比例与这个比例复合（命题 22）；

因此， $\qquad a : b = d : e$

根据合比定理，$(a+b) : b = (d+e) : e$，把这个比例与第二个比例复合（命题 22），得到 $(a+b) : c = (d+e) : f$

命题 25：若 $a : b = c : d$，且这 4 项当中 a 最大（所以 d 也就最小），则 $a + d > b + c$。

由于 $\qquad a : b = c : d$

所以 $\qquad (a-c) : (b-d) = a : b$ （命题 19）

且由于 $\qquad a > b$

所以 $\qquad (a-c) > (b-d)$ （命题 16、14）

在这个关系式两边各加上 $(c+d)$

因此得到： $\qquad a + d > b + c$

传到我们手里的这伟大的一卷，我们在其中发现的那些微不足道的缺点，就像《几何原本》中另外一些形式瑕疵一样，全都指向了这样一种可能性：它最后的润色并未经过欧几里得之手，但他们可以毫不费力地予以改正，正如西姆森在他那个卓越的版本中所显示的那样。

第六卷包含第五卷所建立的一般比例理论在平面几何领域的应用。这一卷的开头是"相似直线型"的定义，以及"按黄金分割比"切割一条直线意味着什么。第一个和最后一个命题是类似的，命题 1 证明等高的三角形或平行四边形的面积之比等于它们的底之比，命题

392

33 证明等圆中的圆心角或圆周角之比等于它们所对的弧之比，这两个命题都使用了同倍量的方法并应用第五卷定义 5 作为比例检验。同样基本的是命题 2（一个三角形的两边被第三边的任意平行线所截，截得的线段成比例，反之亦然）和命题 3（三角形一个内角的等分线截对边为两段，它们的比等于该内角的两夹边之比，反之亦然），命题 2 直接依赖于命题 1，命题 3 直接依赖于命题 2。接下来是两个三角形相似的可选条件：所有角分别相等（命题 4）；每一对边按顺序成比例（命题 5）；各三角形有一个角相等，且等角的夹边成比例（命题 6）；以及"歧例"（命题 7），在这种情况下，各三角形有一个角相等，且另一个角的夹边成比例。命题 8 很重要：直角三角形中从直角顶点垂直于对边的直线把该三角形分为两个三角形，它们与最初的三角形相似，且互相相似。然后，我们来到了直线的成比例分割（命题 9、10），以及下面这些问题：求两条直线的第三比例项（命题 11），求三条直线的第四比例项（命题 12），求两条直线的比例中项（命题 13，是第二卷命题 14 的另一个版本）。在命题 14、15 中，欧几里得证明了：面积相等且有一角相等的平行四边形或三角形，等角的夹边互成比例，反之亦然。欧几里得是这样证明的：把两个相等的角顶点相对放置，使它们的夹边在两条直线上，并完成这个图形，这样就能够应用第六卷命题 1。从命题 14 直接推导出命题 16、17（若四条或三条直线成比例，则最外两项所包含的矩形等于中间两项所包含的矩形或中项上的正方形，反之亦然）。命题 18—22 处理的是相似直线形；命题 19（连同系论）和 20 特别重要，它们证明：相似三角形，以及一般意义上的相似多边形，其面积之比等于对应边的二次比，而且，若三条直线成比例，则第一条直线上画出的图形与第二条直线上画出的相似图形的面积之比等于第一条直线与第三条直线的二次比。设两个三角形是 ABC、DEF，B、E 是相等的角，BC、EF 是对应的边，求 BC、EF 的第三比例项，并在 BC 上截取 BG 等于这个第三项；连接 AG。那么，三角形 ABG、DEF 夹等角 B、E 的边成反比，它们因此相等（第六卷命题 15）；余下的从第六卷命题 1 和二次比的定义（第五卷定义 9）得出。

393

358

命题 23（等角平行四边形的面积之比等于其各边之比的复比）本身很重要，而且还因为它给我们引入了复比（亦即倍乘比）方法的实际使用，这一方法在希腊几何学中有着极其广泛的应用。欧几里得从未定义过"复比"或比的"复合"，但这些术语的意义，以及复比的方法，在这个命题中展示得非常清楚。这样放置两个等角平行四边形，使得相等的两个角 BCD、GCE 在 C 顶点相对。完成平行四边形 $DCGH$。取任意直线 K，并且（命题 12）求另一条直线 L，使得

$$BC : CG = K : L$$

再求另一条直线 M，使得

$$DC : CE = L : M$$

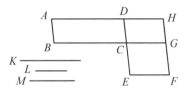

现在，$K : L$ 和 $L : M$ 的复比是 $K : M$；因此 $K : M$ 是"各边之比的复比"。

而且，　　$(ABCD) : (DCGH) = BC : CG$　　　（命题 1）

$$= K : L$$

$$(DCGH) : (CEFG) = DC : CE \qquad （命题 1）$$

$$= L : M$$

所以，根据首末比定理（第五卷命题 22），

$$(ABCD) : (CEFG) = K : M$$

重要的命题 25（作一个直线形，使之相似于一个给定的直线形，等于另一个给定的直线形）是那些被人与毕达哥拉斯献祭的故事关联起来的著名问题之一[22]，它无疑是毕达哥拉斯学派的。给定图形（比方说 P），要作的图形就是与它相似，我们把它变换（第一卷命题 44）为一个同底（BC）的平行四边形。接下来，把另一个所作图

394

形与之相等的给定图形（比方说 Q）变换（第一卷命题 45）为一个
以 CF（与 BC 在一条直线上）为底、并与另一个平行四边形等高的
平行四边形。那么，(P) : (Q) = BC : CF（命题 1）。接下来，只要去
直线 GH 为 BC 和 CF 的比例中项，并以 GH 为底画一个相似于 P（它
以 BC 为底）的直线形（第六卷命题 18）。这个作图的正确性的证明
从第六卷命题 19 得出。

395

在命题 27、28、29 中，我们来到了毕达哥拉斯学派面积贴合的
最后几个问题，它们是最一般形式的、有一个正实根的二次方程代数
解法的几何等价物。有必要详细评论一下这几个命题，因为它们有着
非同寻常的历史意义，源于这样一个事实：这些命题的方法经常被希
腊人用于问题的解。例如，它们构成了《几何原本》第十卷和阿波罗
尼奥斯处理圆锥曲线的整套方法的基础。问题本身是在命题 28、29
中阐述的："对一条给定直线贴合一个平行四边形，使之等于一个给
定的直线形，并贴亏（或贴盈）一个与给定平行四边形相似的平行四
边形。"命题 27 提供了可能性条件的 διορισμός（决定），这在贴亏
的情况下（命题 28）是必要的："给定的直线形（在这种情况下）
一定不能大于直线之半上画出的、并相似于贴亏图形的平行四边形。"
我们将把命题 28 的问题拿来考察一番。

我们已经熟悉了这样一个观念：对直线 AB 贴合一个平行四边形，
使之贴亏或贴盈另外一个给定的平行四边形。假设 D 是给定的平行
四边形，在本例中，贴亏的部分要求与它相似。在点 E 等分 AB，在
EB 这一半上画平行四边形 GEBF 相似于 D，并和它处于相似的位置。
画对角线 GB，并完成平行四边形 HABF。现在，如果我们通过 HA
上任意一点 T，画直线 TR 平行于 AB，与对角线 GB 相交于 Q，然后
画 PQS 平行于 TA，那么平行四边形 TASQ 就是要作的平行四边形，
它贴合于 AB，但贴亏一个与 D 相似且处于相似位置上的平行四边形，
因为贴亏的平行四边形是 QSBR，它相似于 EF（命题 24）。（以同
样的方式，如果 T 在 HA 的延长线上，且 TR 与 GB 的延长线相交于 R，
我们就得到一个这样的平行四边形：它贴合于 AB，但贴盈一个与 D
相似且处在相似位置上的平行四边形。）

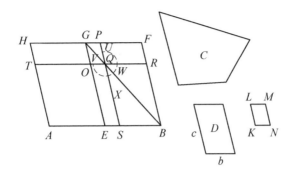

现在考虑平行四边形 *AQ* 贴亏一个平行四边形 *SR*，它与 *D* 相似，并处在相似的位置上。由于 (*AO*) = (*ER*)，且 (*OS*) = (*QF*)，由此得到，平行四边形 *AQ* 等于磬折形 *UWV*，这个问题因此就成了：作磬折形 *UWV*，使它的面积等于给定直线形 *C* 的面积。这个磬折形明显不可能大于平行四边形 *EF*，因此，给定的直线形 *C* 也一定不能大于那个平行四边形。这就是命题 27 所证明的可能性条件。

由于磬折形等于 *C*，因此平行四边形 *GOQP*（用它来组成平行四边形 *EF*）等于 (*EF*) 与 *C* 之间的差。所以，为了作出要求的磬折形，我们只要在角 *FGE* 内画出一个平行四边形 *GOQP*，使之等于 (*EF*) − *C*，并与 *D* 相似且处在相似的位置上。这事实上就是欧几里得所做的；他作出了平行四边形 *LKNM* 等于 (*EF*) − *C*，并与 *D* 相似且处在相似的位置上（借助命题 25），然后画 *GOQP* 与它相等。问题就这样被解决，*TASQ* 就是要求的平行四边形。

要证明它与二次方程的解法是一致的，我们不妨让 $AB = a$，$QS = x$，并让 $b : c$ 是 *D* 的两个邻边之比；因此，$SB = \dfrac{b}{c}x$。那么，若 m 是某个常量（事实上是其中一个平行四边形的一个角的正弦），$(AQ) = m\left(ax - \dfrac{b}{c}x^2\right)$，所以，这个方程的解是：

$$m\left(ax - \frac{b}{c}x^2\right) = C$$

代数解是：$x = \dfrac{c}{b} \times \dfrac{a}{2} \pm \sqrt{\dfrac{c}{b}\left(\dfrac{c}{b} \times \dfrac{a^2}{4} - \dfrac{C}{m} \right)}$

欧几里得只给出了一个解（对应于减号的解），不过他当然知道有两个解，以及如何能在图中展示第二个解。

要想只有一个实解，我们一定不能让 C 大于 $m\dfrac{c}{b} \times \dfrac{a^2}{4}$，也就是 EF 的面积。这相当于命题 27。

我们注意到，事实上，欧几里得所做的是求平行四边形 $GOQP$，这属于给定形状（亦即，使它的面积 $m \times GO \times OQ = m \times GO^2 \dfrac{b}{c}$）。换句话说，他求的是一条等于 $\sqrt{\dfrac{c}{b}\left(\dfrac{c}{b} \times \dfrac{a^2}{4} - \dfrac{C}{m} \right)}$ 的直线；x 因此是已知的，因为 $x = GE - GO = \dfrac{c}{b} \times \dfrac{a}{2} - GO$。因此，欧几里得的步骤差不多相当于代数解。

命题 29 的解完全类似，在细节上进行了必要的修正。一个解始终是可能的，因此不需要决定可能性的条件。

第六卷命题 31 给出了第一卷命题 47 毕达哥拉斯定理的扩展版，证明了我们可以用任何形状的相似平面图形取代后面这个命题中的正方形。命题 30 使用命题 29，按黄金分割比分割一条直线（和第二卷命题 11 的问题一样）。

在这方面，除了它是基于新的比例理论之外，第六卷似乎并没有包含欧几里得时代之前人们所不知道的任何东西。第六卷命题 31 中也没有第一卷命题 47 的一般化，普罗克洛斯曾对这个一般化大加赞赏，认为它是欧几里得的原创，因为，正如我们已经看到的那样，希波克拉底只是假设它对于直角三角形三条边上画出的半圆为真。

我们现在转到有关算术的几卷，即第七、八、九卷。第七卷首先从适用于所有三卷的一组定义开始。它们包括单位和数的定义，接下来是数的不同种类的定义：偶数，奇数，偶倍偶数，偶倍奇数，奇倍奇数，质数，互质数，合数，互合数，平面数，立体数，正方形数，立方体数，相似的平面数和立体数，以及完全数；一些适用于数的比例理论的术语的定义，亦即：一个部分（＝约数或能整除的部分），多个部分（＝真分数），倍数；最后是（四个）成比例的数的定义，这个定义声称："当第一个数是第二个数的倍数、一个部分或多个部分，而第三个数是第四个数相同的倍数、一个部分或相同的多个部分时，我们称这四个数成比例"，亦即，有四个数 a、b、c、d，若 $a = \dfrac{m}{n}b$，$c = \dfrac{m}{n}d$（这里 m、n 为任意整数），则这四个数成比例（不过这个定义并没有涵盖 $m > n$ 的情况）。

第七卷的命题分为四个主要的组。命题 1—3 给出了求两个或三个不相等的数的最大公约数的方法，其形式和我们的教科书中所出现的基本一样，命题 1 给出了两个数是否互质的检验方法，亦即，在到达 1 之前，上一个商没有剩余的约数。第二组命题 4—19 提出了数的比例理论。命题 4—10 是预备性的，所处理的数是其他数的"一部分"或"多部分"，正如第五卷处理倍量和等倍量的预备命题一样。命题 11—14 是比例的变换，相当于第五卷中类似的变换（更比等）。下面是结果，完全借助于代表整数的字母来表达。

398

若 $a : b = c : d$（$a > c$，$b > d$），则

$$(a - c) : (b - d) = a : b \qquad （命题 11）$$

若 $a : a' = b : b' = c : c' = \cdots$，则式中的每个比都等于

$$(a + b + c + \cdots) : (a' + b' + c' + \cdots) \qquad （命题 12）$$

若 $a : b = c : d$，则 $a : c = b : d$ （命题 13）

若 $a : b = d : e$，且 $b : c = e : f$，则，根据首末比，

$$a : c = d : f \qquad （命题 14）$$

若 $1 : m = a : ma$（书中是这样表述的：第三个数除尽第四个数的倍数和一除尽第二个数的倍数相同），则，根据更比定理，

$$1 : a = m : ma。 \qquad （命题 15）$$

最后这个结果被用来证明 $ab = ba$；换句话说，乘法的顺序无关紧要（命题 16），紧接着是下面两个命题：$b : c = ab : ac$（命题 17）和 $a : b = ac : bc$（命题 18），它们再一次被用来证明重要的命题

19：若 $a:b=c:d$，则 $ad=bc$，这个定理相当于第六卷针对直线的命题 16。

邹腾指出，尽管有必要使用数的比例定义，以便把数论带到这个节点上，但命题 19 建立了两个理论之间必不可少的联系点，因为，现在我们看到，第五卷定义 5 中的比例定义，当它被应用于数时，便有了像第七卷命题 20 中的定义一样的意义，从此之后，我们可以毫不犹豫地借用第五卷中证明过的任何命题。[23]

命题 20、21 是关于"那些与它们有相同比的数当中最小的数"，它们证明：若 m、n 是这样两个数，且 a、b 是另外有相同比的任意两个数，则 m 除尽 a 的倍数与 n 除尽 b 的倍数是相同的，而且，互质的两个数就是与它们有相同比的数当中最小的数。这两个命题导致关于互质数、质数与合数的命题 22—32。这组命题包括下列基本定理。若两个数与任何一个数互质，则它们的积也与这个数互质（命题 24）。若两个数互质，则它们平方数、他们的立方数等也都互质（命题 27）。若两个数互质，则它们的和与它们每个数互质；而且，若两个数的和互质，则这两个数也互质（命题 28）。任意质数与任意一个它不能除尽的数互质（命题 29）。若两个数相乘，且有任意质数能除尽它们的积，则这个质数能除尽这两个数中的一个（命题 30）。任意合数都可以被某个质数除尽（命题 31）。任何一个数，要么是质数，要么能被某个质数除尽（命题 32）。

命题 33 到最后一个命题（命题 99）针对的是求两个数或三个数的最小公倍数；命题 33 是预备定理，为了解下面这个问题而使用最大公约数："给定任意多个数，求与它们有相同比的最小数。"

似乎很清楚，在第七卷中，欧几里得遵循了早期的模式，同时毫无疑问在表达上有所改进。正如我们已经看到的那样，下面这个事实部分程度上证明了这一点：在阿契塔对"两个连续数之间没有比例中项"这个命题的证明中，他所假设的命题相当于第七卷的命题 20、22、23。

第八卷主要处理"成连比"的数列，亦即几何级数（命题 1—3、6—7、13）。若下列各数在几何级数中：

$$a^n, \quad a^{n-1}b, \quad a^{n-2}b^2, \quad \cdots a^2b^{n-2}, \quad ab^{n-1}, \quad b^n,$$

命题 1–3 处理的是其比为 $a:b$ 的各项最小的情况，在这种情况下 a^n、b^n 互质。命题 6—7 证明，若 a^n 不能除尽 $a^{n-1}b$，则没有一项能除尽任意其他项，但是，若 a^n 能除尽 b^n，它就能除尽 $a^{n-1}b$。把这两个命题与命题 14—17 联系起来，可以证明：依据 a^2 能还是不能除尽 b^2，可知 a 能还是不能除尽 b，反之亦然；类似地，依据 a^3 能还是不能除尽 b^3，可知 a 能还是不能除尽 b，反之亦然。命题 13 证明，若 a，b，c … 在几何级数中，则 a^2，b^2，c^2 …和 a^3，b^3，c^3 …分别都在几何级数中。 400

命题 4 是这样一个问题：给定任意多个比：$a:b$、$c:d$…，在最小可能的项中求一个数列 p，q，r…，使得 $p:q=a:b$、$q:r=c:d$…。这个问题通过求最小公倍数来解，先求 b、c 的最小公倍数，然后求其他数对的最小公倍数。这个命题给出了合数之间的两个或两个以上比的方法，其方式和第六卷命题 23 中复合直线对之比的方式是一样的；紧接着是与第六卷命题 23 对应的命题（命题 5），亦即：平面数互相之间的比等于其各边之比的复比。

命题 8—10 处理的是在数之间插入几何平均数。若 $a:b=e:f$，且 a 和 b 之间有 n 个几何平均数，则 e 和 f 之间也有 n 个几何平均数（命题 8）。若 a^n，$a^{n-1}b$，$\cdots ab^{n-1}$，b^n 是一个 $n+1$ 项的几何级数，这样一来，a^n 和 b^n 之间有 $n-1$ 个几何平均数，那么，1 和 a^n 之间与 1 和 b^n 之间分别有同样多个几何平均数（命题 9）；反过来，若 1，a，a^2，$\cdots$，a^n 和 1，b，b^2，$\cdots$，b^n 是几何级数中的各项，则 a^n 和 b^n 之间同样有 $(n-1)$ 个几何平均数（命题 10）。特别而言，正方形数之间（命题 11）和相似平面数之间（命题 18）都只有一个比例中项，反过来，若两个数之间只有一个比例中项，则这两个数是相似平面数（命题 20）；立方体数之间（命题 12）和相似立体数（命题 19）之间有两个比例中项，反过来，若两个数之间有两个比例中项，则这两个数是相似立体数（命题 21）。就正方形数和立方体数而言，柏拉图在《蒂迈欧篇》中陈述了这些命题，无疑正是由于这个原因，尼科马库斯把它们成为"柏拉图定理"。与它们相关的命题有：相似平面数之比等于一个正方形数与一个正方形数之比（命题26），相似立体数之比等于一个立方体数与一个立方体数之比（命题27）。另外几个附属命题无需特别提及。

401　　第九卷从7个简单的命题开始，例如：相似平面数之积是一个正方形数（命题1），而且，如果两个数之积是一个正方形数，则这两个数是相似平面数（命题2）；若一个立方体数乘以自身或另一个立方体数，其积为一个立方体数（命题3、4）；若 $a^3 B$ 是一个立方体数，则 B 是立方体数（命题5）；若 A^2 是一个立方体数，则 A 是一个立方体数（命题6）。接下来的6个命题（命题8—13）是关于几何级数中从1开始的一系列项。设 1，a，b，c，$\cdots k$ 是几何级数中的 n 项，那么（命题9），若 a 是一个正方形数（或立方体数），则其他各项 b，c，$\cdots k$ 都是正方形数（或立方体数）；若 a 不是正方形数，则这个数列中唯一的正方形数是 a 之后的那一项（亦即 b）以及 b 之后的每隔一项；若 a 不是立方体数，则这个数列中唯一的立方体数是第4项（c）、第7项、第10项等，从头至尾中间被两项隔开；第7项、第13项等（每次跳过5项）既是立方体数，也是正方形数（命题8、10）。紧接着这些命题之后，是一个有趣的定理：若 1，a_1，a_2，$\cdots a_n$ 是几何级数中的各项，a_r，a_n 是任意两项（这里 $r < n$），则 a_r 能除尽 a_n，且 $a_n = a_r \times a_{n-r}$（命题11及系论）；当然，这是公式 $a^{m+n} = a^m \times a^n$ 的等价物。接下来证明：若几何级数 1，a，b，c，$\cdots k$ 各项中的最后一项 k 能被任一质数除尽，则 a 也能被同一质数除尽（命题12）；若 a 是质数，则 k 只能被这个数列中的数除尽（命题13）。命题14是下面这个重要定理的等价物：一个数只能以一种方式被分解为质因子。接下来的命题大意是说：若 a、b 互质，则它们不可能有整数第三比例项（命题16），而且，若 a、b、c、$\cdots k$ 在几何级数中，且 a、k 互质，那么 a、b、k 不可能有整数第四比例项（命题17）。接下来研究了两个数有整数第三比例项和三个数有整数第四比例项的可能性条件（命题18、19）。命题20是一个重要命题：质数的个数是无穷的，其证明和我们现在的教科书通常给出的证明是一样的。在

很多关于奇数、偶数、"偶倍奇数""偶倍偶数"的容易命题之后（命题 21—34），有两个重要命题结束本卷。命题 35 给出了一个 n 项几何级数的求和方法，它是一个非常简洁的解法。假设 a_1、a_2、a_3、$\cdots$ a_{n+1} 是几何级数中的 $n+1$ 项；欧几里得接下来这样说： 402

我们得到

$$\frac{a_{n+1}}{a_n} = \frac{a_n}{a_{n-1}} = \cdots = \frac{a_2}{a_1},$$

而且，根据分比定理，

$$\frac{a_{n+1} - a_n}{a_n} = \frac{a_n - a_{n-1}}{a_{n-1}} = \cdots = \frac{a_2 - a_1}{a_1}。$$

加前项与后向，我们得到（第七卷命题 12）：

$$\frac{a_{n+1} - a_1}{a_n + a_{n-1} + \cdots + a_1} = \frac{a_2 - a_1}{a_1},$$

这样就得出了 $a_n + a_{n-1} + \cdots + a_1$ 或 S_n。

最后一个命题（命题 36）给出了完全数的判定标准，亦即：若数列 1，2，2^2，$\cdots 2^n$ 的任意多项之和是质数，这个和与最后一项的积，亦即 $(1 + 2 + 2^2 + \cdots + 2^n) 2^n$，就是完全数，也就是等于其所有因子之和。

关于所有算术几卷，应当补充一句，所有数在图示中都被表示为简单的直线，不管它们是直线数、平面数、立体数，还是任何其他种类的数。因此，两个或两个以上因子的积被表示为一条新的直线，而不是一个矩形或一个立体。

第十卷大概是《几何原本》各卷中最值得注意的，因为它在形式上是最完美的。它处理的是无理量，也就是说，与任何一条被假设为有理的特定直线有关的无理直线，它研究了直线每一可能的种类，可以用 $\sqrt{\sqrt{a} \pm \sqrt{b}}$ 来表示，这里 a、b 是两条可公度的直线。当然，这一理论不是欧几里得本人的原创。正相反，我们知道不仅仅是基本命题，即第十卷命题 9（它证明：如果两个正方形的比不等于一个正方形数与另一个正方形数之比，则它们的边在长度上不可公度，反之亦然），而且还有这一课题的大部分进一步发展，都要归功于泰阿泰德。关于这一点，我们所依据的权威材料是第十卷命题 9 的一条边注和保存在

403 阿拉伯文版中的帕普斯的第十卷评注中的一个段落。帕普斯的这个段落谈到了欧几里得在这项研究中的那一份功劳：

> 至于欧几里得，他本人给出了关于一般意义上的可公度量与不可公度量的严格规则，这些规则是他自己确立的；他给出了准确的定义，以及有理量和无理量之间的区分，他提出了很多无理量的种类，最后，他厘清了它们的整个范围。

像往常一样，欧几里得首先从定义开始。"可公度量"可以被同一度量量尽；"不可公度量"不可能有任何公度量（定义1）。当不同直线上的正方形可以被相同的面积量尽时，则它们"在正方形上可公度"，但是，当其上的正方形没有公度量时，则它们"在正方形上不可公度"（定义2）。考虑一条给定的直线，我们都同意称之为"有理"直线，任意要么在长度上、要么在正方形上能与它公度的直线，我们也可以称之为有理直线；而任意不能与它公度（亦即，无论在长度上还是在正方形上都不能与它公度）的直线都是"无理"直线（定义3）。给定直线上的正方形是"有理的"，任意能与它公度的面积都是"有理的"，但任意不能与它公度的面积都是"无理的"，与这个面积相等的正方形的各边也是"无理的"（定义4）。那么，关于直线，欧几里得在这里对"有理"直线所抱持的观点比我们之前遇到的都更加宽泛。若直线 ρ 被认为是有理的，不仅 $\frac{m}{n}\rho$（这里 m、n 是整数，而且就其最小值而言 m/n 不是正方形数）也是"有理的"，而且，任何只要要么在长度上、要么在正方形上能与 ρ 公度的直线都是"有理的"；也就是说，按照欧几里得的定义 $\sqrt{\frac{m}{n}} \times \rho$ 都是有理的。在正方形数的情况下，ρ^2 当然是有理的，$\frac{m}{n} \times \rho^2$ 也是有理的；但 $\sqrt{\frac{m}{n}} \times \rho^2$ 不是有理的，而且，后面这个正方形的边 $\sqrt[4]{\frac{m}{n}} \times \rho$ 当然也是无理的，所有无论在长度上、还是在正方形上都不能与 ρ 公度的直线都是如此，例如 $\sqrt{a} \pm \sqrt{b}$ 或 $\left(\sqrt{\kappa} \pm \sqrt{\lambda}\right) \times \rho$。

这一卷首先是一个著名的命题，第十二卷中所使用的"穷竭法" 404 依赖于这个命题，大意是：如果从任意量中减去其一半以上（或者只是它的一半），从余下的量中再减去其一半以上（或它的一半），这样继续下去，最终总会余下一个量，小于任意给定的同类量。命题 2 使用了求两个量的最大公倍量的过程，作为它们可公度或不可公度的一种检验：如果这个过程永远没有尽头，亦即，如果剩余的量永远不可能量尽上一个除数，则它们不可公度；命题 3、4 把求两个或三个数的最大公倍数的方法应用于可公度量，就像第七卷命题 2、3 中所使用的那样。命题 5—8 证明，两个量依据它们的比等于或不等于一个数与另一个数的比，则它们可公度或不可公度，并导致我们前面已经引述过的泰阿泰德的基本命题（命题 9），亦即：两个正方形的边能不能公度，依据的是它们的比等不等于一个正方形数与另一个正方形数之比，反之亦然。命题 11—16 都是很容易的推论，从其他已知关系中推断出量的可公度或不可公度；例如，命题 14 证明，若 $a:b=c:d$，那么，依据 $\sqrt{a^2-b^2}$ 与 a 是可公度还是不可公度，可知 $\sqrt{c^2-d^2}$ 与 c 是可公度还是不可公度。接下来，命题 17、18 证明，依据 $\sqrt{a^2-b^2}$ 与 a 是可公度还是不可公度，可知二次方程 $ax-x^2 = b^2/4$ 的根与 a 是可公度还是不可公度。命题 19—21 处理的是有理的和无理的矩形，前者是长度上可公度的直线所包含的矩形，而只在正方形上不可公度的直线所包含的矩形是无理的。一个等于无理矩形的正方形的边被称作中项线，这在欧几里得的无理量分类中是第一类。当矩形的边可以表示为 ρ、$\rho\sqrt{\kappa}$ 时，这里 ρ 是一条有理直线，中项线就是 $\kappa^{1/4}\rho$。命题 23—28 涉及中项线和矩形，两条中项线要么在长度 405 上可公度，要么只在正方形上可公度，因此，$\kappa^{1/4}\rho$ 和 $\lambda\kappa^{1/4}\rho$ 在长度上可公度，而 $\kappa^{1/4}\rho$ 和 $\sqrt{\lambda}\times\kappa^{1/4}\rho$ 只在正方形上可公度，这样一对直线组成的矩形一般而言是中项矩形，正如 $\lambda\kappa^{1/2}\rho^2$ 和 $\sqrt{\lambda}\times\kappa^{1/2}\rho^2$ 那样。但是，如果在第二种情况下 $\sqrt{\lambda}=\kappa'\sqrt{\kappa}$，则矩形 $(\kappa'\kappa\rho^2)$ 是有理的（命题 24、25）。命题 26 证明，两个中项面积之差不可能是有理的。由于任意两个中项面积都可以表示为 $\sqrt{\kappa} \times \rho^2$、$\sqrt{\lambda} \times \rho^2$ 的形式，这等价于——正如我们在代数中所做的那样——证明 $\left(\sqrt{\kappa}-\sqrt{\lambda}\right)$ 不可能等于 κ'。最后，命题 27、28 求符合下列条件其只在正方形上可公度的中项线：（1）它们包含一个有理矩形，即 $\kappa^{1/4}\rho$、$\kappa^{3/4}\rho$，（2）它们包含一个中项矩形，即 $\kappa^{1/4}\rho$、$\lambda^{1/2}\rho/\kappa^{1/4}$。应当指出的是，由于 ρ 可以取 a 或 $\sqrt{A}$ 当中的任一形式，一条中项线也可以取 $\sqrt{a\sqrt{B}}$ 或 $\sqrt[4]{AB}$ 的形式，刚刚提到的中项线对分别可以取下面的形式：

（1）$\sqrt{a\sqrt{B}}$、$\sqrt{\dfrac{B\sqrt{B}}{a}}$ 或 $\sqrt[4]{AB}$、$\sqrt{B\dfrac{\sqrt{B}}{\sqrt{A}}}$，

（2）$\sqrt{a\sqrt{B}}$、$\sqrt{\dfrac{aC}{\sqrt{B}}}$ 或 $\sqrt[4]{AB}$、$\sqrt{\dfrac{C\sqrt{A}}{\sqrt{B}}}$。

之后我将忽略这些显而易见的可选形式。接下来是两个引理，其目的是求（1）两个正方形数，它们的和也是正方形数，欧几里得的解法是：

$$mnp^2 \times mnq^2 + \left(\frac{mnp^2 - mnq^2}{2}\right)^2 = \left(\frac{mnp^2 + mnq^2}{2}\right)^2$$

这里，mnp^2、mnq^2 要么都是奇数，要么都是偶数；（2）两个正方形数，它们的和不是正方形数，欧几里得的解法是：

$$mp^2 \times mq^2, \left(\frac{mp^2 - mq^2}{2} - 1\right)^2$$

命题 29—35 是一些问题，其目的是求（1）两条仅在正方形上可公度的有理直线，（2）两条仅在正方形上可公度的中项线，（3）两条在正方形上不可公度的直线，但它们的正方形的差或和及它们所包含的矩形分别有某些特征。各题的解是：

（1）x、y 是有理直线，且仅在正方形上可公度。

命题 29：ρ，$\rho\sqrt{1-\kappa^2}$（$\sqrt{x^2-y^2}$ 与 x 可公度）。

命题 30：ρ，$\rho/\sqrt{1+\kappa^2}$（$\sqrt{x^2-y^2}$ 与 x 不可公度）。

（2）x、y 是中项线，且仅在正方形上可公度。

命题 31：$\rho(1-\kappa^2)^{1/4}$，$\rho(1-\kappa^2)^{3/4}$（xy 有理，$\sqrt{x^2-y^2}$ 与 x 可公度）。

$\rho/\rho(1+\kappa^2)^{1/4}$，$\rho/(1+\kappa^2)^{3/4}$（$xy$ 有理，$\sqrt{x^2-y^2}$）与 x 不可公度）。

命题 32：$\rho\lambda^{1/4}$，$\rho\lambda^{1/4}\sqrt{1-\kappa^2}$（$xy$ 为中项，$\sqrt{x^2-y^2}$ 与 x 可公度）。

$\rho\lambda^{1/4}$，$\rho\lambda^{1/4}/\sqrt{1+\kappa^2}$（$xy$ 为中项，$\sqrt{x^2-y^2}$ 与 x 不可公度）。

（3）x、y 在正方形上不可公度。

命题 33：$\dfrac{\rho}{\sqrt{2}}\sqrt{1+\dfrac{\kappa}{\sqrt{1+\kappa^2}}}$，$\dfrac{\rho}{\sqrt{2}}\sqrt{1-\dfrac{\kappa}{\sqrt{1+\kappa^2}}}$（$x^2+y^2$ 有理，xy 为中项）。

命题 34：$\dfrac{\rho}{\sqrt{2(1+\kappa^2)}}\times\sqrt{\sqrt{1+\kappa^2}+\kappa}$，

$\dfrac{\rho}{\sqrt{2(1+\kappa^2)}}\times\sqrt{\sqrt{1+\kappa^2}-\kappa}$（$x^2+y^2$ 为中项，xy 有理）。

命题 35：$\dfrac{\rho\lambda^{1/4}}{\sqrt{2}}\sqrt{1+\dfrac{\kappa}{\sqrt{1+\kappa^2}}}$，

$\dfrac{\rho\lambda^{1/4}}{\sqrt{2}}\sqrt{1-\dfrac{\kappa}{\sqrt{1+\kappa^2}}}$（$x^2+y^2$ 和 xy 都为中项且互相不可公度）。

从命题 36 开始，欧几里得阐述了几个复合无理量，总共 12 个。可以把那些只有分隔两个组成部分的符号不同的无理量放在一起，12 个复合无理量连同名称如下： 407

（A_1）二项线：$\rho+\sqrt{\kappa}\times\rho$（命题 36）

（A_2）余线：$\rho-\sqrt{\kappa}\times\rho$（命题 73）

（B_1）第一双中项线：$\kappa^{1/4}\rho+\kappa^{3/4}\rho$（命题 37）

（B_2）中项线的第一余线：$\kappa^{1/4}\rho-\kappa^{3/4}\rho$（命题 74）

（C_1）第二双中项线：$\kappa^{1/4}\rho+\dfrac{\lambda^{1/2}\rho}{\kappa^{1/4}}$（命题 38）

（C_2）中项线的第二余线：$\kappa^{1/4}\rho - \dfrac{\lambda^{1/2}\rho}{\kappa^{1/4}}$（命题 75）

（D_1）主线：$\dfrac{\rho}{\sqrt{2}}\sqrt{1+\dfrac{\kappa}{\sqrt{1+\kappa^2}}} + \dfrac{\rho}{\sqrt{2}}\sqrt{1-\dfrac{\kappa}{\sqrt{1+\kappa^2}}}$（命题 39）

（D_2）次线：$\dfrac{\rho}{\sqrt{2}}\sqrt{1+\dfrac{\kappa}{\sqrt{1+\kappa^2}}} - \dfrac{\rho}{\sqrt{2}}\sqrt{1-\dfrac{\kappa}{\sqrt{1+\kappa^2}}}$（命题 76）

（E_1）一有理面积加一中项面积之边：

$$\dfrac{\rho}{\sqrt{2(1+\kappa^2)}}\sqrt{\sqrt{1+\kappa^2}+\kappa} + \dfrac{\rho}{\sqrt{2(1+\kappa^2)}}\sqrt{\sqrt{1+\kappa^2}-\kappa}$$（命题 40）

（E_2）它与一有理面积"产生"一整个中项面积：

$$\dfrac{\rho}{\sqrt{2(1+\kappa^2)}}\sqrt{\sqrt{1+\kappa^2}+\kappa} - \dfrac{\rho}{\sqrt{2(1+\kappa^2)}}\sqrt{\sqrt{1+\kappa^2}-\kappa}$$（命题 77）

（F_1）两中项面积之和的边：

$$\dfrac{\rho\lambda^{1/4}}{\sqrt{2}}\sqrt{1+\dfrac{\kappa}{\sqrt{1+\kappa^2}}} + \dfrac{\rho\lambda^{1/4}}{\sqrt{2}}\sqrt{1-\dfrac{\kappa}{\sqrt{1+\kappa^2}}}$$（命题 41）

（F_2）它与一中项面积"产生"一整个中项面积：

$$\dfrac{\rho\lambda^{1/4}}{\sqrt{2}}\sqrt{1+\dfrac{\kappa}{\sqrt{1+\kappa^2}}} - \dfrac{\rho\lambda^{1/4}}{\sqrt{2}}\sqrt{1-\dfrac{\kappa}{\sqrt{1+\kappa^2}}}$$（命题 78）

关于上述 12 个复合无理量，应当注意的是：

A_1、A_2 是下面这个方程的正根：

$$x^4 - 2(1+\kappa)\rho^2 \times x^2 + (1-\kappa)^2\rho^4 = 0$$

B_1、B_2 是下面这个方程的正根：

$$x^4 - 2\sqrt{\kappa}(1+\kappa)\rho^2 \times x^2 + \kappa(1-\kappa)^2\rho^4 = 0$$

C_1、C_2 是下面这个方程的正根：

$$x^4 - 2\dfrac{\kappa+\lambda}{\sqrt{\kappa}}\rho^2 \times x^2 + \dfrac{(\kappa-\lambda)^2}{\kappa}\rho^4 = 0$$

408 D_1、D_2 是下面这个方程的正根：

$$x^4 - 2\rho^2 \times x^2 + \frac{\kappa^2}{1+\kappa^2}\rho^4 = 0$$

E_1、E_2 是下面这个方程的正根：

$$x^4 - \frac{2}{\sqrt{1+\kappa^2}}\rho^2 \times x^2 + \frac{\kappa^2}{\left(1+\kappa^2\right)^2}\rho^4 = 0$$

F_1、F_2 是下面这个方程的正根：

$$x^4 - 2\sqrt{\lambda} \times x^2\rho^2 + \lambda\frac{\kappa^2}{1+\kappa^2}\rho^4 = 0$$

命题 42 ~ 47 证明，上述各直线都由两项之和所组成，只能以一种方式分为它的各项。特别说来，命题 42 证明了代数学中下面这个著名定理的等价物：

若　　　　$a+\sqrt{b}=x+\sqrt{y}$，则 $a=x$，$b=y$

而且，若 $\sqrt{a}+\sqrt{b}=\sqrt{x}+\sqrt{y}$

则　　　　$a=x$，$b=y$（或 $a=y$，$b=x$）

命题 79 ~ 84 证明了关于两项之间为减号的对应无理量的对应命题。特别说来，命题 79 证明：

若　　　　$a-\sqrt{b}=x-\sqrt{y}$，则 $a=x$，$b=y$

而且，若 $\sqrt{a}-\sqrt{b}=\sqrt{x}-\sqrt{y}$，则 $a=x$，$b=y$

本卷接下来的几个部分处理的是二项线和余线，依据它们各项与另一条有理直线的关系来归类。共有下列 6 种这样的直线，先是定义，然后是作图：

（α_1）第一二项线：$\kappa\rho+\kappa\rho\sqrt{1-\lambda^2}$；（命题 48）

（α_2）第一余线：$\kappa\rho-\kappa\rho\sqrt{1-\lambda^2}$；（命题 85）

（β_1）第二二项线：$\dfrac{\kappa\rho}{\sqrt{1-\lambda^2}}+\kappa\rho$；（命题 49）

（β_2）第二余线：$\dfrac{\kappa\rho}{\sqrt{1-\lambda^2}}-\kappa\rho$；（命题 86）

（γ_1）第三二项线：$m\sqrt{\kappa} \times \rho + m\sqrt{\kappa} \times \rho\sqrt{1-\lambda^2}$；（命题 50）

（γ_2）第三余线：$m\sqrt{\kappa} \times \rho - m\sqrt{\kappa} \times \rho\sqrt{1-\lambda^2}$；（命题 87）

409

（δ_1）第四二项线：$\kappa\rho + \dfrac{\kappa\rho}{\sqrt{1+\lambda}}$；（命题 51）

（δ_2）第四余线：$\kappa\rho - \dfrac{\kappa\rho}{\sqrt{1+\lambda}}$；（命题 88）

（ε_1）第五二项线：$\kappa\rho\sqrt{1+\lambda} + \kappa\rho$；（命题 52）

（ε_2）第五余线：$\kappa\rho\sqrt{1+\lambda} - \kappa\rho$；（命题 89）

（ξ_1）第六二项线：$\sqrt{\kappa} \times \rho + \sqrt{\lambda} \times \rho$；（命题 53）

（ξ_2）第六余线：$\sqrt{\kappa} \times \rho - \sqrt{\lambda} \times \rho$；（命题 90）

在这里，再次应当注意，这些二项线和余线分别是某些二次方程的大根和小根，

α_1、α_2 是方程 $x^2 - 2\kappa\rho \times x + \lambda^2\kappa^2\rho^2 = 0$ 的根，

β_1、β_2 是方程 $x^2 - \dfrac{2\kappa\rho}{\sqrt{1-\lambda^2}} \times x + \dfrac{\lambda^2}{1-\lambda^2}\kappa^2\rho^2 = 0$ 的根，

γ_1、γ_2 是方程 $x^2 - 2m\sqrt{\kappa} \times \rho x + \lambda^2 m^2\kappa\rho^2 = 0$ 的根，

δ_1、δ_2 是方程 $x^2 - 2\kappa\rho \times x + \dfrac{\lambda}{1+\lambda}\kappa^2\rho^2 = 0$ 的根，

ε_1、ε_2 是方程 $x^2 - 2\kappa\rho\sqrt{1+\lambda} \times x + \lambda\kappa^2\rho^2 = 0$ 的根，

ξ_1、ξ_2 是方程 $x^2 - 2\sqrt{\kappa} \times \rho x + (\kappa-\lambda)\rho^2 = 0$ 的根。

接下来两组命题（命题 54—65 和 91—102）证明了第一组无理量（A_1、$A_2 \cdots F_1$、F_2）分别与第二组无理量（α_1、$\alpha_2 \cdots \xi_1$、ξ_2）之间的联系。例如，命题 54 证明，如果一个正方形等于 ρ 和第一二项线 α_1 所包含的矩形，则这个正方形的边是一条 A_1 类型的二项线，命题 91 针对余线证明了相同的结论。事实上，

$$\sqrt{\rho\left(\kappa\rho \pm \kappa\rho\sqrt{1-\lambda^2}\right)} = \rho\sqrt{\frac{1}{2}\kappa(1+\lambda)} \pm \rho\sqrt{\frac{1}{2}\kappa(1-\lambda)}。$$

类似地，$\sqrt{\rho\beta_1}$、$\sqrt{\rho\beta_2}$ 分别是 B_1、B_2 类型的无理量，其余的依

此类推。

反过来，A_1 或 A_2 上的正方形，如果作为一个矩形贴合于一条有理直线（比方说 σ），它的长宽分别是一个 α_1、α_2 类型的二项线或余线（命题 60、97）。

事实上，$\left(\rho \pm \sqrt{\kappa} \times \rho\right)^2 / \sigma = \dfrac{\rho^2}{\sigma}\{(1+\kappa) \pm 2\sqrt{\kappa}\}$，且 $B_1{}^2$、$B_2{}^2$ 与 β_1、β_2 类型的无理量有类似的关系，其余的依此类推。

命题 66–70 和命题 103–107 证明：在长度上分别与 A_1、A_2 ··· F_1、F_2 可公度的直线是同样类型和顺序的无理直线。

命题 71、72、108–110 证明：无理量 A_1、A_2 ··· F_1、F_2 分别是作为下列正方形的边而产生的：一个有理面积与一个中项面积的和或差，或者，两个互不公度的中项面积的和或差。因此，$\kappa\rho^2 \pm \sqrt{\lambda} \times \rho^2$ 是一个有理面积与一个中项面积的和或差，$\sqrt{\kappa} \times \rho^2 \pm \sqrt{\lambda} \times \rho^2$ 是两个互不公度的中项面积的和或差，假设 $\sqrt{\kappa}$ 和 $\sqrt{\lambda}$ 是不可公度的，这些命题证明：

$$\sqrt{\kappa\rho^2 \pm \sqrt{\lambda} \times \rho^2} \ \text{和} \ \sqrt{\sqrt{\kappa} \times \rho^2 \pm \sqrt{\lambda} \times \rho^2}$$

依据 κ、λ 之间的关系和分隔两项的符号，而采取 A_1、A_2 ··· F_1、F_2 当中的这个或那个形式，而不会是别的形式。

最后，在命题 72 的末尾、命题 111 及紧随其后的解释中证明：这 13 种无理直线，即中项线及另外的无理直线 A_1、A_2 ··· F_1、F_2，全都互相不同。例如（命题 111），一条二项线不可能同时是一条余线；换句话说，$\sqrt{x}+\sqrt{y}$ 不可能等于 $\sqrt{x'}-\sqrt{y'}$，而 $x+\sqrt{y}$ 不可能等于 $x'-\sqrt{y'}$。我们通过化方来证明后面一个命题，而欧几里得的步骤恰好与此一致。命题 112 ~ 114 证明，若一个矩形等于一条有理直线上的正方形，把它贴合于一条二项线，则包含它的另外一边是一条同类的余线，其各项与那条二项线的各项可公度，且有同样的比，反之亦然；而且，一条同样类型且各项分别可公度的二项线和余线包含一个有理矩形。在这里，我们得到的方法相当于把分数 $\dfrac{c^2}{\sqrt{A} \pm \sqrt{B}}$

410

375

或 $\dfrac{c^2}{a \pm \sqrt{B}}$ 的分母有理化，通过分别用分子和分母乘以 $\sqrt{A} \mp \sqrt{B}$ 或 $a \mp \sqrt{B}$。事实上，欧几里得证明：

$$\sigma^2 / \left(\rho + \sqrt{\kappa} \times \rho\right) = \lambda\rho - \sqrt{\kappa} \times \lambda\rho \ (\kappa < 1)$$

而且，他的方法使我们能够看出，$\lambda = \sigma^2/(\rho^2 - \kappa\rho^2)$。命题 115 证明：
411 从一条中项线可以产生出无穷多条其他无理直线，其中每一条不同于上一条。$\kappa^{1/4}$ 是中项线，我们去另一条有理直线 σ，并求比例中项 $\sqrt{\kappa^{1/4}\rho\sigma}$，这是一条新的无理直线。取这条直线与 σ' 的比例中项，依此类推。

我这样详尽地描述第十卷的内容，乃是因为它对数学家来说可能不是很熟悉，同时它在几何学上却非常引人注目，而且非常完备。关于它的目标，邹腾曾经有过一番评论，我认为想必非常接近于真相。邹腾说："由于二次方程的这种与给定量不可通约的根不可能借助字母和数字来表达，不难想象，在精确严谨的研究中，希腊人没有引入近似值，而是使用他们已经得出的量，这些量是他们通过作图而获得的直线，而这些作图相当于方程的解。当我们并不求根的值，而是满足于用根号及其他代数符号来表达它们时，所发生的恰好是同样的事情。但是，由于一条直线看上去和另一条直线并无不同，希腊人对它们表示什么看得不是很清楚（亦即通过简单的目测），不如我们的符号体系能够确保我们清楚地理解。由于这个原因，有必要对二次方程连续解所得出的无理量进行分类。"也就是说，第十卷构成了一个结果的汇总，那些依赖于某类方程的解的问题都可以到这里来查阅，它们是二次方程或可简化为二次方程的四次方程，亦即：

$$x^2 \pm 2\mu x \times \rho \pm v \times \rho^2 = 0$$

和 $\qquad x^4 \pm 2\mu x^2 \times \rho^2 \pm v \times \rho^4 = 0$

这里，ρ 是一条有理直线，而 μ、v 是系数。依据 μ、v 的值相互之间的关系及其特性（μ，而不是 v，可能包含某个不尽根，比如 $\sqrt{m}$ 或 $\sqrt{m/n}$），前一个方程的两个正根分别为"第一""第二"……"第

六"等同阶二项线和余线，而后一个方程的两个正根是另一种形式的
无理线 $(A_1、A_2)、(B_1、B_2)\cdots(F_1、F_2)$ 之一。

欧几里得本人在第十三卷中相当可观地利用了第十卷处理余线的
第二部分；他认为，如果一条直线可以说它是（比方说）一条余线（第
十三卷命题 17）、一条第一余线（第十三卷命题 6）、一条次线（第
十三卷命题 11），那么就足以在特征上对它进行界定了。帕普斯就
是这样做的。[24]

我们对第十一至十三卷的介绍可以更短一些。它们处理的是三维
空间的几何。这三卷的所有定义都在第十一卷的开头部分。这些定义
包括：直线或平面与一个平面成直角，平面与平面倾斜相交（两面角），
平行平面，相等和相似的立体图形，立体角，棱锥体、棱柱体、球体、
圆锥体、圆柱体以及它们的部分，立方体、八面体、二十面体，以及
十二面体。只有球体的定义需要特别提及。前面已经把球体定义为其
表面上各点到球心等距的图形，而欧几里得考虑到要在第十三卷用它
把正立体"包含"在一个球体之内，于是把它定义为一个半圆绕其直
径旋转所包含的图形。

第十一卷的命题在顺序上完全平行于第一和第四卷平面几何的那
些命题。首先是几个这样的命题：一条直线如果有一部分在一个平
面上，则它全部都在这个平面上（命题 1），两条相交的直线在一个
平面上，一个三角形在一个平面上（命题 2）。两个相交的平面交于
一条直线（命题 3）。接下来的命题处理的是垂直于平面的直线（命
题 4—6、8、11—14），然后是并非全在同一平面上的平行直线（命
题 9、10、15），平行平面（命题 14、16），互成直角的平面（命题
18、19），被三个角（命题 20、22、23、26）或三个以上的角（命
题 21）所包含的立体角。这一卷剩下的内容主要处理平行六面体。
只需要提及一些更重要的命题。同底或等底并在相同的平行平面之间
的平行六面体相等（命题 29—31）。等高的平行六面体之比等于它
们的底之比（命题 32）。相似平行六面体之比等于对应边的三次比（命
题 33）。在相等的平行六面体中，底与高成反比，反之亦然（命题
34）。若四条直线成比例，则在它们上面画出的且位置类似的平行六

413 面体也成比例，反之亦然（命题37）。另外几个命题只是因为需要它们作为后面几卷的引理而被插进来的，例如，若一个立方体被两个各与其一对对边平行的平面等分，则这两个平面的相交线与立方体的对角线互相等分（命题38）。

第十二卷的主要特点是穷竭法的应用，它被连续用来证明：圆面积之比等于其直径上的正方形之比（命题1、2），底为三角形的等高棱锥体之比等于它们的底之比（命题3—5）；在体积上，任意圆锥体是同底等高的圆柱体的三分之一（命题10）；等高的圆锥体之比和等高的圆柱体之比都等于它们的底之比（命题11）；相似的圆锥体之比和相似的圆柱体之比等于它们的底的直径之比（命题12）；最后，球的体积之比等于它们各自直径的三次比（命题16—18）。命题1、3—4和16—17当然分别是主要命题2、5和18的预备命题。命题5被扩展到了命题6中的底为多边形的棱锥体。命题7证明，任意以三角形为底的棱柱体都可以分为三个以三角形为底且体积相等的棱锥体，由此得到，任意以三角形为底的棱锥体（并以此还包括任意以多边形为底的棱锥体）等于同底等高的棱柱体的三分之一。本卷的其余部分包括一些关于棱锥体、圆锥体和圆柱体的命题，类似于第十一卷中关于平行六面体和第六卷中关于平行四边形的那些命题：以三角形为底的相似棱锥体（因此还有以多边形为底的相似棱锥体）之比等于对应边的三次比（命题8）；在相等的棱锥体、圆锥体和圆柱体中，底与高成反比，反之亦然（命题9、15）。

《几何原本》中所使用的穷竭法依赖第十卷命题1作为引理，毫无疑问，在这里插入一个使用穷竭法的实例是合适的。欧几里得说，
414 底为三角形且等高的棱锥体之比等于它们的底之比（命题5）。首先证明（命题3），给定任意棱锥体 ABCD，底为三角形 BCD，如果我们在 E、F、G、H、K、L 等分6条棱边，并画图中所示的直线，我们就把棱锥体 ABCD 分成了两个相等的棱柱体和两个相等的、与最初棱锥体相似的棱锥体 AFGE、FBHK（两个棱柱体的相等在第十一卷命题39中证明了），而且，两个棱柱体之和大于最初棱锥体的一半。命题4证明，若两个等高的给定棱锥体都被这样分割，然后再同

样分割这样留下来的更小棱锥体，如此一直进行下去至任何限度，则
两个给定棱锥体的所有棱柱体对之比全
都等于它们各自的底之比。设这两个棱
锥体和它们的体积分别用 P、P' 来表示，
它们的底分别用 B、B' 来表示。那么，
如果 $B:B'$ 不等于 $P:P'$，它就必定等于
$P:W$，这里，是某个小于 P' 或大于 P'
的体积。

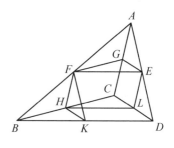

1. 假设，$W < P'$

根据第十卷命题 1，我们可以把 P' 及其中的连续棱锥体分成棱柱
体和棱锥体，直至留下的小棱锥体之和小于 $P' - W$，这样一来，

$$P' > (P' \text{中的棱柱体}) > W$$

假设完成了这样的分割，并类似地分割了 P

那么（第十二卷命题 4），

(P 中的棱柱体之和) : (P' 中的棱柱体之和) = $B:B' = P:W$（根
据前提）。

但是，$P > (P$ 中的棱柱体之和)，

因此，$W > (P'$ 中的棱柱体之和)。

可是，W 又小于 (P' 中的棱柱体之和)，这是不可能的。   415

因此，W 不小于 P'。

2. 假设，$W > P'$。

反过来我们得到：

$$B':B = W:P$$
$$= P':V, \text{这里，} V \text{是某个小于} P \text{的立体。}$$

但可以证明这是不可能的，就像第 1 部分一样。

因此，W 既不大于、也不小于 P'，所以，

$$B:B' = P:P'$$

当我们开始讨论阿基米德时，我们将看到，他扩充了这种穷竭法。
他没有仅仅取一个近似值，这种方法可以说是从底下开始，在被度量

图形的内部作连续的图形，相反，他把从外面得到的近似值与这个近似值结合起来。他取了一组内接图形和一组外接图形，从两侧逼近被度量的图形，可以说是把它们挤压为一个图形，这样一来，它们就接近于互相重合，并与曲线图形本身重合，想要多近就多近。在阿基米德那里，证明的两个部分因此是分开的，第二部分并不纯粹是向第一部分归纳。

第十三卷的目标是作出 5 个正立体，并把它们"包含在一个球体中"：棱锥体（命题 13），八面体（命题 14），立方体（命题 15），二十面体（命题 16），以及十二面体（命题 17）。"包含在一个球体中"指的是外接球体的作图，涉及到决定立体的"边"（亦即棱边）与球体半径之间的关系。在前三种立体的情况下，这个关系实际上已经决定了，而就二十面体而言，图形的边被证明是被称作"主线"的无理直线，在十二面体的情况下是一条"余线"。这一卷开头部分的命题都是预备命题。命题 1-6 是关于按黄金分割比分割的直线的定理，命题 7、8 涉及到五边形，命题 8 证明：在一个正五边形中，若两条对角线（连接两个角点，它们中间只隔一个角点）相交于一点，它们都在该点按黄金分割比被分割，其中较长的线段等于五边形的边。命题 9 和 10 涉及内接于同一个圆的五边形、十边形和六边形的边，是预备定理，为的是证明（命题 11）在于圆直径（被认为是有理直线）的关系中，五边形的边是一条被称作"次线"的无理直线。若 p、d、h 分别是内接于同一个圆的正五边形、正十边形和正六边形的边，命题 9 证明，$h+d$ 是按黄金分割比分割的两条线段，h 是较长的线段；这相当于说：$(r+d)d = r^2$，这里，r 是圆的半径，或者换句话说：$d = \frac{1}{2}r(\sqrt{5}-1)$。命题 10 证明，$p^2 = h^2 + d^2$ 或 $r^2 + d^2$，因此我们得到：$p = \frac{1}{2}r\sqrt{10-2\sqrt{5}}$。如果表达为一条被称作"次线"的无理直线（命题 11 将证明它是次线），就是：

$$p = \frac{1}{2}r\sqrt{5+2\sqrt{5}} - \frac{1}{2}r\sqrt{5-2\sqrt{5}}。$$

几个内接于一给定球体的立体的作图可以简略地陈述如下：

1. 正棱锥体或四面体。

设 D 为外接于正四面体的球体的直径，欧几里得以 r 为半径画一个圆，使 $r^2 = \frac{1}{3}D \times \frac{2}{3}D$，或 $r = \frac{1}{3}\sqrt{2} \times D$，并让一个等边三角形内接于这个圆，然后从圆心作一条直线垂直于圆所在的平面，长度为 $\frac{2}{3}D$。垂线端点与等边三角形顶点的连线便决定了这个正四面体。各直棱边（比方说 x）是这样：$x^2 = r^2 + \frac{4}{9}D^2 = 3r^2$，已经证明（第十三卷命题 12），圆内接三角形的边上的正方形也是 $3r^2$。因此，这个正四面体的棱边 $a = \sqrt{3} \times r = \frac{1}{3}\sqrt{6} \times D$。

2. 正八面体。

设 D 是外接球体的直径，一个正方形内接于一个直径为 D 的圆，从圆心朝两个方向画直线垂直于圆所在的平面，长度等于圆的半径或正方形对角线的一半，正方形上各棱的长度 $= \sqrt{2} \times \frac{1}{2}D$，且等于正方形的边长。正八面体的各棱 a 因此等于 $\sqrt{2} \times \frac{1}{2}D$。

3. 立方体。

设 D 为外接球体的直径，画一个边长为 a 的正方形，使得 $a^2 = D \times \frac{1}{3}D$，以这个正方形为底作一个立方体。棱 $a = \frac{1}{3}\sqrt{3} \times D$。

4. 正二十面体。

设 D 为外接球体的直径，以 r 为半径作一个圆，使得 $r^2 = D \times \frac{1}{5}D$。作该圆的内接正十边形。从它的顶点画直线垂直于圆所在的平面，长度等于圆的半径 r；这就决定了内接于一个相等平行圆的正十边形的顶点。隔点连接一个正十边形的顶点，在外接于它的圆内作一个正五边形，然后在另一个圆上做同样的步骤，但要让顶点不和另一个正五边形的顶点相对。连接一个正五边形的顶点与另一个正五边形最近的顶点，这样得到了 10 个三角形。若 p 是各正五边形

417

381

的边长，d 是各正十边形的边长，三角形的直立边（比方说 $=x$）由 $x^2 = d^2 + r^2 = p^2$ 给出（命题 10），因此，10 个三角形都是等边三角形。我们最后得出立于正五边形上的 5 个等边三角形的共同顶点，完成这个正二十面体。若 C、C' 是两个平行圆的圆心，在两个方向上延长 CC' 分别至 X、Z，使得 $CX = C'Z = d$（正十边形的边长）。然后，分别连接 X、Z 和两个正五边形的顶点，得到的直立棱（比方说 $=x$）再次由 $x^2 = d^2 + r^2 = p^2$ 给出。因此，各棱

$$a = p = \frac{1}{2}r\sqrt{10-2\sqrt{5}} = \frac{D}{2\sqrt{5}}\sqrt{10-2\sqrt{5}} = \frac{1}{10}D\sqrt{10\left(5-\sqrt{5}\right)}。$$

最后证明，以 XZ 为直径作出的球体外接于这个正二十面体，而且，

$$XZ = r + 2d = r + r\left(\sqrt{5}-1\right) = r \times \sqrt{5} = D$$

5. 正十二面体。

我们首先从直径为 D 的给定球体的内接立方体开始。然后，我们按照图中所显示的方式，以这个立方体的棱为对角线画正五边形。若 H、N、M、O 为面 BF 各边的中点，H、G、L、K 为面 BD 各边的中点，连接 NO、GK，那么，它们平行于 BC，画 MH、HL 在点 P、Q 垂直等分它们。

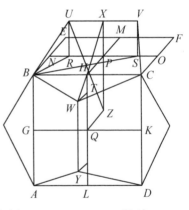

按黄金分割比，在点 R、S、T 分割 PN、PO、QH，且让 PR、PS、QT 为较长的线段。画 RU、PX、SV 垂直于平面 BF，TW 垂直于平面 BD，使这些垂直线段都等于 PR 或 PS。连接 UC、VC、CW、WB、BU。这些线段决定了一个五边形的面，其他线段类似地画出。

接下来证明，每个这样的五边形，如 $UVCWB$，都是（1）相等的，（2）在相同的平面上，（3）等角的。

至于我们所看到的边，例如，

$$BU^2 = BR^2 + RU^2 = BN^2 + NR^2 + RP^2$$
$$= PN^2 + NR^2 + RP^2 = 4\,RP^2\,（根据第十三卷命题 4）= UV^2$$

其余依次类推。

最后，我们证明，外接于这个立方体的直径为 D 的相同球体也外接于这个正十二面体。例如，若 Z 为这个球体的球心，则，

$$ZU^2 = ZX^2 + XU^2 = NS^2 + PS^2 = 3PN^2\,（第十三卷命题 4）$$

同时，$ZB^2 = 3ZP^2 = 3PN^2$

若 a 是这个正十二面体的棱，c 是立方体的棱，则，

$$a = 2PR = 2 \times \frac{\sqrt{5}-1}{4} c = \frac{2\sqrt{3}}{3} \times \frac{\sqrt{5}-1}{4} D = \frac{1}{6} D\left(\sqrt{15} - \sqrt{3}\right)$$

第十三卷结束于命题 18，它按面数的顺序排列内接于同一个球体的 5 个正立体的棱，同时有一个附录证明了除了现有的 5 个正立体之外，不存在其他的正立体。

所谓的第十四、十五卷

毫无疑问，到了该说说第十三卷续篇的时候，它们通常被称作《几何原本》的第十四、十五卷，尽管它们并非出自欧几里得之手。前者是海普西克利斯的作品，他大概生活在公元前 2 世纪的下半叶，在别的方面，据说他是一本天文学小册子《赤经》（De ascensionibus）的作者，此书至今尚存（现存最早出现把圆分为 360 度的希腊文书），此外还有其他一些作品，没有幸存下来，论述的是球体的和谐与多边形数。"第十四卷"的序言就其历史意义而言十分有趣。看来，阿波罗尼奥斯是根据这篇序言，撰写了一本小册子，比较内接于同一个球体的正十二面体和正二十面体，亦即，它们之间的比，这部作品有两个版本，第一个版本在某种意义上是错误的，而第二个版本给出了下

面这个命题的正确证明：正十二面体与正二十面体的面之比等于它们
的体积之比，"因为从球心到正十二面体的五边形和到正二十面体的
三角形的垂线是一样的"。海普西克利斯还说，阿里斯泰俄斯在一本
题为《五个图形比较》（*Comparison of the Five Figures*）的作品中证
明："同样的圆外接于在同一球体内作出的正十二面体的五边形和正
二十面体的三角形"。这个阿里斯泰俄斯和那个写《立体轨迹》的阿
里斯泰俄斯（比欧几里得年长的同时代人）究竟是不是同一个人，我
们不得而知。海普西克利斯证明了阿里斯泰俄斯的命题，作为他的那
卷书的命题 2。下面是对海普西克利斯所获得的结果的概括。在末尾
的一个引理中，他证明了：若两条直线段按照黄金分割比分割，所截
得的线段成等比；事实上，这个比是 $2:(\sqrt{5}-1)$。那么，若任意直线
段 AB 在点 C 按黄金分割比分割，AC 是较长的线段，海普西克利斯
证明，如果我们让一个立方体、一个正十二面体和一个正二十面体全
都内接于同一个球体，那么：

（命题 7）（立方体的边）:（正二十面体的边）$= \sqrt{AB^2+AC^2}:$
$\sqrt{AB^2+BC^2}$；

（命题 6）（正十二面体的面）:（正二十面体的面）=（立方体的
边）:（正二十面体的边）；

（命题 8）（正十二面体的体积）:（正二十面体的体积）=（正
十二面体的面）:（正二十面体的面）；

因此，

（正十二面体的体积）:（正二十面体的体积）$= \sqrt{AB^2+AC^2}:$
$\sqrt{AB^2+BC^2}$。

增补两卷的第二卷（即"第十五卷"）也与正立体相关。但质量
比上一卷要差得多。阐述部分很多付诸阙如，有些地方含糊不清，还
有一些地方实际上是错误的。这一卷包含长度不等的 3 个部分。第一
部分 [25] 显示如何在某些正立体内作另外一些正立体：（a）在立方体
内作正四面体，（b）在正四面体内作正八面体，（c）在立方体内作
正八面体，（d）在正八面体内作立方体，（e）在正二十面体内作正

十二面体。第二部分 (26) 解释如何分别计算 5 种正立体的棱数和立体角数。第三部分 (27) 显示如何确定相交于任一正立体的任一棱的两个平面之间的二面角。方法是作一个等边三角形，其顶角等于上述角；从任一棱的中点画两条垂直于棱的直线，相交于这条棱的两个平面上各一条；这两条垂线（它们构成了二面角）用来确定一个等腰三角形的两条相等的边，三角形的底很容易根据已知的特定正立体的属性求出。首先笼统地给出了画各个等腰三角形的一般法则，这个段落的特殊意义在于下面这个事实：这些规则被归到了"我们伟大的老师伊西多尔"的名下。这位伊西多尔无疑是米利都的伊西多尔，建造君士坦丁堡圣索菲亚教堂（约公元 532 年）的建筑师。因此，这一卷的第三部分无论如何应该是公元 6 世纪伊西多尔的一位弟子写的。

《给定量》

现在，我们来介绍欧几里得的其他作品，我们首先从那些确实幸存下来了的作品开始。和《几何原本》处理平面几何的内容（第一至六卷的主题）关系最密切的，当属《给定量》（*Data*），研究这部作品可以通过海贝格和门格编辑的希腊文版，也可以通过西姆森编辑的《几何原本》附录的译文（尽管这个译本所依据的是一个质量较差的文本）。这本书被认为重要到足以被收入帕普斯所知道的《分析荟萃》（*Treasury of Analysis*）中，帕普斯给出了它的描述。这篇描述显示，帕普斯的文本与我们的文本之间存在一些差异。因为，尽管命题 1—62 与描述一致，本书末尾与圆有关的命题 87—94 也是如此，但中间的命题并不完全一致，然而，这些差异所影响的只是命题的分布和编号，而不是它们的内容。这本书首先从定义开始，定义了事物在何种意义上可以说是"给定的"。诸如面积、直线、角和比这样一些东西，"当我们可以让其他事物与之相等的时候，可以说它在大小上是给定的"（定义 1—2）。至于直线形，如果它们的"角分别给定，而且边与边之间的比也已给定"，则它们"在种类上是给定的"（定义 3）。

422

385

而点、直线和角，"当它始终占据相同位置时"，它们"在位置上是给定的"：这不是一个很有启发性的定义（定义4）。当一个圆的圆心在位置上是给定的，半径在大小上是给定的，则我们说这个圆在位置上和在大小上都是给定的（定义6）；其余的依此类推。被称作"给定量"（Datum）的命题，其目的是要证明：如果在一个给定的图形中，在某个意义上，某些部分或关系是给定的，那么其他部分或关系也是给定的。

很显然，有了像欧几里得所搜集的那样一套系统性的"给定量"，在分析中将会非常方便，并且会缩短分析的步骤；这无疑解释了它为什么被收入在《分析荟萃》中。必须指出的是，这种形式的命题实际上并没有决定被显示为给定的事物或关系，而仅仅是证明了：一旦假说中所陈述的事实是已知的，它就可以被决定；如果命题说：某个东西如此这般，例如，图形中的某条直线为某个长度，它就会是一个定理；如果它要求我们求出这个东西，而不是证明它是"给定的"，那么它就是一个问题；因此，很多"给定量"这种形式的定理，要么可以用定理的形式，要么可以用问题的形式，来予以陈述。

我们很自然地预期，《几何原本》中的很多主题，将再次出现在《给定量》中，只不过是以适合于这本书的不同面貌，事实证明情况就是这样。我们已经提到了《几何原本》第二卷命题5、6与混合二次方程 $ax \pm x^2 = b^2$ 的解法之间的联系。这些方程的解法等价于下面这个联立方程的解：

$$\begin{cases} y \pm x = a \\ xy = b^2 \end{cases}$$

而且，欧几里得在《给定量》的命题84、85中显示了如何解这些方程，这两个命题声称："若两条直线包含一个给定三角形中的一个给定区域，而且，如果差（和）是给定的，那么，它们都是给定的。"证明直接依赖于命题58、59的证明："如果把一个给定区域贴合于一条给定直线，贴亏（盈）一个在种类上给定的图形，则亏（盈）的宽度是给定的。"所有这些"区域"都是平行四边形。

我们将给出命题 59（"盈"的情况）的证明。设给定区域 AB 被贴合于 AC，贴盈区域 CB 在种类上是给定的。我们说，边 HC、CE 都是给定的。

在点 F 等分 DE，在 EF 上作图形 FG 相似于 CB 并处于相似的位置（第六卷命题 18）。因此，FG、CB 在同一条对角线的两边（第六卷命题 26）。完成这个图形。

那么，FG（相似于 CB）在种类上是给定的，而且，由于 FE 是给定的，所以 FG 在大小上也是给定的（命题 52）。

因此，KH 是给定的，而且，由于 KC = EF 也是给定的，所以差 CH 是给定的。而 CH 与 HB 的比是给定的，因此，HB 也是给定的（命题 2）。

《几何原本》第三卷命题 35、36 讲的是一个点相对于一个圆的"力（power）"，《给定量》的命题 91、92 中有它们的等价物，大意是说：在同一平面上给定一个圆和一个点，任一直线通过该点且与圆相交，则该点与这条直线和圆的交点之间所包含的长方形也是给定的。

还可以引用更多一点阐述。命题 8（复比）：与相同量有给定比的量，它们互相之间也有给定的比。命题 45、46（相似三角形）：若一个三角形有一个角是给定的，并且，包含这个角（或另一个角）的两条边之和与第三边之比是给定的（在两种情况下都是如此），则这个三角形在种类上是给定的。命题 52：若一个（直线）图形在种类上是给定的，被画在一条大小给定的直线上，则这个图形在大小上是给定的。命题 66：若一个三角形有一个角是给定的，则由包含这个角的两条边所构成的长方形与这个三角形（的面积）有给定的比。命题 80：若一个三角形有一个角是给定的，且包含给定角的两条边所构成的长方形与第三边有给定的比，则这个三角形在种类上是给定的。

424

命题 93 很有趣：若在一个大小给定的圆内画一条直线，所截得的一个弓形包含一个给定的角，而且，如果这个角被（一条与弓形底和圆周相交的直线）等分，那么，包含给定角的两条边之和与等分该角的弦有一个给定的比，而且，上述两条边之和与等分线被圆周截得的部分（弓形外面）所构成的长方形也是给定的。

欧几里得的证明如下。在圆 ABC 中，让弦 BC 切割一个包含给定角 BAC 的弓形，让这个角被 AE 等分，AE 和 BC 相交于 D。

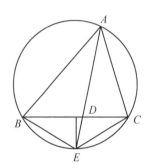

连接 BE。那么，由于这个圆在大小上是给定的，BC 切割一个包含给定角的弓形，所以 BC 是给定的（命题 87）。

类似地，BE 也是给定的；因此 $BC : BE$ 是给定的。（不难看出，$BC : BE$ 等于 $2\cos\dfrac{1}{2}A$）

现在，由于角 BAC 被等分，那么

$$BA : AC = BD : DC$$

由此可得：$(BA + AC) : (BD + DC) = AC : DC$

但是，三角形 ABE、ADC 是相似的；因此，由上可得：

$$AE : BE = AC : DC = (BA + AC) : BC$$

因此，$(BA + AC) : AE = BC : BE$，这是一个给定的比。

再一次，由于三角形 ADC、BDE 是相似的，所以，

$$BE : ED = AC : CD = (BA + AC) : BC$$

因此，$(BA + AC) \times ED = BC \times BE$，这个值是给定的。

论（图形）分割

欧几里得在纯几何领域另外一部幸存下来（但不是希腊文）的作

425

品是《论（图形）分割》（*On divisions*）。帕普斯提到过这部作品，对它的内容给出了一些线索 [28]；他谈到作者的本行就是图形（圆或直线形）分割，并且评论道：分割后部分在定义或概念上可能是相像的，也可能不相像；因此，把一个三角形分成多个三角形，就是把它分割成相像的图形，而把它分割成一个三角形和一个平行四边形，就是把它分割成不相像的图形。这些线索使我们能够在某种程度上查实那些通过阿拉伯语传下来的、处理图形分割问题的著作的真实性。正是约翰·迪伊，最早发现了一个名叫穆罕默德·巴格达迪乌斯（卒于 1141 年）的人撰写的一本论著《论分割》（*De divislonibus*），并在 1563 年把它的一个副本（拉丁文）交给了康曼丁努斯；后来以迪伊的名字和他自己的名字在 1570 年出版。看来，迪伊自己并没有从阿拉伯语翻译这本书，而是根据一个拉丁文译本的手抄本，给康曼丁努斯制作了一个副本，他自己一度拥有这个拉丁文本，但这个译本显然是被人偷走了，大概在制作副本 20 年后被毁掉了。这个副本似乎不是根据科顿手抄本制作的，科顿手抄本在 1731 年险些毁于一场大火之后被转给了大英博物馆 [29]。这个拉丁文译本可能是克雷莫纳的杰拉德（1114—1187）的译本，因为，在他数量庞大的译文清单当中，出现了一条"论分割（liber divisionum）"。但是，阿拉伯语原文不可能直接译自欧几里得的文本，甚至不是对它的直接改编，因为它包含了一些错误和非数学的表达；此外，由于它并不包含帕普斯所提及的关于圆的分割的命题，所以，它所包含的充其量只是欧几里得原作的一个片段，仅此而已。但是，沃普克在巴黎的一个手抄本中发现了一篇阿拉伯语的论述图形分割的专论，他把这篇专论翻译了出来，并在 1851 年出版。在这个手抄本中，它被明确地归到了欧几里得的名下，并且与帕普斯所暗示的内容相一致。在这里，我们发现了把不同的直线图形分割成相同种类的图形，例如，把三角形分割为三角形，把梯形分割为梯形，并且还有分割成"不相像的"图形，例如，用一条平行于底的直线来分割一个三角形。遗失的部分（关于圆的分割）也出现在这个手抄本中："把一个由一段圆弧和两条包含给定角的直线所构成的给定图形分割为两个相等的部分"（命题 28），以及"在一个给定的圆内画两条

426

平行的直线，从圆上截得某个部分"（命题 29）。不幸的是，36 个命题当中，只有 4 个命题给出了证明，亦即命题 19、20、28 和 29，阿拉伯文译者觉得其余命题太容易证明，于是把它们省略了。沃普克编辑的这篇专论的真实性被下面这些事实所证明：留下来的 4 个证明简洁优雅，并依赖于《几何原本》中的命题，而且，有一个引理带有真正的希腊人的特色："在一条直线上贴合一个长方形，使之等于一个由 AB、AC 构成的长方形，并贴亏一个正方形"（命题 18）。此外，这篇专论不是片段，它最后的结束语是"论毕"，而且（除了遗失的证明之外）并然有序，紧凑完整。因此，我们可以有把握地得出结论：沃普克小册子不仅呈现了欧几里得的作品，而且是完整的。比萨的莱昂纳多的《几何实践》（*Practica geometriae*）中处理图形分割的部分似乎是对欧几里得这部作品的恢复和扩充；推测起来，莱昂纳多想必得到了它的一个阿拉伯文版本。

欧几里得这篇专论打算解决的典型问题可以笼统地概括如下：用一条或多条直线把一个给定图形分成几个部分，它们互相之间或者与其他给定面积之间有给定的比。被分割的图形有三角形、平行四边形、梯形、四边形、由一段圆弧和两条直线围成的图形和圆。这些图形被分割成两个相等的部分，或两个成给定比的部分；再或者，截取图形的给定部分，或按照给定的比把图形分为几个部分。分割直线可能通过图形的一个顶点，或者这样一个点：它在任意一条边上，在两条平行边的一边上，在图形内，在图形外，如此等等；再或者，它们可能仅仅是平行线，或与底平行的直线。这篇专论还包括一些辅助命题：（1）"把一个长方形贴合一条给定直线，使之等于给定面积，并贴亏一个正方形，"这个命题我们已经提到过，它等价于方程 $ax - x^2 = b^2$ 的代数解，并依赖于《几何原本》第二卷命题 5；（2）涉及不等比而不是等比的比例命题：

若 $a \times d >$ 或 $< b \times c$，则 $a : b >$ 或 $< c : d$

若 $a : b > c : d$，则 $(a \mp b) : b > (c \mp d) : d$

若 $a : b < c : d$，则 $(a - b) : b < (c - d) : d$

借助图示，我们简短地阐述一下沃普克文本中的这 3 个命题。

（1）命题 19、20（稍稍一般化了）：
通过三角形内的一个给定点画一条直
线，从一条直线上截取某个部分（m/n，
欧几里得给出了两个实例，分别对应于
$m/n = \dfrac{1}{2}$ 和 $m/n = \dfrac{1}{3}$)。

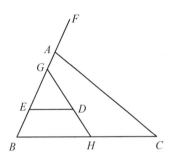

如果我们得出这个问题的分析（不
是欧几里得给出的），作法就更好理解。

设 ABC 是给定的三角形，D 是给定的内点，假设问题已经解决， 428
亦即，通过点 D 画出了直线 GH，使得 $\triangle GBH = \dfrac{m}{n} \times \triangle ABC$。

因此，$GH \times BH = \dfrac{m}{n} \times AB \times BC$。（这是欧几里得假设的。）

现在假设，未知量 $GB = x$。

作 DE 平行于 BC；那么，DE、EB 是给定的

现在，$BH : DE = GB : GE = x : (x - BE)$

或
$$BH = x \times \dfrac{DE}{x - BE}$$

而且，根据假设，$GH \times BH = \dfrac{m}{n} \times AB \times BC$

所以，$x^2 = \dfrac{m}{n} \times \dfrac{AB \times BC}{DE}(x - BE)$

或者，若 $k = \dfrac{m}{n} \times \dfrac{AB \times BC}{DE}$，我们就必须解方程
$$x^2 = k(x - BE)$$

或 $\qquad kx - x^2 = k \times BE$

这恰好就是欧几里得所做的；他首先在 BA 上找到 F，使得 $BF \times$
$DE = \dfrac{m}{n} \times AB \times BC$（$BF$ 的长度通过向 DE 贴合一个面积等于 $\dfrac{m}{n} \times$
$AB \times BC$ 的长方形来决定，《几何原本》第一卷命题 45），也就是
说，他求出了 BF 等于 k。接下来，他给出了方程 $kx - x^2 = k \times BE$ 的
几何解法，其形式为"把一个面积等于 $BF \times BE$ 的长方形贴合于直线
BF，且贴亏一个正方形"；也就是说，他确定了 G，使得 $BG \times GF =$

$BF \times BE$。我们接下来只要连接 GD，并延长至 H；则 GH 截得了所要求的三角形。

（这个问题受制于 διορισμός［决定］，欧几里得并没有给出，不过很容易提供。）

（2）命题 28：把一个由一段圆弧和包含一个给定角的两条直线所围成的图形分割为两个相等的部分。

设 $ABEC$ 是给定的图形，D 是 BC 的中点，DE 垂直于 BC。连接 AD。

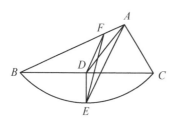

那么，折断线 ADE 明显把这个图形分成了两个相等的部分。连接 AE，作 DF 平行于它，和 BA 相交于 F。连接 FE。

那么，三角形 AFE、ADE 是相等的，且在相同的两条平行线内。给每个三角形添加面积 AEC。

所以，面积 $AFEC$ 等于面积 $ADEC$，因此等于给定图形面积的一半。

（3）命题 29：在一个给定的圆内画两条平行的弦，截取圆的某个部分（m/n）。

（分数 m/n 必须是这样：我们可以用平面几何的方法，画出一条弦，截得圆周的 m/n；欧几里得以 $m/n = \dfrac{1}{3}$ 为例。）

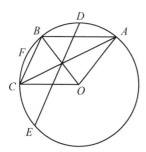

假设弧 ADB 是圆周的 m/n。连接 A、B 到圆心 O。画 OC 平行于 AB，连接 AC、BC。从 AB 的中点 D 画弦 DE 平行于 BC。那么，BC、DE 应当截得圆面积的 m/n。

由于 AB、OC 平行，所以，

$$\triangle AOB = \triangle ACB。$$

各加上弓形 ADB；因此，

（扇形 $ADBO$）$= AC$、CB 和弧 ADB 围成的图形 $=$（弓形 ABC）$-$（弓形 BFC）。

由于 BC、DE 平行，(弧 DB) = (弧 CE)；所以，

    (弧 ABC) = (弧 DCE)，且 (弓形 ABC) = (弓形 DCE)；   430

所以，(扇形 $ADBO$)，或 $\dfrac{m}{n}$ (圆 ABC) = (弓形 DCE) – (弓形 BFC)。

也就是说，BC、DE 截得的区域等于 $\dfrac{m}{n}$ (圆 ABC)。

失传的几何作品

（1）《纠错集》

就目前所知道的而言，欧几里得的其他纯几何作品都已失传。其中有一部作品也属于初等几何领域，这就是《纠错集》，或者像普罗克洛斯所称呼的，叫《谬误集》（*The Book of Fallacies*），亚里士多德的一位评注者提到过欧几里得的 "Pseudographemata"，显然是同一部作品，所使用的术语与普罗克洛斯的描述相一致[30]。普罗克洛斯谈到欧几里得时说：

> 由于多种原因，尽管看上去似乎是基于真理并根据科学原理进行推导，但实际上往往把一个人从这些原理领入歧途，得出一些更表面化的想法。他还传下了一些方法，如何明察秋毫地理解这些事情，借助这些方法，我们能够让这一研究领域的初学者练习发现谬误，避免自己被误导。通过一本题为 "Pseudaria（谬误集）" 的专著，他把这一工具交到了我们手里，书中按照顺序列举了不同种类的谬误，在各种情况下借助各种各样的定理锻炼我们的智力，把对错误的驳斥与实际的示例结合在一起。这本书因此是借助引导和练习，而《几何原本》则包含了无可辩驳的完整指引，引导人们从事几何学的实际科学研究。[31]

普罗克洛斯把此书与《几何原本》联系起来，并提到它对初学者的益处，这表明它并没有超出初等几何的界限。

431 现在，我们来介绍属于高等几何的失传作品。最重要的明显是《系论集》（*Porisms*）。

（2）《系论集》

关于《系论集》的性质和内容，我们唯一的信息源是帕普斯。在他为组成《分析荟萃》的几本书撰写的总论中，帕普斯是这样写的[32]（我把胡尔奇用括号括的字句置于方括弧内）：

> 在（阿波罗尼奥斯的）《论切触》（*Tangencies*）之后，出现了欧几里得的《系论集》（三卷），[从很多方面来看]这个集子是为了分析一些更重要的问题而巧妙地设计出来的,[而且]，尽管大自然提供了无限多个这样的系论，[但较之于欧几里得最初写下的内容，它们并没有增加什么，只不过在我们这个时代之前，有些人表现出缺乏品味，添加了几个（命题的）第二证明，每个（命题）都有明确数量的证明，正如我们已经显示的那样，而且，欧几里得对每个命题给出了一个证明，亦即最清晰明白的证明。这些系论把一套理论具体化了，这一理论微妙、自然、必要，而且有相当程度的普遍性，它极大地吸引了那些能够看到和产生结果的人]。

> 所有这些五花八门的系论，既不属于定理，也不属于问题，而是属于介于二者之间的某个种类，[所以，它们的阐述要么像定理，要么像问题]，结果是，大量的几何学家当中，有人认为它们是定理，有人认为它们是问题。但是，古人更清楚地知道这三者之间的差别，从定义中可以清楚地看出这一点。因为他们说，定理是为了证明被提出之事而提出来的，问题是为了解释被提出之事而提出来的，系论是为了产生被提出之事而提出来的。[但是，一些年代更晚近的作者改变了系论的定义，他们不可能产生一切，而是使用这些成分，仅仅证明这样一个事实：所求之物确

实存在，但不能产生它，因此被定义和整个学说所驳倒。他们把自己的定义建立在一个附属特征的基础上，因此，系论是这样一种东西：就其前提而言，它达不到一个轨迹定理的要求。在这种系论当中，轨迹是其中的一个种类，它们大量存在于《分析荟萃》中；但是，这种系论被人搜集、命名，并独立地传了下来，因为它比其他种类的系论分布得更加广泛〕……但还有一个事实，成了系论的典型特征：由于其复杂性，系论的阐述都是以缩略的形式给出，习惯上有很多东西留待理解；这样一来，很多几何学家只是在部分程度上理解他们，而对其内容中一些更本质的特征一无所知。

〔对于这些系论，在一段阐述中理解多个命题殊非易事，因为欧几里得本人事实上并没有对每个种类的系论给出多个命题，而是从大量的命题中选择一个或少数几个，作为实例。但是，在第一卷的开头，他给出了一个种类的一些命题，数量多达十个，亦即由轨迹组成的那个成果更丰富的种类。〕因此，这些命题在我们的阐述中有可能被理解，我们于是把它陈述如下：

"如果在一个由两两相交的四条直线组成的体系中，一条直线上的三个点是给定的，与此同时，位于不同直线上的其余点除一点之外在位置上是给定的，则剩下的那个点在一条直线上的位置也是给定的。"

这里只阐述了四条这样的直线：通过同一点的直线不超过两条，但是，（大多数人）并不知道，这个命题对于任意给定数量的直线是不是真的，假如像下面这样阐述的话：

"如果任意数量的直线彼此相交，通过同一点的直线不超过两条，其中一条直线上所有的（交叉）点都是给定的，而且，如果每一个在另一条直线上的点在一条直线上的位置是给定的——"

或者更一般地这样阐述：

"如果任意数量的直线彼此相交，通过同一点的直线不超过两条，其中一条直线上所有的（交叉）点都是给定的，与此同时，其他的交叉点在数量上等于一个三角形数，这样的交叉点当中，有一定数量的点对应于这个三角形数的边，它们在直线上的位置分别是给定的，假如后面这些点当中，没有三个点是一个三角形的顶点（也就是说，以给定直线中的三条直线作为三角形的边）——则剩下的每一个点在一条直线上的位置是给定的。"

很有可能，《几何原本》的作者并不知道这个命题，他只是提出了原理；而且，就所有系论而言，他似乎都下了原理，以及［很多重要事物的］种子，应当根据它们的差别——不是前提的差别，而是结果及所求之物的差别——来区分不同的种类。［所有前提都彼此不同，因为它们完全是特有的，但是，从很多不同的前提所得出的每一个结果及所求之物都是一样的。］

那么，在第一卷中，我们必须区分下列不同种类的所求之物：

这一卷的开头是这样一个命题：

1. "如果从两个给定的点画直线，相交于一条在位置上给定的直线，而且，其中一条直线从一条位置给定的直线上到其上的一个给定点截得（一条线段），另一条直线也会从另一条（直线）上截得（一条线段），它和第一条线段有一个给定的比。"

据此得到（我们必须证明）：

2. 如此这般的一个点在一条位置给定的直线上；

3. 如此这般的一对直线段的比是给定的；

等等，等等（直至29）。

《系论集》的第三卷包含38个引理：定理本身共有171个。

帕普斯进一步给出了《系论集》的引理。[33]

帕普斯对《系论集》的解释说明必须和普罗克洛斯论述同一主题的相关段落进行比较。普罗克洛斯区分了 πόρισμα 这个词的两个意义。第一个意义是推论（corollary）的意思，表示的是作为一个命题的附带结果而出现的东西，没费什么麻烦或特别的寻求而获得，是研究工作送给我们的某种益处[34]。另外一个意义就是欧几里得的《系论集》

396

中所使用的意义。在这个意义上，

> 系论这个名字被用来表示那些所求之物，但它们需要一定的求找，既不是纯粹的无中生有，也不是简单的理论论证。（证明）等腰三角形底角相等是理论论证的问题，它涉及现有之物：这样的知识（已经获得）。但是，等分一个角，作一个角，截取或放置——所有这些事情都需要制造某个东西；而求一个给定圆的圆心，或者求两个可通约量的最大公度量，则在某种程度上介于定理与问题之间。因为，在这些实例中，不存在所求之物的从无到有，而是要求找它们；它也不是纯理论的过程。因为它需要被求之物带入视线之内，展示在人的眼前。这就是欧几里得所《系论集》中所撰写和安排的系论。[35]

普罗克洛斯的定义因此与帕普斯的第一个"更古老的"定义相当一致。系论占据着定理与问题之间的某个位置；它处理的是已经存在的东西，像定理一样，但必须找求它（例如一个圆的圆心），某种操作因此必不可少，所以它在一定程度上带有问题的性质，这需要我们作出或产生出之前并不存在的东西。因此，除了普罗克洛斯提到的《几何原本》第三卷命题 1 和第十卷命题 3、4 之外，下列命题也是真正的系论：第三卷命题 25，第六卷命题 11—13，第七卷命题 33、34、36、39，第八卷命题 2、4，第十卷命题 10，第十三卷命题 18。同样，阿基米德的《论球体与圆柱体》第一卷的命题 2—6 也可以被称作系论。

帕普斯为了理解欧几里得的 10 个命题而给出的阐述可能不是复制欧几里得的阐述形式；但是，把要证明的结果（某些点在位置给定的直线上）与上文第 2 点所标示的种类（一个如此这般的点在一条位置给定的直线上）进行比较，并且和其他种类进行比较，例如（5）一条如此这般的直线在位置上是给定的，（6）一条如此这般的直线逼近一个给定的点，（27）存在这样一个给定的点，从该点画出的直线至如此这般的（圆）将会包含一个在种类上给定的三角形，那么，

435

我们就可以得出结论：一个系论的常见形式是"证明有可能找到一个这样的点，它有着如此这般的属性"，或者"有可能找到这样一条直线，所有满足给定条件的点都在这条直线上"，如此等等。

关于系论的性质和欧几里得《系论集》的内容，我们所知道的确切信息仅此而已。这点信息晦涩不明，给思考和争论留下了很大的空间；因此很自然，自学术复兴以来，重建《系论集》的难题就对一些著名数学家有着巨大的吸引力。但事实证明这超出了他们所有人的能力。有一点倒是真的，已经有人——主要是西姆森和沙勒——对一个解决方法作出了一些贡献。最早声称重建了《系论集》的人似乎是阿尔伯特·吉拉尔（约 1590—1633），他曾谈到（1626）一份早期的出版物，发表了他的成果，但这份出版物世人从未见过。伟大的费马（1601—1665）给出了他对于一个系论的观念，用 5 个本身非常有趣的实例来说明自己的观念 (36)；但他并没有成功地把它们与帕普斯对欧几里得《系论集》的描述联系起来，而且，尽管他表达了能够完全重建《系论集》的希望，但他的希望并没有实现。朝着解决这个问题的方向迈出决定性的第一步的任务留给了罗伯特·西姆森（1687—1768）(37)。他成功地解释了帕普斯如此笼统地阐述的实际系论的意义。在他论述《系论集》的小册子中，西姆森就 10 个不同的实例，证明了帕普斯给出的第一个系论，据帕普斯说，欧几里得区分了这些不同的实例（这些命题都属于和轨迹有关的类别）；这之后，他给出了很多来自帕普斯的其他命题，一些辅助命题，以及大约 29 个"系论"，其中有些系论旨在说明帕普斯所区分的第 1、6、15、27-29 类。西姆森能够发展出系论的定义，这个定义在沙勒译文中

436 大概更容易理解一些："Le porisme est ume proposition dans laquelle on demande de démontrer qu'une chose ou plusieurs choses sont données, qui, ainsi que l'une quelconque d'une infinité d'autres choses non données, mais dont chacune est avec des choses données, dans une même relation, ont une certaine propriété commune, décrite dans la proposition.（法语：系论是一个命题，它要求决定一件或几件事物是给定的，它们就像无穷多个非给定事物中的任何一件事物一样，其本身带有一些给定的事

物，有着命题中所描述的共同特性。）"我们大可不必追踪西姆森的英格兰或苏格兰继任者们——罗森（1777）、普莱费尔（1794）、W.华莱士（1798）、布鲁厄姆勋爵（1798）——进一步的思考，也不必追踪法国人 A. J. H. 文森特与 P. 布勒东之间的论战，后者的工作先于沙勒；这里只需要提到沙勒本人的作品（《欧几里得〈系论集〉三卷的重建……》［*Les trois livres de porismes d'Euclide retablis...*］，巴黎，1860）。沙勒采用了西姆森给出的系论的定义，但他展示了如何能够以不同的形式来表达这一定义。"系论是不完全的定理，表达的是依据一个共同规律而千变万化的事物之间存在的某些关系，这些关系显示在系论的阐述中，但要完成这些关系，则需要首先决定某些事物的大小或位置，它们是前提的结果，将会在一个严格意义上的定理或完整定理的阐述中被决定。"沙勒成功地阐明了帕普斯所描述的系论与轨迹之间的联系，尽管他对帕普斯的原话给出了并不准确的译文："Ce qui constitue le porisme est re qui manque a l'hypothèse d'un théorème local（*法语：构成系论的东西正是它缺少一个轨迹定理的前提*）。"这句话并不完全是帕普斯的原话，亦即："系论是这样一种东西：就其前提而言，它达不到一个轨迹定理的要求。"从历史意义上讲，沙勒的工作十分重要，因为，正是在对这个主题进行研究的过程中，导致他产生了非调和比的观念；他认为，系论是命题，属于现代横断线论和射影几何，在这一点上，他大概是正确的。但是，作为对欧几里得作品的重建，沙勒的《系论集》不可能被视为令人满意的。在我看来，关于这一点，仅一个考量就足以令人信服。沙勒的"系论"出自帕普斯为欧几里得的系论设计的各种不同的引理，并且相对比较容易地从这些引理推导出来。如今，我们已经有了经验，知道帕普斯给那些依然幸存的著作设计的引理是怎么回事，例如阿波罗尼奥斯的《圆锥曲线论》；而且，根据这些实例判断，他的引理与相关命题之间的关系完全是辅助性的，在难度和重要性上根本不可同日而语。因此，几乎不可能相信，系论的引理本身就是系论，就像欧几里得自己的系论那样；正相反，比照帕普斯的另外几组引理，几乎让我们有必要把他的这些引理视为仅仅是给欧几里得假设的简单命题提供证明，

437

欧几里得在证明实际系论的过程中没有给出这些简单命题的证明。情况既然如此，看来，完全重建欧几里得《系论集》三卷的难题依旧在等待一个解决办法，或者更准确地说，除非发现新的文献，否则这个问题永远不会得到解决。

与此同时，帕普斯给《系论集》设计的引理本身决非毫无价值，如果引理与真实命题之间通常的关系保持不变，我们可以得出结论，《系论集》明显是一部很先进的作品，大概也是欧几里得撰写过的最重要的作品；它的失传因此颇为令人痛惜。邹腾有一段十分有趣的评论，对于帕普斯引述为《系论集》第一卷的第一个命题十分恰当，这个命题是："如果在一个由两两相交的四条直线组成的体系中，一条直线上的三个点是给定的，同时位于不同直线上的其余点除一点之外在位置上是给定的，则剩下的那个点在一条直线上的位置也是给定的。"如果用一条被视为"相对于四条直线的轨迹"的圆锥曲线来取代命题中的第一条直线，这个命题也是真的；而且，这个命题就这样被扩充了，可以用来完成阿波罗尼奥斯对这条轨迹的阐述。因此，邹腾提出，《系论集》部分程度上是圆锥曲线理论的副产品，部分程度上是研究圆锥曲线的辅助手段，而且，欧几里得用同样的名字来称呼系论和推论，因为它们都是关于圆锥曲线的推论[38]。但这个说法纯属推测。

（3）《圆锥曲线论》

帕普斯谈到这部失传作品时说："欧几里得的《圆锥曲线论》四卷由阿波罗尼奥斯续完，后者又增加了四卷，给了我们八卷《圆锥曲线论》。"[39] 很有可能，到帕普斯的时代，欧几里得的这部作品已经失传，因为他接下来继续说："阿里斯泰俄斯撰写了至今尚存的《立体轨迹》五卷，与圆锥曲线有关联，或者说是圆锥曲线的补充。"[40] 后面这部作品似乎是一部论述被视为轨迹的圆锥曲线的专著；因为"立体轨迹"是一个适用于圆锥曲线的术语，区别于作为直线和圆的"平面轨迹"。在另外一个段落中，帕普斯（或者是某个窜改者）谈到了"老"阿里斯泰俄斯的"圆锥曲线"[41]，明显指的是同一本书。欧几里得无

438

疑撰写过论述圆锥曲线一般理论的书，正如阿波罗尼奥斯一样，但只涵盖了阿波罗尼奥斯的前三卷，因为阿波罗尼奥斯说，在他之前，没有一个人触及过第四卷的主题（但这一卷并不重要）。正如《几何原本》的情形一样，欧几里得自然会在系统化的阐述中，收集和重新排列圆锥曲线论领域直至当时为止的所有发现。欧几里得的专论涵盖了迄至阿波罗尼奥斯著作第三卷最后部分的大多数基本内容，这一点似乎可以从下面这个事实中清楚地看出：阿波罗尼奥斯仅仅声称，一些与"三线和四线轨迹"有关的命题是他自己的原创，并指出，欧几里得并没有完全解决上述轨迹的综合，实际上，没有他所提到的那些命题，这样的综合是不可能的。帕普斯（或者是某个窜改者）[42]为欧几里得辩解，理由是：他并没有声称自己超越了阿里斯泰俄斯的发现，而只是借助于阿里斯泰俄斯的圆锥曲线，尽其所能地论述这一轨迹。我们可以得出结论：阿里斯泰俄斯的书先于欧几里得的著作，而且，至少就原创性而论，前者更重要。当阿基米德谈到圆锥曲线中的命题在"圆锥曲线原理"中得到证明时，他指的显然是这两本专著，他认为众所周知、无需证明的另外一些命题无疑取自同样的来源。欧几里得依旧使用老名字来命名圆锥曲线（分别为直角圆锥、锐角圆锥和钝角圆锥的截面），但他知道，可以用一个不平行于底的平面，通过以任意方式切割一个圆锥体，从而获得椭圆，还可以通过切割圆柱体来获得，可以从他的《天象学》中的一句话中清楚地看出这一点，大意为："如果一个圆锥体或圆柱体被一个不平行于底的平面切割，这个截面便是一个锐角圆锥体的界面，样子很像一块盾牌（θυρεός）。"

439

（4）《面轨迹》

像《给定量》和《系论集》一样，帕普斯也提到了这部两卷本专著，作为《分析荟萃》的组成部分。面轨迹指的是什么，从字面上讲，"一个面上的轨迹"的意思并不十分清楚，但是，借助普罗克洛斯和帕普斯的评论，我们能够对这个问题形成一个推测。普罗克洛斯说：（1）轨迹是"有着同一特性的一条线或一个面的位置"(43)；（2）"轨迹定理的形成，有些在线上，而另一些则是在面上"(44)。把这两句话合在一起，其结果似乎是："线上的轨迹"是线，"面上的轨迹"是面。另一方面，似乎排除了这样一种可能：面上的轨迹是在面上勾画出的轨迹；因为帕普斯在某个地方说，割圆曲线的等价物在几何上可以"借助下述面上的轨迹"(45)，然后利用一个圆柱体上描画出的一条螺线（柱面螺旋线）而得到，而且，与这个说法相一致的是，在另外一个段落 (46)（但胡尔奇用括弧把这个段落括了起来），"线性"轨迹据说从面上的轨迹显示（δείκνυνται）或实现的，因为割圆曲线是一条"线性"轨迹，亦即，一条比平面轨迹（直线或圆）阶次更高的轨迹和一条"立体轨迹"（圆锥曲线）。不管是不是这样，欧几里得的《面轨迹》大概包含了像圆锥体、圆柱体和球体这样的轨迹。帕普斯给出的两个引理给这一观点添加了一些色彩。其中第一个引理 (47) 和附图并不那么令人满意，但坦纳里指示出了可能的重建 (48)。如果这个引理是正确的，它暗示有一条轨迹包含一个圆柱体椭圆形平行截面上的所有点，因此是一个斜的圆柱体。另外一些假说涉及图形上的线可能服从的条件，它们暗示了另外一些轨迹处理的是圆锥体，这些圆锥体被认为包含圆锥体的特定平行椭圆截面上的所有点。在第二个引理中，帕普斯陈述了一条圆锥曲线的焦点和准线属性，并给出了完整的证明，亦即：若一个点与一个给定点的距离和它与一条固定直线的距离成给定的比，则这个点的轨迹是一条圆锥曲线，依据这个给定比小于、等于或大于 1 的不同，这条圆锥曲线分别是椭圆、抛物线或双曲线 (49)。关于这个定理在欧几里得的《面轨迹》中的应用，有两个可能的推测：（1）它可能被用来证明：若一个点与一个给定点的距离和它与一个给定平面的距离成给定的比，则这个点的轨迹是一个圆锥体。（2）它可能被用来证明：若一个点与一个给定点的距离和它与一个给定面的距离成给定的比，则这个点的轨迹是一个圆锥曲线绕其主轴或共轭轴旋转而形成的曲面 (50)。

我们现在来介绍欧几里得在应用数学领域的作品。

应用数学

（1）《天象学》

这本论述球面几何的书打算用于天文学领域，题为《天象学》，我们前面已经提到过。它的希腊文本至今尚存，被收入在格雷戈里编辑的欧几里得著作中。但格雷戈里的文本代表了两个修订本中的后一个，这两个修订本有很大的不同（尤其是在命题 9—16 中）。这个较晚的修订本当中，最好的手抄本（b 本）是公元 10 世纪著名的 Vat. gr. 204，而较早的而且是更好的版本中，最好的手抄本（a 本）是公元 12 世纪维也纳手抄本 Vind. gr. XXXI. 13。门格编辑的新文本参考了这两个修订本，如今收入在海贝格和门格编辑的欧几里得著作中。[51]

441

（2）《光学》与《反射光学》

《光学》这篇专论被帕普斯收入在一部被称作《小天文学》的作品集中，以两种形式幸存了下来。一种形式是 1505 年赞伯图斯翻译的赛翁修订本，在格雷戈里的版本之前，只有这种形式被收入在各种版本中。但海贝格在两个手抄本中发现了较早的形式，一个手抄本在维也纳（Vind. gr. XXXI. 13），另一个手抄本在佛罗伦萨（Laurent. XXVIII. 3），两个修订本都被收入海贝格和门格编辑的欧几里得著作（托伊布纳，1895）第七卷中。没有理由怀疑这个较早的修订本是欧几里得自己的作品，风格很像《几何原本》的风格，命题的证明更完整、更清晰。较晚的修订本由于一篇有点长的序言而进一步被区别开来，这篇序言据说是一位注释者取自赛翁的评注或阐述。看来，这个修订本的文本应该是赛翁的，序言是一位弟子照抄赛翁讲课时所解释的内容。它的撰写年代不可能比赛翁的时代晚很多（如果确实要晚一些的话），因为内梅修斯大约在公元 400 年前后引用过这个文本。我们这里需要关注的，只有这个较早的、货真价实的版本。它有点像论述透视的基础专论，可能是打算预先给天文学的学生提供装备，以抵御一些荒谬的理论，比如伊壁鸠鲁派的理论，他们坚持认为，天体就是他们看上去的大小。它以正统的方式从"定义"开始，第一个定义把我们在柏拉图那里发现的同样的视觉过程的观念具体化了，亦即，这个过程要归因于视线从我们的眼睛里产生出来，并撞上了目标物，而不是其他别的方式："从眼睛里发出的直线（光束）穿过巨大尺寸的距离（或范围）。"定义2："视觉光束围成的图形是一个圆锥体，它以眼睛为顶点，它的底是所见之物的末端。"定义3："那些被视线碰撞之物被看见，不被视线碰撞之物没有被看见。"定义4："在较大角度下被见之物看上去较大，在较小角度下被见之物看上去较小，而在相等角度下被见之物看上去相等。"定义7："在更多角度下被见之物看上去更清晰。"欧几里得假设，视线不是"连续的"，亦即，不是绝对密集的，而是被一段距离所隔开，因此他在命题1中得出结论：我们决不可能真正看见任何物体的整体，尽管我们似乎看见了整体。然而，除了像这些从错误假设得出的推论之外，这本专论中有很多内容是坚实可靠的。欧几里得掌握了一个基本真理：视线是直线。不管它们是出自眼睛，还是出自物体，这在几何上并没有什么差别。接下来，在几个依据物体到眼睛的相对距离解释了一个物体看上去大小不同的命题之后，欧几里得证明：两个相等且平行的物体，其外观尺寸与它们和眼睛的距离不成正比（命题8）。在这个命题中，他所证明的相当于下面这个事实：若 α、β 是两个角，且 $\alpha < \beta < \frac{1}{2}\pi$，那么，

$$\frac{\tan\alpha}{\tan\beta} < \frac{\alpha}{\beta}$$

阿里斯塔克斯后来假设了这个命题的等价物，以及相应的正弦公式，但没有给出证明。从命题6可以轻而易举地推导出透视的基本命题：平行线（被认为始终等距）看上去会相交。有4个关于高度和距离的简单命题，例如，求一个物体的高度：（1）当太阳发光时（命题18），（2）当太阳不发光时（命题19）：当然使用了相似三角形，在第二种情况下，水平镜像以正统的方式出现，还有这样一个假设：一条光线的入射角与反射角是相等的，"正如《反射光学》（*Catoptrica*,

或称镜像理论）中所解释的那样"。命题 23—27 证明：如果一只眼睛看到一个球体，它所看到的不超过球体的一半，球体的轮廓看上去是一个圆；如果眼睛离球体更近，看见的部分就更少，尽管球体看上去更大；如果我们用两只眼睛看这个球体，依据两眼之间的距离等于、大于或小于球体的直径，我们所看到的部分分别等于、多于或少于半球。这些命题可以和阿里斯塔克斯的命题 2 相比：如果一个球体被一个更大的球体照亮，则前者的被照亮部分将会大于半球。紧跟着是关于圆柱体和圆锥体的类似命题（命题 28—33）。接下来，欧几里得考量了下面这个问题：不同直径的一个圆，当它被圆平面之外一只占据着各种不同位置的眼睛看到时，在什么样的条件下，这只眼睛看到的圆貌似相等(命题 34—37)。他证明，所有直径的圆都会看上去相等，或者说不同直径的圆看上去就像是一个圆，只要眼睛到圆心的直线垂直于圆平面，或者不垂直于圆平面，且眼睛到圆心的距离等于半径的长度，但在其他条件下则不会这样（命题 35），所以（命题 36），依据眼睛位置的不同，一个马车轮有时候看上去是圆的，有时候是扁的。命题 37 证明，有一条这样的轨迹，如果眼睛一直在轨迹上的一点，同时一条直线这样移动，使得它的两个端点始终在轨迹上，而且这条直线看上去始终一样长，而不管把它放在什么位置上（只要在这个位置上，它的任一端点都不和眼睛所在的点重合，或者说两个端点都在眼睛的对侧），那么，这条轨迹当然是一个圆，这条直线作为一条弦被放置在圆内，这个时候，它所对的圆周角或圆心角必然相等，因此也和眼睛保持相同的角度，只要把眼睛置于圆周或圆心上。命题 38 证明了同样的事情，只不过直线是固定的，两个端点在轨迹上，而眼睛在轨迹上移动。同样的观念引发了另外几个命题，例如，命题 45 证明，可以求出这样一个公共点，从这一点上看，不相等的量看上去是相等的。不相等的量是直线 BC、CD，它们被这样放置，使得 BCD 成一条直线。在 BC 上画一个大于半圆的弓形，在 CD 上画一个小于半圆的弓形。两个弓形相交于 F，那么，BC 和 CD 所对的以 F 为顶点的角是相等的。这篇专论的其余部分都是同样的性质，用不着进一步描述了。

443

444

被海贝格收入在同一卷中的《反射光学》并非出自欧几里得之手，而是一个汇编集，成书年代要晚很多，大概是亚历山大城的赛翁编的，辑自论述这一主题的古代著作，毫无疑问主要是取自阿基米德和海伦。赛翁[52]本人引用过阿基米德撰写的《反射光学》，奥林匹多罗斯[53]引用阿基米德的作品来证明一个事实，这个事实在我们现在讨论的这本《反射光学》中是作为一个公理而出现的，亦即：如果一个物体被置于一艘船的底部，刚好在视线之外，当水灌入时，它便露出边缘，变得可见。我们甚至不能肯定，欧几里得究竟是不是写过一本《反射光学》，如果这本专著出自赛翁之手，普罗克洛斯可能是由于粗心大意而把它归到欧几里得的名下。

（3）《音乐原理》

普罗克洛斯把一本题为《音乐原理》（*Elements of Music*）的书归到欧几里得的名下[54]，马里纳斯也是如此[55]。事实上，有两本被归到欧几里得名下的音乐专著至今尚存：《卡农的分段》与《和声学引论》（*Introductio harmonica*）。然而，后者肯定不是欧几里得的作品，而是出自亚里士多塞诺斯的弟子克里奥尼德斯之手。问题依然是：普罗克洛斯和马里纳斯提到的《音乐原理》究竟与《卡农的分段》有什么关系？《卡农的分段》介绍了毕达哥拉斯学派的音乐理论，但它完全是局部性的、微不足道的，配不上"音乐原理"这个标题，《希腊音乐家》（*Musici Graeci*）的编辑扬认为，《卡农的分段》有点像欧几里得本人从《音乐原理》中摘录的概要，这似乎不大可能；他坚持认为，它是欧几里得的真作，理由是：（1）风格、措辞和命题的形式与欧几里得的《几何原本》十分一致，（2）波菲利在他的托勒密《谐和论》（*Harmonica*）的评注中三次把欧几里得引述为《卡农的分段》的作者[56]。最近的编辑门格指出，波菲利给出的摘录显示了与我们手里的文本有些差异，包含了一些完全配不上欧几里得的东西；因此，他倾向于认为，我们手里的这部作品实际上不是出自欧几里得之手，而是另外某个能力较低的作者从欧几里得的真作《音乐原理》中摘录的。

445

（4）被归到欧几里得名下的力学作品

阿拉伯语的欧几里得作品清单进一步把一本被认为是真作的"重和轻之书"包含在内。这本书显然是小册子《轻和重》（*De levi et ponderoso*），埃尔瓦吉乌斯把它收入在1537年的巴塞尔拉丁文译本中，格雷戈里也把它收入在自己编辑的版本中。图形中的字母清楚地表明它来自希腊文，并且被下面这个事实所证实：另一个略有不同的版本现存于德累斯顿（Cod. Dresdensis Db. 86），它明显是从希腊语翻译过来的一个阿拉伯语译本，因为图形中的字母遵循此类阿拉伯语译文的顺序特征：a、b、g、d、e、z、h、t。这本小册子包含9个定义或公理，以及5个命题。定义中有这些：物体依据它们占据的空间相等、不同或更大而在尺寸上相等、不同或更大（定义1—3）。物体如果在相同的媒介（空气或水）中、在相等的时间里移动相等的距离，则它们在力（power）或效力（virtue）上是相等的（定义4），如果运动耗时较少，则力或效力更大，如果耗时较多，则力或效力更小（命题6）。如果物体的大小相等，而且媒介相同时力也相等，则它们是相同种类的；如果它们大小相等，而力或效力不相等，则它们在种类上是不同的（定义7、8）。种类不同的物体当中，密度更大的物体（固体）有更大的力（定义9）。有了这些前提，作者试图证明（命题1、3、5）：在相等的时间里穿过不相等的空间的物体当中，穿越空间更大的物体有更大的力，而且，在相同种类的物体当中，力与大小成正比，反过来，如果力与大小成正比，则物体属于同一种类。我们认识到，力（potentia）或效力（virtus）与亚里士多德的 δύναμις 和 ἰσχύς 是一回事[57]。作者赋予给相同种类物体的属性完全不同于我们赋予给相同比重物体的属性；他是要证明相同种类物体的力和大小成正比，结合定义来看，其结果是，物体运动的速度与其体积成正比。因此，这本小册子是最确切的声明：我们拥有了亚里士多德的力学原理，这个原理一直坚持到了贝内代蒂（1530—1590）和伽利略（1564—1642）证明它是错的。

还有另外一些论述力学的零碎片段，被归到欧几里得的名下。其中之一是沃普克1851年从阿拉伯语翻译的一本小册子，题为《欧几

446

里得论平衡》（*Le livre d'Euclide sur la balance*），这本作品尽管被某个评注者给弄糟了，但似乎可以追溯到希腊原文，是一次试图建立杠杆理论的努力，不是像亚里士多德那样从一般的力学原理出发，而是从日常生活经验可能暗示的几个简单的公理出发。原作可能早于亚里士多德，可能是欧几里得的某个同时代人撰写的。第三个片段是迪昂从巴黎国家图书馆的手稿中发现的，包含 4 个命题。第一个命题把杠杆定理与杠杆端点描画的圆的大小联系起来，让人想起亚里士多德《论力学》（*Mechanica*）中的类似证明；另外的命题试图给出平衡理论，考虑了杠杆本身的重量，并假设，杠杆（被认为是圆柱形的）的一部分应该是分离的，并被悬于杠杆中点时的重量所取代。这三个片段以一种古怪的方式互为补充，有一个问题是：它们究竟是属于同一部专著，还是属于不同的作者。不管是哪种情况，似乎都没有独立的证据表明，欧几里得是任何一个片段的作者，也没有证据表明他究竟是不是撰写过论述力学的著作。[58]

人名译名对照表

A

Abu-Nasr-Mansur 阿布－纳斯尔－曼苏尔

Achilles 阿喀琉斯

Adalbero 亚德贝罗

Adrastus 阿德拉斯托斯

Aeschylus 埃斯库罗斯

Aëtius 埃提乌斯

Aganis 阿伽尼斯

Agatharchus 阿戛塔耳库斯

Agesilaus 阿格西劳斯

Ahmad 艾哈迈德

Ahmes 阿默士

al-Ba'labakki 巴拉巴克

al-Chazini 查兹尼

al-Haitham 海什木

al-Hajjaj 哈贾吉

al-Hasan 艾什尔里

al-Himsi, Hilal 希拉尔·阿希姆斯

al-Ibadi 阿巴迪

al-Isfahani 伊斯巴哈尼

Apollonius 阿波罗尼奥斯

Apuleius 阿普列乌斯

Aratus 阿拉托斯

Arcesilaus 阿尔克西拉乌斯

Archimedes 阿基米德

Archytas 阿契塔

Argyrus, Isaac 艾萨克·阿格鲁斯

Aristaeus 阿里斯泰俄斯

Aristarchus 阿里斯塔克斯

Aristippus, Henricus 亨里克斯·阿里斯蒂普斯

Ariston 阿里斯顿

Aristophanes 阿里斯托芬

Aristotherus 亚里斯多特罗斯

Aristotle 亚里士多德

Aristoxenus 亚里士多塞诺斯

Artavasdus, Nicolas 尼古拉·阿尔塔巴斯多斯

Aryabhatta 阿耶波多

Asclepius 阿斯克勒庇俄斯

at-Tusi, Nasiraddin 纳西尔丁·图西

Athelhard 阿瑟尔哈德

Athelstane 阿瑟尔斯坦

Athenaeus 阿忒纳乌斯

Attalus 阿塔罗斯

August 奥古斯特

Augustus 奥古斯都

Autolycus 奥托里库斯

Auverus, Christopherus 克里斯托夫·奥弗鲁斯

Avicenna 阿维森纳

B

Brahe, Tycho 第谷·布拉赫

Braunmühl 布劳恩莫尔

Breton 布勒东

Bretschneider 布雷特施奈德

Brochard 布罗沙尔

Brougham 布鲁厄姆

Brugsch 布鲁格施

Bryson 布里松

Bullialdus 布利奥

Burnet 伯内特

Butcher 布切尔

Buzengeiger 布塞盖格尔

C

Callimachus 卡利马科斯

Callippus 卡利普斯

Camerarius, Joachim 乔基姆·卡梅拉留斯

Camerer 卡默勒

Campanus, Johannes 约翰尼斯·坎帕尼斯

Cantor, Moritz 莫里兹·康托尔

Cajori, Florian 弗洛里安·卡约里

Callimachus 卡利马科斯

Capella, Martianus 乌尔提亚努斯·卡佩拉

Carpus 卡普斯

Cassiodorus, Magnus Aurelius 马格努斯·奥勒留·卡西奥多鲁斯

Cavalieri 卡瓦列里

Censorinus 塞索里努斯

Chalcidius 卡西底乌斯

Champ, Breton le 布勒东·勒尚普

Charmandrus 查曼德鲁斯

Chasles 沙勒

Chatzyces, Georgius 格奥尔格·查兹塞斯

Chennus 凯努斯

Chrysippus 克律西波斯

Cicero 西塞罗

Clausen 克劳森

Clavius 克拉维斯

Cleanthes 克里安西斯

Clement 克莱门特

Cleomedes 克莱奥迈季斯

Cleonides 克里奥尼德斯

Clinias 克莱尼阿斯

Cobet 科贝特

Columella 科鲁梅拉

Colybos 科利波斯

Commandinus 康曼丁努斯

Conon 科农

Cremonensis, Jacobus 雅各布斯·克雷莫纳

Critias 克里提亚斯

Croesus 克罗伊斯

Ctesibius 克特西比乌斯

Curtze 库尔策

D

d'Armagnac, Georges 乔治斯·德·阿马尼亚克

Damascius 达马西乌斯

Damastes 达玛斯忒斯

Damianus 达米亚努斯

Dedekind 戴德金

Dee, John 约翰·迪伊

Demetrius 德米特里厄斯

Democritus 德谟克利特

Dercyllides 德西利达斯

Descartes 笛卡儿

Dicaearchus 狄西阿库斯

Diels 狄尔斯

Dinostratus 地诺斯特拉图

Diocles 狄奥克勒斯

Diocletian 戴克里先

Diodes 狄奥德斯

Diodorus 狄奥多罗斯

Dionysius 狄奥尼修斯

Dionysodorus 狄俄尼索多罗

Diophantus 丢番图

Domninus 多姆尼努斯

Dositheus 多西修斯

Duhem 迪昂

Dupuis 杜普伊斯

Dupuy 迪皮伊

E

Echellensis, Abraham 亚伯拉罕·埃凯伦西斯

Ecphantus 埃克潘达斯

Eisenlohr 艾森洛尔

Eisenmann 艾森曼

Empedocles 恩培多克勒

Empiricus, Sextus 塞克斯都·恩披里柯

Engeström 恩格斯特罗姆

Epaphroditus 以巴弗提

Epicurus 伊壁鸠鲁

Eratosthenes 埃拉托斯特尼

Erycinus 艾里西诺斯

Euclid 欧几里得

Euctemon 优克泰蒙

Eudemus 欧德谟斯

Eudoxus 欧多克索斯

Eugenius 尤金尼乌斯

Euler 欧拉

Euphorbus 欧福耳玻斯

Euphranor 欧弗拉诺尔

Euripides 欧里庇得斯

Eurytus 欧吕托

Eutocius 埃图库斯

F

Fabricius 法布里丘斯

Fermat 费马

Formaleoni 福尔马莱奥尼

Friedlein 弗里德莱因

Frontinus 弗朗提努斯

G

Galen 盖伦

Galilei 伽利略

Gardthausen 加特豪森

Gauricus, Lucas 卢卡斯·加夫里库斯

Gaye 盖伊

Gechauff, Thomas 托马斯·格乔夫

Geminus 盖米诺斯

Georgius 乔治乌斯

Gerbert 热尔贝

Gerhardt 格哈特

Gherard 格赫雷德

Ghetaldi, Marino 马里诺·吉塔提

Girard, Albert 阿尔伯特·吉拉尔

Glaucus 格劳克斯

Gomperz 冈佩兹

Gow, James 詹姆斯·高尔

Gregory 格雷戈里

Griffith 格里菲思

Grynaeus, Simon 西蒙·格里诺伊斯

Guldin 古鲁金

Günther 甘瑟

H

Hadrian 哈德良

Halley, Edmund 爱德蒙·哈雷

Halma 哈尔马

Hankel 汉克尔

Hardy 哈代

Hatto 哈托

Hauber 豪贝尔

Hecataeus 赫卡塔埃乌斯

Heiberg 海贝格

Huygens 惠更斯
Hyginus 希吉努斯
Hypatia 希帕提娅
Hypsicles 海普西克利斯

I

Iamblichus 杨布里科斯
Ideler 伊德勒
Ishaq, Hunain ibn 侯奈因·伊本·伊萨克
Isidorus 伊西多尔
Isocrates 伊索克拉底

J

Joachim 乔基姆
Jourdain, Philip E. B. 菲利普·E. B. 乔丹

K

Kant 康德
Keil 凯尔
Kenyon 凯尼恩
Kepler 开普勒
Kochly 克希利
Kubitschek, Wilhelm 威廉·库比契克

L

Laertius, Diogenes 第欧根尼·拉尔修

Lagny 拉格尼

Lagrange 拉格朗日

Laird 莱尔德

Laodamas 拉俄达玛斯

Laplace 拉普拉斯

Larfeld 拉菲尔德

Lascaris, Constantinus 康斯坦丁·拉斯卡里斯

Lawson 罗森

Leibniz 莱布尼茨

Leodamas 勒俄达马斯

Leon 勒翁

Leonardo 莱昂纳多

Lepsius 莱普修斯

Leucippus 留基伯

Liechtenstein, Peter 彼得·列支敦斯登

Livy 李维

Loftus 劳夫特斯

Loria, Gino 吉诺·洛里亚

Lucas 卢卡斯

Lucian 卢西恩

Lucius 卢修斯

Lucretius 卢克莱修

Luqa, Qusta Ibn 古斯塔·伊本·卢卡

Lydus, Joannes 约阿尼斯·吕底斯

Lysanias 吕撒聂

M

Machir, Jacob b. 雅各布·b. 马希尔

Macrobius 马克罗比乌斯

Magnus 马格努斯

Mamercus 玛默库斯

Mamertinus 玛默提努斯

Mamertius 玛默提乌斯

Manitius 马尼蒂乌斯

Marcellus 马塞勒斯

Marinus 马里纳斯

Matar 麦塔尔

Maurolycus 马罗利科斯

Mausolus 摩索拉斯

Maximus, Valerius 瓦勒里乌斯·马克西穆斯

Megethion 梅格提翁

Melissus 麦里梭

Meliteniota, Theodorus 西奥多罗斯·梅利特尼奥塔

Memus, Johannes Baptista 约翰尼斯·巴普蒂斯塔·梅穆什

Menaechmus 门奈赫莫斯

Menelaus 梅涅劳斯

Menge 门格

Meno 美诺

Meton 麦冬

Metrodorus 迈特罗多鲁斯

Minos 米诺斯

Mnesarchus 墨涅撒尔库斯

Mochus 摩斯科斯

Moderatus 墨得拉特斯

Mollweide 摩尔魏德

Morgan, De 德摩根

Moschopoulos, Manuel 曼纽尔·莫斯霍普洛斯

Mūsā, Muḥammad ibn 花拉子密

Mullach 穆拉赫

Myonides 迈奥尼德斯

N

Nagl 纳格尔

Nasiruddin 纳萨鲁丁

Naucrates 诺克拉底斯

Nectanebus 内克塔内布

Nemesius 内梅修斯

Nemorarius, Jordanus 约丹努斯·内莫拉里乌斯

Neoclides 尼奥克利德斯

Nero 尼禄

Nesselmann 内塞尔曼

Nestorius 涅斯多留

Newton 牛顿

Nicomachus 尼科马库斯

Nicomedes 尼科梅德斯

Nicoteles 尼科泰勒斯

Niloxenus 尼洛克森纳斯

Nipsus, Marcus Junius 马库斯·朱尼厄斯·尼普萨斯

Nix 尼克斯

Nöel 诺埃尔

Nymphodorus 尼姆波多洛斯

O

Odysseus 奥德修斯

Oenopides 恩诺皮德斯

Olympiodorus 奥林匹多罗斯

Oppermann 奥珀曼

P

Pachymeres, Georgius 乔治·帕奇梅雷斯

Paciuolo, Luca 卢卡·帕西奥利

Pamphile 庞菲勒

Pandrosion 潘德罗西翁

Pappo 帕波

Pappus 帕普斯

Parmenides 巴门尼德

Paterius 帕特里乌斯

Patricius 帕特里丘斯

Pazzi, Antonio Maria 安东尼奥·马里亚·帕齐

Pediasimus, Ioannes 约安尼斯·佩迪亚西姆斯

Peithon 培松

Peletarius 普勒塔里乌斯

Peletier 普勒蒂埃

Pendlebury 彭德尔伯里

Pericles 伯里克利

Perseus 珀尔修斯

Petau 佩托

Petrie, Flinders 弗林德斯·皮特里

Peyrard 佩拉尔

Pherecydes 费雷西底

Phidias 菲迪亚斯

Philippus 菲利普斯

Philistion 腓利斯提翁

Philo 斐罗

Philon 菲隆

Philodemus 菲洛德穆

Q

Quintilian 昆体良

Quintilianus, Aristides 阿里斯提得斯·昆提利安

Qurra, Thābit ibn 塔比·伊本·库拉

R

Ramses 拉美西斯

Rangabe 朗伽贝

Ratdolt, Erhard 艾哈德·罗道特

Regiomontanus 雷吉奥蒙塔努斯

Rhabdas, Nicolas 尼古拉斯·拉布达斯

Robertson, Abram 亚伯拉姆·罗伯逊

Rodet 罗德特

Roomen, Adrianus van 阿德里安·范·罗门

Rudio 鲁迪奥

Ruelle 儒勒

Rufus, Vitruvius 维特鲁威·鲁弗斯

Russell, Bertrand 伯兰特·罗素

Rüstow 吕斯托夫

S

Saccas, Ammonius 阿摩尼阿斯·萨卡斯

Saccheri 萨凯里

Sachs, Eva 伊娃·萨赫斯

Sacrobosco, Johannes de 约翰尼斯·德·赛科诺伯斯克

Salomo 萨洛莫

Savile, Henry 亨利·萨维尔

Suter 苏特尔

Synesius 辛奈西斯

Syrianus 西里阿努

T

Tannery 坦纳里

Teles 德勒斯

Thales 泰勒斯

Theaetetus 泰阿泰德

Themistius 德米斯修

Theodoric 狄奥多里克

Theodoras 狄奥多鲁斯

Theodorus 西奥多罗斯

Theodosius 西奥多修斯

Theognis 泰奥格尼斯

Theomedon 赛奥梅顿

Theon 赛翁

Theophrastus 泰奥弗拉斯托斯

Theudas 塞乌达斯

Theudius 修迪奥斯

Thévenot 泰弗诺

Thrasydaeus 塞拉叙代阿斯

Thrasyllus 斯拉苏卢斯

Thucydides 修昔底德

Thymaridas 西马里达斯

Tiberius 台比留

Timaeus 蒂迈欧

Timocharis 梯摩恰里斯

Tittel 蒂特尔

Wertheim 韦特海姆

Wescher 韦歇

Westermann 韦斯特曼

Wiedemann 威德曼

Wilamowitz-Moellendorff 维拉莫维茨 – 默伦多夫

Wilson, Cook 库克·威尔逊

Woepcke 沃普克

Wurm 沃姆

X

Xenocrates 色诺克拉底

Xenophon 色诺芬

Xenophanes 色诺芬尼

Xylander 克叙兰德

Z

Zamberti, Bartolomeo 巴尔托罗梅奥·赞贝蒂

Zambertus 赞伯图斯

Zeller 泽勒

Zenarchus 芝纳库斯

Zeno 芝诺

Zenodorus 芝诺多罗斯

Zeuthen 邹腾

Zeuxippus 宙克西普斯

参考文献

1. 导言

（1）Arist. *Metaph*. A. 1, 980 a 21.

（2）Cf. Butcher, *Some Aspects of the Greek Genius*, 1892, p. 1.

（3）*Od*. i. 3.

（4）*Od*. ix. 174–6.

（5）Herodotus, i. 30.

（6）Iamblichus, *De vita Pythagorica*, cc. 2–4.

（7）Cleomedes, *De motu circulari*, ii. 6, pp. 218 sq.

（8）*Griechische Denker*, i, pp. 36, 37.

（9）Cumont, *Neue Jahrbücher*, xxiv, 1911, p. 4.

（9）*Epinomis*, 987 D.

（10）*Epinomis*, 988 A.

（11）*Republic*, vi. 505 A.

（12）*Laws*, vii. 817 E.

（13）Anatolius in Hultsch's Heron, pp. 276–7 (Heron, vol. iv, Heiberg, p. 160. 18–24).

（14）Heron, ed. Hultsch, p. 277 ; vol. iv, p. 160. 24–162. 2, Heiberg.

（15）Diels, *Vorsokratiker*, i 3 , pp. 330–1.

（16）Plato, *Republic*, vii. 528 A–c.

（17）*Republic*, vii. 522 c, 525 a, 526 b.

（18）*Ib.* vii. 525 b, c.

（19）Cf. *Gorgias*, 451 B, c ; *Theaetetus*, 145 A with 198 A, &c.

（20）Diels, *Vorsokratiker*, i s , p. 337. 7–11.

（21）Proclus on Eucl. I, p. 39. 14–20.

（22）*Ib.*, p. 40. 2–5.

（23）On *Charmides*, 165 e.

（24）See Chapter II, pp. 52–60.

（25）Arist. *Metaph.* B. 2, 997 b 26, 31.

（26）Proclus on Eucl. I, p. 39. 20–40. 2.

（27）Arist. *Fhys.* ii. 2, 194 a 8.

（28）Arist. *Anal. Post.* i. 9, 76 a 22–5 ; i. 13, 78 b 35–9.

（29）Proclus on Eucl. I, p. 38. 8–12.

（30）See Heron, ed. Hultsch, p. 278 ; ed. Heiberg, iv, p. 164.

（31）Proclus on Eucl. I, p. 39. 23–5.

（32）*Ib.*, p. 40. 13–22.

（33）Proclus on Eucl. I, p. 41. 3–18.

（34）*Ib.*, pp. 41. 19–42. 6.

（35）Vitruvius, *De architectura*, ix. 8.

（36）Cf. Freeman, *Schools of Hellas*, especially pp. 100–7, 159.

（37）Xenophon, *Econ.* viii. 14.

（38）Xenophon, *Mem.* iv. 4. 7.

（39）Plato, *Lysis*, 206 e; cf. Apollonius Rhodius, hi. 117.

（40）*Phaedrus*, 274 c–d.

（41）*Politicus*, 299 e; *Laws*, 820 c.

（42）*Laws*, 817 e–818 A.

（43）*Ib.* 809 c, d.

（44）*Ib.* 819 a–c.

（45）*Axiochus*, 366 E.

（46）Stobaeus, *Eel* iv. 34, 72 (vol. v, p. 848, 19 sq., Wachsmuth and Hense).

（47）See Isocrates, *Panathenaicus*, § § 26–8 (238 b–d): Περὶ ἀντιδόσεως, § § 261–8.

（48）Iamblichus, *Vit. Pyth.* 89.

（49）Philoponus on Arist. *Phys.*, p. 327 b 44–8, Brandis.

（50）*Eudemian Ethics*, H. 14, 1247 a 17.

（51）*Theaetetus*, 164 E, 168 E.

（52）*Protagoras*, 318 D, E.

（53）*Hippias Minor*, pp. 366 c–368 E.

（54）Aristoxenus, *Harmonica*, ii *ad init.*

（54）Tzetzes, *Chiliad*, viii. 972.

（56）Diog. L. iv. 10.

（57）Iamblichus, *Vit. Pyth.* c. 5.

（58）Proclus on Eucl. I, p. 84. 16.

（59）Stobaeus, *Eel.* ii. 31, 115 (vol. ii, p. 228, 30, Wachsmuth).

2. 希腊记数法与算术运算

（1）Homer, *Od.* iv. 412.

（2）xv. 3, 910 b 23–911 a 4.

（3）Boëtius, *De Inst. Ar.*, &c, p. 395. 6–9, Fnedlein.

（4）*Hermes*, 29, 1894, p. 265 sq.

（5）Larfeld, *op. cit.*,.i, p. 421.

（6）*Ib.*, i, p. 358.

（7）*Hermes*, 29, 1894, p. 276 n.

（8）Keil in *Hermes*, 25, 1890, pp. 614–15.

（9）Larfeld. *op. cit.*, i, p. 426.

（10）Cantor, *Gesch. d. Math.* I^3 , p. 129.

（11）Gow, *A Short History of Greek Mathematics*, p. 46.

（12）Tannery, *Menwires scimtifiques* (ed. Heiberg and Zeuthen), i, pp. 200–1.

（13）Boëtius, *De Inst. Ar.*, ed. Friedlein, pp. 396 sq.

（14）Herodotus, ii. c. 36.

（15）Diog. L. i. 59.

（16）Alexis in Athenaeus, 117 C.

（17）Polybius, v. 26. 13.

（18）Keil in *Hermes*, 29 r 1894, pp. 262–3.

（19）*Bibliotheca Mathematica*, ix 3 , p. 193.

（20）Dumont in *Revue archéologique*, xxvi (1873), p. 43.

（21）*Revue archéologique*, iii. 1846.

（22）*Wiener numismatische Zeitschrift*, xxxi. 1899, pp. 393–8, with Plate xxiv.

（23）David Eugene Smith in *Bibliotheca Mathematica*, ix 3 , pp. 193–5.

（24）Our authority here is the *Synagoge* of Pappus, Book ii, pp. 2–28, Hultsch.

（25）Heron, *Metrica*, iii. c. 20.

3．毕达哥拉斯学派的算术

（1）Diog. L. ix. 1 (Fr. 40 in *Vorsokratiker*, i^3 , p. 86. 1–3).

（2）Herodotus, iv. 95.

（3）Diog. L. viii. 54 and Porph. V. *Pyth.* 30 (Fr. 129 in *Vors.* i^3 , p. 272. 15–20).

（4）Apollonius, *Hist, mirabil.* 6 (*Vors.* i 3 , p. 29. 5).

（5）Arist. *Metaph.* A. 5, 985b 23.

（6）Stobaeus, *Ecl.* i. proem. 6 (*Vors.* i^3 , p. 346. 12).

（7）L. Brunschvicg, *Les étapes de la philosophie mathématique*, 1912, p. 33.

（8）Stob. Ecl. i. 21, 7b (*Vors.* i^3 , p. 310. 8–10).

（9）Aristotle, *Metaph.* A. 5, 986 a 16.

（10）*Ib*. A. 5, 985 b 27–986 a 2.

（11）*Ib*. A. 5, 987 b 11.

（12）*Ib*. N. 3, 1090 a 22–23; M 7, 1080 b 17; A 5, 987 b 27, 986 a 20.

（13）*Ib*. M. 7, 1080 b 18, 32.

（14）*Ib*. A. 8, 986 a 18–29.

（15）*Ib*. N. 5, 1092 b 10.

（16）*Ib*. M. 8, 1084 b 25; *De an*. i. 4, 409 a 6; Proclus on Eucl. I, p. 95. 21.

（17）*Metaph*. N. 1, 1088 a 6.

（18）Nicora. *Introd. arithm*. ii. 6. 3, 7. 3.

（19）Eucl. VII, Defs. 1, 2.

（20）Iambl, *in Nicom. ar. introd*., p. 11. 2–10.

（21）*Ib*., p. 10. 8–10.

（22）Arist. *Metaph*. A. 5, 986 a 20.

（23）Theon of Smyrna, p. 18. 3–5.

（24）Stob. *Eel*. i. pr. 8.

（25）Iambl, *op. cit*., p. 10. 17.

（26）Nicom. i. 7. 1.

（27）*Metaph*. Δ. 13, 1020 a 13.

（28）*Ib*. I. 1, 1053 a 30; Z. 13, 1039 a 12.

（29）*Ib*. M. 9, 1085 b 22.

（30）*Phys*. iii. 7, 207 b 7.

（31）*Metaph*. I. 6, 1057 a 3.

（32）*Ib*. N. 1. 1088 a 5.

（33）Stob. *Ecl*. i. 21. 7c (*Vors*. i^3, p. 310. 11–14).

（34）Nicom. i. 7. 3.

（35）*Ib*. i. 7.4.

（36）Plato, *Parmenides*, 143 D.

（37）Arist. *Metaph*. A. 5, 986 a 19.

（38）Theon of Smyrna, p. 22. 5–10.

（39）Plato, *Parmenides*, 143 E.

（40）See Eucl. VII. Defs. 8–10.

（41）Nicom. i. 8. 4.

（42）*Ib.* i. 9. 1.

（43）*Ib.* i. 10. 1.

（44）Theon of Smyrna, p. 23. 14–23.

（45）*Theol. Ar.* (Ast), p. 62 (*Vors.* i³ , p. 304. 5).

（46）Iambl, in *Nicom.*, p. 27. 4.

（47）Cf. Arist. *Metaph.* Δ. 13, 1020 b 3, 4.

（48）Theon of Smyrna, p. 23. 12.

（49）Arist. *Topics*, e. 2, 157 a 39.

（50）Eucl. VII. Def. 11.

（51）*Ib.* Def, 13.

（52）*Ib.* Defs, 12, 14.

（53）Theon of Smyrna, p. 24. 7.

（54）Nicom. i, cc. 11–13 ; Iambl, *in Nicom.*, pp. 26–8.

（55）Theon of Smyrna, p. 45.

（56）Nicom. i. 16, 1–4.

（57）Tambl. *in Nicom.*, p. 33. 20–23.

（58）*Ib.*, p. 35. 1–7.

（59）Arist. *Metaph.* M. 8, 1084 a 32–4.

（60）Theon of Smyrna, p. 93. 17–94. 9 (*Vorsokratiker*, i³ , pp. 303–4).

（61）Lucian, *De lapsu in salutando*, 5.

（62）Cf. Arist. *Metaph.* Z. 10, 1036 b 12.

（63）*Theol. Ar.* (Ast), p. 62. 17–22.

（64）Cf. Arist. *Metaph.* N. 5, 1092 b 12.

（65）*Theol. Ar.* (Ast), p. 61.

（66）Nicom. i. 7–11, 13–16, 17.

（67）Theon of Smyrna, pp. 26–42.

（68）Lucian, Βίων πρᾶσις, 4.

（69）Arist. *Phys.* iii. 4, 203 a 13–15.

（70）Suidas, *s. v.*

（71）Herodotus, ii. 109.

（72）Proclus on Eucl. I, p. 283. 9.

（73）Boeckh, *Philolaos des Pythagoreers Lehren*, p. 141 ; *ib.*, p. 144 ; *Vors.* i³ , p. 313. 15.

（74）Cf. Scholium No. 11 to Book II in Euclid, ed. Heib., vol. v, p. 225.

（75）Heron, Def. 58 (Heron, vol. iv. Heib., p. 255).

（76）Theon of Smyrna, p. 37. 11–13.

（77）*Ib.*, p. 34. 13–15.

（78）Proclus on Eucl. I, p. 487. 7–21.

（79）*Ib*. I, pp.428. 21–429. 8.

（80）Arist. *Metaph.* A. 5, 986 a 17.

（81）*Ib*. A. 5, 986 a 23–26.

（82）Arist. *Phys.* iii. 4, 203 a 10–15.

（83）Cf. Plut. (?) Stob. *Ecl.* i. pr. 10, p. 22. 16 Wachsmuth.

（84）Theon of Smyrna, p. 41. 3–8.

（85）Plutarch, *Plat. Quaest.* v. 2. 4, 1003 F.

（86）Dioph. IV. 38.

（87）Βιογράφοι, *Vitarum scriptores Graeci minores*, ed. Westermann, p. 446.

（88）Proclus on Eucl. I, p. 65. 19.

（89）In his edition of the Greek text of Euclid (1824–9), vol. i, p. 290.

（90）Iambl, *in Nicom.*, p. 100. 19–24.

（91）Porph. in *Ptol. Harm.*, p. 267 (*Vors.* i³ , p. 334. 17 sq.).

（92）Nicom. ii. 26. 2.

（93）Iambl, *in Nicom.*, p. 118. 19 sq.

（94）Nicom. ii. 29.

（95）Plato, *Timaeus*, 36 A.

（96）Iambl, *in Nicom.*, p. 101. 1–5.

（97）*Ib.*, p. 116. 1–4.

（98）*Ib.*, p. 113, 16–18.

（99）*Ib.*, p. 116. 4–6.

（100）Porphyry, *Vit. Pyth.* 3; *Vors.* i^3, p. 343. 12–15 and note.

（101）Nicom. ii. 28.

（102）Pappus, iii, p. 102.

（103）Theon of Smyrna, p. 106. 15, p. 116. 3.

（104）Tannery, *Memoires scientifiques*, i, pp. 92–3.

（105）Pappus, iii, pp. 84–104.

（106）Tannery, *loc. cit.*, pp. 97–8.

（107）Plato, *Timaeus*, 32 A, E.

（108）Nicom. ii. 24. 6, 7.

（109）*Musici Scriptores Graeci*, ed. Jan, pp. 148–66; Euclid, vol. viii, ed. Heiberg and Menge, p. 162..

（110）Boëtius, *De Inst. Musica*, iii. 11 (pp. 285–6, ed. Friedlein); see *Bibliotheca Mathematica*, vi$_3$, 1905/6, p. 227.

（111）Proclus on Eucl. I, p. 60. 12–16.

（112）Arist. *Anal. pr.* i. 23, 41 a 26–7.

（113）Theon of Smyrna, pp. 43, 44.

（114）Proclus, *Comm. on Bep. of Plato*, ed. Kroll, vol. ii, 1901, cc. 23 and 27, pp. 24, 25, and 27–9.

（115）Iambl, *in Nicom.*, p. 62. 18 sq.

（116）*Ib.*, p. 63. 16.

（117）Oeuvres complètes de C. Huygens, pp. 64, 260.

（118）*Theol Ar.*, pp. 10, 23 (Ast).

（119）*Theologumena arithmeticae. Accedit Nicomachi Geraseni*

Institutio arithmetica, ed. Ast, Leipzig, 1817.

（120）Nicom. *Arithm.* ii. 6. 1.

（121）Nicom. ii. 28. 3.

（122）*v.* Eutoc. *in Archim.* (ed. Heib. iii, p. 120. 22).

（123）*v.* Suidas.

（124）The latest edition is Pistelli's (Teubner, 1894).

（125）Ed. Hoche, Heft 1, Leipzig, 1864, Heft 2, Berlin, 1867.

（126）Iambl, *in Nicom.*, p. 93. 18, 94. 1–3.

（127）Boëtius, *Inst. Ar.* ii. c. 43.

（128）See *Abh. zur Gesch. d. Math.* 3, 1880, p. 134.

（129）Theon of Smyrna, p. 35. 17–36. 2.

（130）Iambl, *in Nicom.*, p. 90. 6–11.

（131）Cf. Loria, *Le scienze esatte nell' antica Grecia*, p. 834.

（132）Iambl, *in Nicom.*, p. 75. 25–77. 4.

（133）*Ib.*, pp. 77. 4–80. 9.

（134）*Ib.*, pp. 88. 15–90. 2.

（135）*Ib.*, pp. 103. 10–104. 13.

（136）Loria, *op. cit.*, pp. 841–2.

（137）Hippolytus, *Eefut.* iv, c. 14.

4. 最早的希腊几何学，泰勒斯

（1）Herodotus ii. 109.

（2）Heron, *Geom.* c. 2, p. 176, Heib.

（3）Diod. Sic. i. 69, 81.

（4）Strabo xvii. c. 3.

（5）Plato, *Phaedrus* 274 c.

（6）Arist. *Metaph.* A. 1, 981 b 28.

（7）Clem. *Strom*, i. 15. 69 (*Vorsokratiker*, ii^3 , p. 128. 5–7).

（8）Brugsch, *Steininschrift und Bibelwort*, 2nd ed., p. 36.

（9）Dümichen, *Denderatempel*, p. 33.

（10）"Ueber eine hieroglyphische Inschrift am Tempel von Edfu" (*Abh. der Berliner Akad.*, 1855, pp. 69–114).

（11）Heron, ed. Hultsch, p. 212. 15–20 (Heron, *Geom.* c. 6. 2, Heib.).

（12）M. Simon, *Gesch. d. Math, im Alterium*, p. 48.

（13）Griffith, *Kahun Papyri*, Pt. I, Plate 8.

（14）Simon, *l. c.*

（15）Flinders Petrie, *Pyramids and Temples of Gizeh*, p. 162.

（16）Proclus on Eucl. I, p. 65. 7–11.

（17）Plutarch, *Solon*, c. 3.

（18）Diog. L. i. 27.

（19）*N. H.* xxxvi. 12 (17).

（20）Plut. *Conv. sept. sap.* 2, p. 147 A.

（21）Proclus on Eucl. I, p. 157. 10.

（22）*Ib.*, pp. 250. 20–251. 2.

（23）*Ib.*, p. 299. 1–5.

（24）*Ib.*, p. 352. 14–18.

（25）Diog. L. i. 24, 25.

（26）Cantor, *Gesch. d. Math*, i^3, pp. 109, 140.

（27）Tannery, *La géométrie grecque*, pp. 90–1.

（28）*The Thirteen Books of Euclid's Elements*, vol. I, p. 305.

（29）David Eugene Smith, *The Teaching of Geometry*, pp. 172–3.

（30）Plutarch, *Non posse suaviter rivi secundum Epicurum*, c. 11, p. 1094 B.

（31）Proclus on Eucl. I, p. 379. 2–5.

（32）See Eutocius, Comm. on *Conics* of Apollonius (vol. ii, p. 170, Heib.).

（33）Arist. *Anal. Post.* i. 5. 74 a 25 sq.

（34）See Theon of Smyrna, p. 198. 17.

（35）Diog. L. i. 23.

（36）Euseb. *Praep. Evang.* x. 14. 11 {Vors. i 3 , p. 14. 28).

（37）Hdt. ii. 109.

（38）Diog. L. ii. 2.

（39）Diog. L. *l. c.*

（40）Proelus on Eucl. I, p. 65. 11–15.

5．毕达哥拉斯学派的几何学

（1）Proclus on Eucl. I, p. 65. 15–21.

（2）*Ib.*, p. 84. 15–22.

（3）Favorinus in Diog. L. viii. 25.

（4）Diodorus x. 6. 4 (*Vors.* i^3, p. 346. 23).

（5）*Oxyrhynchus Papyri*, Pt. vii, p. 33 (Hunt).

（6）Proclus on Eucl. I, p. 397. 2.

（7）*An. Post.* i. 24, 85 b 38 ; *ib.* ii. 17, 99 a 19.

（8）Plutarch, *Non posse suaviter vivi secundum Epicwum*, c. 11, p. 1094 b.

（9）Athenaeus x. 418 P.

（10）Diog. L. viii. 12, i. 25.

（11）Cicero, *De nat. deor.* iii. 36, 88.

（12）Vitruvius, *De architectura*, ix. pref.

（13）Plutarch, *Quaest. conviv.* viii. 2, 4, p. 720 A.

（14）Porphyry, *Vit. Pyth.* 36.

（15）Hankel, *Zur Geschichte der Math, in Alterthum und Mittelalter*, p. 97.

（16）Bürk *Zeitschrift der morgenländ. Gesellschaft*, lv, 1901, pp. 543–91; lvi, 1902, pp. 327–91.

（17）Proclus on Eucl. I, pp. 419. 15–420. 12.

（18）Heron, vol. iv, ed. Heib., p. 108.

（19）Euclid, ed. Heib., vol. v, pp. 415, 417.

（20）Plato, *Theaetetus*, 147 D sq.

（21）H. Vogt in *Bibliotheca mathematica*, x_3 , 1910, pp. 97–155 (cf. ix_3, p. 190 sq.).

（22）Plato, *Laws*, 819 D–820 c.

（23）Plato, *Republic*, vii. 546 D.

（24）*Ib.*, 534 D.

（25）*Timaeus*, 53 C–55 C.

（26）Aët. ii. 6. 5 (*Vors.* i^3 , p. 306. 3–7).

（27）Proclus on Eucl. I, pp. 304. 11–305. 3.

（28）Iambi. *Vit. Pyth.* 88, *de c. math, sclent*, c. 25, p. 77. 18–24.

（29）F. Lindemann, 'Zur Greschichte der Polyeder und der Zahlzeichen' (*Sitzmigsber. der K. Bay. Akad. der Wiss.* xxvi. 1897, pp. 625–768).

（30）L. Hugo in *Comptes rendus* of the Paris Acad, of Sciences, lxiii, 1873, pp. 420–1 ; lxvii, 1875, pp. 433, 472 ; lxxxi, 1879, p. 332.

（31）Lucian, Pro *lapsu in salut.* § 5 (vol. I, pp. 447–8, Jacobitz); schol. on *Clouds* 609.

（32）Heiberg's Euclid, vol. v, p. 654.

（33）Aët. ii. 16. 2, 3 (*Vors.* i^3 , p. 132. 15).

（34）See Athenaeus, xiii. 599 A.

（35）Arist. *De caelo*, ii. 13, 293 b 25–30.

（36）Arist. *Metaph.* A. 5, 986 a 8–12.

（37）Arist. *De caelo*, ii. 13, 293 b 21–5.

（38）Arist. *Metaph.* A. 5, 986 a 2.

（39）Iambl. *Vit. Pyth.* 89.

（40）Proclus on Eucl. I, p. 95. 21.

（41）Arist. *De sensu*, 3; 439 a 31.

（42）Heron, Def. 15.

6. 从《几何原本》到柏拉图时代

（1）Proclus on Eucl. I, p. 65. 21–66. 18.

（2）*Ib.*, p. 272. 7, p. 356. 11.

（3）*Ib.*, p. 65. 14.

（4）Simpl. *in Arist. Phys.* pp. 54–69 Diels.

（5）Plutarch, *De exil.* 17, 607 F.

（6）Rudio, *Der Bericht des Simplicius über die Quadraturen des Antiphon und Hippokrates*, 1907, p. 92, 93.

（7）Simpl. *in Phys.*, p. 61. 1–3 Diels ; Rudio, *op. cit.*, pp. 46. 22–48. 4.

（8）Vitruvius, *De architecture*, vii. praef. 11.

（9）Plato, *Erastae* 132 A, B.

（10）Theon of Smyrna, p. 198. 14.

（11）Proclus on Eucl. I, p. 283. 7–8.

（12）*Ib.*, p. 283. 7–8.

（13）*Ib.*, p. 333. 5.

（14）Diog. L. ix. 37 (*Vors.* ii^3 , p. 11. 24–30).

（15）Clem. *Strom*, vi. 32 (*Vors.* ii^3 , p. 16. 28).

（16）Arist. *De gen. et corr.* i. 2, 315 a 35.

（17）Clement, *Strom*, i. 15, 69 (*Vors.* ii^3 , p. 123. 3).

（18）Diog. L. ix. 36 (*Vors.* ii^3 , p. 11. 22).

（19）Lucretius, v. 621 sqq.

（20）*De die natali*, 18. 8.

（21）Proclus on Eucl. I, pp. 121. 24–122- 6.

（22）Arist. *Anal. Pr.* i. 24, 41 b 13–22.

（23）Arist. *Metaph.* B. 2, 998 a 2.

（24）Plutarch, *De comm. not. adv. Stoicos*, xxxix. 3.

（25）On this cf. 0. Apelt, *Beiträge zur Geschichte der griechischen Philosophic*, 1891, p. 265 sq..

（26）Simpl. in *Phys.*, p. 83. 5.

（27）Scholia in Arist., p. 469 b 14, Brandis.

（28）Ptolemy, *Geogr.* vii. 7.

（29）Fleckeisen's *Jahrbuch*, cv, p. 28.

（30）*Beiträge zur Geschichte der griechischen Philosophic*, p. 379.

（31）Simpl. in *Phys.*, pp. 60. 22–68. 32, Diels.

（32）Philop. *in Phys.*, p. 31. 3, Vitelli.

（33）Pseudo-Eratosthenes to King Ptolemy in Eutoc. on Archimedes (vol. iii, p. 88, Heib.).

（34）Proclus on Eucl. I, p. 213. 5.

（35）Bretschneider, *Die Geometrie und die Geometer vor Euklides*, 1870, pp. 100–21.

（36）*Hermathena*, iv, pp. 180–228; *Greek Geometry from Thales to Euclid*, pp. 64–75.

（37）Tannery, *Mémoires scientifiques*, vol. i, 1912, pp. 339–70, esp. pp. 347–66.

（38）*Philologus*, 43, pp. 336–44.

（39）Rudio, *Der Bericht des Simplicius über die Quadraturen des Antiphon und Hippokrates* (Teubner, 1907).

（40）Arist. *Phys.* i. 2, 185 a 14–17.

（41）Arist. *De caelo*, ii. 8, 290 a 4.

（42）*Anal. Pr.* ii. 25, 69 a 32.

（43）*Soph. El.* 11, 171 b 15.

（44）κατὰ τρόπον ('werthvolle Abhandlung', Heib.).

（45）Arist. *De caelo*, ii. 8, 290 a 4.

（46）Crelle, xxi, 1840, pp. 375–6.

（47）*Geschichte der Math, im Altertum*, p. 174.

（48）Vieta, *Variorum de rebus mathematicis responsorum* lib. viii, 1593.

（49）Plato, *Timaeus*, 32 A, B.

（50）Prefaces to *On the Sphere and Cylinder*, i, and *Quadrature of the Parabola*.

（51）Iambi. *Vit. Pyth.* c. 86.

（52）Diog. L. ii. 103.

（53）Cf. Diog. L. iii. 6.

（54）Plato, *Theaetetus*, 161 B, 162 A; ib. 145 A, C, D.

（55）Zeuthen, 'Sur la constitution des livres arithmétiques des Éléments d'Euclide et leur rapport à la question de l'irrationalité' in *Oversigt over det kgl. Danske videnskabemes Selskabs Forhandlinger*, 1915, pp. 422 sq.

（56）X, No. 62 (Heiberg's Euclid, vol. v, p. 450).

（57）Suidas, *s. v.* Θεαίπητος.

（58）Schol. 1 to Eucl. XIII (Euclid, ed. Heiberg, vol. v, p. 654).

（59）Diog. L. iii. 24.

（60）Proclus on Eucl. I, p. 211. 19–23.

（61）Diog. L. viii. 79–83.

（62）Vitruvius, *De architectura*, Praef. vii. 14.

（63）Gellius, x. 12. 8, after Favorinus (*Vors.* i³ , p. 325. 21–9).

（64）Aristotle, *Politics*, E(Θ). 6, 1340 b 26.

（65）Simplicius *in Phys.*, p. 467. 26.

（66）Ptol. *harm.* i. 13, p. 31 Wall.

（67）Porph. *in Ptol. harm.*, p. 236 (*Vors.* i³ , p. 232–3); Theon of Smyrna, p. 61. 11–17.

（68）Boëtius, *De inst. mus.* iii. 11, pp. 285–6 Friedlein.

（69）*Musici scriptores Graeci*, ed. Jan, p. 14 ; Heiberg and Menge's Euclid, vol. viii, p. 162.

7．特殊问题

（1）Pappus, iii, pp. 54–6, iv, pp. 270–2.

（2）Cf. Pappus, vii, p. 662, 10–15.

（3）Proclus on Eucl. I, p. 394. 19.

（4）*Ib.*, p. 395. 5.

（5）Pappus, iv, p. 258 sq.

（6）Plutarch, *De exil.* 17, p. 607 F.

（7）Iambi, ap. Simpl. *in Categ.*, p. 192, 16–19 K., 64 b 11 Brandis.

（8）Aristophanes, *Birds* 1005.

（9）Arist. *Phys.* i. 2, 185 a 14–17.

（10）Them. *in Phys.*, p. 4. 2 sq., Schenkl.

（11）Simpl, *in Phys.*, p. 54. 20–55. 24, Diels.

（12）Arist. *An. Post.* i. 9, 75 b 40.

（13）Alexander on *Soph. El.*, p. 90. 10–21, Wallies, 306 b 24 sq., Brandis.

（14）Them. on *An. Post.*, p. 19. 11–20, Wallies, 211 b 19, Brandis; Philop. on *An. Post.*, p 111. 20–114. 17 W., 211 b 30, Brandis.

（15）Iambi, ap. Simpl. *in Categ.*, p. 192. 19–24 K., 64 b 13–18 Br.

（16）Pappus, iv, pp. 250. 33–252. 3.

（17）Proclus on Eucl. I, p. 272. 1–12.

（18）Proclus on Eucl. I, p. 356. 6–12. 2.

（19）Pappus, iv, pp. 252 sq.

（20）Pappus, iv, pp. 252. 26–254. 22.

（21）Pappus, viii, p. 1110. 20; Proclus on Eucl. I, p. 105. 5.

（22）Heron, *Metrica*, i. 26, p. 66. 13–17.

（23）J. L. Heiben in *Nordisk Tidsskrift for Filologi*, 3e Ser. xx. Fasc. 1–2.

（24）Ptolemy, *Syntaoxis*, vi. 7, p. 513. 1–5, Heib.

（25）Archimedes, ed. Heib., vol. iii, pp. 258–9.

（26）Pappus, iv, p. 272. 7–14.

（27）Pappus, iv, p. 244. 18–20.

（28）*Ib.*, pp. 242–4..

（29）*Ib.*, iv, p. 246. 15.

（30）Proclus on Eucl. I, p. 272. 3–7.

（31）Pappus, iv, pp. 282–4.

（32）*Ib.*, vii, pp 1004–1114.

（33）Archimedes, ed. Heib., vol. iii, pp. 54. 26–106. 24.

（34）Theon of Smyrna, p. 2. 3–12.

（35）Plutarch, *De E apud Delphos*, c. 6, 386 E.

（36）*De genio Socratis*, c. 7, 579 C, D.

（37）Archimedes, ed. Heib., vol. iii, p. 56. 4–8.

（38）Tannery, *Mémoires scientifiques*, vol. i, pp. 53–61.

（39）Stobaeus, *Eclogae*, ii. 31, 115 (vol. ii, p. 228. 30, Wachsmuth).

（40）Proclus on Eucl. I, p. 67. 9.

（41）Theon of Smyrna, pp 201. 22–202. 2.

（42）Proclus on Eucl. I, pp. 72. 23–73. 14.

（43）*Ib.*, p. 78. 8–13.

（44）*Ib.*, p. 254. 4–5..

（45）Plutarch, *Quaest. Conviv.* 8. 2. 1, p. 718 E, F ; *Vita Marcelli*, c. 14. 5.

（46）Pappus, iii, pp. 56–8.

（47）*Ib*, iii, pp. 58. 23–62. 13; iv, pp. 246. 20–250. 25.

（48）*Ib*, iii, pp. 64–8 ; viii, pp. 1070–2.

（49）*Ib*, iii, pp. 30–48.

（50）*Messenger of Mathematics*, ser. 2, vol. ii (1873), pp. 166–8.

8. 芝诺

（1）Simpl. *in Artist. Phys.*, p. 55. 6 Diels.

（2）Arist. *Phys*. i. 2, 185 a 14–17.

（3）Cf. Arist. *Phys*. iii. 7, 207 b 31.

（4）Plato, *Parmenides*, 127 C sq.

（5）Simpl. *in Phys.*, pp. 139. 5, 140. 27 Diels.

（6）Zeller, i^5, p. 587 note.

（7）Plato, *Parmenides* 128 C–E.

（8）Proclus *in Parm.*, p. 694. 23 seq.

（9）Diog. L. viii. 57, ix. 25 ; Sext. Emp. *Math.* vii. 6.

（10）Plato, *Phaedrus* 261 D.

（11）Bertiand Russell, *The Principles of Mathematics*, vol. i, 1903, pp. 347, 348.

（12）Simpl. *in Phys.*, p. 139. 5, Diels.

（13）Aristotle, *Phys.* vi. 9, 239 b 11.

（14）*Ib.* 9, 239 b 14.

（15）*Ib.* 239 b 5–7.

（16）V. Brochard, *Études de philosophie ancienne et de philosophie moderne*, Paris 1912, p. 6.

（17）Zeller, i^5, p. 599.

（18）Simpl. *in Phys.*, pp. 1011–12, Diels.

（19）Them, (*ad loc*, p. 392 Sp., p. 199 Sch.).

（20）*Phys.* vi, 9, 239 b 33–240 a 18.

（21）Brochard, *loc. cit.*, pp. 4, 5.

（22）Arist. *Phys.* vi. 9, 239 b 18–24.

（23）*Ib.* vi. 2, 233 a 16–23.

（24）Brochard, *loc. cit.*, p. 9.

（25）*Encyclopaedia Britannica*, art. Zeno.

（26）Arist. *Phys.* vi. 9, 239 b 8, 31.

（27）Russell, *Principles of Mathematics*, i, pp. 350, 351.

（28）*Op. cit*, p. 473.

（29）Arist. *Metaph.* M. 6, 1080 b 19, 32.

9. 柏拉图

（1）*Rep.* vii. 525 C, D.

（2）*Politicus* 258 D.

（3）*Rep.* 526 D, E.

（4）*Ib.* 527 B.

（5）*Ib.* 529 C–530 C.

（6）*Ib.* 527 D, E.

（7）*Ib.* 531 A–C..

（8）*Ib.* vii. 526 D–527 B.

（9）Plutarch, *Quaest. Conviv.* viii. 2. 1, p. 718 F.

（10）Tannery, *La géométrie grecque*, pp. 79, 80.

（11）Hankel, *op. cit.*, p. 156.

（12）Plato, *Letters*, 342 B, C, 343 A, B.

（13）*Republic*, vi. 510 C–E..

（14）*Ib.* vi. 510 B 511 A–C.

（15）*Ib.* vii. 533 B–E.

（16）Proclus, *Comm. on Eucl.* I, pp. 211. 18–212. 1.

（17）Diog. L. iii. 24, p. 74, Cobet.

（18）*Politicus*, 262 D, E.

（19）*Laws*, 895 E.

（20）*Euthyphro*, 12 D.

（21）*Parmenides*, 143 E– 144 A.

（22）*Meno*, 75 A–76 A.

（23）Arist. *De sensu*, 439 a 31, &c..

（34）*Parmenides*, 137 E.

（25）Arist. *Metaph.* A. 9, 992 a 20.

（26）Arist. *Topics*, vi. 4, 141 b 21.

（27）*Parmenides*, 137 E.

（28）*Timaeus*, 33 B, 34 B.

（29）*Parmenides*, 153 D.

（30）*Ib.* 154 B.

（31）*Ib.* 154 D.

（32）*Laws*, 537 E–538 A.

（33）*Timaeus*, 55 D–56 B, 55 C.

（34）Heron, *Definitions*, 104, p. 66, Heib.

（35）Cf. Spenusippus in *Theol. Ar.*, p. 61, Ast.

（36）Plutarch, *Quaest. Plat.* 5. 1, 1003 D; *De defectu Oraculorum*, c. 33, 428 A.

（37）Alcinous, *De Doctrina Platonis*, c. 11.

（38）*Timaeus*, 31 C–32 B.

（39）Nicom. ii. 24. 6.

（40）*Republic*, 528 B.

（41）*Ib.* 587 D.

（42）*Meno*, 82 B–85 B.

（43）Meno, 86 E–87 C.

（44）Dr. Adolph Benecke, *Ueber die geometrische Hypothesis in Menon* (Elbing, 1867).

（45）*Journal of Philology*, vol. xvii, pp. 219–25 ; cf. E. S. Thompson's edition of the *Meno*.

（46）Proclus on Eucl. I, p. 66. 20–2.

（47）*Republic*, vii. 528 A–C.

（48）*Laws*, 819 D–820 C.

（49）*Hippias Maior*, 303 B, C.

（50）Proclus on Eucl. I, p. 67. 6.

（51）*Republic*, viii. 546 B–D.

（52）*Politicus*, 266 B.

（53）Proclus on Eucl. I, p. 66. 8–14.

（54）*Philebus*, 55 E–56 E.

（55）*Charmides*, 166 B.

（56）*Protagoras*, 356 B.

（57）Diog. L. viii. 83.

（58）*Timaeus*, 45 B–46 C.

（59）*Ib*, 35 c–36 B.

（60）*Ib*, 67 B.

（61）*Republic*, 617 B.

（62）*Phaedo*, 109 A.

（63）*Timaeus*, 38 E–39 B.

（64）*Ib*, 36 D.

（65）*Ib*, 38 D.

（66）Chalcidius on *Timaens*, cc. 81, 109, 112.

（67）*Thnaeus*, 39 A.

（68）*Ib*. 41 E, 42 D.

（69）*Timaeus*, 39 B–D.

（70）Ptolemy, *Syntaxis*, vii. 2, vol. ii, p. 15. 9–17, Heib.

（71）*Timaeus*, 36 D.

（72）Chalcidius on *Timaeus*, c. 96, p. 167, Wrobel.

（73）Macrobius, *In somn. Scip*. ii. 3. 14.

（74）*Timaeus* , 40 B.

（75）Arist. *De caelo*, ii. 13, 293 b 20; cf. ii. 14, 296 a 25.

（76）*Greek Philosophy*, Fart I, Thales to Plato, pp. 347–8.

（77）Plutarch, *Quaest. Plat*. 8. 1, 1006 C; cf. *Life of Numa*, c. 11.

（78）Arist. *De caelo*, ii. 13, 293 a 27–b 1.

10. 从柏拉图欧几里得

（1）Simpl. on *De caelo*, ii. 12 (292 b 10), p. 488. 20–34, Heib.

（2）Simpl. on *De caelo*, p. 519. 9–11, Heib.; cf. pp. 441. 31–445. 5, pp. 541. 27–542. 2; Proclus *in Tim*. 281 E.

（3）Hippolytus, *Refut*. i. 15 (*Vors*. i^3 , p. 340. 31), cf. Aetius, hi. 13. 3 (*Vors*. i^3 , p. 341.8–10)..

（4）Cic. *Acad. Pr*. ii. 39, 123.

（5）*Aristarchus of Samos, the ancient Copernicus*, ch. xviii..

（6）*Theol. Ar.*, Ast, p. 61.

（7）Proclus on Eucl. I, pp. 77. 16; 78. 14.

（8）Diog. L. iv. 13, 14.

（9）Plutarch, *Quaest. Conviv.* viii. 9. 13, 733 A.

（10）Simpl. *in Phys.*, p. 138. 3, &c.

（11）Proclus on Eucl. I, p. 66. 18–67. 1.

（12）Plato, Meno, 87 A.

（13）Proclus on Eucl. I , p. 67. 2–68. 4.

（14）See *Ind. Hercul.*, ed. B cheler, *Ind. Schol. Gryphisw.*, 1869/70, col. 6 in.

（15）Diog. L. iii. 46.

（16）*Ib.* ix. 40.

（17）*Dox. Gr.*, p. 360.

（18）*Non posse suaviter vivi secundum Epicurum*, c. 11, 1093 E.

（19）Diog. L. viii. 87.

（20）Hipparchus, *in Arati et Eudoxi phaenomena commentarii*, i. 2. 2, p. 8. 15–20 Manitius.

（21）Cic, *De div.* ii. 42.

（22）Plutarch, *Non posse suaviter vivi secundum Epicurum*, c. 11, 1094 B.

（23）Petronius Arbiter, *Satyricon*, 88.

（24）Bretschneider, *Die Geometrie und die Geometer vor Eukleides*, pp. 167–9.

（25）Proclus on Eucl. I, p. 60. 16–19.

（26）Tannery, *La géométrie grecque*, p. 76.

（27）Euclid, ed. Heib., vol. v, p. 280.

（28）Hankel, *Zur Geschichte der Mathematik im Alterthum und Mittelalter*, p. 122.

（29）Aristotle, *Metaph.* A. 8. 1073 b 17–1074 a 14.

（30）Simpl. on *De caelo*, p. 488. 18–24, pp. 493. 4–506. 18 Heib.; p.

498 a 45–b 3, pp. 498 b 27–503 a 33.

（31）Schiaparelli. *Le sfere omocentriche di Endosso, di Callippo e di Aristotele*, Milano 1875; Germ, trans, by W. Horn in *Abh. zur Gesch. d. Math.*, i. Heft, 1877, pp. 101–98.

（32）*Aristarchus of Samos, the ancient Copernicus*, pp. 193–224.

（33）Proclus on Eucl. I, p. 112. 5.

（34）*Ib.* 67. 12–16.

（35）*Anal. Post.* i. 6. 74 b 5, i. 10. 76 a 31–77 a 4.

（36）Arist. *Anal. Post.* i. 10. 76 b 39–77 a 2 ; cf. *Anal. Prior*, i. 41. 49 b 34 sq.; *Metaph.* N. 2. 1089 a 20–5.

（37）*Anal. Post.* i. 10. 76 b 9.

（38）*Anal. Prior*, i. 24. 41 b 13–22.

（39）*Anal. Post.* i. 5. 74 a 13–16 ; *Anal. Prior*, ii. 17. 66 a 11–15.

（40）*Anal. Prior*, ii. 16. 65 a 4.

（41）See *The Thirteen Books of Euclid's Elements*, vol. i, pp. 191–2.

（42）*Anal. Post.* ii. 11. 94 a 28; *Metaph.* Θ. 9. 1051 a 26.

（43）Arist. *Phys.* viii. 10. 266 b 2.

（44）*Anal. Post.* i. 24. 85 b 38 ; ii. 17. 99 a 19.

（45）*Meteorblogica*, iii. 5. 376 a 3 sq.

（46）*De caelo*, ii. 4. 287 a 27.

（47）*Ib.* iii. 8. 306 b 7.

（48）*Phys.* v. 4. 228 b 24.

（49）*Metaph.* B. 2. 998 a 5.

（50）*Phys.* ii. 4. 287 a 19.

（51）*Meteorologica*, iii. 5. 375 b 21.

（52）*Anal. Post.* i. 7. 75 b 12.

（53）*Probl.* xvi. 6. 914 a 25.

（54）*Phys.* v. 3. 227 a 11; vii. 1. 231 a 24.

（55）*Phys.* iii. 6. 206 a 15–b 13.

（56）*Ib.* iii. 6. 206 b 16–207 a 1.

（57）*Ib.* iii. 5. 204 a 34.

（58）*Ib.* iii. 7. 207 b 27.

（59）Archimedes, *Quadrature of a Parabola*, Preface.

（60）*Mechanica*, 3. 850 b 1.

（61）*De caelo*, ii. 8. 289 b 15.

（62）*Ib.* 290 a 2.

（63）*Mechanica*, 848 a 11.

（64）*De caelo*, iii. 2. 301 b 4, 11.

（65）*Phys.* vii. 5. 249 b 30–250 a 4.

（66）*Phys.* vii. 5. 250 a 4–7.

（67）*Mechanica*, 2. 848 b 10.

（68）*Ib.* 848 b 26 sq.

（69）*Metaph.* A. 9. 992 a 20.

（70）Cf. Zeller, ii. I^4, p. 1017.

（71）Proclus on Eucl. I, p. 279. 5.

（72）See Zeller, ii. 2^3, p. 90, note.

（73）Simplicius on *De caelo*, p. 504. 22–5 Heib.

（74）*Autolyci De sphaera quae movetur liber, De ortibus et occasibus libri duo* edidit F. Hultsch (Teubner 1885).

（75）Loria, *Le scienze esatte nell' antica Grecia*, 1914, p. 496–7.

（76）*Berichte der Kgl. Sachs. Gesellschaft der Wissenschaften zu Leipzig*, Phil.–hist. Classe, 1886, pp. 128–55.

11．欧几里得

（1）Proclus on Eucl. I, p. 68. 6–20.

（2）Casiri, *Biblioiheca Arabico-Hispana Escurialensis*, i, p. 339 (Casiri's source is the *Ta'rīkh al-Hukamā* of al–Qifṭī(d. 1248)..

（3）viii. 12, ext. 1.

（4）Pappus, vii, p. 678. 10–12.

（5）*Ib*, vii, pp. 676. 25–678. 6.

（6）Stobaeus, *Floril.* iv. p. 205.

（7）*Anal. Prior*, ii. 16. 65 a 4.

（8）Proclus on Eucl. I, p. 200. 2.

（9）Mart. Capella, vi. 724.

（10）Ed. Lachmann, pp. 377 sqq.

（11）I, p. 201, ed. Halma.

（12）Parts I, i. 1893, I, ii. 1897, II, i. 1900, II, ii. 1905, III, i. 1910 (Copenhagen).

（13）Hankel, *op. cit.*, pp. 311–12.

（14）Roger Bacon, *Opus Tertium*, cc. iv, vi.

（15）Proclus on Eucl. I, p. 203. 23 sq.

（16）*Ib.*, p. 202. 3.

（17）Proclus on Eucl. I, pp. 248. 8–11; 263. 4–8.

（18）*Ib.*, p. 212. 16.

（19）Euclid, ed. Heib., vol. v, pp. 272–3.

（20）*Ib.*, p. 282.

（21）Vol. xix (1841).

（22）Plutarch, *Non posse suaviter vivi secundum Epicurum*, c. 11.

（23）Zeuthen, 'Sur la constitution des livres arithmétiques des Éléments d'Euclide' (*Oversigt over det kgl. Danske Videnskabernes Selskabs Forhandlinger*, 1910, pp. 412, 413).

（24）Cf. Pappus, iv, pp. 178, 182.

（25）Heiberg's Euclid, vol. v, pp. 40–8.

（26）*Ib.*, pp. 48–50.

（27）*Ib.*, pp. 50–66.

（28）Proclus on Eucl. I, p. 144. 22–6.

（29）The question is fully discussed by R. C. Archibald, *Euclid's Book on Divisions of Figures with a restoration based on Woepcke's text and on the Practica Geometriae of Leonardo Pisano* (Cambridge 1915).

（30）Michael Ephesius, *Comm. on AHst. Soph. El.*, fol. 25 v , p. 76. 23 Wallies.

（31）Proclus on Eucl. I, p. 70. 1–18. Cf. a scholium to Plato's *Theaetetus* 191 B, which says that the fallacies did not arise through any importation of sense–perception into the domain of non–sensibles.

（32）Pappus, vii, pp. 648–60.

（33）Pappus, vii, pp. 866–918 ; Euclid, ed. Heiberg–Menge, vol. viii, pp. 243–74.

（34）Proclus on Eucl. I, pp. 212. 14; 301. 22.

（35）*Ib.*, p. 301. 25 sq.

（36）*Œuvres de Fermat*, ed. Tannery and Henry, I, p. 76–84..

（37）Roberti Simson *Opera quaedam reliqua*, 1776, pp. 315–594.

（38）Zeuthen, *Die Lehrevon den Kegelschnitten im Altertum*, 1886, pp. 168, 173–4.

（39）Pappus, vii, p. 672. 18.

（40）Cf. Pappus, vii, p. 636. 23.

（41）*Ib.*, vii, p. 672. 12.

（42）*Ib.*, vii, pp. 676. 25–678. 6.

（43）Proclus on Eucl. I, p. 394. 17.

（44）*Ib.*, p. 394. 19.

（45）Pappus, iv, p. 258. 20–25.

（46）*Ib.*, vii. 662. 9.

（47）Pappus, vii, p. 1004. 17 ; Euclid, ed. Heiberg–Menge, vol. viii, p. 274.

（48）Tannery in *Bulletin des sciences mathématiques*, 2e série, VI, p. 149.

（49）Pappus, vii, pp. 1004. 23–1014; Euclid, vol. viii, pp. 275–81.

（50）For further details, see *The Works of Archimedes*, pp. lxii–lxv.

（51）*Eudidis Phaenomena et scrrpta Musica* edidit Henricus

Menge. *Fraymenta* collegit et disposuit J. L. Heiberg, Teubner, 1916.

（52）Theon, *Comm. on Ptolemy's Syntaxis*, i, p. 10.

（53）*Comment, on Arist. Meteorolog.* ii, p. 94, Ideler, p. 211. 18 Busse.

（54）Proclus on Eucl. I, p. 69. 3.

（55）Marinus, *Comm. on the Data* (Euclid, vol. vi, p. 254. 19).

（56）Sec Wallis, *Opera mathematica*, vol. iii, 1699, pp. 267, 269, 272.

（57）Aristotle, *Physics*, Z. 5.

（58）For further details about these mechanical fragments see P. Duhem, *Les origines de la statique*, 1905. esp. vol. i, pp. 61–97.

12. 阿里斯塔克斯

（1）Vitruvius, *De architectura*, i. 1. 16.

（2）Aët. iii. 13. 3, Vors. i^3, p. 341. 8.

（3）Plutarch, *De facie in orbe lunae*, c. 6, pp. 922 F–923 A.

13. 阿基米德

（1）Diodorus, v. 37. 3.

（2）Polybius, *Hist.* viii. 7, 8 ; Livy xxiv. 34 ; Plutarch, *Marcellus*, cc. 15–17.

（3）*Ib.*, c. 17.

（4）*Ib.*, c. 14.

（5）*Ib.*, c. 17.

（6）Carpus in Pappus, viii, p. 1026. 9; Proclus on Eucl. I, p. 41. 16.

（7）Cicero, *De rep.* i. 21, 22, Tusc. i. 63, *De nat. deor.* ii. 88.

（8）Livy xxiv. 34. 2.

（9）Ptolemy, *Syntaxis*, III. 1, vol. i, p. 194. 23.

（10）Macrobius, *In Somn. Scip.* ii. 3 ; cf. the figures in Hippolytus, *Refut.*, p. 66. 52 sq., ed. Duncker.

（11）Plutarch, *Marcellus*, c. 14.

（12）Cicero, *Tusc.* v. 64 sq.

（13）Plutarch, *Marcellus*, c. 17.

（14）Vitruvius, *De architectura*, ix. 1. 9, 10..

（15）Tzetzes, *Chiliad*, ii. 35. 135.

（16）Plutarch, *Marcellus*, c. 17.

（17）Pappus, v, pp. 352–8.

（18）Archimedes, vol. ii, pp. 216. 18, 236. 17–22 ; ef. p. 220. 4.

（19）Pappus, viii, p. 1068.

（20）Heron, *Mechanics*, i. 32.

（21）Simpl. on Arist. *Be caelo*, ii, p. 508 a 30, Brandis; p. 543. 24, Heib.

（22）*Method*, Lemma 10.

（23）*On Floating Bodies*, ii. 2.

（24）Heron, *Mechanics*, i. 25.

（25）Theon on Ptolemy′s *Syntaxis*, i, p. 29, Halma.

（26）Olympiodorus on Arist. *Meteorologica*, ii, p. 94, Ideler; p. 211. 18, Busse.

（27）*The Works of Archimedes*, edited in modern notation by the present writer in 1897, was based on Heiberg′s first edition, and the Supplement. (1912) containing *The Method*, on the original edition of Heiberg (in Hermes, xlii, 1907) with the translation by Zeuthen (*Bibliotheca Mathematica*, vii s . 1906/7).

（28）Heron, *Metrica*, i. 8.

（29）*Stereom.* ii, p. 184. 19, Hultsch p. 154. 19, Heib. $\sqrt{} 54 = 713 = 7515$ instead of 7514.

（30）Pappus, iv, pp. 298–302.

（31）*De architectural*, ix. 3.

（32）*Zeitschrift für Math. u. Physik* (Hist.–litt. Abt.) xxv. (1880), pp. 156 sqq.

（33）Pappus, v, pp. 352–8.

（34）Kepler, *Harmonice mundi* in Opera (1864), v, pp. 123–6.

（35）*Bibliotheca mathematica*, xi, pp. 11–78.

（36）Pappus, vii, p. 636. 24.

（37）*Ib.*, p. 662. 15 sq.

（38）Zeuthen, *Die Lehre von den Kegelschnitten im Altertum*, 1886, pp. 320, 321.

（39）Galen, *Instit. Logica*, 12 (p. 26 Kalbfleisch).

（40）Ptolemy, *Syntaxis*, i. 12, pp. 67. 22–68. 6.

（41）Macrobius, *In Somn. Scip*. i. 20. 9.

14. 圆锥截面，阿波罗尼奥斯

（1）Eutocius, *Comm. on Conies* of Apollonius.

（2）Pappus, vii, p. 678. 4.

（3）Pappus, iv, p. 270. 5–17.

（4）Pappus, vii, p. 678. 15–24.

（5）See *Apollonius of Perga*, ed. Heath, p. liv.

（6）Pappus, vii, pp. 640–8, 660–72.

（7）*Ib.*, vii, p. 644, 25–8.

（8）*Ib.*, iv, pp. 194–6.

（9）*Ib.*, vii, p. 848.

（10）*Ib.*, vii, pp. 830–2.

（11）*Ib.*, vii, pp. 660. 18–662. 5.

（12）*Ib.*, vii, pp. 662. 25–664. 7.

（13）*Ib.*, vii, pp. 664. 20–666. 6.

（14）*Ib.*, vii, pp. 666. 7–13.

（15）*Ib.*, vii, pp. 670–2.

（16）*Ib.*, vii, pp. 778–80.

（17）*Ib.*, vii, pp. 780–4.

（18）Eutocius on Archimedes, *Measurement of a Circle*.

（19）*apud Photium*, Cod. cxc, p. 151 b 18, ed. Bekker.

（20）Hippol. *Refut.* iv. 8, p. 66, ed. Duncker.

（21）Ptolemy, *Syntaxis*, xii. 1.

15．伟大几何学家的后继者

（1）Pappus, iv, p. 244. 21–8.

（2）Eutoc. on Archimedes, *On the Sphere and Cylinder*, Archimedes, vol. iii, p. 98.

（3）Pappus, iv, p. 250. 33–252. 4.

（4）Eutocius, *loc. cit.*, p. 66. 8 sq., p. 160. 3 sq.

（5）*Bibliotheca mathematica*, x_3, 1910, pp. 201–37.

（6）Proclus on Eucl. I, pp. 111. 23–112. 8, 356. 12.

（7）Proclus on Eucl. I, p. 112. 2.

（8）See Tannery, *Mémoires scientifiques*, II, pp. 24–8.

（9）Proclus on Eucl. I, p. 403. 5 sq.

（10）Thuc. vi. 1.

（11）Polybius, ix. 21.

（12）Pliny, *Hist. nat.* vi. 208.

（13）Pappus, v, p. 308 sq.

（14）Pappus, v, Props. 19, 38–56.

（15）Manitius, *Des Hypsikles Schrift Anaphorikos*, Dresden, Lehmannsche Buchdruckerei, 1888.

（16）W. Schmidt in *Bibliotheca mathematica*, iv 3 , pp. 321–5.

（17）Heron, *Metrica*, ii. 13, p. 128. 3.

（18）Cleomedes, *Be motu circulari*, i. 10, pp. 92–4..

（19）Strabo, ii. c. 95.

（20）Cleomedes, *op. cit.* ii. 1, pp. 144–6, p. 98. 1–5.

（21）Proclus on Eucl. I, p. 143. 8.

（22）*Ib.*, p. 176. 6–10.

（23）*Ib.*, pp. 199. 14–200. 3.

（24）Proclus on Eucl. I, pp. 214. 18–215. 13, p. 216. 10–19, p. 217. 10–23.

（25）Proclus on Eucl. I, p. 177. 24.

（26）Eutocius, *Comm. on Apollonius's Conies, ad init.*

（27）Proclus on Eucl. I, pp. 178–82. 4; 183. 14–184. 10.

（28）*Ib.*, pp. 183. 26–184. 5.

（29）*Ib.*, pp. 192. 5–193. 3.

（30）*Ib.*, pp. 112. 22–113. 3, p. 251. 3–11.

（31）Simpl. *in Phys.*, pp. 291–2, ed. Diels.

（32）Cf. *Aristarchus of Samos*, pp. 275–83.

（33）Edited by Manitius (Teubner, 1898).

（34）Alex. Aphr. on Aristotle's *Meteorologica*, iii. 4, 9 (Ideler. ii, p. 128; p. 152. 10, Hayduck).

16．几本手册

（1）Nicom. *Arith*. ii. 6. 1.

（2）Theon of Alexandria, *Comm. on Ptolemy s Syntaxis*, Basel edition, pp. 390, 395, 396.

（3）Ptolemy, *Syntaxis*, ix. 9, x. 1, 2.

（4）Theon of Smyrna, ed. Hiller, p. 1. 10–17.

（5）*Ib.*, p. 16. 17–20..

（6）Theon of Smyrna, ed. Hiller, pp. 111–13.

（7）*Ib.*, pp. 16. 24–17. 11.

（8）*Ib.*, pp. 42. 10–45. 9.

（9）Theon of Smyrna, ed. Hiller, pp. 46. 20–47. 14.

（10）Chalcidius, *Comm. on Timaens*, c. 110. Cf. *Aristarchus of Samos*, pp. 256–8.

17．三角学：喜帕恰斯，梅涅劳斯，托勒密

（1）*De architectura* ix. 9.

（2）Strabo, xii. 4, 9, p. 566.

（3）Tannery, *Recherches sur l'hist. de l'astronomie ancienne*, p. 64.

（4）Ptolemy, *Syntaxis*, vii. 2 (vol. ii, p. 15).

（5）See two papers by Dr. J. L. E. Dreyer in] the *Monthly Notices of the Royal Astronomical Society*, 1917, pp. 528–39, and 1918.. pp. 343–9.

（6）Plutarch, *Quaest. Conviv*, viii. 9. 3, 732 F, *De Stoicorum repugn*. 29. 1047 D.

（7）Theon, *Comm. on Syntaxis*, p. 110, ed. Halma.

（8）Pappus, vi, p. 600. 9–13.

（9）Ed. Manitius, pp. 148–50.

（10）*Ib.*, pp. 128. 5, 148. 20..

（11. *Ib.*, pp. 182. 19–184. 5.

（12）*Syntaxis*, vol. ii, p. 193.

（13）Heron, *Metrica*, i. 22, 24, pp. 58. 19 and 62. 17.

（14）Pappus, vi, pp. 600–2.

（15）Proclus on Eucl. I, pp. 345. 14–346. 11.

（16）Pappus, iv, p. 270. 25.

（17）Tannery, *Mémoires scientifiques*, ii, p. 17..

（18）Pappus, iv, pp. 264–8.

（19）Björnbo, *Studien über Menelaos' Sphärik* (Abhandlungen zur Gesch. d. math. Wissenschaften, Heft xiv. 1902).

（20）Pappus, vi, p. 476. 16.

（21）Ptolemy, *Syntaxis*, i. 13, vol. i, p. 76.

（22）See Braunmühl, *Gesch. der Trig.* i, pp. 17, 47, 58–60, 127–9.

（23）Cf. Braunmühl, *op. cit.* i, pp. 17–18, 58, 67–9, &c.

（24）Braunmühl, *op. cit.* i, p. 18; Björnbo, p. 96.

（25）Pappus, vii, pp. 870–2, 874.

（26）*Ib.*, viii, p. 1106. 13.

（27）Ptolemy, *Syntaxis*, i. 10, pp. 31–2.

（28）*Ib.*, iii. 4, vol. I, pp. 234–7.

（29）*Ib.*, vol. i. p. 169 and pp. 126–7.

（30. *Ib.*, vol. i. pp. 121–2.

（31）Vitruvius, *De architect*, ix. 4.

（32）*Anth. Palat*, xiv. 139.

（33）Pappus, iv, p. 246, 1.

（34）Braunmühl, *Gesch. der Trigonometrie*, i, pp. 12, 13.

（35）See Zeuthen in *Bibliotheca mathematica*, i₃, 1900, pp. 23–7.

（36）Braunmühl, i, pp. 13, 14, 38–41.

（37）See G. Govi, *L'ottica di Claudio Tolomeo di Eugenio Ammiraglio di Sicilia*, ... Torino, 1884; and particulars in G. Loria. *Le scienze esatte nell' antica Grecia*, pp. 570, 571.

（38）Olympiodorus on Aristotle, *Meteor*, iii. 2, ed. Ideler, ii, p. 96, ed. Stüve, pp. 212. 5–213. 20.

（39）Simplicius on Arist. *De caelo*, p. 710. 14, Heib. (Ptoleniv, ed. Heib., vol. ii, p. 263).

（40）*Ib.*, p. 20. 10 sq.

（41）*Ib.*, p. 9. 21 sq., (Ptolemy, ed. Heib., vol. ii, p. 265).

（42）Proclus on Eucl. I, pp. 362. 14 sq., 365. 7–367. 27 (Ptolemy, ed. Heib., vol. ii, pp. 266–70)..

18．测量学：亚历山大城的海伦

（1）Athenaeus, *Deipno-Soph.* iv. c. 75, p. 174 b–e: cf. Vitruvius, x. 9, 13.

（2）Philon, *Mechan. Synt.*, p. 50. 38, ed. Schöne.

（3）Athenaeus, xi. c. 97, p. 497 b–e.

（4）Pappus, iii, pp. 54–6.

（5）*Ib.*, p. 1116. 4–7.

（6）Art. 'Heron von Alexandreia' in Pauly–Wissowa's *Real-Encyclopddie dei class. Altertumstvissenschaft*, vol. 8. 1, 1912.

（7）I. Hammer–Jensen in *Hermes*, vol. 48, 1913, pp. 224–35.

（8）Philon, *Mech. Spit*, iv, pp. 68. 1, 72. 36.

（9）Heron, *Autom.*, pp. 404. 11–408. 9.

（10. *Ib.*, p. 412. 13.

（11）Vitruvius, x. 14.

（12）Heron, *Dioptra*, c. 34.

（13）Heron, *Metrica*, i. 31, p. 74. 21.

（14）Proclus, *Hypotyposis*, pp. 120. 9–15, 124. 7–26.

（15）Theon, *Comm. on the Syntaxis*, Basel, 1538, pp. 261 sq. (quoted in Proclus, *Hypotyposis*, ed. Manitius, pp. 309–11)..

（16）Hammer–Jensen, op. cit.

（17）Heron, *Dioptra*, c. 35 (vol. iii, pp. 302–6).

（18）Simplicius on *De caelo*, p. 710. 14, Heib. (Ptolemy, vol. ii, p. 263).

（19）Heron, *Pneumatica*, i. Pref. (vol. i, p. 22. 14 sq.).

（20）Heron, vol. v, p. ix.

（21）Heron, *Dioptra*, c. 25, p. 268. 17–19.

（22）*Notices et extraits des manuscrits de la Bibliothèque impériale*, xix, pt. 2, pp. 157–337.

（23）Pappus, viii, p. 1060. 5.

（24）*Ib.*, p. 1026. 1.

（25）*Ib.*, p. 1024. 28.

（26）Archimedes, vol. iii, p. 232. 13–17.

（27）Tannery, *Mémoires scientifiques*, ii, 1912, pp. 447–54.

（28）*Geometrica*, 2126 (vol. iv, p. 386. 23).

（29）*Metrica*, i. 8, pp. 18. 22–20. 5.

（30）*Geom.* 102 (21, 14, Heib.).

（31）*Ib.*, 102 (21, 16, 17, Heib.).

（32）Cf. *Geom.*, 94, 95 (19. 2, 4, Heib.), 97. 4 (20. 7, Heib.).

（33）Pappus, viii, pp. 1034–8. Cf. pp. 430–2 *post*.

（34）*Zeitschr.f. Math. u. Physik*, xliv, 1899, hist.–litt. Abt., pp. 1–3.

（35）*Bibliotheca Mathematics*, viii 3 , 1907–8, pp. 412–13..

（36）*Heronis Alexandrini opera*, vol. iv, p. 414. 28 sq.

（37）Heron, vol. iii, p. 302. 13–17.

（38）*Ib.*, p. 302. 9.

（39）Pappus, viii, p. 1060 sq.

（40）See Van Capelle, *Aristotelis quaestiones mechanicae*, 1812, p. 263 sq.

（41）Avist. *Mechanica*, 855 a 28.

（42）Simplicius on *De caelo*, p. 543. 31–4, Heib.

（43）Pappus, viii, p. 1032. 5–24.

（44）*Ib.*, p. 1068. 20–3.

19. 帕普斯

（1）Proclus on Eucl. I, pp. 189–90.

（2. *Ib.*, pp. 197. 6–198. 15.

（3. *Ib.*, pp. 249. 20–250. 12.

（4）Pappus, iii, p. 54. 7–22.

（5）*Ib.*, iii, p. 106. 5–9.

（6）*Vide* notes to Euclid's propositions in *The Thirteen Books of Euclid's Elements*, pp. 473, 480, 477, 489–91, 501–3..

（7）Mathematical Gazette, vii, p. 107 (May 1913).

（8）Pappus, vol. iii, p. 1233.

（9）*Centrobaryca*, Lib. ii, chap, viii, Prop. 3. Viemiae 1641.

（10）Chasles, *Les trois livres de Porismes d'Euclide*, Paris, 1860,
pp. 74 sq.

（11）Simplicius on Arist. Categ., p. 192, Kalbfleisch.

（12）Proclus on Eucl. I, pp. 241–3.

（13）*Ib.*, pp. 125. 25–126. 6..

（14）Pappus, viii, p. 1030. 11–13.

20．代数学：丢番图

（1）Biblioiheca mathematica, viiis , 1907–8, pp. 118–34. See now
Geom. 2A. 1–13 in Heron, vol. iv (ed. Heiberg), pp. 414–26.

（2）Nesselmann, *Algebra der Griechen*, pp. 264–73.

（3）Diophantus, ed. Tannery, vol. ii, p. xx.

（4）*Ib.*, p. xviii.

（5）Heron, *Metrica*, p. 48. 11, 19, Schöne.

21．评注者与拜占庭人

（1）Serenus, *Opuscula*, ed. Heiberg, p. 52. 25–6.

（2）Simplicius on Arist. *Phys.*, p. 60. 28, Diels.

（3）Archimedes, ed. Heib., vol. iii, p. 228. 17–19.

（4）Proclus on Eucl. T, p. 210. 19.

（5）*Ib.*, p. 272. 12.

（6）*Ib.*, p. 84. 9.

（7）*De caelo*, i. 5, 271 b 28–30.

（8）Philoponus on *Anal. Post.* i. 10, p. 214 a 9–12, Brandis.

（9）Proclus on Eucl. I, p. 432. 9–15.

（10）Proclus, *Hypotyposis*, c. 4, pp. 120–22.

（11）*Ib.*, c. 3, pp. 76, 17 sq.

（12）*Prodi Diadochi in Platonis Rempublicam Commentarii*, ed. Kroil, vol. ii, p. 27.

（13）*Ib.*, vol. ii, pp. 36–42.

（14）See Heiberg and Menge's Euclid, vol. vi, pp. 234–56.

（15）*Anecdota Graeca*, vol. iv, pp. 413–29.

（16）*Mémoires scientifiques*, vol. ii, nos. 35, 40.

（17）*Revue des études grecques*, 1906, pp. 359–82; *Mémoires scientifiques* vol. iii, pp. 256–81.

（18）*Revue de Philologie*, 1883, p. 83 sq.

（19）Simpl. *in Phys.*, pp. 54–69, ed. Diels.

（20）Simpl. on Arist. *De caelo*, p. 488. 18–24 and pp. 493–506, ed. Heiberg.

（21）*Metaph.* A. 8, 1073 b 17–1074 a 14.

（22）Simpl. *in Phys.*, pp. 291–2, ed. Diels.

（23）Archimedes, ed. Heiberg, vol. iii, p. 84. 8–11.

（24）See *Bibliotheca mathematica*, vii$_3$, 1907, pp. 225–33.

（25）*Mémoires publiés par les membres de la Mission archéologique française au Caire*, vol. ix, part 1, pp. 1–89.

（26）*Notices et extraits*, xix, pt. 2, Paris, 1858.

（27）Diophantus, vol. ii, pp. 37–42.

（28）*Ib.*, vol. ii, pp. 78–122.

（29）*Notices et extraits*, xvii, 1858, pp. 362–533.

（30）Diophantus, vol. ii, pp. 125–255.

（31）*Mémoires de l'Académie royale des sciences*, 1705.

（32）*Vermischte Untersuchungen zur Gesch. d. Math.*, Leipzig, 1876.

（33）'Le traité de Manuel Moschopoulos sur les carrés magiques' in *Annuaire de l'Association pour l'encouragement des études grecques*, xx, 1886, pp. 88–118.

（34）'Notices sur les deux lettres arithmetiques de Nicolas

Rhabdas' in *Notices et extraits des manuscrits de la Bibliothèque nationale*, xxxii, pt, 1886, pp. 121–252.

（35） 'Byzantinische Analekten' in *Abh. zur Gesch. d. Math*. ix. Heft, 1899, pp. 163 sqq.

（36） Edited with Latin translation by Dasypodius in 1564, and included in Heiberg and Menge's Euclid, vol. v, *ad fin*.

（37） Heiberg, ' Byzantinische Analekten ', in *Abh. zur Gesch. d. Math*, ix, pp. 169–70.

上海三联人文经典书库

已出书目

1. 《世界文化史》（上、下） ［美］林恩·桑戴克 著 陈廷璠 译

2. 《希腊帝国主义》 ［美］威廉·弗格森 著 晏绍祥 译

3. 《古代埃及宗教》 ［美］亨利·富兰克弗特 著 郭子林 李凤伟 译

4. 《进步的观念》 ［英］约翰·伯瑞 著 范祥涛 译

5. 《文明的冲突：战争与欧洲国家体制的形成》 ［美］维克多·李·伯克 著 王晋新 译

6. 《君士坦丁大帝时代》 ［瑞士］雅各布·布克哈特 著 宋立宏 熊莹 卢彦名 译

7. 《语言与心智》 ［俄］科列索夫 著 杨明天 译

8. 《修昔底德：神话与历史之间》 ［英］弗朗西斯·康福德 著 孙艳萍 译

9. 《舍勒的心灵》 ［美］曼弗雷德·弗林斯 著 张志平 张任之 译

10. 《诺斯替宗教：异乡神的信息与基督教的开端》 ［美］汉斯·约纳斯 著 张新樟 译

11. 《来临中的上帝：基督教的终末论》 ［德］于尔根·莫尔特曼 著 曾念粤 译

12. 《基督教神学原理》 ［英］约翰·麦奎利 著 何光沪 译

13. 《亚洲问题及其对国际政治的影响》 ［美］阿尔弗雷德·马汉 著 范祥涛 译

14.《王权与神祇：作为自然与社会结合体的古代近东宗教研究》（上、下）［美］亨利·富兰克弗特　著　郭子林　李岩　李凤伟　译

15.《大学的兴起》［美］查尔斯·哈斯金斯　著　梅义征　译

16.《阅读纸草，书写历史》［美］罗杰·巴格诺尔　著　宋立宏　郑阳　译

17.《秘史》［东罗马］普罗柯比　著　吴舒屏　吕丽蓉　译

18.《论神性》［古罗马］西塞罗　著　石敏敏　译

19.《护教篇》［古罗马］德尔图良　著　涂世华　译

20.《宇宙与创造主：创造神学引论》［英］大卫·弗格森　著　刘光耀　译

21.《世界主义与民族国家》［德］弗里德里希·梅尼克　著　孟钟捷　译

22.《古代世界的终结》［法］菲迪南·罗特　著　王春侠　曹明玉　译

23.《近代欧洲的生活与劳作（从 15—18 世纪）》［法］G.勒纳尔　G.乌勒西　著　杨军　译

24.《十二世纪文艺复兴》［美］查尔斯·哈斯金斯　著　张澜　刘疆　译

25.《五十年伤痕：美国的冷战历史观与世界》（上、下）［美］德瑞克·李波厄特　著　郭学堂　潘忠岐　孙小林　译

26.《欧洲文明的曙光》［英］戈登·柴尔德　著　陈淳　陈洪波　译

27.《考古学导论》［英］戈登·柴尔德　著　安志敏　安家瑗　译

28.《历史发生了什么》［英］戈登·柴尔德　著　李宁利　译

29.《人类创造了自身》［英］戈登·柴尔德　著　安家瑗　余敬东　译

30.《历史的重建：考古材料的阐释》［英］戈登·柴尔德　著　方辉　方堃杨　译

31.《中国与大战：寻求新的国家认同与国际化》［美］徐国琦　著　马建标　译

32.《罗马帝国主义》 [美]腾尼·弗兰克 著 宫秀华 译

33.《追寻人类的过去》 [美]路易斯·宾福德 著 陈胜前 译

34.《古代哲学史》 [德]文德尔班 著 詹文杰 译

35.《自由精神哲学》 [俄]尼古拉·别尔嘉耶夫 著 石衡潭 译

36.《波斯帝国史》 [美]A. T. 奥姆斯特德 著 李铁匠等 译

37.《战争的技艺》 [意]尼科洛·马基雅维里 著 崔树义 译 冯克利 校

38.《民族主义:走向现代的五条道路》 [美]里亚·格林菲尔德 著 王春华等 译 刘北成 校

39.《性格与文化:论东方与西方》 [美]欧文·白璧德 著 孙宜学 译

40.《骑士制度》 [英]埃德加·普雷斯蒂奇 编 林中泽 等译

41.《光荣属于希腊》 [英]J. C. 斯托巴特 著 史国荣 译

42.《伟大属于罗马》 [英]J. C. 斯托巴特 著 王三义 译

43.《图像学研究》 [美]欧文·潘诺夫斯基 著 戚印平 范景中 译

44.《霍布斯与共和主义自由》 [英]昆廷·斯金纳 著 管可秾 译

45.《爱之道与爱之力:道德转变的类型、因素与技术》 [美]皮蒂里姆·A. 索罗金 著 陈雪飞 译

46.《法国革命的思想起源》 [法]达尼埃尔·莫尔内 著 黄艳红 译

47.《穆罕默德和查理曼》 [比]亨利·皮朗 著 王晋新 译

48.《16世纪的不信教问题:拉伯雷的宗教》 [法]吕西安·费弗尔 著 赖国栋 译

49.《大地与人类演进:地理学视野下的史学引论》 [法]吕西安·费弗尔 著 高福进 等译

50.《法国文艺复兴时期的生活》 [法]吕西安·费弗尔 著 施诚 译

51.《希腊化文明与犹太人》 [以]维克多·切利科夫 著 石敏敏 译

52.《古代东方的艺术与建筑》 [美]亨利·富兰克弗特 著 郝海迪 袁指挥 译

53.《欧洲的宗教与虔诚:1215—1515》 [英]罗伯特·诺布尔·斯旺森 著 龙秀清 张日元 译

54.《中世纪的思维:思想情感发展史》 [美]亨利·奥斯本·泰勒 著 赵立行 周光发 译

55.《论成为人:神学人类学专论》 [美]雷·S.安德森 著 叶汀 译

56.《自律的发明:近代道德哲学史》 [美]J.B.施尼温德 著 张志平 译

57.《城市人:环境及其影响》 [美]爱德华·克鲁帕特 著 陆伟芳 译

58.《历史与信仰:个人的探询》 [英]科林·布朗 著 查常平 译

59.《以色列的先知及其历史地位》 [英]威廉·史密斯 著 孙增霖 译

60.《欧洲民族思想变迁:一部文化史》 [荷]叶普·列尔森普 著 周明圣 骆海辉 译

61.《有限性的悲剧:狄尔泰的生命释义学》 [荷]约斯·德·穆尔 著 吕和应 译

62.《希腊史》 [古希腊]色诺芬 著 徐松岩 译注

63.《罗马经济史》 [美]腾尼·弗兰克 著 王桂玲 杨金龙 译

64.《修辞学与文学讲义》 [英]亚当·斯密 著 朱卫红 译

65.《从宗教到哲学:西方思想起源研究》 [英]康福德 著 曾琼 王涛 译

66.《中世纪的人们》 [英]艾琳·帕瓦 著 苏圣捷 译

67.《世界戏剧史》 [美]G.布罗凯特 J.希尔蒂 著 周靖波 译

68.《20世纪文化百科词典》 [俄]瓦季姆·鲁德涅夫 著 杨明天 陈瑞静 译

69.《英语文学与圣经传统大词典》 [美]戴维·莱尔·杰弗里(谢大卫)主编 刘光耀 章智源等 译

70.《刘松龄——旧耶稣会在京最后一位伟大的天文学家》 [美]

斯坦尼斯拉夫·叶茨尼克　著　周萍萍　译

71.《地理学》［古希腊］斯特拉博　著　李铁匠　译

72.《马丁·路德的时运》［法］吕西安·费弗尔　著　王永环　肖华峰　译

73.《希腊化文明》［英］威廉·塔恩　著　陈恒　倪华强　李月　译

74.《优西比乌：生平、作品及声誉》［美］麦克吉佛特　著　林中泽　龚伟英　译

75.《马可·波罗与世界的发现》［英］约翰·拉纳　著　姬庆红译

76.《犹太人与现代资本主义》［德］维尔纳·桑巴特　著　艾仁贵　译

77.《早期基督教与希腊教化》［德］瓦纳尔·耶格尔　著　吴晓群　译

78.《希腊艺术史》［美］F·B·塔贝尔　著　殷亚平　译

79.《比较文明研究的理论方法与个案》［日］伊东俊太郎　梅棹忠夫　江上波夫　著　周颂伦　李小白　吴玲　译

80.《古典学术史：从公元前6世纪到中古末期》［英］约翰·埃德温·桑兹　著　赫海迪　译

81.《本笃会规评注》［奥］米歇尔·普契卡　评注　杜海龙　译

82.《伯里克利：伟人考验下的雅典民主》［法］樊尚·阿祖莱　著　方颂华　译

83.《旧世界的相遇：近代之前的跨文化联系与交流》［美］杰里·H.本特利　著　李大伟　陈冠堃　译　施诚　校

84.《词与物：人文科学的考古学》修订译本［法］米歇尔·福柯　著　莫伟民　译

85.《古希腊历史学家》［英］约翰·伯瑞　著　符莹岩　张继华　译

86.《自我与历史的戏剧》［美］莱因霍尔德·尼布尔　著　方永　译

87.《马基雅维里与文艺复兴》［意］费代里科·沙博　著　陈玉聃　译

88.《追寻事实：历史解释的艺术》［美］詹姆士　W.戴维森

著［美］马克　H.　利特尔著　刘子奎　译

89.《法西斯主义大众心理学》　［奥］威尔海姆·赖希　著　张峰　译

90.《视觉艺术的历史语法》　［奥］阿洛瓦·里格尔　著　刘景联　译

91.《基督教伦理学导论》　［德］弗里德里希·施莱尔马赫　著　刘平　译

92.《九章集》［古罗马］普罗提诺　著　应明　崔峰　译

93.《文艺复兴时期的历史意识》［英］彼得·伯克　著　杨贤宗　高细媛　译

94.《启蒙与绝望：一部社会理论史》［英］杰弗里·霍松　著　潘建雷　王旭辉　向辉　译

95.《曼多马著作集：芬兰学派马丁·路德新诠释》［芬兰］曼多马　著　黄保罗　译

96.《拜占庭的成就：公元330～1453年之历史回顾》［英］罗伯特·拜伦　著　周书垚　译

97.《自然史》［古罗马］普林尼　著　李铁匠　译

98.《欧洲文艺复兴的人文主义和文化》［美］查尔斯·G.纳尔特　著　黄毅翔　译

99.《阿莱科休斯传》［古罗马］安娜·科穆宁娜　著　李秀玲　译

100.《论人、风俗、舆论和时代的特征》［英］夏夫兹博里　著　董志刚　译

101.《中世纪和文艺复兴研究》［美］T.E.蒙森　著　陈志坚　等译

102.《历史认识的时空》［日］佐藤正幸　著　郭海良　译

103.《英格兰的意大利文艺复兴》［美］刘易斯·爱因斯坦　著　朱晶进　译

104.《俄罗斯诗人布罗茨基》［俄罗斯］弗拉基米尔·格里高利耶维奇·邦达连科　著　杨明天　李卓君　译

105.《巫术的历史》［英］蒙塔古·萨默斯　著　陆启宏　等译　陆启宏　校

106.《希腊-罗马典制》［匈牙利］埃米尔·赖希　著　曹明

苏婉儿　译

107.《十九世纪德国史（第一卷）：帝国的覆灭》［英］海因里希·
冯·特赖奇克　著　李　娟　译

108.《通史》［古希腊］波利比乌斯　著　杨之涵　译

109.《苏美尔人》［英］伦纳德·伍雷　著　王献华　魏桢力　译

110.《旧约：一部文学史》［瑞士］康拉德·施密特　著　李天伟
姜振帅　译

111.《中世纪的模型：英格兰经济发展的历史与理论》［英］约翰·
哈彻　马可·贝利　著　许明杰　黄嘉欣　译

112.《文人恺撒》［英］弗兰克·阿德科克　著　金春岚　译

113.《罗马共和国的战争艺术》［英］弗兰克·阿德科克　著　金
春岚　译

114.《古罗马政治理念和实践》［英］弗兰克·阿德科克　著　金
春岚　译

115.《神话历史：现代史学的生成》［以色列］约瑟夫·马里　著
赵　琪　译

116.《论人的理智能力及其教育》［法］爱尔维修　著　汪功伟　译

117.《俄罗斯建筑艺术史：古代至 19 世纪》［俄罗斯］伊戈尔·埃
马努伊洛　维奇·格拉巴里　主编　杨明天　王丽娟　闻
思敏　译

118.《论革命：从革命伊始到帝国崩溃》［法］托克维尔　著　［法］
弗朗索瓦丝·梅洛尼奥　编　曹胜超　崇　明　译

119.《作为历史的口头传说》［比］简·范西纳　著　郑晓霞等
译　张忠祥等　校译

120.《过去的诞生》［美］扎卡里·赛尔·席夫曼　著　梅义征
译

121.《历史与历史学家：理查德·威廉·索森选集》［英］罗伯特·
J.巴特莱特　编著　李　腾　译

欢迎广大读者垂询，垂询电话：021－22895540

图书在版编目（CIP）数据

希腊数学史：从泰勒斯到欧几里得 /（英）托马斯·希思著；
秦传安译. —上海：上海三联书店，2022.12
（上海三联人文经典书库）
ISBN 978-7-5426-7821-8

Ⅰ.①希…　Ⅱ.①托…　②秦…　Ⅲ.①数学史–古希腊
Ⅳ.①O115.45

中国版本图书馆CIP数据核字（2022）第153168号

希腊数学史：从泰勒斯到欧几里得

著　　者 / ［英］托马斯·希思
译　　者 / 秦传安
责任编辑 / 吴　慧
装帧设计 / 徐　徐
监　　制 / 姚　军
责任校对 / 张大伟

出版发行 / 上海三联书店
　　　　　（200030）中国上海市漕溪北路331号A座6楼
邮购电话 / 021–22895540
印　　刷 / 上海展强印刷有限公司

版　　次 / 2022年12月第1版
印　　次 / 2022年12月第1次印刷
开　　本 / 640mm×960mm　1/16
字　　数 / 414千字
印　　张 / 30.25
书　　号 / ISBN 978-7-5426-7821-8 / O·6
定　　价 / 139.00元

敬启读者，如本书有印装质量问题，请与印刷厂联系021–66366565